中 国 国 家 标 准 汇 编

499

GB 26253～26296

（2010 年制定）

中国标准出版社　编

中国质检出版社
中国标准出版社
北　京

图书在版编目（CIP）数据

中国国家标准汇编：2010 年制定. 499：GB 26253～26296/ 中国标准出版社编. —北京：中国标准出版社，2011
ISBN 978-7-5066-6492-9

Ⅰ. ①中… Ⅱ. ①中… Ⅲ. ①国家标准-汇编-中国-2010 Ⅳ. ①T-652.1

中国版本图书馆 CIP 数据核字(2011)第 187759 号

中国质检出版社
中国标准出版社 出版发行
北京市朝阳区和平里西街甲 2 号(100013)
北京市西城区三里河北街 16 号(100045)
网址:www.spc.net.cn
总编室:(010)64275323 发行中心:(010)51780235
读者服务部:(010)68523946
中国标准出版社秦皇岛印刷厂印刷
各地新华书店经销
*
开本 880×1230 1/16 印张 36.75 字数 926 千字
2011 年 11 月第一版 2011 年 11 月第一次印刷
*
定价 220.00 元

出 版 说 明

1.《中国国家标准汇编》是一部大型综合性国家标准全集。自1983年起，按国家标准顺序号以精装本、平装本两种装帧形式陆续分册汇编出版。它在一定程度上反映了我国建国以来标准化事业发展的基本情况和主要成就，是各级标准化管理机构，工矿企事业单位，农林牧副渔系统，科研、设计、教学等部门必不可少的工具书。

2.《中国国家标准汇编》收入我国每年正式发布的全部国家标准，分为“制定”卷和“修订”卷两种编辑版本。

“制定”卷收入上一年度我国发布的、新制定的国家标准，顺延前年度标准编号分成若干分册，封面和书脊上注明“20××年制定”字样及分册号，分册号一直连续。各分册中的标准是按照标准编号顺序连续排列的，如有标准顺序号缺号的，除特殊情况注明外，暂为空号。

“修订”卷收入上一年度我国发布的、修订的国家标准，视篇幅分设若干分册，但与“制定”卷分册号无关联，仅在封面和书脊上注明“20××年修订-1,-2,-3,……”字样。“修订”卷各分册中的标准，仍按标准编号顺序排列(但不连续)；如有遗漏的，均在当年最后一分册中补齐。需提请读者注意的是，个别非顺延前年度标准编号的新制定的国家标准没有收入在“制定”卷中，而是收入在“修订”卷中。

读者配套购买《中国国家标准汇编》“制定”卷和“修订”卷则可收齐上一年度我国制定和修订的全部国家标准。

3. 由于读者需求的变化，自1996年起，《中国国家标准汇编》仅出版精装本。

4. 2010年我国制修订国家标准共2 846项。本分册为“2010年制定”卷第499分册，收入国家标准GB 26253～26296的最新版本。

中国标准出版社

2011年8月

目　　录

ICS 83.140.10
G 31

中华人民共和国国家标准

GB/T 26253—2010

塑料薄膜和薄片水蒸气透过率的测定　红外检测器法

Determination of water vapour transmission rate for plastics-film and sheeting—Infrared detection sensor method

(ISO 15106-2:2003, Plastics—Film and sheeting—Determination of water vapour transmission rate—Part 2: Infrared detection sensor method, MOD)

2011-01-14 发布　　2011-06-01 实施

中华人民共和国国家质量监督检验检疫总局
中国国家标准化管理委员会　发布

前　言

本标准修改采用ISO 15106-2:2003《塑料薄膜和薄片　水蒸气透过率试验方法　第2部分:红外检测器法》(英文版)。

本标准在采用ISO 15106-2:2003时,考虑到我国国情做了一些修改。在附录A中列出了本标准的章条编号与ISO 15106-2:2003章条编号的对照一览表,在附录B中给出了本标准与ISO 15106-2:2003技术性差异及其原因一览表,以供参考。

本标准与ISO 15106-2:2003标准相比,主要差异如下:

——对"3　术语和定义"中的试验用参考膜进行重新定义;

——将"7　仪器装置"中的空气改为载气(空气或氮气);

——将仪器示意图改为框架性的表述;

——对"9　步骤"进行适当的删减和修改。

本标准的附录A和附录B均为资料性附录。

本标准由中国轻工业联合会提出。

本标准由全国塑料制品标准化技术委员会归口。

本标准起草单位:上海市食品药品包装材料测试所、国家塑料制品质量监督检验中心(北京)。

本标准主要起草人:王蓉佳、蔡荣、王秀娴。

塑料薄膜和薄片水蒸气透过率的测定　红外检测器法

1　范围

本标准规定了采用红外检测器测定水蒸气透过率的试验方法。

本标准适用于塑料薄膜、含塑料的多层复合膜、片材等材料的水蒸气透过率的测定。

2　规范性引用文件

下列文件中的条款通过本标准的引用而成为本标准的条款。凡是注日期的引用文件，其随后所有的修改单(不包括勘误的内容)或修订版均不适用于本标准，然而，鼓励根据本标准达成协议的各方研究是否可使用这些文件的最新版本。凡是不注日期的引用文件，其最新版本适用于本标准。

GB/T 6672　塑料薄膜和薄片厚度测定　机械测量法(GB/T 6672—2001，idt ISO 4593：1993)

3　术语和定义

下列术语和定义适用于本标准。

3.1

水蒸气透过率　water vapour transmission rate

在规定的试验条件下，试验达到平衡时单位时间内透过单位面积样品的水蒸气量。

注：本标准中水蒸气透过率定义与 GB/T 1037—1988 中的水蒸气透过量定义的含义是一致的，水蒸气透过率(量)的单位为克每平方米 24 小时[$g/(m^2 \cdot 24\ h)$]。

3.2

试验用参考膜　reference test specimen

在特定试验条件下，水蒸气透过率为已知或由称重杯式法测试得到水蒸气透过率的膜片。

4　原理

当样品置于测试腔时，样品将测试腔隔为两腔。样品一边为低湿腔，另一边为高湿腔，里面充满水蒸气且温度已知。由于存在一定的湿度差，水蒸气从高湿腔通过样品渗透到低湿腔，由载气传送到红外检测器产生一定量的电信号，当试验达到稳定状态后，通过输出的电信号计算出样品水蒸气透过率。

5　样品

5.1　样品应具有代表性，无褶皱、折痕、针孔等。样品应厚度均匀，每片样品的面积应大于仪器的测试面积，并可以密封安装在仪器上。

5.2　除另有规定外，每组样品至少为 3 片。

5.3　除另有规定外，应按 GB/T 6672 的规定测试厚度，每个样品至少均匀间隔测量 3 个点。

6　试验状态调节

除另有规定外，样品应在温度 23 ℃±2 ℃，相对湿度 50%±10%的条件下，进行状态调节，调节时间至少 4 h。

7　仪器装置

7.1　红外透湿仪示意图见图 1。透湿仪由湿度调节装置、测试腔、红外检测器、干燥管及流量表等组成。高湿腔的湿度调节可采用载气加湿的方式或饱和盐溶液的方式调节,红外检测器与低湿腔相连测定湿度。

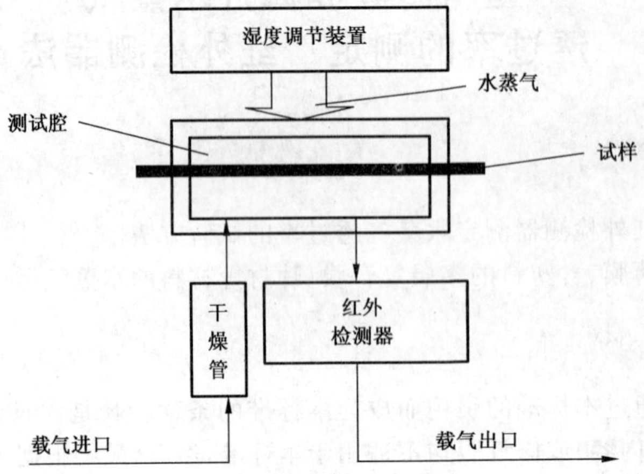

图 1 红外透湿仪示意图

7.2 测试腔:测试面积一般为 5 cm^2～100 cm^2;样品不应接触测试腔的腔体内表面,测试腔的温度应控制在±0.5 ℃以内。

7.3 流量计:范围 5 mL/min～100 mL/min。

7.4 红外传感器对水蒸气的灵敏度为 1 μg/L 或 1 mm^3/dm^3。

7.5 干燥管:能够将载气(空气或氮气)干燥至检测限或检测限以下。

8 测试条件

应优先从表 1 中选择测试条件,也可根据实际需要变动测试条件。

表 1 测试条件

序号	温度/℃	相对湿度/%
1	25±0.5	90±2
2	38±0.5	90±2
3	40±0.5	90±2
4	23±0.5	85±2
5	25±0.5	75±2

9 步骤

9.1 按 9.2～9.5 的步骤测定参考膜的水蒸气透过率值,进行仪器校正。

参考膜的水蒸气透过率值需每年校正 1 次～2 次,实验室或检测机构应有效维护和使用参考膜。

9.2 通干燥载气,测定仪器的零点漂移值。

9.3 将高湿腔的湿度调节到指定值。

9.4 将参考膜或样品平铺、密闭于测试腔内,注意不要使样品起皱或松弛。

9.5 通干燥载气,调节载气流量到规定值,载气流量应保持稳定,流量示值偏差应在 5%以内,开始测定,直至试验稳定时输出的电压值或仪器显示的水蒸气透过率值变化在 5%以内。如果输出值变化未在 5%以内,应在报告里加以说明。

注:试验具体操作如零点漂移测定、载气流量调节等宜根据所测材料阻隔性能的高低,按照仪器使用说明书的要求进行。

10 计算

按式(1)计算每个样品水蒸气透过率：

$$\mathrm{WVTR}=\frac{S\times(E_{\mathrm{S}}-E_{\mathrm{O}})}{(E_{\mathrm{R}}-E_{\mathrm{O}})}\times\frac{A_{\mathrm{R}}}{A_{\mathrm{S}}} \qquad \cdots\cdots(1)$$

式中：

WVTR——样品的水蒸气透过率，单位为克每平方米 24 小时[g/(m² · 24 h)]；

S——参考膜水蒸气透过率，单位为克每平方米 24 小时[g/(m² · 24 h)]；

E_{S}——样品测试稳定时电压，单位为伏特(V)；

E_{O}——零点漂移值电压，单位为伏特(V)；

A_{R}——参考膜测试面积，单位为平方米(m^2)；

E_{R}——参考膜测试稳定时电压，单位为伏特(V)；

A_{S}——样品测试面积，单位为平方米(m^2)。

11 结果

试验结果以所测样品的算术平均值表示。结果若小于 1，小数点后应保留 2 位；若大于 1，则保留两位有效数字。

12 试验报告

试验报告应包括下列信息：

a) 本标准编号；
b) 试验条件；
c) 样品有关信息；
d) 样品制备方法；
e) 标明样品哪一面与高湿腔接触；
f) 样品的透过面积；
g) 样品厚度；
h) 样品数量；
i) 测试条件；
j) 如果输出值变化未在 5%以内，应加以说明(见 9.5)；
k) 试验结果；
l) 试验日期。

附　录　A
（资料性附录）
本标准章条编号与 ISO 15106-2:2003 章条编号对照

表 A.1　本标准章条编号与 ISO 15106-2:2003 章条编号对照

本标准章条编号	对应的国际标准章条编号
前言	—
—	前言
1	1
2	—
—	2
3	3
3.1	—
—	3.1
3.2	3.2
4	4
5	5
6	6
7	7
图 1	—
—	图 1
8	8
9	9
9.1	9.1
9.2	9.2
9.3	—
—	9.3
9.4	9.4
9.5	—
—	9.5
10	10
11	11
—	12
12	13

附 录 B
（资料性附录）
本标准章条编号与 ISO 15106-2:2003 技术性差异及其原因

表 B.1 本标准章条编号与 ISO 15106-2:2003 技术性差异及其原因一览表

本标准章条编号	技术性差异	原 因
2	引用了采用国际标准的我国标准，而非国际标准	以适合我国国情
3.1	注的内容增加了与 GB/T 1037—1988 的说明	说明与国标定义的含义的一致性
3.2	删除了引用的国际标准	以适合实际情况
5.3	引用了采用国际标准的我国标准，而非国际标准	以适合我国国情
6	具体规定了调节时间至少 4 h	对应国家标准规定的具体时间
7.1	将仪器示意图改为框架性表述，增加湿度调节装置	更符合红外透湿仪的实际生产现状
7.5	改空气为空气或氮气	更符合实际使用情况
9.3	改饱和溶液配置为湿度调节	更符合实际使用情况
9.5	增加了载气流量控制	更具有操作性
—	删除了国际标准中的第 12 章精确度条款	不符合国标写法

ICS 97.170
Y 64

中华人民共和国国家标准

GB/T 26254—2010

家用和类似用途保健按摩垫

Household and similar healthful massage cushion

2011-01-14 发布　　2011-06-01 实施

中华人民共和国国家质量监督检验检疫总局
中国国家标准化管理委员会　发布

前　言

本标准由中国轻工业联合会提出。

本标准由全国家用电器标准化技术委员会(SAC/TC 46)归口。

本标准起草单位:福建怡和电子有限公司、厦门蒙发利科技(集团)股份有限公司、中国家用电器研究院、上海荣泰健身科技发展有限公司、艾力斯特健康科技有限公司、宁波奥森健身器材科技有限公司、宁波市产品质量监督检验所、深圳市检验检疫科学研究院。

本标准主要起草人:邱惠德、伍爱平、蔡长锋、林琪、杨友、王忠发、邓哲、高骏、索彦彦。

家用和类似用途保健按摩垫

1 范围

本标准规定了家用和类似用途保健按摩垫(以下简称按摩垫)的术语和定义、技术要求、试验方法、检验规则、标志、包装、运输、贮存等。

本标准适用于安装了以电能驱动的按摩部件,对人体的颈、肩、背、腰、臀、腿、手、足等部位进行按摩的按摩垫。

本标准不适用于作为医疗用途的按摩垫。

2 规范性引用文件

下列文件中的条款通过本标准的引用而成为本标准的条款。凡是注日期的引用文件,其随后所有的修改单(不包括勘误内容)或修订版均不适用于本标准,然而,鼓励根据本标准达成协议各方研究是否可使用这些文件的最新版本。凡是不注日期的引用文件,其最新版本适用于本标准。

GB/T 191 包装储运图示标志(GB/T 191—2008,ISO 780:1997,MOD)

GB/T 2828.1 计数抽样检验程序 第1部分:按接收质量限(AQL)检索的逐批检验抽样计划(GB/T 2828.1—2003,ISO 2859-1:1999,IDT)

GB/T 2829 周期检验计数抽样程序及表(适用于对过程稳定性的检验)

GB/T 4214.1—2000 声学 家用电器及类似用途器具噪声测试方法 第1部分:通用要求(eqv IEC 60704-1:1997)

GB 4343.1 家用电器、电动工具和类似器具的电磁兼容要求 第1部分:发射(GB 4343.1—2009,CISPR14-1:2005,IDT)

GB 4343.2 家用电器、电动工具和类似器具的电磁兼容要求 第2部分:抗扰度(GB 4343.2—2009,CISPR14-2:2008,IDT)

GB 4706.1—2005 家用和类似用途电器的安全 第1部分:通用要求(IEC 60335-1:2001,IDT)

GB 4706.8 家用和类似用途电器的安全 电热毯、电热垫及类似柔性发热器具的特殊要求(GB 4706.8—2008,IEC 60335-2-17:2006,IDT)

GB 4706.10 家用和类似用途电器的安全 按摩器具的特殊要求(IEC 60335-2-32:2005,IDT)

GB 5296.2 消费品使用说明 第2部分:家用和类似用途电器

3 术语和定义

下列术语和定义适用于本标准。

3.1

保健按摩垫 healthful massage cushion

采用电能驱动,依靠机械、气袋、电磁和电热等作用对人体部位进行按摩的垫子。

3.2

按摩机芯 massage assembly

对人体部位进行各种按摩动作的装置。

3.3

按摩头 massage wheel

机芯的一部分,模仿人手对人体进行按摩动作的部件。

3.4

气动　air-operated

利用气袋中充放气体的压力作用于人体，产生压迫和解除压迫的按摩动作。

3.5

揉捏　knead

按摩机芯依靠机械运动或气袋依靠气体压力，模拟人手对人体进行揉、捏的动作。

3.6

捶击　tap

按摩机芯依靠机械运动，模拟人手对人体进行的敲打动作。

3.7

摇摆　waver

按摩头以摇摆运动，施加于人体的一种按摩动作。

3.8

振动　vibration

利用电动机、电磁阀或弹性器件等实现振动的按摩动作。

3.9

揉捏速度　knead speed

按摩头或气袋每分钟揉捏的次数（按摩头或气袋间距由最宽到最窄，再由最窄到最宽一个循环为1次）。

3.10

捶击速度　tap speed

单边按摩头或电磁阀每分钟敲击的次数。

3.11

摇摆速度　waver speed

按摩头每分钟的摇摆次数。

3.12

振动速度　vibration speed

按摩头每分钟的振动次数。

3.13

异音　exceptional voice

机械传动及电动元器件、气动元件工作时产生的异常声音。

4　产品型号分类与命名

4.1　分类

按功能分为以下几种：

a）气动功能（以汉语拼音字母“Q”表示）；

b）揉捏功能（以汉语拼音字母“R”表示）；

c）振动功能（以汉语拼音字母“Z”表示）；

d）捶击功能（以汉语拼音字母“C”表示）；

e）两种以上功能相组合（以汉语拼音字母“H”表示）。

4.2 命名

4.2.1 型号组成及含义

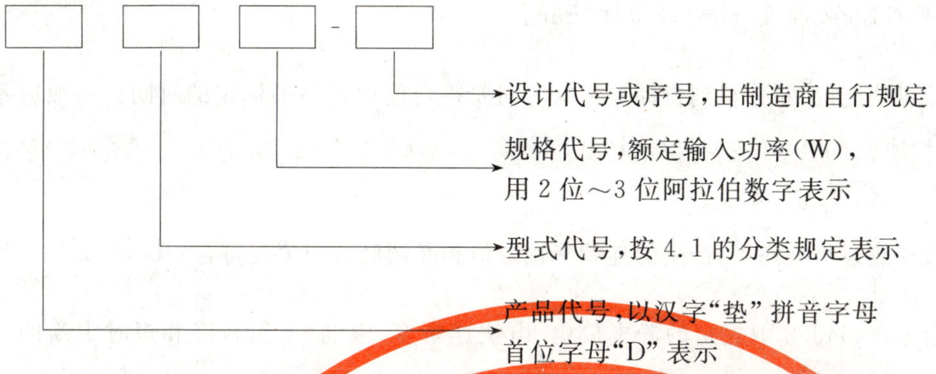

4.2.2 型号示例

一种由揉捏与捶击功能相结合的按摩垫，额定功率24 W，标记为：DH 24-A120

5 技术要求

5.1 安全性

按摩垫的电气安全应符合GB 4706.10的规定要求。对有带电加热的按摩垫还应符合GB 4706.8的有关规定。

5.2 使用环境

a) 温度为0 ℃～35 ℃；

b) 相对湿度为20%～80%；

c) 大气压力：86 kPa～106 kPa。

5.3 一般要求

5.3.1 按摩垫外形及结构尺寸，符合经批准的设计文件的规定。

5.3.2 按摩垫采用的材料、元器件、紧固件应符合相关标准的规定。

5.3.3 按照按摩垫产品使用说明书的要求操作，按摩垫应能启动运转，并能完成产品使用说明书所述功能(关于这些功能的技术要求，如在本标准未有规定，可执行相关标准)。

5.4 外观要求

5.4.1 整机外表面应色彩均匀，不得有划伤、露底及可见的缺陷。缝纫件无油渍污染，无明显色差；缝线平直无开脱和残留线头，转角处无明显皱折。

5.4.2 电源线表面无缺胶、划伤、破损、老化等缺陷，对带电部件有足够的绝缘防护。

5.4.3 塑料件涂层应附着力强，结合牢固。不得有明显的露底、凸起、凹坑、皱皮、飞漆、色差和流挂。

5.4.4 印刷字迹清晰、完整，无脱落、断线现象。

5.4.5 器具贴标面牢固、平整、无卷边和翘起。

5.5 噪声

按摩垫处于空载及开启全部功能状态下，其声功率级噪声值均应符合表1规定，且无明显异音。

表1 声功率级噪声值

功能	限定值 dB(A)
不带捶击功能	不大于60
带捶击功能	不大于65

5.6 按摩速度

5.6.1 揉捏速度应控制在3次/min～83次/min；

5.6.2 捶击速度应控制在25次/min～1 700次/min;

5.6.3 振动速度应控制在34次/min～7 300次/min;

5.6.4 摇摆速度应控制在34次/min～150次/min。

5.7 按摩垫定时

对于有自动停机功能的,从开机到自动停机的时间要符合使用说明书标定的时间。一般应不大于30 min,其误差不大于±2%。

5.8 电磁兼容

5.8.1 骚扰限值

按摩垫在空载连续运行状态下,产生的连续骚扰限值和断续骚扰限值应符合GB 4343.1的规定。

5.8.2 抗扰度

按摩垫应符合GB 4343.2中规定的静电放电、电快速瞬变、浪涌、电压暂降和短时中断的抗扰度试验。

5.9 气动压力

按摩垫有气动按摩功能时,气袋应有一定的按摩力度,但又不应使人体有难以承受的压迫感,其产生压迫功能的气压应不大于48 kPa。

注:气压是指充气泵出气口的输出压力。

6 试验方法

6.1 安全性测试

按摩垫的电气安全应符合GB 4706.10。对有带电加热的按摩垫还应符合GB 4706.8的有关规定。

6.2 试验用仪器、仪表和设备

试验用仪器、仪表和设备的规格或精确度要求见表2。

表2 仪器、仪表和设备的规格或精确度

序号	名 称	精确度
1	电工仪表	0.5级(出厂检验应不低于1.0级)
2	噪声声级计	±1 dB(A)
3	秒表	小于0.5%
4	温度计	小于0.5 ℃
5	其他试验设备	精确度应满足试验条件要求

除有仪器的实测数据与标准值对照以外,其余根据目视检查人员或者根据按摩垫的运行状况判定。

6.3 外观及涂层附着力、印刷附着力检查

6.3.1 外观

在40 W日光灯下,与水平面成45°角方向,距离被检物0.45 m处,目视及手感检查缝纫件、塑料件及涂饰、印刷的外观状态。

6.3.2 涂层附着力测试

用下列方法在涂饰件或喷塑件上测试涂饰层的结合力。

a) 用划格器在待测区域划出10 mm×10 mm的方格区,方格深度必须刮透整个涂层;

b) 用宽度25 mm,粘着力(10±1)N/25 mm的压敏胶粘带紧贴在划格区域;

c) 拉住胶带的一端,以涂层和胶带形成45°的方向,迅速连贯地把胶带拉脱;

d) 上述测试连续进行3次,切割区域的涂层不被拉脱,无起皮现象。

6.3.3 印刷附着力测试

a) 用白色棉布沾水以约10 N的力擦拭印刷标志15 s,再用蘸汽油的棉布以约10 N的力擦拭15 s;

注:用于此试验的汽油是脂肪族溶剂已烷,其按容积的最大芳烃含量为0.1%,贝壳松脂丁醇值为29,始沸点约为65 ℃,干点约为69 ℃,密度约为0.66 kg/l。

b) 以约每秒1次(1个往复)的速率连续擦拭;

c) 检查印刷层不能有脱落、模糊,标志应清晰易读,标志牌应不易揭下并且不应卷边。

6.4 噪声测试

按摩垫置于一个反射面上方的近似自由场测试环境中,按5.5的要求至少工作一个完整周期。按GB/T 4214.1—2000中7.1.4、7.1.5规定的方法测试。

6.5 按摩速度测试

6.5.1 揉捏速度测试

按摩垫施加额定电压,于空载状态下,开启揉捏功能,分别对最强档和最弱档进行测试,时间各为1 min,记录按摩头的揉捏次数。

6.5.2 捶击速度测试

按摩垫施加额定电压,于空载状态下,开启捶击功能,分别对最强档和最弱档进行测试,使用频闪仪记录按摩头的捶击速度。

6.5.3 振动速度测试

按摩垫施加额定电压,于空载状态下,开启振动功能,分别对最强档和最弱档进行测试,使用频闪仪记录按摩头的振动速度。

6.5.4 摇摆速度测试

按摩垫施加额定电压,于空载状态下,开启摇摆功能,分别对最强档和最弱档进行测试,时间各为1 min,记录按摩头的摇摆次数。

6.6 按摩垫定时时间测试

自按摩垫启动开始至自动停机的时间用秒表测定。

6.7 电磁兼容测试

6.7.1 骚扰限值测试,依据GB 4343.1的规定。

6.7.2 抗扰度测试,依据GB 4343.2的规定。

6.8 气压测试

将通气软管连接在充气泵的出气口,另一端连接气阀、气袋。启动充气泵,测量其气动按摩,产生压迫功能的压力值。

7 检验规则

7.1 检验说明

按摩垫应根据本标准进行测试,并经正式鉴定合格后,方能批量投产。每台按摩垫,须经制造商质量检验部门检验合格后方能出厂,并附有产品合格证、使用说明书和保修卡。

7.2 检验分类

按摩垫检验分出厂检验和型式检验。

7.3 出厂检验

7.3.1 产品出厂检验为逐台检验,其检验项目要求和试验方法见表3。

表3 出厂检验项目、要求和试验方法

序号	检验项目	本标准		GB 4706.10	不合格分类		
		技术要求	试验方法	技术要求与试验方法	A	B	C
1	标志	8.1	视检		√		
2	外观	5.4	6.3.1				√
3	一般要求	5.3	按说明书操作				√
4	泄漏电流	5.1		GB 4706.1—2005第16章	√		
5	电气强度(冷态)	5.1		GB 4706.1—2005第16章	√		

表 3（续）

序号	检验项目	本标准		GB 4706.10	不合格分类		
		技术要求	试验方法	技术要求与试验方法	A	B	C
6	噪声	5.5	6.4		√		
7	性能测试	5.6;5.7	6.5;6.6			√	
8	包装	8.3	视检				√

7.3.2 产品出厂检验的抽样按 GB/T 2828.1 检查的批量、抽样方案、检查水平及合格质量水平，由制造商质量检验部门自行规定。

7.3.3 检验样品处理

经出厂检验后，凡合格的样品可作为合格产品交付订货方，经型式检验的样品，一律不能作为合格产品交付订货方。

7.3.4 对 5.5 中的噪声应逐台检查异音，噪声检测的数量和替代方法由企业产品标准中予以规定。

7.4 型式检验

7.4.1 有下列情况之一时，应进行型式检验：

a) 新产品试制定型鉴定或新产品转厂生产试制定型鉴定；

b) 设计、工艺、材料有重大改变；

c) 正常生产时，每两年进行一次；

d) 产品停产一年以上，恢复生产；

e) 出厂检验结果与上次型式检验有较大差异；

f) 国家质量监督机构提出型式检验要求。

7.4.2 型式检验项目，应包括本标准表 4 和表 5 所列各项以及 GB 4706.10 全部检验项目，对有带电加热的按摩垫应符合 GB 4706.8 全部检验项目。

表 4 型式检验项目、要求和试验方法

序号	试验项目	本标准		不合格分类		
		技术要求	试验方法	A	B	C
1	揉捏速度	5.6.1	6.5.1		√	
2	捶击速度	5.6.2	6.5.2		√	
3	振动速度	5.6.3	6.5.3		√	
4	摇摆速度	5.6.4	6.5.4		√	
5	气动压力	5.9	6.8		√	
6	电磁兼容骚扰限值	5.8.1	6.7.1	√		
7	电磁兼容抗扰度	5.8.2	6.7.2	√		

7.4.3 型式检验采用的抽样方案按 GB/T 2829 执行，判别水平Ⅰ的二次抽样方案，判别水平、样本大小、不合格质量水平见表 5。安全要求均为致命缺陷，若有一项不合格即该产品为不合格。

表 5 型式检验抽样方案

判别水平	抽样方案	样本大小	不合格质量水平					
			A类 RQL=30		B类 RQL=50		C类 RQL=65	
			Ac	Re	Ac	Re	Ac	Re
判别水平Ⅰ	第一次	$n_1=4$	0	2	0	3	1	3
	第二次	$n_2=4$	1	2	3	4	4	5

7.4.4 型式检验的周期由生产厂家自行确定，必须符合型式检验的规定。型式检验的样品应从出厂检验合格的产品中随机抽取。

8 标志、使用说明、包装、运输、贮存要求

8.1 标志

产品的铭牌及安全注意事项应位于明显位置；铭牌应安装牢固、表面光滑、字迹清晰，并应标明下列内容：

a) 产品名称、型号；
b) 制造商名称或商标；
c) 产品编号、制造日期；
d) 电击防护类别；
e) 电源性质的符号(标有额定频率的除外)，额定电压或工作电压范围，单位为伏(V)；
f) 额定输入功率，单位为瓦(W)。

8.2 使用说明

每台按摩垫应有使用说明书，使用说明书除应符合 GB 5296.2 的编写要求和 GB 4706.10 规定的内容外，还应标示出下述内容：

a) 按摩垫的型号、规格，主要技术参数(额定电压、额定频率、工作电压范围、额定输入功率等)；
b) 按摩垫外形尺寸简图；
c) 使用方法及使用注意事项、警示语等；
d) 故障排除及维护保养；
e) 使用环境。

8.3 包装

8.3.1 内包装为塑料薄膜。应附有产品合格证、使用说明书、保修卡、装箱单等。

8.3.2 外包装用纸箱包装，应牢固可靠，能有效保护产品。

8.3.3 外包装表面应标明以下内容：

a) 产品名称、型号、规格；
b) 执行标准编号；
c) 产品的批号或生产日期；
d) 制造商和生产厂地址；
e) 毛重、净重，kg；
f) 外形尺寸(长×宽×高)，mm；
g) 符合 GB/T 191 规定的包装储运图示标志。

8.4 运输

运输过程中应防止剧烈振动、冲击、潮湿和化学品侵蚀。

8.5 贮存要求

产品必须贮存在干燥通风、周围无腐蚀性气体的仓库。堆码高度应不高于包装箱上标明的堆码层数。

ICS 83.140.30
G 33

中华人民共和国国家标准

GB 26255.1—2010

燃气用聚乙烯管道系统的机械管件 第1部分:公称外径不大于63 mm的管材用钢塑转换管件

Mechanical fittings for polyethylene piping systems for the supply of gaseous fuels—Part 1:Metal fittings for pipes of nominal outside diameter less than or equal to 63 mm

(ISO 10838-1:2000,MOD)

2011-01-14 发布　　　　2011-06-01 实施

中华人民共和国国家质量监督检验检疫总局
中国国家标准化管理委员会　发布

前言

GB 26255 的本部分第 5 章 5.3 条、第 5 章 5.4 条表 1 第 1、4 项为强制性的，其余为推荐性的。

GB 26255《燃气用聚乙烯管道系统的机械管件》分为两个部分：

——第 1 部分：公称外径不大于 63 mm 的管材用钢塑转换管件；

——第 2 部分：公称外径大于 63 mm 的管材用钢塑转换管件。

本部分为 GB 26255 的第 1 部分。

本部分修改采用 ISO 10838-1：2000《燃气用聚乙烯管道系统的机械管件　第 1 部分：公称外径不大于 63 mm 的管材用钢塑转换管件》(英文版)。

本部分根据 ISO 10838-1：2000 重新起草。本部分与 ISO 10838-1 相比，主要变化如下：

——增加关于钢塑转换管件钢管段的防腐规定和要求；

——增加了“生产过程密封性测试”(见第 6 章)；

——为便于操作和使用，要求以表格形式表示(见第 8 章)；

——增加了(80 ℃，165 h)静液压强度测试；

——增加了附录 A：内压密封试验方法；

——增加了附录 B：耐弯曲试验方法；

——增加了检验规则(见第 10 章)；

——增加了运输、贮存内容(见第 12 章)。

本部分的附录 A、附录 B 为规范性附录。

请注意本部分的某些内容有可能涉及专利。本部分的发布机构不应承担识别这些专利的责任。

本部分由中国轻工业联合会提出。

本部分由全国塑料制品标准化技术委员会塑料管材、管件及阀门分技术委员会(SAC/TC 48/SC 3)归口。

本部分起草单位：亚大塑料制品有限公司、港华辉信工程塑料(中山)有限公司、宁波市宇华电器有限公司、沧州明珠塑料股份有限公司、北京保利泰克塑料制品有限公司。

本部分主要起草人：马洲、王志伟、梁志刚、李伟富、刘敏、林松月。

燃气用聚乙烯管道系统的机械管件 第1部分：公称外径不大于63 mm的管材用钢塑转换管件

1 范围

GB 26255的本部分规定了用于公称外径不大于63 mm的符合GB 15558要求的燃气聚乙烯管道系统中的PE管材与金属管材或管件连接用机械管件（以下简称“钢塑转换管件”）的术语和定义、符号和缩略语、材料、一般要求、性能要求、试验方法、标志和标签及包装、运输、贮存等。

本部分适用于承载元件是金属部分的钢塑转换管件，规定了其端部抗载荷能力。本部分规定钢塑转换管件与PE管材一起用于燃气输送系统，包括钢塑直接头、弯头、法兰、三通钢塑转换件等形式，接头为永久性或可拆装的。钢塑转换管件和金属管材或管件组装可采用螺纹、法兰或焊接连接。

GB 26255的本部分规定的钢塑转换管件适用的工作温度范围为−20 ℃～+40 ℃。

GB 26255的本部分性能要求的目的是为保证钢塑转换管件与PE管材连接接头的密封性能和负载能力，当机械接头在承受拉力或压力时PE管材首先屈服而不会拔脱。

2 规范性引用文件

下列文件中的条款通过GB 26255的本部分的引用而成为本部分的条款。凡是注日期的引用文件，其随后所有的修改单（不包括勘误的内容）或修订版均不适用于本部分，然而，鼓励根据本部分达成协议的各方研究是否可使用这些文件的最新版本。凡是不注日期的引用文件，其最新版本适用于本部分。

GB/T 2828.1—2003　计数抽样检验程序　第1部分：按接收质量限（AQL）检索的逐批检验抽样计划（ISO 780:1997,MOD）

GB/T 6111—2003　流体输送用热塑性塑料管材　耐内压试验方法（idt ISO 1167:1996）

GB/T 7306—2000（所有部分）　55°密封管螺纹　第1部分：圆柱内螺纹与圆锥外螺纹（eqv ISO 7-1:1994）

GB/T 8163—2008　输送流体用无缝钢管（EN 10216-1:2004,NEQ）

GB/T 10798—2001　热塑性塑料管材通用壁厚表（idt ISO 4065:1996）

GB 15558.1　燃气用埋地聚乙烯（PE）管道系统　第1部分：管材（GB 15558.1—2003,ISO 4437:1997,MOD）

GB 15558.2—2005　燃气用埋地聚乙烯（PE）管道系统　第2部分：管件（GB 15558.1—2005;ISO 8085-2:2001,MOD;ISO 8085-3:2001,MOD）

GB/T 18252—2008　塑料管道系统　用外推法确定热塑性塑料材料以管材形式的长期静液压强度（ISO 9080:2003,IDT）

GB/T 18475—2001　热塑性塑料压力管材和管件用材料　分级和命名　总体使用（设计）系数（eqv ISO 12162:1995）

GB/T 18684—2002　锌铬涂层　技术条件

GB/T 19278—2003　热塑性塑料管材、管件及阀门　通用术语及其定义

HG/T 3092—1997　燃气输送管及配件用密封圈橡胶材料（idt ISO 6447:1983）

SY/T 0315—2005　钢制管道熔结环氧粉末外涂层技术标准

SY/T 0413—2002　埋地钢质管道聚乙烯防腐层技术标准

3 术语和定义

GB/T 19278—2003 确立的以及下列术语和定义适用于 GB 26255 的本部分。

3.1

最大工作压力　maximum operating pressure

正常条件下，管道系统中允许连续使用的流体最大工作压力。

3.2

机械管件　mechanical fitting

用于 PE 管材与金属管材及管件装配的一类管件，包括一处或多处压紧区域以提供整体压力、密封性和端部抗载荷能力。

3.3

钢塑转换管件　steel-PE-transition fitting

包括钢管部分和 PE 管部分的一类机械管件。

3.4

连接端完全抗载荷能力　full-end-load resistance

钢塑转换管件的装配设计和特性应保证在任何负荷情况下管材首先失效而不会从机械接头中拔脱。

3.5

刚性内插件　stiffener insert

管状刚性内部增强件，为 PE 管材提供永久支撑以防在管壁中受径向压力时蠕变拔脱。

3.6

锁紧环　grip ring

固定钢塑转换接头中的 PE 管以防止从管件中拔脱的环。

注：在某些情况下，刚性内插件也组成一个(锁)紧环。

3.7

d_i

最小内径　minimum bore

钢塑转换管件任何横截面上测量内径的最小值。

3.8

管件组装　fitting assembly

通过钢塑转换管件将金属管材或管件与 PE 管材或管件连接成的完整的钢塑转换管件装配系统。

3.9

精度级别　accuracy class

测量仪表的最大允许误差，用其测量范围的百分比表示。

4 符号和缩略语

下列符号和缩略语适用于 GB 26255 的本部分。

CTL　持续拉伸载荷

d_i　最小内径

MOP　最大工作压力

MRS　最小要求强度

PE　聚乙烯

S　管壁的横截面面积，用平方毫米表示，以管的平均外径和最小管壁厚度计算

SDR　标准尺寸比

T_{max}　在标准工作状况下 PE 管件和管材所处的最高温度

T_{min}　在标准工作状况下 PE 管件和管材所处的最低温度

σ　管壁的拉应力

注：标准工作状况指钢塑转换管件适用的工作温度范围为－20 ℃～＋40 ℃。

5　材料

5.1　总则

钢塑转换管件的 PE 材料必须具有与所连接的 PE 管材/管件相当或更好的性能水平，与 PE 管材接触的材料不应对 PE 管材有负面影响而导致其不符合 GB 15558.1 的要求。

暴露在腐蚀环境下的组件应由防腐材料制造或采取防腐蚀措施。

如组件连接需润滑剂，润滑剂应适用于燃气输送并不会对组件性能造成负面影响，组件整体性能应符合本部分和 GB 15558.1 对管材的要求。

5.2　金属部件

钢塑转换管件的钢管段应符合 GB/T 8163—2008 的要求，其他金属组件应符合相关国家或行业标准。在所有情况下应保证组件应用的适宜性。

5.3　聚乙烯材料

钢塑转换管件塑料段应使用 PE80 或 PE100 聚乙烯混配料制造。聚乙烯混配料应符合 GB 15558.1 中对聚乙烯混配料的要求。

聚乙烯混配料应按照 GB/T 18252—2008 确定材料与 20 ℃、50 年、置信度为 97.5%时相应的静液压强度置信下限 σ_{LPL}。混配料应按照 GB/T 18475—2001 进行分级，混配料应有相应的级别证明。

注：钢塑转换管件的塑料材料与 PE 管材的寿命相同，长期静液压强度是选择塑料材料最重要的要求。用于承压或承受持续环应力或拉力的组件的塑料材料符合相关国家标准。钢塑转换管件与气体接触的部分为耐燃气、冷凝物及其他物质，诸如粉尘等，并符合本部分的要求。

5.4　弹性体

橡胶密封圈应符合 HG/T 3092—1997。

注：也可采用 EN 682:2002 的类型 G 弹性体材料。

5.5　其他材料

5.2，5.3，和 5.4 没有包含的其他材料，在符合 5.1 要求情况下可以使用，制造的钢塑转换管件应符合本部分的要求。

6　钢塑转换管件一般要求

6.1　设计和构造

钢塑转换管件应能够在温度－5 ℃～＋40 ℃施工条件下与符合 GB 15558.1 的管材及符合 GB 15558.2 的管件装配，必要时可使用特殊的机械安装工具。

注：钢塑转换管件应具有足够大的刚性支撑表面以避免在安装过程中变形，钢塑转换管件和工具的设计避免影响接头组件的性能。

钢塑转换管件与符合 GB 15558.1 要求的管材及符合 GB 15558.2 管件的装配应达到本部分的要求，这里不考虑管材材料和尺寸公差，GB 15558.1 中给出了公差范围。

应用于钢塑转换管件连接的刚性内插件应为刚性无缝管，其机械强度保证在长期受压下不致变形。

非预制钢塑转换管件应提供控制刚性件在管材上位置的方式。

刚性体应具有对全压缩区域的支撑并且在组装后无轴向位移。对应每一直径和 SDR 系列钢塑转换管件中只能有一个刚性内插件。

燃气通过钢塑转换管件应无明显的压力降。

钢塑转换管件组装过程中不能导致 PE 管材的扭曲。

如果设计需要,管件可包括一个防剪切套管。

PE 管材不应经过机械加工(例如车螺纹或铣沟槽)。

6.2 外观

钢塑转换管件应光滑整洁,不应有明显划伤、凹陷、鼓包等表面缺陷,不应有影响到符合本部分一致性要求的破坏迹象。

6.3 带插口端或电熔承口端的钢塑转换管件

钢塑转换管件的 PE 插口端或 PE 电熔承口端应符合 GB 15558.2 的要求。

6.4 螺纹

金属端的螺纹应符合 GB/T 7306—2000 的要求。

6.5 金属部件的尺寸和公差

金属部件应以符合 GB/T 8163—2008、GB/T 7306—2000 或相关国家标准的允许尺寸和公差相配为准则制造。

尺寸应与符合本部分要求的管材连接为准则。无缝钢管尺寸应符合 GB/T 8163—2008 的要求。

注：钢管段长度宜大于 250 mm 以避免 PE 连接部位受焊接时传递的热影响。

6.6 聚乙烯部件的尺寸和公差

任何承压 PE 部件的最小壁厚应与设计连接 PE 管材的性能水平相当。

尺寸应与满足本部分要求的管材连接为准则。

6.7 最小内径

最小内部孔径 d_i 应由制造商在技术数据资料中说明。

6.8 生产过程密封性测试

应按附录 A 规定的试验方法对钢塑转换管件逐个进行 23 ℃密封性能试验(0.6 MPa、30 s 及 2.5×10^{-3} MPa、60 s)。

7 试样制备

本部分的试验组件规定由管件制造商进行组装或由用户提供制造商的安装文件(如有要求,也包含润滑剂)指导下安装。

如果机械管件需由用户组装,试样应在−5 ℃和+40 ℃下遵循制造商指导进行,一半数量的钢塑转换管件试样在−5 ℃环境组装,另一半试样在+40 ℃环境组装。全部试样应首先能经受表 1 中项目 1～4 规定的试验要求。

8 要求

按照第 7 章的要求进行试样组装,钢塑转换管件组件应符合表 1 的要求,试验方法及参数见表 1。

表 1 性能要求

序号	项目	要求	试验参数		试验方法
1	密封性能	无破坏,无泄漏	试验温度 试验压力 试验持续时间	23 ℃ 2.5×10^{-3} MPa 1 h	9.1
			试验温度 试验压力 试验持续时间	23 ℃ 1.5 MOP(最小为 0.6 MPa) 1 h	

表 1（续）

序号	项 目		要 求	试 验 参 数		试验方法
2	温度循环和弯曲时的密封性能		无破坏，无泄漏	循环次数 循环温度 试验压力	10 −20 ℃(T_{min})/+40 ℃(T_{max}) 0.6 MPa	9.2
3	23 ℃ 下拉伸载荷后的密封性能[a]		1. 无破坏，无泄漏； 2. 无拔脱； 3. 拉伸试验后符合密封性能要求	试验温度 试样数 拉力	23 ℃±2 ℃ 1 见 9.3.1.3.2	9.3.1
3	80 ℃ 下拉伸载荷后的密封性能[a]		1. 无破坏，无泄漏； 2. 无拔脱； 3. 拉伸试验后符合密封性能要求	试验温度 试样数 拉力 密封实验持续时间	80 ℃±5 ℃ 1 见表 2 24 h	9.3.2
4	80 ℃静液压强度[b] (80 ℃，165 h)		无破坏，无渗漏	环应力： PE 80 管材 PE 100 管材 试验时间	 4.5 MPa 5.4 MPa ≥165 h	9.4a)
4	80 ℃静液压强度 (80 ℃，1 000 h)		无破坏，无渗漏	环应力： PE 80 管材 PE 100 管材 试验时间	 4.0 MPa 5.0 MPa ≥1 000 h	9.4b)
5	恒定压力降下的气体流动速率		测定钢塑转换管件内的气体流动速率/供应双方协商确定 (技术资料中说明)	压力降	0.05×10^{-3} MPa	9.5
6	内螺纹的坚固性		无破坏，组件无渗漏	力矩	见表 3	9.6
7	钢管段防腐层性能[c]	树脂涂层	应符合 SY/T 0315—2005	—	—	9.7
7	钢管段防腐层性能[c]	锌铬涂层	应符合 GB/T 18684—2002	—	—	9.7
7	钢管段防腐层性能[c]	聚乙烯防腐层	应符合 SY/T 0413—2002	—	—	9.7

[a] 破坏包括出现与本部分不一致的永久变形，管件安装自由空间内的截留空气的移动，例如密封嗝，不考虑为渗漏。

[b] 对于(80 ℃，165 h)静液压试验，仅考虑脆性破坏。如果在规定破坏时间前发生韧性破坏，允许在较低应力下重新进行该试验。重新试验的应力及其最小破坏时间见 GB 15558.1。

[c] 其他类别涂层要求也可由供需双方协商。

9 试验方法

9.1 密封试验

采用空气、氮气或惰性气体作为加压介质，密封试验应按照附录 A 进行；试验应在 23 ℃±2 ℃的温度下按下列顺序进行：第一步测试在 2.5×10^{-3} MPa 压力下，第二步测试在 1.5 MOP(最小压力为 0.6 MPa)下，MOP 由制造商在技术文件中说明。

9.2 温度循环和弯曲时的密封性能

9.2.1 管件完全安装在PE直管段上，按照附录B对试样进行试验（管件组装应符合第7章的要求）。

9.2.2 在0.6 MPa的内压下，检查试样有无渗漏，随后采用以下循环中的一种进行连续10次完全温度循环：

a) 双温度控制室（温度 T 偏差±5 ℃）
   1) 在温度为 T_{max} 的第一室放置试样至少2.5 h；
   2) 转移试样到温度为 T_{min} 的第二室，转移时间的最小值为0.5 h，最大时间为1 h；
   3) 放置试样在温度为 T_{min} 的第二室内至少2.5 h；
   4) 转移试样到温度为 T_{max} 的第一室，转移时间的最小值为0.5 h，最大时间为1 h；
   5) 返回1)。
b) 单温度控制室（温度 T 偏差±5 ℃）
   1) 在温度控制室内以最小1 ℃/min的速度升温至 T_{max}；
   2) 保持 T_{max} 至少2 h；
   3) 以最小1 ℃/min的速度降温至 T_{min}；
   4) 保持 T_{min} 至少2 h；
   5) 返回1)。
c) 试验后，在23 ℃±2 ℃的环境下检查试样密封性能（见表1第1项）。

在仲裁情况下，采用双温度控制室。

9.3 拉伸载荷后的密封性能

9.3.1 23 ℃下拉伸载荷后的密封性能

在23 ℃±2 ℃条件下进行恒定载荷下拉伸试验后的试样密封性能检测。

9.3.1.1 原理

钢塑转换组件首先承受一定的轴向拉应力，稳定后在一定速度下继续拉伸直到管材屈服。拉伸后验证密封性能。

9.3.1.2 装置

a) 拉伸试验机或其他相当足够动力的设备，能使试验进行并达到PE管材的屈服点，试验机能够在两个钳夹之间以25 mm/min的恒定速度拉伸或提供持续恒定的拉力（最大偏差为2%）；
b) 适宜的夹紧工具；
c) 能达到b)要求的拉力测量器；
d) 秒表或其他类似工具；
e) 精度不低于1.6级压力表；
f) 压缩空气源（5.0×10^{-3} MPa）；
g) 带阀的一系列管段，能够将试样与压力表或压力源连接或者将试样/压力元件从压力源处隔断。

9.3.1.3 步骤

9.3.1.3.1 对每一个试样，连接PE管的长度（不包括管件和夹具）至少相当于管材公称直径的两倍，但最大为250 mm。

通过插入内插件增强刚度的管材自由端可固定在拉伸试验机的夹具上。

在管材的自由端连接密封件并与压力源连接，可以使试样保持在 2.5×10^{-3} MPa的密封压力。

在23 ℃±2 ℃对试样进行2 h的状态调节。

用夹紧工具将试样端部在拉伸试验机上固定，拉力方向线与管材的轴线保持一致。

接通压力源，通入 2.5×10^{-3} MPa的压力到试样内部。

隔断气源，检测试样组件的密封性能。

9.3.1.3.2 加载过程如下：

a) 在 5 min±1 min 时间内逐渐施加拉力，直到组件管材获得 12 MPa 的拉应力 σ，拉力 F 通过式(1)计算，单位为牛顿。

$$F = S\sigma \qquad (1)$$

式中：

S——管材壁的截面积，用平均外径和最小壁厚计算，单位为平方毫米(mm^2)；

σ——拉应力(12 MPa)，1 MPa=10^6 N/mm^2。

b) 在此拉力下保持试样组件 1 h，偏差为±2%。

c) 以 25 mm/min±1 mm/min 的速度继续增加拉力直至 PE 管材屈服，屈服后立即停止。除非管材自由段的长度大于公称外径的两倍，才可以按比例增加十字头的速度。

d) 将拉力释放，然后在 2.5×10^{-3} MPa 的压力下检测组件的密封性能(见表 1)，检查是否出现渗漏。

9.3.2 80 ℃下拉伸载荷后的密封性能

对每一个试样，连接 PE 管的长度(不包括管件和夹具)至少相当于管材公称直径的两倍，但最大为 250 mm。

将试样组件安装在能提供恒定轴向拉力的固定设备上，能够对管材和管件施加轴向拉力。试样悬空，任一部位不应出现变形。

表 2 给出 SDR 17.6 和 SDR 11 的管材承受的轴向拉力(端部载荷)，80 ℃±5 ℃下，在 5 min±1 min 的时间内逐渐施加拉力，保持 500 h。

表 2 SDR 17.6 和 SDR 11 管材的端部负载

尺寸 mm	端部载荷 N	
	SDR 17.6	SDR 11
16	350	430
20	450	560
25	570	730
32	750	960
40	950	1 480
50	1 500	2 300
63	2 350	3 650
注：端部负载值大约是 80 ℃管材的屈服强度的一半。		

在完成 500 h 持续拉伸载荷(CTL)试验后，在 23 ℃±2 ℃环境下状态调节试样 24 h，按 9.1 及附录 A 的方法进行 2.5×10^{-3} MPa、24 h 密封试验，随后再做 0.6 MPa、24 h 密封试验。

9.4 80 ℃静液压试验

按 GB/T 6111—2003 在 80 ℃±1 ℃试验温度无约束条件下进行试验。

a) (80 ℃，165 h)静液压试验：

施加静液压压力，按相当于环应力 4.5 MPa(PE 80)或环应力 5.4 MPa(PE 100)的压力使试样管壁承压，保持至少 165 h。

b) (80 ℃，1 000 h)静液压试验：

施加静液压压力，按相当于环应力 4.0 MPa(PE 80)或环应力 5.0 MPa(PE 100)的压力使试样管壁承压，保持至少 1 000 h。

试验过程中，监控组件的紧密程度和密封性。管件安装自由空间内的截留空气的移动，例如密封嗝,不考虑为渗漏。

9.5　恒定压力降下的气体流动速率

按 GB 15558.2—2005 中的附录 D 进行试验。在产生 0.05×10^{-3} MPa 压降时测定相应钢塑转换管件内的气体流动速率。

9.6　内螺纹的坚固性

用合适的工具对钢塑转换管件的内螺纹端施加以表 3 给定的力矩,拧紧试样。

试验中不能用润滑剂。按照表 2 和 9.1 检查钢塑转换管件试样的密封性能。

表 3　内螺纹试验的力矩

尺　寸 mm	力　矩 N·m
	合金钢
16	50
20	80
25	115
32	150
40	175
50	210
63	250

9.7　钢塑转换管件的钢管段防腐层性能

树脂涂层应按 SY/T 0315—2005 规定的试验方法进行,锌铬镀层应按 GB/T 18684—2002 测试。聚乙烯防腐层应按照 SY/T 0413—2002 测试。

10　检验规则

10.1　检验分类

检验分为型式检验和出厂检验。

10.2　组批规则和抽样方案

10.2.1　组批

同一原料、设备和工艺生产的同一规格钢塑转换管件作为一批。每批数量不超过 3 000 件,同时生产周期不超过 7 d。

10.2.2　抽样方案

接收质量限(AQL)为 2.5 的抽样方案见表 4。

表 4　接收质量限(AQL)为 2.5 的抽样方案　　单位为件

批量 N	样本量 n	接收数 Ac	拒收数 Re
≤150	8	0	1
151～280	13	1	2
281～500	20	1	2
501～1 200	32	2	3
1 201～3 000	50	3	4

10.3 型式检验

10.3.1 型式检验的项目为第6章、第8章中的技术要求。

一般情况下，每隔三年进行一次型式检验。若有以下情况之一，应进行型式试验：

a) 新产品或老产品转厂生产的试制定型鉴定；

b) 结构、材料、工艺有较大变动可能影响产品性能时；

c) 产品长期停产后恢复生产时；

d) 出厂检验结果与上次型式检验结果有较大差异时；

e) 国家质量监督机构提出型式检验的要求时。

10.3.2 判定规则和复验规则

按本部分规定的试验方法进行检验，依据试验结果和技术要求进行判定。如性能要求有一项达不到规定时，则随机抽取双倍样品对该项进行复验。如仍有不合格，则判该项不合格。

10.4 出厂检验

10.4.1 出厂检验项目为第6章的外观和尺寸要求、第8章中的(80 ℃,165 h)静液压试验和密封性能试验。

10.4.2 第6章尺寸检验按GB/T 2828.1—2003规定采用正常检验一次抽样方案，取一般检验水平Ⅰ，接收质量限(AQL)2.5，见表4。

10.4.3 在外观尺寸抽样合格的产品中，随机抽取样品进行静液压试验(80 ℃,165 h)、密封性试验(表1中第1项)，静液压强度试样数量为1个。

10.4.4 判定规则和复验规则

产品须经制造商质量检验部门检验合格并附有合格标志方可出厂。

按本部分规定的试验方法进行检验，依据试验结果和技术要求对产品做出质量判定。外观、尺寸按第6章的要求，按表4进行判定。其他性能有一项达不到规定时，则在该批中随机抽取双倍样品对该项进行复验。如仍不合格，则判该批产品不合格。

11 标志

11.1 总则

钢塑转换管件本体应有永久性标志，例如注塑或压制成型的标志，在组装后钢塑转换管件上包含11.2和11.3规定的最少信息且清晰可见。

11.2 永久标志

a) 制造商的名称和/或商标；

b) 可追溯性的制造商信息。

注：如用数字或代码表示的年和月或多处生产时的生产地点的名称或代码。

标志应不影响本部分的相关性能要求。

11.3 钢塑转换管件或标签上的标志

a) 符合相关标准的可追溯性编码；

b) 制造批数和/或日期；

c) PE管材的材料性质和尺寸；

d) 金属管材的大小(DN)；

e) 安装力矩(如有规定)；

f) PE材料的名称及级别；

g) 管件安装的其他信息。

12 包装、运输、贮存

12.1 包装

钢塑转换管件应以一定数量或单独包装，防止损坏和污染。

非预装管件的刚性件应安全的包装在钢塑转换管件主体内。

如有必要，管件应包装在塑料袋内放置于纸板箱或硬纸盒中。

塑料袋和/或纸板箱或硬纸盒应具有至少一个包含以下信息的标签：

a） 制造商的名称；

b） 管件型号和尺寸；

c） 制造日期；

d） 管件数量；

e） 任何特定的贮存状况和贮存时间限制。

包装应包含制造商书面安装说明。

12.2 运输

管件运输时，不得受到剧烈的撞击、划伤、抛摔、曝晒、雨淋和污染。

12.3 贮存

管件应贮存在地面平整、通风良好、干燥、清洁并保持良好消防的库房内，合理放置。贮存时，应远离热源，并防止阳光直接照射。

附　录　A
（规范性附录）
内压密封性试验方法

A.1　原理

使钢塑转换管件与聚乙烯（PE）管材的组合件承受规定的压力（微压及其内部压力大于管材的公称压力）情况下，检查其密封性能（熔接接头除外）。试验不考虑与聚乙烯管材相接的管件的设计和材料。

A.2　装置（见图 A.1）

A.2.1　适宜的压力源

与试样相连，能够提供所用管材最大工作压力 1.5 倍的气压至少 1 h。

A.2.2　压力测量装置

安装在装置上，测量试验压力，精度为±2%。

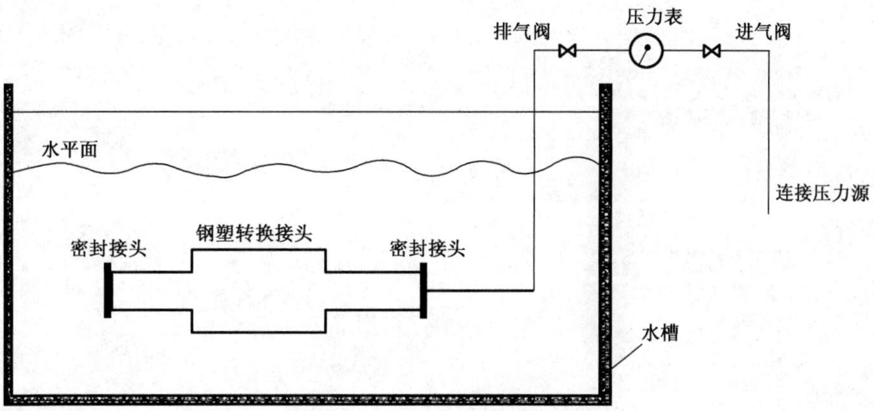

图 A.1　装置示意图

A.3　试样

试样应包括至少由一个钢塑转换接头和一根或多根聚乙烯管材组装成的接头。每根管段的长度应至少为 300 mm。

试样的一端应与压力源相连，另一端应以限位接头（或封头）封堵密封。接头的装配应按照有关的国家操作规程或制造商提供的装配要求进行。

A.4　试验方法

采用空气、氮气或惰性气体作为加压介质。

在 23 ℃±2 ℃的温度下，将试样安装在试验装置上固定，放置在水槽中。

在水槽中放入一定量的水，水面高度至少超过试样上表面。试样在水中的状态调节时间大约为 10 min。

连接压力源通入空气或氮气。持续加压直到标准规定的压力，维持规定的时间（参见标准要求，如表 1 和 9.3），保持压力表有一个稳定的读数。记录加压时间。

试验过程中检查试样是否有任何渗漏现象发生。如果管材在 1 h 内破坏，重做试验。

A.5 试验报告

试验采用的方法及介质、试验压力和时间。

试验报告应包括 GB 26255 本部分的附录号和观察到的任何渗漏现象以及发生渗漏时的压力。

如果在试验过程中连接处没有发生渗漏，则认为该组合件是合格的。

附　录　B
（规范性附录）
耐弯曲密封性试验方法

B.1　原理

在弯曲条件下检测机械管件与聚乙烯(PE)压力管材(熔接接头除外)组合件承受内压时的密封性能。本方法适用包含公称外径不大于63 mm管材的机械管件。

B.2　装置

装置示意图如图B.1所示。

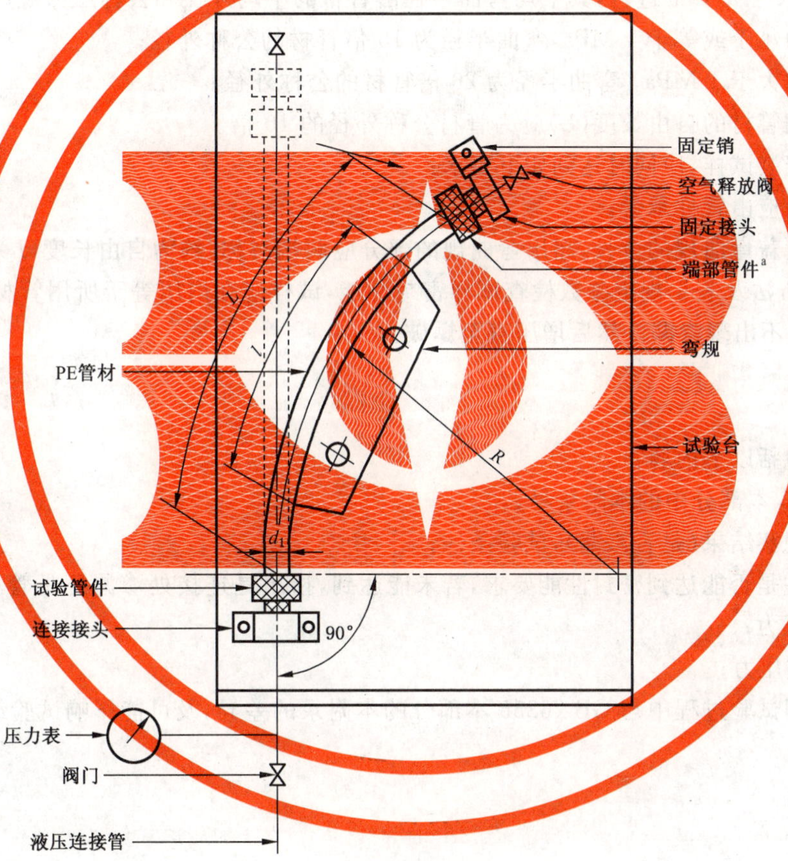

注：

$P \leqslant 1$ MPa；$R=15\ d_n$；$P>1$ MPa；$R=20\ d_n$；

$L=15\ d_n$；$l=7.5\ d_n$

如果在试验过程中没观察到任何失败，则认为组合件是合格的。

[a] 端部管件仅用来封闭试样。

图B.1　装置示意图

B.2.1 弯曲规

弯曲规的定位长度(l)等于管件间自由长度(L)的四分之三，即等于管材公称外径的7.5倍(见第B.5章和图B.1)。

弯曲规的定位长度段(l)具有如下的弯曲半径：

——公称压力小于或等于 1 MPa，弯曲半径为 15 倍管材公称外径；

——公称压力大于 1 MPa，弯曲半径为 20 倍管材公称外径。

B.2.2 压力系统

符合本部分附录 A 的规定。

B.3 试样

试样由一段管材及其端部的两个管件连接而成，受弯曲的部分为自由长度段（L）。

试样中聚乙烯管材的型号和尺寸应与待试验的管件一致。装配后管件间管材的自由长度（L）应为管材公称外径的 10 倍。

接头的装配应按国家有关操作规程或制造商提供的装配要求进行。

B.4 步骤

试验应在 20 ℃±2 ℃下进行，其平均弯曲半径由管材的平均外径和公称压力规定如下：

——公称压力小于或等于 1 MPa，弯曲半径为 15 倍管材的公称外径；

——公称压力大于 1 MPa，弯曲半径为 20 倍管材的公称外径。

装配后管件间管材的自由长度（L）应为管材公称外径的 10 倍。

在弯曲规上安装试样，应同时达到如下要求：

——弯曲应力应由管件承受；

——管材应覆盖弯曲规的全长，超出弯曲规的部分应两端对称，约为自由长度（L）的八分之一。

按附录 A 的方法及表 1 规定参数检查试样密封性能，试样应在内压等于所用管材的 1.5 倍的公称压力下至少 1 h 内不出现渗漏。然后增压直至爆破。

B.5 试验报告

试验报告应包括以下内容：

a) GB 26255 本部分中的本附录号；

b) 试验的观察结果（是否渗漏），试验条件；

——组件是否能达到密封性能要求，若未能达到，指出是连接处渗漏还是管材爆破，记录当时的压力；

c) 记录爆破压力；

d) 详细说明试验过程中与 GB 26255 本部分的本附录的差异，及可能影响试验结果的外界条件。

参 考 文 献

[1] EN 682-2 弹性密封 用于燃气和烃类流体输送的管材和管件 密封件的材料要求
[2] GIS/PL3:2006 天然气和适用人工煤气用自锚定机械管件

ICS 83.140.30
G 33

中华人民共和国国家标准

GB 26255.2—2010

燃气用聚乙烯管道系统的机械管件 第2部分:公称外径大于63 mm的管材用钢塑转换管件

Mechanical fittings for polyethylene piping systems for the supply of gaseous fuels—Part 2: Metal fittings for pipes of nominal outside diameter greater than 63 mm

(ISO 10838-2:2000, MOD)

2011-01-14 发布 2011-06-01 实施

中华人民共和国国家质量监督检验检疫总局
中国国家标准化管理委员会
发布

前　言

GB 26255 的本部分第 5 章 5.3 条、第 5 章 5.4 条表 1 第 1、4 项为强制性的，其余为推荐性的。

GB 26255《燃气用聚乙烯管道系统的机械管件》分为两个部分：

——第 1 部分：公称外径不大于 63 mm 的管材用钢塑转换管件；

——第 2 部分：公称外径大于 63 mm 的管材用钢塑转换管件。

本部分为 GB 26255 的第 2 部分。

本部分修改采用 ISO 10838-2：2000《燃气用聚乙烯管道系统的机械管件　第 2 部分：公称外径大于 63 mm 的管材用钢塑转换管件》(英文版)。

本部分根据 ISO 10838-2：2000 重新起草。本部分与 ISO 10838-2 相比，主要变化如下：

——增加关于钢塑转换管件钢管段的防腐规定和要求；

——增加了“生产过程密封性测试”(见第 6 章)；

——为便于操作和使用，要求以表格形式表示(见第 8 章)；

——增加了(80 ℃，165 h)静液压强度测试；

——增加了检验规则；

——增加了运输、贮存内容(见第 12 章)；

——增加了附录 A：内压密封试验方法。

本部分的附录 A 为规范性附录。

请注意本部分的某些内容有可能涉及专利。本部分的发布机构不应承担识别这些专利的责任。

本部分由中国轻工业联合会提出。

本部分由全国塑料制品标准化技术委员会塑料管材、管件及阀门分技术委员会(SAC/TC 48/SC 3)归口。

本部分起草单位：亚大塑料制品有限公司、港华辉信工程塑料(中山)有限公司、宁波市宇华电器有限公司、沧州明珠塑料股份有限公司、北京保利泰克塑料制品有限公司。

本部分主要起草人：马洲、王志伟、梁志刚、李伟富、刘敏、林松月。

燃气用聚乙烯管道系统的机械管件
第2部分:公称外径大于63 mm的
管材用钢塑转换管件

1 范围

GB 26255的本部分规定了用于公称外径大于63 mm的符合GB 15558要求的燃气聚乙烯管道系统中的PE管材与金属管材或管件连接用机械管件(以下简称"钢塑转换管件")的术语和定义、符号和缩略语、材料、一般要求、性能要求、试验方法、标志和标签及包装、运输、贮存等。

本部分适用于承载元件是金属部分的钢塑转换管件,规定了其端部抗载荷能力。本部分规定钢塑转换管件与PE管材一起用于燃气输送系统,包括钢塑直接头、弯头、法兰、三通钢塑转换件等形式,接头为永久性或可拆装的。钢塑转换管件和金属管材或管件组装可采用法兰或焊接连接。

本部分规定的钢塑转换管件适用的工作温度范围为-20 ℃~+40 ℃。

本部分性能要求的目的是为保证钢塑转换管件与PE管材连接接头的密封性能和负载能力,当机械接头在承受拉力或压力时PE管材首先屈服而不会拔脱。

注:本部分主旨不是针对所有安全方面提出的,即使是和应用联系,建立适当的安全与健康操作规程、识别应用本部分规定管件的安全性是GB 26255本部分应用者的责任。

2 规范性引用文件

下列文件中的条款通过GB 26255的本部分的引用而成为本部分的条款。凡是注日期的引用文件,其随后所有的修改单(不包括勘误的内容)或修订版均不适用于本部分,然而,鼓励根据本部分达成协议的各方研究是否可使用这些文件的最新版本。凡是不注日期的引用文件,其最新版本适用于本部分。

GB/T 2828.1—2003 计数抽样检验程序 第1部分:按接收质量限(AQL)检索的逐批检验抽样计划(ISO 780:1997,MOD)

GB/T 6111—2003 流体输送用热塑性塑料管材 耐内压试验方法(idt ISO 1167:1996)

GB/T 8163—2008 输送流体用无缝钢管(EN 10216-1:2004,NEQ)

GB/T 9112—2000 钢制管法兰 类型与参数

GB/T 9113—2000(所有部分) 钢制管法兰

GB/T 9114—2000 突面带颈螺纹钢制管法兰(neq ISO 7005-1:1992)

GB/T 9115—2000(所有部分) 对焊钢制管法兰

GB/T 9116—2000(所有部分) 带颈平焊钢制管法兰

GB/T 9117—2000(所有部分) 带颈承插焊钢制管法兰

GB/T 9118—2000(所有部分) 对焊环带颈松套钢制管法兰

GB/T 9119—2000 平面、突面板式平焊钢制管法兰

GB 15558.1 燃气用埋地聚乙烯(PE)管道系统 第1部分:管材(ISO 4437:1997,MOD)

GB 15558.2—2005 燃气用埋地聚乙烯(PE)管道系统 第2部分:管件(ISO 8085-2:2001,MOD;ISO 8085-3:2001,MOD)

GB/T 18252—2008 塑料管道系统 用外推法确定热塑性塑料材料以管材形式的长期静液压强度

GB/T 18475—2001 热塑性塑料压力管材和管件用材料 分级和命名 总体使用(设计)系数

(eqv ISO 12162:1995)

GB/T 18684—2002 锌铬涂层 技术条件

GB/T 19278—2003 热塑性塑料管材、管件及阀门 通用术语及其定义

HG/T 3092—1997 燃气输送管及配件用密封圈橡胶材料(idt ISO 6447:1983)

SY/T 0315—2005 钢制管道熔结环氧粉末外涂层技术标准

SY/T 0413—2002 埋地钢质管道聚乙烯防腐层技术标准

3 术语和定义

GB/T 19278—2003 确立的以及下列术语和定义适用于 GB 26255 的本部分。

3.1

最大工作压力 maximum operating pressure

管道系统中允许连续使用的流体最大工作压力。

3.2

机械管件 mechanical fitting

用于 PE 管材与 PE 管材或与金属管材及管件装配的一类管件,包括一处或多处压紧区域以提供整体压力、密封性和端部抗载荷能力。

3.3

钢塑转换管件 steel-PE-transition fitting

包括钢管部分和 PE 管部分的一类机械管件。

3.4

连接端完全抗载荷能力 full-end-load resistance

钢塑转换接头的装配设计和特性应保证在任何负荷情况下管材首先失效而不会从机械接头中拔脱。

3.5

刚性内插件 stiffener insert

管状刚性内部增强件,为 PE 管材提供永久支撑以防在管壁中受径向压力时蠕变拔脱。

3.6

锁紧环 grip ring

固定钢塑转换接头中的 PE 管以防止从管件中拔脱的环。

注:在某些情况下,刚性内插件也组成一个(锁)紧环。

3.7

d_i

最小内径 minimum bore

组装管件任何横截面上测量内径的最小值。

3.8

管件组装 fitting assembly

通过钢塑转换管件将金属管材或管件与 PE 管材或管件连接成的完整的钢塑转换管件装配系统。

3.9

精度级别 accuracy class

测量仪表的最大允许误差,用其测量范围的百分比表示。

4 符号和缩略语

下列符号和缩略语适用于 GB 26255 的本部分。

CTL 持续拉伸载荷

d_i　管件连接的最小内径
MOP　最大工作压力
MRS　最小要求强度
PE　聚乙烯
S　管壁的横截面面积，用平方毫米表示，以管的平均外径和最小管壁厚度计算
SDR　标准尺寸比
T_{max}　在标准工作状况下 PE 管件和管材所处的最高温度
T_{min}　在标准工作状况下 PE 管件和管材所处的最低温度
σ　管壁的应力

注：标准工作状况指钢塑转换管件适用的工作温度范围为－20 ℃～＋40 ℃。

5　材料

5.1　总则

钢塑转换管件的 PE 材料必须具有与所连接的 PE 管材/管件相当或更好的性能水平，与 PE 管材接触的材料不应对 PE 管材有负面影响而导致其不符合 GB 15558.1 的要求。

暴露在腐蚀环境下的组件应由防腐材料制造或采取防腐蚀措施。

如组件连接需润滑剂，润滑剂应适用于燃气输送并不会对组件性能造成负面影响，组件整体性能应符合本部分和 GB 15558.1 对管材的要求。

5.2　金属组件

钢塑转换管件的钢管段应符合 GB/T 8163—2008 的要求，其他金属组件应符合相关国家或行业标准。在所有的情况下应保证组件应用的适宜性。

5.3　聚乙烯材料

钢塑转换管件塑料段应使用 PE80 或 PE100 聚乙烯混配料制造。聚乙烯混配料应符合 GB 15558.1 中对聚乙烯混配料的要求。

聚乙烯混配料应按照 GB/T 18252—2008 确定材料与 20 ℃、50 年、置信度为 97.5%时相应的静液压强度置信下限 σ_{LPL}。混配料应按照 GB/T 18475—2001 进行分级，混配料应有相应的级别证明。

注：钢塑转换管件的塑料材料与 PE 管材的寿命相同，长期静液压强度是选择塑料材料最重要要求。用于承压或承受持续环应力或拉力的组件的塑料材料符合相关国家标准。钢塑转换管件与气体接触的部分为耐燃气、冷凝物及其他物质，诸如粉尘等，并符合本部分要求。

5.4　弹性体

橡胶密封圈应符合 HG/T 3092—1997。

注：也可采用 EN 682:2002 的类型 G 弹性体材料。

5.5　其他材料

5.2，5.3，和 5.4 没有包含的其他材料，在符合 5.1 要求情况下可以使用，制造的钢塑转换管件应符合本部分的要求。

6　钢塑转换管件一般要求

6.1　设计和构造

如有组装要求，非预制钢塑转换管件由制造商提供专用机械组装工具。

注：通常管件由制造商预装。

钢塑转换管件应能与符合 GB 15558.1 的公差范围内管材及符合 GB 15558.2 管件进行组装，或者在管件上清楚的标明仅适用于符合 GB 15558.1 要求等级的管材(如等级 B)。

应用于钢塑转换管件连接的刚性内插件应为刚性无缝管。

钢塑转换管件组装过程中不能导致 PE 管材的扭曲。

如果设计需要，管件可包括一个防剪切套管。

PE 管材不应经过机械加工(例如车螺纹或铣沟槽)。

6.2 外观

钢塑转换管件应光滑整洁,不应有明显划伤、凹陷、鼓包等表面缺陷,不应有影响到符合本部分一致性要求的破坏迹象。

6.3 带插口端或电熔承口端的钢塑转换管件

钢塑转换管件的 PE 插口端或 PE 电熔承口端应符合 GB 15558.2 的要求。

6.4 螺纹

钢塑转换管件应无端部螺纹连接。

6.5 法兰

法兰应符合 GB/T 9112—2000、GB/T 9113～9119—2000 及相关标准的规定。最小压力等级应为 PN10。

6.6 金属组件的尺寸和公差

金属组件应以符合 GB/T 8163—2008 或相关国家标准的允许尺寸和公差相配为准则制造。

尺寸应与符合本部分要求的管材连接为准则。无缝钢管尺寸应符合 GB/T 8163—2008 的要求。

注:钢管段长度宜大于 250 mm 以避免 PE 连接部位受焊接时传递的热影响。

6.7 聚乙烯部件的尺寸和公差

任何承载 PE 部件的最小壁厚应与设计连接 PE 管材的性能水平相当。

尺寸应与满足本部分要求的管材连接为准则。

6.8 最小内径

最小内部孔径 d_i 应由制造商在技术数据中说明。如果钢塑转换管件最小内部孔径 d_i 与相配用 PE 管材内径相比有缩小,其减小量不应超过相应 PE 管材内径的 15%。

6.9 生产过程密封性测试

应按附录 A 规定的试验方法对钢塑转换管件逐个进行 23 ℃密封性能试验(0.6 MPa、30 s 及 2.5×10^{-3} MPa、60 s)。

7 试样制备

本部分的试验组件规定由管件制造商进行组装或由用户提供制造商的安装文件(如有要求,也包含润滑剂)指导下安装。

如果钢塑转换管件需由用户组装,试样应在−5 ℃和+40 ℃下遵循制造商指导进行,一半数量的钢塑转换管件试样在−5 ℃环境组装,另一半试样在+40 ℃环境组装。全部试样应能经受表 1 中序号 1～4 规定的试验要求。

8 要求

按照第 7 章的要求进行试样组装,钢塑转换管件组件应符合表 1 的要求,试验方法及参数见表 1。

表 1 性能要求

序号	项 目	要 求	试验参数		试验方法
1	密封性能	无破坏,无泄漏	试验温度 试验压力 试验持续时间	23 ℃ 2.5×10^{-3} MPa 1 h	9.1
			试验温度 试验压力 试验持续时间	23 ℃ 1.5 MOP(最小为 0.6 MPa) 1 h	

表 1（续）

<table>
<tr><th>序号</th><th colspan="2">项　目</th><th>要　求</th><th colspan="2">试验参数</th><th>试验方法</th></tr>
<tr><td>2</td><td colspan="2">温度循环后的
密封性能</td><td>无破坏，无泄漏</td><td>循环次数
循环温度
试验压力</td><td>10
-20 ℃(T_{min})/$+40$ ℃(T_{max})
0.6 MPa</td><td>9.2</td></tr>
<tr><td rowspan="2">3</td><td colspan="2">23 ℃下拉伸载荷后
的密封性能[a]</td><td>1. 无破坏，无泄漏；
2. 无拔脱；
3. 拉伸试验后符合密封性能要求</td><td>试验温度
试样数
拉力</td><td>23 ℃±2 ℃
1
见 9.3.1.3.2</td><td>9.3.1</td></tr>
<tr><td colspan="2">80 ℃下拉伸载荷后
的密封性能[a]</td><td>1. 无破坏，无泄漏；
2. 无拔脱；
3. 拉伸试验后符合密封性能要求</td><td>试验温度
试样数
拉力
密封试验持续时间</td><td>80 ℃±5 ℃
1
见表 2
24 h</td><td>9.3.2</td></tr>
<tr><td rowspan="2">4</td><td colspan="2">80 ℃静液压
强度[b]
(80 ℃，165 h)</td><td>无破坏，无渗漏</td><td>环应力：
PE 80 管材
PE 100 管材
试验时间</td><td>
4.5 MPa
5.4 MPa
≥165 h</td><td>9.4a)</td></tr>
<tr><td colspan="2">80 ℃静液压强度
(80 ℃，1 000 h)</td><td>无破坏，无渗漏</td><td>环应力：
PE 80 管材
PE 100 管材
试验时间</td><td>
4.0 MPa
5.0 MPa
≥1 000 h</td><td>9.4b)</td></tr>
<tr><td rowspan="3">5</td><td rowspan="3">钢管段
防腐层
性能[c]</td><td>树脂涂层</td><td>应符合
SY/T 0315—2005</td><td>—</td><td>—</td><td rowspan="3">9.5</td></tr>
<tr><td>锌铬涂层</td><td>应符合
GB/T 18684—2002</td><td>—</td><td>—</td></tr>
<tr><td>聚乙烯
防腐层</td><td>应符合
SY/T 0413—2002</td><td>—</td><td>—</td></tr>
<tr><td colspan="7">[a] 破坏包括出现与本部分不一致的永久变形，管件安装自由空间内的截留空气的移动，例如密封嗝，不考虑为渗漏。
[b] 对于(80 ℃，165 h)静液压试验，仅考虑脆性破坏。如果在规定破坏时间前发生韧性破坏，允许在较低应力下重新进行该试验。重新试验的应力及其最小破坏时间见 GB 15558.1。
[c] 其他类别涂层要求也可由供需双方协商。</td></tr>
</table>

9 试验方法

9.1 密封试验

采用空气、氮气或惰性气体作为加压介质，密封试验应按照附录 A 进行；试验应在 23 ℃±2 ℃的温度下按下列顺序进行：第一步测试在 2.5×10^{-3} MPa 压力下，第二步测试在 1.5 MOP(最小压力为 0.6 MPa)下，MOP 由制造商在技术文件中说明。

9.2 温度循环后的密封性能

9.2.1 钢塑转换管件安装应符合第7章的要求。

9.2.2 在0.6 MPa的内压下，检查试样有无渗漏，随后采用以下循环中的一种进行连续10次完全温度循环：

a) 双温度控制室（温度T偏差±5 ℃）：

1) 在温度为T_{max}的第一室放置试样至少2.5 h；
2) 转移试样到温度为T_{min}的第二室，转移时间的最小值为0.5 h，最大时间为1 h；
3) 放置试样在温度为T_{min}的第二室内至少2.5 h；
4) 转移试样到温度为T_{max}的第一室，转移时间的最小值为0.5 h，最大时间为1 h；
5) 返回1）。

b) 单温度控制室（温度T偏差±5 ℃）：

1) 在温度控制室内以最小1 ℃/min的速度升温至T_{max}；
2) 保持T_{max}至少2 h；
3) 以最小1 ℃/min的速度降温至T_{min}；
4) 保持T_{min}至少2 h；
5) 返回1）。

c) 试验后，在23 ℃±2 ℃的环境下检查试样密封性能（见表1第1项）。

在仲裁情况下，采用双温度控制室。

9.3 拉伸载荷后的密封性能

9.3.1 23 ℃下拉伸载荷后的密封性能

在23 ℃±2 ℃条件下进行恒定载荷下拉伸试验后的试样密封性能检测。

9.3.1.1 原理

钢塑转换组件首先承受一定的轴向拉应力，稳定后在一定速度下继续拉伸伸直到管材屈服。拉伸后验证密封性能。

9.3.1.2 装置

a) 拉伸试验机或其他相当足够动力的设备，能使试验进行并达到PE管材的屈服点，试验机能够在两个钳夹之间以25 mm/min的恒定速度拉伸（最大偏差为2%）或提供持续恒定的拉力；
b) 适宜位置的夹紧工具；
c) 能达到b）要求的压力测量器；
d) 秒表或其他类似工具；
e) 精度不低于1.6级压力表；
f) 压缩空气源（5.0×10^{-3} MPa）；
g) 带阀的一系列管段，能够将试样与压力表或压力源连接或者将试样/压力元件从压力源处隔断。

9.3.1.3 步骤

9.3.1.3.1 对每一个试样，连接PE管的长度（不包括管件和夹具）至少相当于管材公称直径的两倍，但最大为1 000 mm。

通过插入内插件增强刚度的管材自由端可固定在拉伸试验机的夹具上。

在管材的自由端连接密封件并与压力源连接，可以使试样保持在2.5×10^{-3} MPa的密封压力。

在23 ℃±2 ℃对试样进行2 h的状态调节。

用夹紧工具将试样端在拉伸试验机中固定，拉力方向线与管材的轴线保持一致。

接通压力源，通入2.5×10^{-3} MPa的压力到试样内部。

隔断气源，检测试样组件的密封性能。

9.3.1.3.2 加载过程如下：

a) 在 5 min±1 min 时间周期内逐渐施加拉力，直到组件管材获得 12 MPa 的拉应力 σ，拉力 F 通过式(1)计算，单位为牛顿。

$$F = S\sigma \qquad (1)$$

式中：

S——管材壁的截面积，用平均外径和最小壁厚计算，单位为平方毫米(mm^2)；

σ——拉应力(12 MPa)，1 MPa=10^6 N/mm^2。

b) 在此拉力下放置连接组件 1 h，偏差为±2%。

c) 用十字头以 25 mm/min±1 mm/min 的速度继续增加拉应力直至 PE 管材屈服，屈服后立即停止。除非在管材自由段的长度大于公称外径的两倍，才可以按比例增加十字头的速度。

d) 将拉力释放，然后在 2.5×10^{-3} MPa 的压力下检测组件的密封性能(见表 1)，检查是否出现渗漏。

9.3.2 80 ℃下拉伸载荷后的密封性能

对每一个试样，连接 PE 管的长度(不包括管件和夹具)至少相当于管材公称直径的两倍，但最大为 1 000 mm。

将试样组件安装在能提供恒定轴向拉力的固定设备上，能够对管材和管件施加轴向拉力。试样悬空，任一部位不应出现变形。

表 2 给出 SDR 17.6 和 SDR 11 的管材承受的径向拉力(端部载荷)，80 ℃±5 ℃下，在 5 min±1 min 的时间周期内逐渐施加拉力，保持 500 h。

表 2 SDR 17.6 和 SDR 11 管材的端部负载

尺寸 mm	端部载荷 N	
	SDR 17.6	SDR 11
75	3 500	5 000
90	5 000	7 500
110	7 000	11 500
125	9 000	14 000
140	11 500	18 000
160	15 500	24 000
180	19 000	29 500
200	24 000	37 000
225	31 000	47 000
250	37 000	57 000
280	48 000	72 000
315	58 500	90 000
355	74 000	115 000
400	94 000	146 000
450	124 000	186 000

表 2（续）

尺寸 mm	端部载荷 N	
	SDR 17.6	SDR 11
500	147 000	227 000
560	185 000	286 000
630	234 000	361 000
注：端部负载值大约是 80 ℃时管材屈服强度的一半。		

在完成 500 h 持续拉伸载荷(CTL)试验后，在 23 ℃±2 ℃环境下状态调节试样 24 h，按 9.1 及附录 A 的方法进行 2.5×10^{-3} MPa、24 h 密封试验，随后再做 0.6 MPa、24 h 密封试验。

9.4 80 ℃静液压试验

按 GB/T 6111—2003 在 80 ℃±1 ℃试验温度无约束条件下进行试验。

a) (80 ℃，165 h)静液压试验：

施加静液压压力，按相当于环应力 4.5 MPa(PE 80)或环应力 5.4 MPa(PE 100)的压力使试样管壁承压，保持至少 165 h。

b) (80 ℃，1 000 h)静液压试验：

施加静液压压力，按相当于环应力 4.0 MPa(PE 80)或环应力 5.0 MPa(PE 100)的压力使试样管壁承压，保持至少 1 000 h。

试验过程中，监控组件的紧密程度和密封性。管件安装自由空间内的截留空气的移动，例如密封嗝，不考虑为渗漏。

9.5 钢塑转换管件的钢管段防腐层性能

树脂涂层应按 SY/T 0315—2005 测试，锌铬涂层应按 GB/T 18684—2002 测试。聚乙烯防腐层应按照 SY/T 0413—2002 测试。

10 检验规则

10.1 检验分类

检验分为型式检验和出厂检验。

10.2 组批规则和抽样方案

10.2.1 组批

同一原料、设备和工艺生产的同一规格钢塑转换管件作为一批。公称外径 75 mm≤d_n<250 mm 时，每批数量不超过 500 件；公称外径 250 mm≤d_n≤630 mm 时，每批数量不超过 100 件。

10.2.2 抽样方案

接收质量限(AQL)为 2.5 的抽样方案见表 3。

表 3 接收质量限(AQL)为 2.5 的抽样方案　　单位为件

批量 N	样本量 n	接收数 Ac	拒收数 Re
≤150	8	0	1
151～280	13	1	2
281～500	20	1	2
501～1 200	32	2	3

10.3 型式检验

10.3.1 型式检验的项目为第 6 章、第 8 章中的技术要求。

10.3.1.1 分组

使用相同材料，具有相同结构、相同品种的钢塑转换管件，按表 4 规定进行尺寸分组。

表 4 钢塑转换管件的尺寸分组和公称外径范围

单位为毫米

尺寸组	1	2
公称外径 d_n 范围	$75 \leqslant d_n \leqslant 250$	$250 < d_n \leqslant 630$

10.3.1.2 根据本部分的技术要求，每个尺寸组合理选取任一规格进行试验，在外观尺寸抽样合格的产品中，进行 10.3.1 规定的性能检验。每次检验的规格在每个尺寸组内轮换。

10.3.1.3 一般情况下，每隔三年进行一次型式检验。若有以下情况之一，应进行型式试验：

a) 新产品或老产品转厂生产的试制定型鉴定；

b) 结构、材料、工艺有较大变动可能影响产品性能时；

c) 产品长期停产后恢复生产时；

d) 出厂检验结果与上次型式检验结果有较大差异时；

e) 国家质量监督机构提出型式检验的要求时。

10.3.2 判定规则和复验规则

按本部分规定的试验方法进行检验，依据试验结果和技术要求进行判定。如性能要求有一项达不到规定时，则随机抽取双倍样品对该项进行复验。如仍有不合格，则判该项不合格。

10.4 出厂检验

10.4.1 出厂检验项目为第 6 章的外观、尺寸要求、第 8 章中的(80 ℃，165 h)静液压试验、密封性能试验。

10.4.2 第 6 章尺寸检验按 GB/T 2828.1—2003 规定采用正常检验一次抽样方案，取一般检验水平 I，接收质量限(AQL)2.5，见表 3。

10.4.3 在外观尺寸抽样合格的产品中，随机抽取样品进行静液压试验(80 ℃，165 h)、密封性试验(表 1 中第 1 项)，其中静液压强度试样数量为 1 个。

10.4.4 判定规则和复验规则

产品须经制造商质量检验部门检验合格并附有合格标志方可出厂。

按本部分规定的试验方法进行检验，依据试验结果和技术要求对产品做出质量判定。外观、尺寸按第 6 章的要求，按表 3 进行判定。其他性能有一项达不到规定时，则在该批中随机抽取双倍样品对该项进行复验。如仍不合格，则判该批产品不合格。

11 标志

11.1 总则

钢塑转换管件本体应有永久性标志，例如注塑或压制成型的标志，在组装后钢塑转换管件上包含 11.2 和 11.3 规定的最少信息且清晰可见。

11.2 永久标志

a) 制造商的名称和/或商标；

b) 可追溯性的制造商信息。

注：如用数字或代码表示的年和月或多处生产时的生产地点的名称或代码。

标志应不影响本部分的相关性能要求。

11.3 钢塑转换管件或标签上的标志

a) 如有必要，与设计管件相连的管材的等级(见 GB 15558.1)；

b) 制造批数和/或日期；

c) 符合相关标准的可追溯性编码；

d) PE管材的材料性质和尺寸；

e) 金属管材的大小(DN)；

f) 安装力矩(如有规定)；

g) PE材料的名称及级别；

h) 管件安装的任何其他信息。

12 包装和贮存

12.1 包装

钢塑转换管件应以一定数量或单独包装，防止损坏和污染。

如有必要，管件应包装在塑料袋内放置于纸板箱或硬纸盒中。

塑料袋和/或纸板箱或硬纸盒应具有至少一个包含以下信息的标签：

a) 制造商的名称；

b) 管件型号和尺寸；

c) 制造日期；

d) 管件数量；

e) 任何特定的贮存状况和贮存时间限制。

包装应包含制造商书面安装说明。

12.2 运输

管件运输时，不得受到剧烈的撞击、划伤、抛摔、曝晒、雨淋和污染。

12.3 贮存

管件应贮存在地面平整、通风良好、干燥、清洁并保持良好消防的库房内，合理放置。贮存时，应远离热源，并防止阳光直接照射。

附　录　A
（规范性附录）
内压密封性试验方法

A.1　原理

使钢塑转换管件与聚乙烯(PE)管材的组合件承受规定的压力(微压及其内部压力大于管材的公称压力)情况下，检查其密封性能(熔接接头除外)。试验不考虑与聚乙烯管材相接的管件的设计和材料。

A.2　装置(见图 A.1)

A.2.1　适宜的压力源

与试样相连，能够提供所用管材最大工作压力 1.5 倍的气压至少 1 h。

A.2.2　压力测量装置

安装在装置上，测量试验压力，精度为±2%。

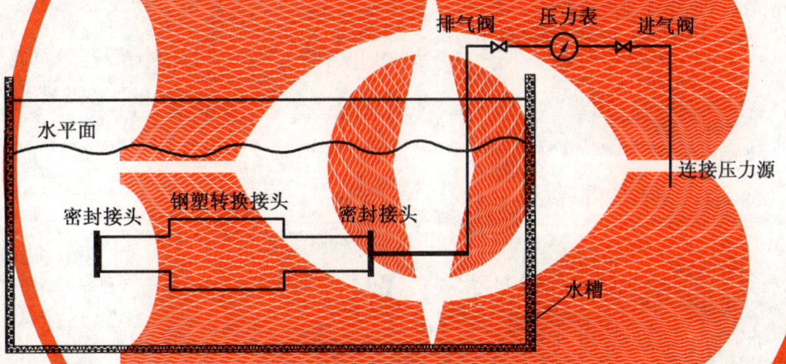

图 A.1　装置示意图

A.3　试样

试样应包括至少由一个钢塑转换接头和一根或多根聚乙烯管材组装成的接头。每根管段的长度应至少为 300 mm。

试样的一端应与压力源相连，另一端应以限位接头(或封头)封堵密封。接头的装配应按照有关的国家操作规程或制造商提供的装配要求进行。

A.4　试验方法

采用空气、氮气或惰性气体作为加压介质。

在 23 ℃±2 ℃的温度下，将试样安装在试验装置上固定，放置在水槽中。

在水槽中放入一定量的水，水面高度至少超过试样上表面。试样在水中的状态调节时间大约为 10 min。

连接压力源通入空气或氮气。持续加压直到标准规定的压力，维持规定的时间(参见标准要求，如表 1 和 9.3)，保持压力表有一个稳定的读数。记录加压时间。

试验过程中检查试样是否有任何渗漏现象发生。如果管材在 1 h 内破坏，重做试验。

A.5 试验报告

试验采用的方法及介质、试验压力和时间。

试验报告应包括 GB 26255 本部分的附录号和观察到的任何渗漏现象以及发生渗漏时的压力。

如果在试验过程中连接处没有发生渗漏，则认为该组合件是合格的。

参 考 文 献

［1］ EN 682-2 弹性密封 用于燃气和烃类流体输送的管材和管件 密封件的材料要求
［2］ GIS/PL3:2006 天然气和适用人工煤气用自锚定机械管件

ICS 33.060.01
M 36

中华人民共和国国家标准

GB/T 26256—2010

2.4 GHz 频段无线电通信设备的相互干扰限制与共存要求及测试方法

Interference, coexistence and corresponding measurement methods of 2.4 GHz wireless telecommunications equipment

2011-01-14 发布　　　　　　2011-06-01 实施

中华人民共和国国家质量监督检验检疫总局
中国国家标准化管理委员会　发布

前　言

本标准主要参考了 ETSI EN 300 328《电磁兼容与无线频谱:工作在 2.4 GHz ISM 频段的使用宽带调制技术的数据传输设备》等标准进行制定。

本标准在起草过程中还注意了与以下标准的协调统一:YD/T 1312.1《无线通信设备电磁兼容限值和测量方法　第1部分:通用要求》以及 YD/T 1484《移动台空间射频辐射功率和接收机性能测量方法》。

本标准由中华人民共和国工业和信息化部提出。

本标准由中国通信标准化协会归口。

本标准起草单位:工业和信息化部电信研究院、诺基亚通信有限公司。

本标准主要起草人:郭琳、肖雳、何小燕、杨蒙、周北琦。

2.4 GHz 频段无线电通信设备的相互干扰限制与共存要求及测试方法

1 范围

本标准规定了工作在 2.4 GHz(2.4 GHz～2.483 5 GHz)频段内的无线通信设备的相互干扰限制和共存技术要求,包括无线射频,多模互干扰和电磁兼容三部分,并规定了相应的测试方法。

本标准适用于所有工作在 2.4 GHz 频段内的无线通信设备。

2 规范性引用文件

下列文件中的条款通过本标准的引用而成为本标准的条款。凡是注日期的引用文件,其随后所有的修改单(不包括勘误的内容)或修订版均不适用于本标准,然而,鼓励根据本标准达成协议的各方研究是否可使用这些文件的最新版本。凡是不注日期的引用文件,其最新版本适用于本标准。

YD/T 1312.1　无线通信设备电磁兼容性要求和测量方法　第 1 部分:通用要求

YD/T 1484　移动台空间射频辐射功率和接收机性能测量方法

ETSI EN 300 328　电磁兼容与无线频谱:工作在 2.4 GHz ISM 频段的使用宽带调制技术的数据传输设备

3 术语、定义和缩略语

3.1 术语和定义

下列术语和定义适用于本标准。

3.1.1

等效全向辐射功率　equivalent isotropic radiated power

EUT 在某一方向上的辐射功率值,此功率值是与全向天线(0 dB 增益)相比得到的结果。

3.1.2

等效全向灵敏度　equivalent isotropic sensitivity

EUT 在某一方向上的接收灵敏度值,以 EUT 能接收到的基站在此方向上发送的最小前向链路功率来表示,此功率值是与全向天线(0 dB 增益)相比得到的结果。

3.1.3

总全向灵敏度　total isotropic sensitivity

EUT 在空间三维球面上的 EIS 积分值,反应了 EUT 在所有方向上的接收特性。

3.1.4

一体化天线设备　integral antenna equipment

该类设备的天线无需外部接头,是设备的一部分。一体化天线可以是内置的或外置的。

3.1.5

端口　port

指定设备与外部电磁环境的特定接口。

3.2 缩略语

下列缩略语适用于本标准。

AP	Access Point	接入点
ACK	Acknowledgement	确认

BER	Bit Error Ratio	误码率
BW	Bandwidth	带宽
DSSS	Direct Sequence Spread System	直序列扩频系统
EMC	Electromagnetic Compatibility	电磁兼容
EUT	Equipment Under Test	被测设备
FHSS	Frequency Hopping Spread System	跳频扩频系统
ISM	Industrial, Scientific, Medical	工业科学医疗
OFDM	Orthogonal Frequency Division Multiplexing	正交频分复用
PER	Packet Error Rate	误包率
PRBS	Pseudo-Random Binary Sequence	伪随机二进制序列
RF	Radio Frequency	射频
RMS	Root Mean Square	均方根值
STA	Station	端站
TP	Test Purposes	测试目的
TSS	Test Suites Structure	射频测试组架构

4 试验条件

4.1 通用条件

EUT 应在正常试验环境下进行试验，试验条件应记录在报告中。

EUT 的试验条件应尽可能地与实际的安装条件接近，布线应与实际安装情况相一致。

在试验中 EUT 的工作模式和测试配置必须准确记录在试验报告中。

如果 EUT 有可拆卸的天线，在测试前，需要安装上正常运行时的天线后再进行试验。如果 EUT 需要外部设置才能进入某种测试状态，则测试前需要连接相关的电缆来进行设置，测试过程中应除去相关电缆，EUT 工作在独立电池工作状态下。

4.2 测试实验室要求

本标准中的第 5 章和第 6 章的相关测试均需在满足 YD/T 1484 要求的全电波天线暗室中进行，若条件不允许，可以使用 ETSI EN 300 328 所规定的场地作为替代场地进行第 5 章的测试，但测试总扩展不确定度要求小于 2 dB，并需记录在测试报告中。当采用以上两种场地的测试结果存在争议时，以全电波天线暗室测试结果为准。

4.3 调制要求

在测试开始前，制造商应提供产品的相关调制信息，按照以下规定将不同调制方式的产品分为以下两类：

a) 采用 FHSS 调制，需满足以下任一条件：

1) 必须最少使用 15 个完整的非重叠的跳频信道进行通信。非重叠要求信道之间的间隔大于信道带宽。信道带宽定义为比峰值功率低 20 dB 时所占用的带宽。

2) 如果是自适应跳频，跳频所使用的频率点需要覆盖整个频段的 90%，在任何时间，需要保证最少有 20 个信道在使用。

在以上两种情况下，要求信道间隔最小为 1 MHz，任一信道的驻留时间不超过 0.4 s。

b) 非 FHSS 调制，包括 DSSS 和 OFDM。

5 无线射频技术要求及测试方法

5.1 最大辐射功率

5.1.1 最大辐射功率技术要求

最大辐射功率为该设备的峰值等效全向辐射功率 EIRP。所有工作在 2.4 GHz 频段的无线通信设备的最大辐射功率应小于 20 dBm，对于支持多种调制方式以及多个速率连接的 EUT，需在以上所有情况下进行测试，并将测试结果记录在测试报告中。

5.1.2 最大辐射功率测试方法

a) 将 EUT 置于三维天线暗室的静区中心，放置位置需满足 YD/T 1484 的要求；

b) EUT 与模拟器建立连接，设置 EUT 以最大功率发射；

c) 记录 EUT 在空间上各点的 EIRP 值，测试接收机设置为 RMS 检波，在测试过程中，两个正交垂直极化采样分辨率最大为 15 度；

d) 三维测试完成后，记录该 EUT 在三维空间上 EIRP 的最大值、方位角及相应的极化信息；

e) 在 2.4 GHz 频段上选择 EUT 所支持的高、中、低三个频率点重复进行以上测试；

f) 分别在 EUT 所支持的不同调制方式和不同速率下进行以上测试，并记录相应的测试结果。

5.1.3 最大辐射功率简易测试方法

对于支持多种调制方式和多种速率连接的 EUT，为了简化测试步骤，节省测试时间，该测试可按照以下方法进行：

a) 选取该 EUT 支持的最低速率作为最大辐射功率三维测试时的速率，按照 5.1.2 中所述的方法进行三维测试；

b) 测试完毕后，记录 EUT 在该速率下的峰值 EIRP 的方位角和测试天线的极化信息；

c) 将 EUT 定位于步骤 2 记录的方位角上，并将测试天线调整到步骤 2 记录的极化方向上；

d) 改变 EUT 的调制方式和传输速率，进行该位置，该极化下的 EIRP 测试；

e) 将该点处的 EIRP 的测试结果作为该 EUT 在该调制方式和传输速率下的最大辐射功率值；

f) 改变 EUT 的调制方式和传输速率，重复测试，直至将 EUT 所支持的不同的调制方式和速率测试完毕，将测试结果记录在测试报告中；

g) 对于简易测试方法，需要在测试报告中提供相应的测试不确定度信息。

5.2 最大功率谱密度

5.2.1 最大功率谱密度技术要求

对于非 FHSS 系统（如 DSSS，OFDM），需要进行最大功率谱密度的测试，测试结果需小于 10 dBm/MHz。

5.2.2 最大功率谱密度测试方法

a) 将 EUT 置于三维天线暗室的静区中心，放置位置需满足 YD/T 1484 的要求；

b) 在最大辐射功率测试完成后，记录 EUT 的最大辐射功率的方位角和测试天线的极化信息；

c) 将 EUT 定位于步骤 2 记录的方位角上，并将测试天线调整到相应的极化方向上；

d) 将 EUT 与测试模拟器相连，测试 EUT 在该方向，该极化下的功率谱密度，作为该调制方式和传输速率下的最大功率谱密度；

e) 改变 EUT 的调制方式和传输速率重复进行以上测试，记录所有调制方式和传输速率下的最大功率谱密度测试结果；

f) 测试不确定度需记录在测试报告中。

6 多模互干扰技术要求及测试方法

6.1 概述

本章规定了 2.4 GHz 多模设备互干扰性能的测试方法，并给出了限值要求，适用于多种模式可以同时工作的 EUT。根据技术的发展，目前本标准中只规定了无线局域网和 IEEE 802.15 设备共存的情况，其他情况将随着技术的发展进行更新。

本章中所规定的所有测试项目均需在满足 YD/T 1484 要求的全电波天线暗室中进行，测试过程中应尽量减小多模拟器天线之间的互干扰对结果造成的影响。

6.2 无线局域网设备互干扰技术要求及测试方法

6.2.1 无线局域网设备三维 TIS 测试方法

在 6.2.1 和 6.2.2 中，为叙述方便，将多模设备的无线局域网模块定义为模块 1，其他模块定义为模块 2。为进行模块 2 对模块 1 的干扰测试，首先需要进行无线局域网设备三维 TIS 测试，以明确该设备的灵敏度特性。在 TIS 测试前和测试过程中，EUT 需要满足以下条件：

——关闭非无线局域网的其他射频模组；

——将 EUT 设置为不搜索其他的 AP/STA；

——如果可行，在测试过程中将 EUT 的节电模式关闭；

——设置 EUT 以最大功率发射；

——在 TIS 测试过程中，模拟干扰源的模块 2 的测试模拟器应处于与 6.2.2 相同的状态中，其输出功率需保证在 EUT 的模块 2 的天线接收处的功率在其灵敏度电平以上 20 dB 以内。

无线局域网设备的三维 TIS 测试按照以下步骤进行：

a) 在测试前，需要保证输入给 EUT 的无线局域网信号强度至少要大于其灵敏度以上 20 dB；

b) 设置测试仪表，将 EUT 分别设置为所要测试的信道和速率。如表 1 所示；

表 1 无线局域网测试信道及速率列表

模 式	信 道	速率/Mbps	备 注
802.11b	1	11	—
	6	11	—
	13	11	—
802.11g	1	54	—
	6	54	—
	13	54	—

c) 将 EUT 与无线局域网测试模拟器通过基础网络模式(Infrastructure mode)相连；

d) 控制台控制无线局域网测试模拟器向 EUT 发送数据包，该数据包的大小为 200 帧字节，发送速率为 50 帧/s，以模拟传送语音时的数据包；

e) EUT 接收到数据包后，向测试模拟器发送 ACK 包；

f) 无线局域网测试模拟器确定收到的 ACK 包的数量，然后报告给控制台；

g) 控制台依据无线局域网测试模拟器发送的数据包的数量和收到的 ACK 数量，依照下式计算得到误包率：

误包率=(无线局域网测试模拟器发送的数据包数量－收到的 ACK 数量)/模拟器发送的数据包数量，在确定以上误包率时，发送的数据包至少为 500 帧；

h) 如果误包率小于 10%，则需降低无线局域网测试模拟器发出的功率，直到误包率(PER)大于 10%为止，测试过程中，无线局域网测试模拟器的最小功率下降步长为 1 dB；

i) 记录刚好使 EUT 的误包率小于 10%时的测试模拟器的输出功率，并补偿 EUT 到无线局域网测试模拟器之间的空间损耗后作为该测试点的最小前向链路功率值，记做该点的 EIS；

j) 按照 YD/T 1484 定义的三维测试方法，顺序进行三维空间其他各点的灵敏度测试；

k) 按照表 1 中所列的信道和速率完成该 EUT 在其他信道和速率下的三维灵敏度测试；

l) 以上测试结果和三维图示均需记录在测试报告中。

6.2.2 无线局域网设备互干扰性能测试方法

本节定义了无线局域网设备的互干扰性能测试方法，对于模块 1 最大辐射功率比模块 2 最大辐射功率大 6 dB 以上的 EUT，则不需要进行该项测试。

a) 将射频模块 1 打开,射频模块 2 关闭;

b) 在符合 YD/T 1484 要求的天线暗室中按照本标准中 6.2.1 的测试方法测试得到模块 1 在所测试信道和速率上的总全向灵敏度;

c) 记录 EUT 在该信道和速率上的最佳灵敏度点的位置和极化,并记录该点的灵敏度测试结果;

d) 开启模块 2,将多模设备设置为双待机工作状态,建立模块 2 的连接(若模块 2 为 IEEE 802.15 模块,则按照 6.3.1 所规定的条件建立连接),在测试过程中,模块 2 保持连接并以最大功率发射;

e) 调整 EUT 的位置和极化,使之与步骤 3 记录的结果相同;

f) 将无线局域网测试模拟器的输出功率调整为最佳灵敏度点的模拟器输出功率+5 dB;

g) 重新测试 EUT 的模块 1 在该信道和速率上的 PER,测试结果不应超过 10%;

h) 在 6.2.1 所规定的所有测试信道和速率上重复进行以上测试,PER 测试结果均不应超过 10%。

6.3 IEEE 802.15 设备互干扰技术要求及测试方法

6.3.1 IEEE 802.15 设备三维 TIS 测试方法

在 6.3.1 和 6.3.2 中,为叙述方便,将多模设备的 IEEE 802.15 模块定义为模块 1,其他模块定义为模块 2。为进行模块 2 对模块 1 的干扰测试,首先需要进行 IEEE 802.15 设备三维 TIS 测试,以明确该设备的灵敏度特性,在 TIS 测试前和测试过程中,EUT 需要满足以下条件:

——关闭非 IEEE 802.15 的其他射频模组;

——将 EUT 设置为环回测试模式;

——开启 EUT 的跳频模式;

——设置 EUT 为最大功率发射;

——如果可行,关闭 EUT 的节电模式;

——在 TIS 测试过程中,模拟干扰源的模块 2 测试模拟器应处于与 6.3.2 相同的状态中,其输出功率需保证在 EUT 的模块 2 的天线接收处的功率在其灵敏度电平以上 20 dB 以内。

IEEE 802.15 设备的三维 TIS 测试按照以下步骤进行:

在测试前,调整 IEEE 802.15 模拟器的输出功率,保证输入给 EUT 的 IEEE 802.15 信号强度至少要大于其灵敏度以上 20 dB。

a) 在 EUT 与 IEEE 802.15 模拟器之间建立起数据连接;

b) 测试 IEEE 802.15 设备的单点 EIS,测试按照单时隙灵敏度测试方法进行,并开启 EUT 的跳频模式;

c) 模拟器向 EUT 连续发送数据包,有效载荷为 PRBS 9;

d) 模拟器根据接收到的数据包的数量,确定 BER 的大小 BER=(传输比特-接收比特)/传输比特,在确定以上 BER 时,传输的有效载荷至少为 1 600 000 比特;

e) 若 BER 小于 0.1%,则需进一步降低模拟器的输出功率,直到 BER 大于 0.1%为止,(计算 BER 过程中忽略丢失的包对 BER 的影响),在模拟器功率下降的过程中,其最小下降步长定为 1 dB;

f) 记录刚好使 EUT 的 BER 小于 0.1%时的模拟器的输出功率,并补偿 EUT 到模拟器之间的空间损耗后作为该测试点的最小前向链路功率值,记做该点的 EIS;

g) 按照 YD/T 1484 定义的三维测试方法,顺序进行三维空间其他各点的灵敏度测试;

h) 将测试结果和三维图示均记录在测试报告中。

6.3.2 IEEE 802.15 设备互干扰性能测试方法

本节规定了 IEEE 802.15 设备的互干扰性能测试方法。

a) 将射频模块 1 打开,射频模块 2 关闭;

b) 在符合 YD/T 1484 要求的天线暗室中按照本标准中 6.3.1 的测试方法测试得到模块 1 在所

测试信道上的总全向灵敏度；

c） 记录EUT的最佳灵敏度点的位置和极化，并记录该点的灵敏度测试结果；

d） 开启模块2，将多模设备设置为双待机工作状态，建立模块2的连接（若模块2为无线局域网模块，则按照6.2.1所规定的条件建立连接），在测试过程中，模块2保持连接并以最大功率发射；

e） 调整EUT的位置和极化，使之与步骤3记录的结果相同；

f） 将IEEE 802.15测试模拟器的输出功率调整为最佳灵敏度点的模拟器输出功率＋5 dB；

g） 在6.3.1所规定的条件下重新测试EUT模块1的BER（计算BER过程中忽略丢失的包对BER的影响），测试结果不应超过0.1％。

7 电磁兼容技术要求和测试方法

2.4 GHz频段无线通信设备的电磁兼容指标见YD/T 1312.1（如有相应产品标准，以产品标准为准）。

ICS 33.050.10
M 40

中华人民共和国国家标准

GB/T 26257—2010

手柄电话助听器耦合技术要求和测量方法

The requirements of hearing aids compatibility and measurement methods for telephone handset

2011-01-14 发布

2011-06-01 实施

中华人民共和国国家质量监督检验检疫总局
中国国家标准化管理委员会 发布

前言

在本标准的制定过程中注意了与以下标准的协调统一：

——GB/T 15279《自动电话机技术条件》；

——YD/T 867《数字电话机传输性能技术要求和测试方法》；

——YD/T 1686《IP 电话终端设备语音质量及传输性能技术要求和测试方法》。

本标准由中华人民共和国工业和信息化部提出。

本标准由中国通信标准化协会归口。

本标准起草单位：工业和信息化部电信研究院。

本标准主要起草人：朱晓峰、史德年、张薇、纪忱、易高雄。

手柄电话助听器耦合技术要求和测量方法

1 范围

本标准规定了使用辅助放大、磁场耦合和电耦合等三种助听耦合方式的手柄电话的技术要求和测量方法。

本标准适用于使用助听耦合技术的手柄电话。此外，无绳电话和移动电话的助听器电耦合，以及使用头戴机接听的固定电话助听器磁场耦合也可参照使用。

2 规范性引用文件

下列文件中的条款通过本标准的引用而成为本标准的条款。凡是注日期的引用文件，其随后所有的修改单(不包括勘误的内容)或修订版均不适用于本标准，然而，鼓励根据本标准达成协议的各方研究是否可使用这些文件的最新版本。凡是不注日期的引用文件，其最新版本适用于本标准。

GB/T 15279 自动电话机技术条件

YD/T 789 免提电话机技术要求和测试方法(YD/T 789—2006,NEQ ITU-T P.342(2000))

YD/T 867 数字电话机传输性能技术要求和测试方法(YD/T 867—1996,NEQ ITU-T P.310(1996))

YD/T 965 电信终端设备的安全要求和试验方法(YD/T 965—1998,NEQ IEC 60950)

YD/T 1686 IP电话终端设备语音质量及传输性能技术要求和测试方法

ITU-T O.41 电路型电路使用的噪声计

ITU-T P.57 客观测量仪器;仿真耳

3 术语、定义、符号、单位和缩略语

3.1 术语和定义

下列术语和定义适用于本标准。

3.1.1

手柄电话 handset telephone

使用手柄接听的固定电话终端。

3.1.2

模拟手柄电话 analogue handset telephone

适用于PSTN网络的手柄电话终端。

3.1.3

数字手柄电话 digital handset telephone

适用于ISDN网络的手柄电话终端。

3.1.4

IP手柄电话 IP handset telephone

适用于IP网络的手柄电话终端。

3.1.5

辅助接收放大器 additional receiving amplification

终端自带的、可以在一定范围内增大(或减小)接收方向信号强度的设备。

3.1.6

电耦合　electrical coupling

通过直接电连接实现的一个设备到另一个设备的信息传递。

注：电话与助听器的电耦合通过电话耳机插孔电通道来实现。

3.1.7

磁场耦合　inductive coupling

通过电磁转换将电信号转换为磁场信号，并与带有拾音线圈的接收设备（如助听器）配合使用。

3.1.8

测量平面　plane of measurement

距手柄耳承平面 10 mm，并与其平行的平面。

3.1.9

探头线圈　probe coil

绕在铁芯上，用来测量磁场强度的一匝或多匝线圈。

3.1.10

磁场强度等级　level of magnetic field strength

在测量平面处测得的最大磁场强度，单位为 A/m。

3.1.11

声级　sound level

相对于 1 Pa 的声压，用分贝表示。

3.1.12

语音开关　voice switching

由接收（或发送）方向信号控制，在发送（或接收）通道上自动插入损耗的过程。

3.1.13

发送方向　sending direction

由电话终端声输入接口到网络接口的信号传输方向。

3.1.14

接收方向　receiving direction

由网络接口到电话终端声输出接口的信号传输方向。

3.2　符号和单位

下列符号和单位适用于本标准。

P_e	Sound pressure level at the ERP	耳参考点（ERP）处的声压级
dBPa	Decibels relative to 1 Pa	相对于 1 Pa 的分贝表示
dBVp	Decibels relative to 1 Volts, psophometrically weighted	相对于 1 V 的分贝表示，杂音计加权
dBVpp	Decibels relative to 1 Volts, peak to peak	相对于 1 V 的峰峰值电压的分贝表示

3.3　缩略语

下列缩略语适用于本标准。

RL	Return Loss	回损

ERP	Ear Reference Point	耳参考点
ISDN	Integrated Service Digital Network	综合业务数字网
PSTN	Public Switched Telephone Network	公共交换电话网
RLR	Receiving Loudness Rating	接收响度评定值
STMR	Sidetone mask Rating	侧音掩蔽评定值
TCLw	Weighted Terminal Coupling Loss	加权终端耦合损耗

4 技术要求

4.1 概述

当不使用任何助听耦合或助听耦合功能关闭时，手柄电话技术要求应符合相关国家或行业标准的规定。其中，模拟手柄电话见 GB/T 15279，数字手柄电话见 YD/T 867，IP 手柄电话见 YD/T 1686。

如无特殊说明，以下技术要求适用于使用了相应助听耦合或助听耦合功能开启的手柄电话机。

4.2 带辅助放大功能的手柄电话技术要求

4.2.1 接收频率响应

如果手柄电话的接收响度评定值(RLR)满足 4.1 相关标准中的要求，则接收频率响应也应满足该标准中的要求。否则，对接收频率响应不作要求。

注：当使用辅助接收放大时，在某些情况下，可以通过附加控制装置特别针对个别听力损伤患者增加可调频率整形功能。此外，频率整形还能用来补偿听筒耳承与助听器进行声耦合时常有的低频声泄漏，以及由于本地用户线路过长引起的高频跌落。

4.2.2 接收响度评定值(RLR)

当辅助接收放大音量调到最大时，手柄电话的接收响度评定值应至少比 4.1 相关标准中的 RLR 指标小(或声音高)20 dB。应能将辅助接收放大音量调到某一个位置，使得手柄电话的接收响度评定值比 4.1 相关标准中的 RLR 指标大(或声音小)15 dB。

4.2.3 接收非线性失真

手柄电话的接收非线性失真应满足 4.1 相关标准中的接收非线性失真要求。

注：在测量信号电平相对于辅助接收放大倍数反向减小相同比例的条件下测得。

4.2.4 接收噪声

手柄电话的接收方向噪声电平(dBPa)与接收辅助放大增益之差应满足 4.1 相关标准中的接收噪声要求。

4.2.5 开关特性

如果手柄电话终端同时具有辅助放大与语音开关功能，那么其开关特性应满足 YD/T 789 中的要求。

4.2.6 收听状态转换

针对下列 A、B 两类手柄电话，分别对收听状态转换提出要求。

4.2.6.1 A 类—供所有人使用的手柄电话

挂机后，辅助接收放大功能应自动关闭。

4.2.6.2 B 类—仅供听力受损人士使用的手柄电话

挂机后，辅助放大功能应被保持。

4.2.7 侧音掩蔽评定值(STMR)

如果手柄电话的接收响度评定值满足 4.1 相关标准中的要求，那么侧音掩蔽评定值也应满足该标准中的要求。否则,对侧音掩蔽评定值不作要求。

4.2.8 回损(RL)

本条要求适用于模拟手柄电话。

如果手柄电话的接收响度评定值满足 4.1 相关标准中的要求,那么回损也应满足该标准中的要求。否则,对回损不作要求。

4.2.9 加权终端耦合损耗(TCLw)

本条要求适用于数字手柄电话和 IP 手柄电话。

如果手柄电话的接收响度评定值满足 4.1 相关标准中的要求,那么 TCLw 也应满足该标准中的要求。否则,对 TCLw 不作要求。

4.2.10 稳定度

如果手柄电话的接收响度评定值满足 4.1 相关标准中的要求,那么稳定度也应满足该标准中的要求。否则,对稳定度不作要求。

与 4.2.6.2 对应的 B 类手柄电话,在辅助接收音量调到最大时,稳定度应满足 4.1 相关标准中的要求。

注:在进行 B 类手柄电话测量时,测量位置和测量方法与 TCLw 测量相同。

4.3 磁场感应式手柄电话技术要求

对于磁场感应式手柄电话,如果带有接收音量调节功能,那么在所有音量范围内下列有关磁场强度的指标都必须满足以下要求。此外,本条也适用于使用头戴机接听的固定电话助听器磁场耦合。

4.3.1 磁场强度等级

调节输入信号电平,使得耳参考点(ERP)处产生频率为 1 000 Hz(±2%,下同)、大小为 −14 dBPa 的声压,测量此时 1 000 Hz 信号的磁场强度等级,应至少满足规定范围要求:

规定范围:−17 dB～−30 dB,相对于 1 A/m;

推荐范围:−17 dB～−25 dB,相对于 1 A/m。

注:带有拾音线圈的助听器主要与厅堂磁场环路(满足 GB 11454 的磁场强度要求)耦合使用,如果要达到更好的使用效果,应与磁场强度等级满足推荐范围的磁场耦合式手柄电话配合使用。

4.3.2 磁场强度的线性

将磁场强度作为声压的函数,其线性偏差应在 ±1 dB 范围以内。

4.3.3 频率响应曲线

磁场强度频率响应曲线应在表 1 和图 1 所示的规定范围内。

表 1 磁场强度频率特性表

频率/Hz	上限/dB	下限/dB
300	10	−10
500	*[a]	−3
1 000	3	−3
2 000	*	−9
3 400	*	−18
3 400	*	−inf
7 000	7	−inf

[a] * 为某频率点处对应的值,该值位于相邻两个对数频率点对应的值的连线上。

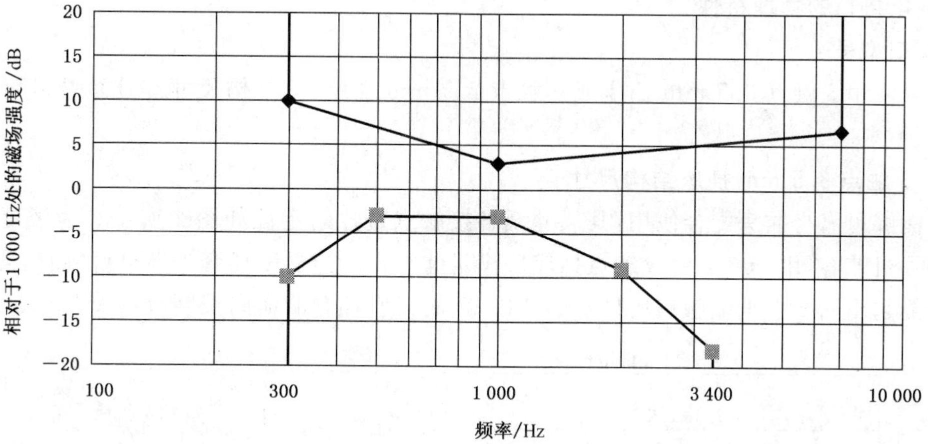

图1 磁场强度频率特性

推荐范围:在300 Hz~3 400 Hz范围内,磁场强度频率特性曲线在0 dB±3 dB范围内。

4.4 电耦合方式手柄电话技术要求

除非特别说明,下列所有要求适用于电话终端的最大接收音量位置(如果可调)。此外,本条也适用于无绳电话和移动电话的助听器电耦合。

4.4.1 终端上的电接口点

电接口的连接线应从接到话机听筒的电信号通道引出,此时侧音通道也相应耦合到与话机连接的助听器。

不应有任何信号从电接口点进入电话网络。

4.4.2 连接点的电特性

以下要求均适用于助听器输入电路等效负载电阻为2 000 Ω的条件。

注:该等效负载阻值来自IEC 60118-6:1999。

4.4.2.1 输出阻抗

对于所有的音量调节范围(如果可调),电接口输出阻抗在300 Hz~3 400 Hz,频带内应小于1 000 Ω。

4.4.2.2 灵敏度

在电接口处测得的1 000 Hz信号幅度应为−35 dBV±5 dBV。音量调到最小时,在电接口处测得的1 000 Hz信号幅度应比音量调到最大时的输出低15 dB~30 dB。

4.4.2.3 频率特性

对于所有的音量调节范围(如果可调),电接口处的接收频率响应满足:在300 Hz~4 000 Hz频带内,各频率点与1 000 Hz处的灵敏度之差应在±3 dB范围以内;在100 Hz~300 Hz频带内,差值应在±5 dB范围以内。

4.4.2.4 最大输出电平

当输入信号电平比5.4.1中所规定的参考电平增加50 dB时,在300 Hz~4 000 Hz频带内,电接口处测得的最大输出电平应不大于3 dBVpp。

4.4.2.5 噪声

噪声电平应小于−70 dBVp。

4.4.2.6 线性

线性偏差应在±1 dB范围以内。

4.4.3 安全

为了避免与传输网络的直接电连接,应保证电接口电气绝缘,比如使用变压器来隔离。电气绝缘应满足YD/T 965的要求。

4.4.4 终端电接口的物理特性

4.4.4.1 接口型号

接口可以使用3触点3.5 mm插座或3触点2.5 mm插座，其结构尺寸和连接端子定义应分别满足要求。

4.4.4.1.1 3触点3.5 mm插座结构尺寸

插座应能够可靠与插头配合使用，其尺寸及各接触点簧片的定位如图2所示。为了更好地与功能不同的各种耳机兼容，用于终端的3触点插座应满足此规定。当插座环套为导电材料时，插座末端的接触区域有可能超出图2中末端触点所规定的范围，此时插座环套的横向长度应不大于5.3 mm。

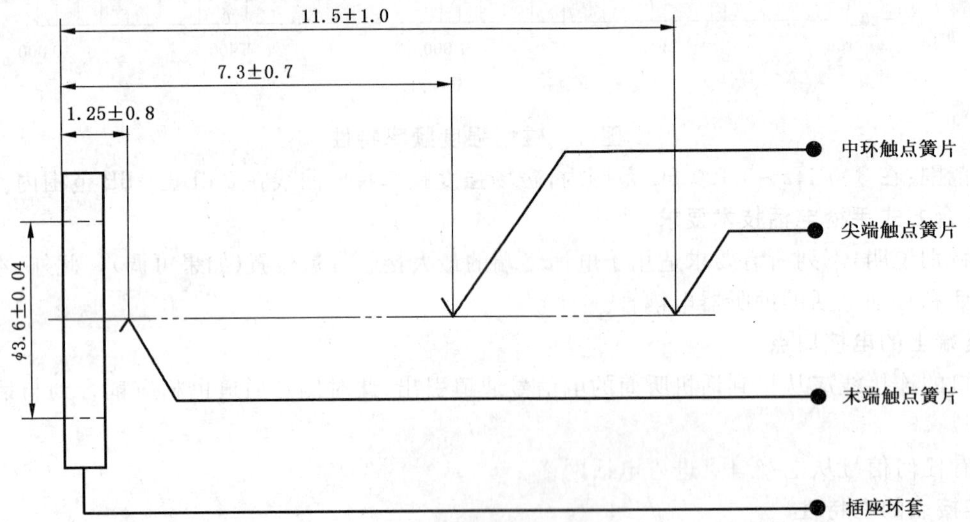

图2 3触点3.5 mm接口插座尺寸及各接触点簧片的定位

4.4.4.1.2 3触点2.5 mm插座结构尺寸

插座应能够可靠与插头配合使用，其尺寸及各接触点簧片的定位如图3所示。为了更好地与功能不同的各种耳机兼容，用于终端的3触点插座应满足此规定。当插座环套为导电材料时，插座末端的接触区域有可能超出图3中末端触点所规定的范围，此时插座环套的横向长度应不大于3.9 mm。

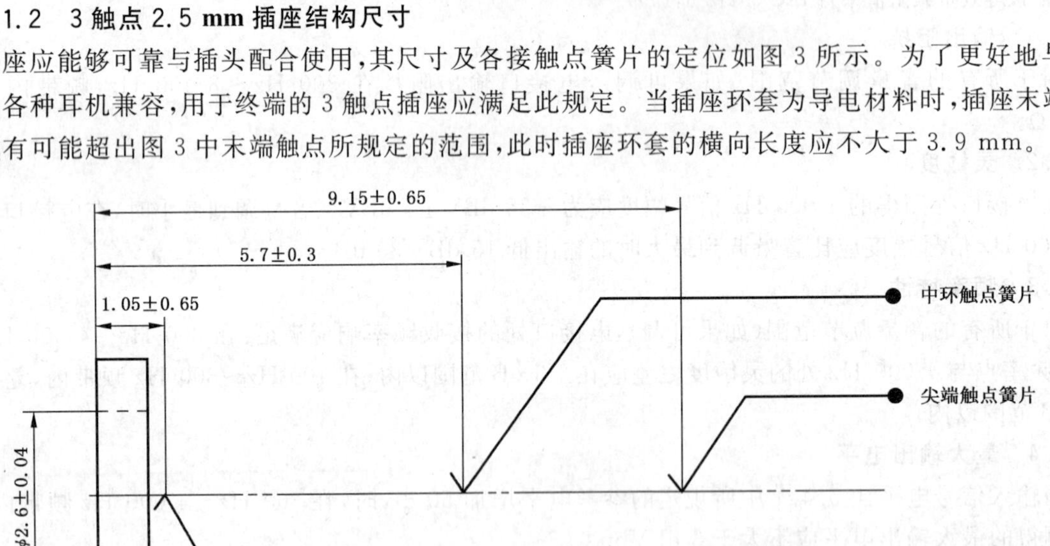

图3 3触点2.5 mm接口插座尺寸及各接触点簧片的定位

4.4.4.1.3 连接端子定义

接口各接触点编号及连接安排如图4所示，其中插座触点1对应插头尖端连接受话器(耳机左声道 L)；插座触点 2 对应插头中环连接受话器(耳机右声道 R)；插座触点 3 和触点 4 对应插头末端连接信号回路(GND)。终端电接口也可单声道输出，此时应将插座触点 2(右声道)悬空。

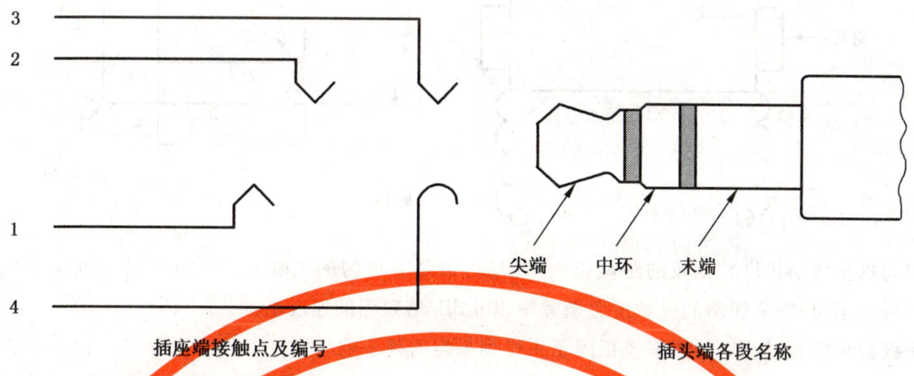

1——尖端触点，接受话器左声道(L audio)；

2——中环触点，接受话器右声道(R audio)；

3——末端触点，接信号回路(GND)；

4——插座环套，当环套为导电材料时，接信号回路(GND)。

图 4　3 段同心连接器接口定义示意图

4.4.4.2　接口位置

连接插孔应位于电话的显眼处，且方便插拔插头。插座的位置应能保证插头及与其相连的导线不会影响话机的正常操作，比如拿起和放下手柄、拨号、投币、插卡或其他操作。对于在公共场合使用的话机，为避免插孔被流体或其他脏物侵入，不宜在水平表面上安装插孔。

5　测量方法

5.1　测量条件

除特殊规定外，所有测量均应在下列正常条件下进行。

a)　环境温度：15 ℃～35 ℃；

b)　相对湿度：45%～75%；

c)　大气压力：86 kPa～106 kPa；

d)　试验周围的噪声声级应不大于 55 dB(A)。

5.2　带辅助放大功能的手柄电话的测量方法

按照 4.1 相关标准中规定的方法进行测量。

5.3　磁场感应式手柄电话测量方法

5.3.1　探头线圈

5.3.1.1　尺寸

为了减小测量磁场强度时对分辨率的影响，校准探头线圈的尺寸最大应不超过表 2 要求：

表 2　探头线圈尺寸要求

磁心	长 13.5 mm
磁心横截面	1.5 mm×2.5 mm
绕组	长 11.0 mm
绕组横截面	2.5 mm×3.5 mm

图 5 是一个探头线圈尺寸的具体例子。

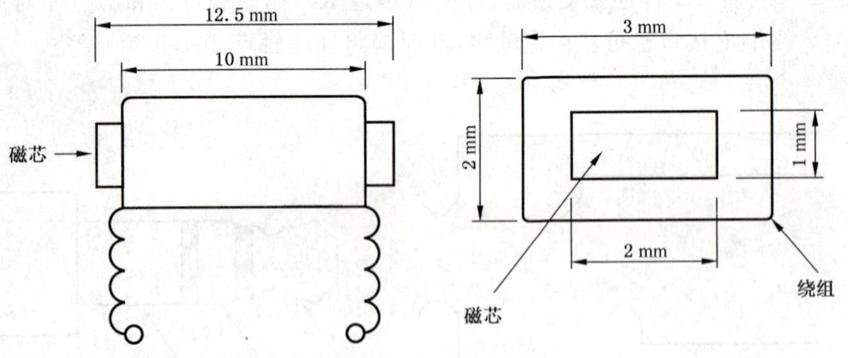

注 1：在可与探头线圈长度相比较的距离以内，磁场可以是非均匀的。磁心的引入可能会使磁场的等值线重新分布。通常来说，探头线圈的灵敏度会随频率以 6 dB/倍频程的速度增加。

注 2：探头线圈可以通过相应的频率校正因子来得到平坦的频率响应。

注 3：图 5 并非等比例绘制。

图 5　探头线圈

5.3.1.2　线圈校准

正式测量前，应先校准探头线圈。

探头线圈必须在已知大小的均匀磁场中进行校准。产生该磁场的通电正方形线圈中心的磁场强度为：

$$H=\frac{2\sqrt{2}}{\pi}\times\frac{i}{a}\mathrm{A/m}$$

式中：

H——磁场强度；

i——为通过线圈的电流大小，单位为安培(A)；

a——正方形线圈任意一匝的边长，单位为米(m)，且 a 应不小于 0.5 m，以保证磁场中心达到规定的大小和方向。

实际使用中，一般通过使用多匝线圈来减小线圈输入电流。在测量频带内，应保证电流的稳定，例如，可以通过用一个低阻抗信号源来驱动线圈，并串入大小至少为线圈阻抗 100 倍的电阻来实现。为了保证探头线圈灵敏度测量的精度，应保证校准过程中驱动电流的稳定。

为了避免引起测量磁场的扰乱，测量场所应远离任何可能引起磁场扰动或内部产生涡流的物品。

测得的探头线圈的灵敏度是频率的函数，应该用探头线圈两端导线之间的感生电压来表示，精度为 ±0.5 dB。

测量磁场的总谐波失真应小于 1%。

5.3.1.3　失真

在 300 Hz～3 400 Hz 频带内，当被测磁场强度不大于 2 dB(相对于 1 A/m)时，由探头线圈引入的总谐波失真应小于 2%。在评价探头线圈的失真时，仅需考虑 8 000 Hz 以下的谐波成分。

5.3.1.4　探头线圈连接线

为了获得较高灵敏度，探头线圈应有较高的感抗。为了便于校准，与线圈相连的导线长度应该与 0.5 m 在同一个数量级，同时应该考虑测量点处连接线对电信号带来的影响。无论是校准还是测量，都应该使用与探头线圈固定连接的导线，而且导线还应具有稳定的物理特性。最后，为了减小由于使用不同电子终端设备带来的误差，在正式测量和校准中应使用同样的电压计。

5.3.2　测量步骤

5.3.2.1　声压输出校准

如图 8 所示，将话机手柄耳承耦合在 ITU-T P.57 建议的仿真耳上，防止声泄漏。调节输入信号电平，使得耳参考点(ERP)处产生 1 000 Hz 、—14 dBPa 的声压。

5.3.2.2 磁场强度等级的测量

如图 6 所示，将校准过的探头线圈放到测量平面中心，通过向各个方向的转动来获得最佳耦合效果(磁场强度最大)。使用 5.3.2.1 规定的输入信号驱动话机，测量此时的磁场强度大小。

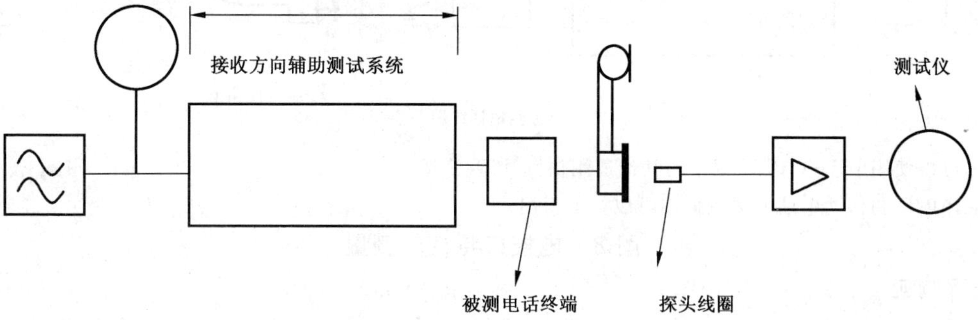

图 6 磁场强度等级的测量

5.3.2.3 磁场强度的线性测量

将探头线圈放置到如图 6 所示位置，加入 5.3.2.1 所规定的输入信号，测量磁场强度的大小。将信号电平分别增加 5 dB、10 dB、15 dB 和 20 dB，测量每次磁场强度的大小。

5.3.2.4 频率响应

将探头线圈放置到如图 6 所示位置，加入 5.3.2.1 所规定的输入信号电平，在不同频率处测量磁场强度大小，频率范围为 300 Hz～4 000 Hz。

5.4 电耦合方式手柄电话测量方法

5.4.1 声压输出校准

如图 8 所示，将话机手柄耳承耦合在 ITU-T P.57 建议的仿真耳上，防止声泄漏。调节输入信号电平，使得耳参考点(ERP)处产生 1 000 Hz 、—14 dBPa 的声压。

5.4.2 输出阻抗

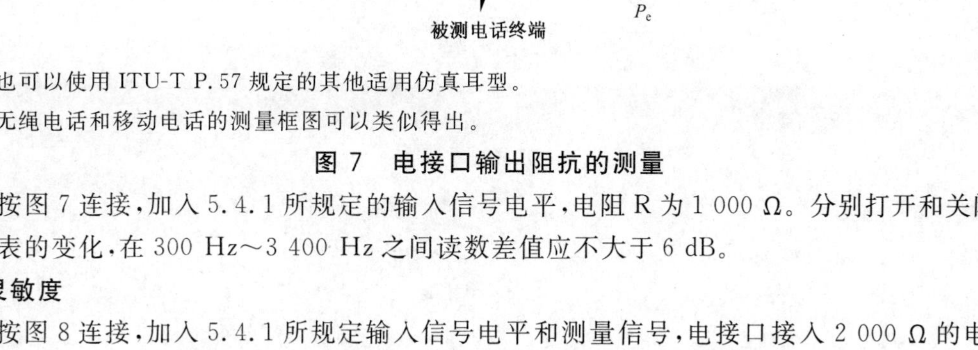

注 1：也可以使用 ITU-T P.57 规定的其他适用仿真耳型。

注 2：无绳电话和移动电话的测量框图可以类似得出。

图 7 电接口输出阻抗的测量

测量按图 7 连接，加入 5.4.1 所规定的输入信号电平，电阻 R 为 1 000 Ω。分别打开和关闭开关 S，观察电压表的变化，在 300 Hz～3 400 Hz 之间读数差值应不大于 6 dB。

5.4.3 灵敏度

测量按图 8 连接，加入 5.4.1 所规定输入信号电平和测量信号，电接口接入 2 000 Ω 的电阻，测量此时的输出电压。调节音量范围，分别在最大音量和最小音量处重新测量输出电压。

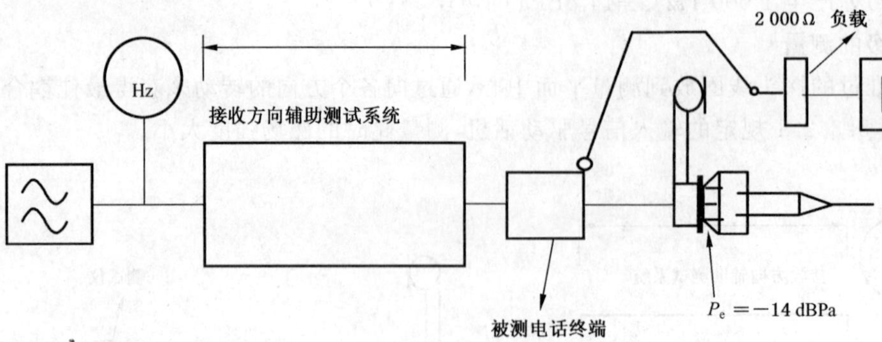

注 1：也可以使用 ITU-T P.57 规定的其他适用仿真耳型。

注 2：无绳电话和移动电话的测量框图可以类似得出。

图 8　电接口特性的测量

5.4.4　频率响应

测量按图 8 连接，加入 5.4.1 所规定的输入信号电平，电接口接入 2 000 Ω 的电阻，在 100 Hz～4 000 Hz 频率范围内测量输出电压。

5.4.5　最大输出电平

测量按图 8 连接，加入 5.4.1 所规定的输入信号，然后将信号电平值增加 50 dB，在 300 Hz～4 000 Hz 频带内测量 2 000 Ω 负载两端的电压。

5.4.6　噪声

测量按图 8 连接，用 600 Ω 电阻代替信号发生器，用符合 ITU-T O.41 的杂音计代替电压表，测量 2 000 Ω 负载两端的噪声级。

5.4.7　线性

测量按图 8 连接，加入 5.4.1 所规定的输入信号，测量 2 000 Ω 负载两端的电压。将信号电平分别增加 5 dB、10 dB、15 dB 和 20 dB，测量负载两端的电压。

参 考 文 献

［1］ GB/T 11454—1989 助听器用音频感应回路的磁场强度.

［2］ IEC 60118-6:1999 助听器 第6部分:助听器电输入线路的特性.

［3］ IEC 60118-13:1999 电声学助听器 第13部分:电磁兼容(EMC).

［4］ ITU-T P.64:1999 在市话系统响度评定值计算中用到的灵敏度/频率特性的测定.

［5］ ITU-T P.370:1996 电话机的助听器耦合.

［6］ ETSI ETS 300 381:1994 听力受损人士的电信学 手柄电话听筒与助听器的电感耦合.

［7］ ETSI ETS 300 488:1996 终端设备 听力受损人士的电信学 听力受损人士使用的电话机辅助接收放大器的特性.

［8］ ETSI ETS 300 679:1996 终端设备 听力受损人士的电信学 电话机与助听器的电耦合.

ICS 13.030.10
Z 71

中华人民共和国国家标准

GB/T 26258—2010

废弃通信产品有毒有害物质环境无害化处理技术要求

Technical requirements of environmentally innocuous disposal for hazardous substances in disused telecommunication equipment

2011-01-14 发布　　2011-06-01 实施

中华人民共和国国家质量监督检验检疫总局
中国国家标准化管理委员会　发布

前　言

与本标准技术内容有关的还有如下标准，在本标准的制定过程中还注意了与以下标准的协调统一：

——废弃通信产品回收处理设备要求；

——通信记录媒体的回收处理要求；

——通信网络设备的回收处理要求；

——通信终端设备的回收处理要求；

——通信用锂离子电池的回收处理要求；

——通信用铅酸蓄电池的回收处理要求；

——废弃通信产品再使用技术要求。

本标准由中华人民共和国工业和信息化部提出。

本标准由中国通信标准化协会归口。

本标准起草单位：工业和信息化部电信研究院、华为技术有限公司、中讯邮电咨询设计院、诺基亚通信有限公司、厦门科华恒盛股份有限公司。

本标准主要起草人：郭伟祥、蒋京鑫、朱永光、王殿魁、陈敏、陈四雄、李晓明、张翠平。

引　言

随着中国通信技术的提高，通信产品的更新换代在逐步加快，出现了大量的废弃的通信产品需要回收处理。废弃通信产品中含有一些有毒有害物质，在回收处理过程中如处置不当，会对环境造成污染。为了达到环境保护的目的，规范废弃通信产品有毒有害物质的无害化处理行为，特制定本标准。

本标准既考虑了通信产品的实际使用情况，又考虑到与国家法规和监管的相关要求相衔接，结合行业的现状、经济与技术上的可行性，对无害化处理的流程提出相应要求，最终达到保护环境的目的。

废弃通信产品有毒有害物质环境无害化处理技术要求

1 范围

本标准规定了废弃通信产品有毒有害物质信息提供、回收过程中有毒有害物质的控制与处理、残余物质处理、处理结果评估等技术要求。

本标准适用于废弃通信产品。

2 规范性引用文件

下列文件中的条款通过本标准的引用而成为本标准的条款。凡是注日期的引用文件，其随后所有的修改单(不包括勘误的内容)或修订版均不适用于本标准，然而，鼓励根据本标准达成协议的各方研究是否可使用这些文件的最新版本。凡是不注日期的引用文件，其最新版本适用于本标准。

GB 8978 污水综合排放标准

GB 12348 工业企业厂界噪声排放标准

GB 18484—2001 危险废物焚烧污染控制标准

GB 18597 危险废物贮存污染控制标准

GB 18598—2001 危险废物填埋污染控制标准

3 术语和定义

下列术语和定义适用于本标准。

3.1

有毒有害残余物质 residual hazardous substance

回收处理过程中，由于经济或技术原因无法被再利用的，且含有有毒有害成分的物质。

4 通信产品有毒有害物质信息提供

4.1 有毒有害物质的范围

国家现有的法律法规规定的及生产企业认为有必要进行提供的有毒有害物质。

4.2 有毒有害物质信息的提供方式

企业提供有毒有害物质信息的可选方式包括：

——在产品或说明书中提供；

——公司网站公布；

——生产企业主动向回收处理企业提供；

——回收处理企业向生产企业提出要求。

4.3 提供的有毒有害物质信息的内容

生产企业提供的有毒有害物质的信息内容应包括有毒有害物质的名称、包含有毒有害物质的元件或部件的位置；在可行时提供安全拆解含有毒有害物质的元件或部件的建议和有毒有害物质的建议处理方法。

5 通信产品回收过程中有毒有害物质的控制与处理

5.1 识别

有毒有害物质由回收处理企业根据生产企业提供的相关信息或其自身具备的专业技能进行识别。

回收处理企业应具有专业技术和检测设备识别有毒有害物质。

5.2 物理拆解

通过人工或机械的方式对废通信产品进行拆解，把含有有毒有害物质的部分分离出来，以便于后续处理。拆解过程应注意：

——拆解设施应放置在能防止液体渗漏的地面上，该地面应能防止水及油类等液态物质的混入或渗入；

——拆卸下来的含有有毒有害物质的元器件及装置严禁丢弃；

——对需要特别安全处置的有毒有害物质，应按照其特性进行拆解；

——所有液体(包括润滑油)应预先取出，并单独盛放；

——下述元(器)件、零(部)件应尽可能单独拆除，分类收集：显示器中的阴极射线管(CRT)、液晶显示屏(LCD)及气体放电灯泡、表面积大于 10 cm^2 的印刷线路板、含多溴联苯或多溴二苯醚阻燃剂的塑料电线电缆及机壳等、多氯联苯电容器、含汞零(部)件、镉镍充电电池、锂电池等。

5.3 储存

分离出来的含有有毒有害物质的部分应按照 GB 18597 的有关要求进行储存。

应在显著位置设有类别标识。

5.4 处理

鼓励应用经济合理且符合环境保护要求的方式对有毒有害物质加以回收再利用。

有毒有害物质的处理过程应符合现有环境保护要求。

阴极射线管(CRT)玻屏上的含荧光粉涂层可采用干法或湿法两种工艺进行清除。采用干法工艺清除玻屏上的荧光粉涂层时，应安装粉尘抽取和过滤装置，并妥善收集荧光粉，进而对其进行无害化处理；采用湿法工艺洗涤玻屏上的荧光粉涂层时，产生的洗涤废水需经处理达标后排放，含荧光粉的污泥应进行无害化处置。

液晶显示屏应尽可能以非破坏方式分离，将其中的液晶面板、背光模组及驱动集成电路拆除。液晶面板中包覆的液晶不得泄漏，应对其进行无害化处理；从背光模组中拆下的冷阴极荧光管可送往专业的汞回收厂回收汞，或者连同其他含汞荧光灯管一起按照危险废物处置。

对线路板进行加热并拆除线路板上元(器)件、零(部)件时，应使用抽风罩抽取焊料熔化时产生的铅烟(尘)，处理达标后排放。不应采用无环保措施的手段提取金、银和钯等贵重金属，例如简易酸浸工艺。线路板上拆下的多氯联苯电容器等危险废物应按照危险废物处置。

含多溴联苯或多溴联苯醚阻燃剂的电线电缆、塑料机壳的粉碎和分选应在封闭的设施中进行。不应采用无环保措施的手段焚烧电线电缆，例如使用简易焚烧炉。

拆解下来的各类电池(蓄电池、充电电池和纽扣电池)的处理处置应遵循《废电池污染防治技术政策》及相关规定和标准要求。

6 残余物质处理要求

6.1 焚烧

焚烧指焚化燃烧危险废物使之分解并无害化的过程，有毒有害残余物质的焚烧应满足以下要求：

——焚烧的机构应有相关资质；

——不应露天进行焚烧；

——不应对易爆和具有放射性危险废物进行焚烧；

——危险废物焚烧厂排放废水时，其水中污染物最高允许排放浓度应符合 GB 8978 的规定；

——焚烧大气污染物排放限值应符合 GB 18484—2001 中表 3 的要求；

——焚烧厂噪声应符合 GB 12348 的规定。

6.2 填埋

有毒有害残余物质的填埋应满足以下要求：

——焚烧的机构应有相关资质；

——不应以直接填埋的方式处置有毒有害物质；

——被填埋的残余物同其他被填埋的物质接触时不产生气体、热量、有害物质，不会燃烧或者爆炸，不会发生其他对填埋场产生不利影响的反应和变化；

——被填埋物质应满足 GB 18598—2001 中表 5-1 的要求；

——严禁将集排水系统收集的渗滤液直接排放，应对其进行处理并达 GB 8978 中第一类污染物最高允许排放浓度的要求及第二类污染物最高允许排放浓度的要求后方可排放；

——填埋场噪声应符合 GB 12348 的规定。

6.3 其他

其他具有特殊毒性的物质要用特殊要求处理，要保证处理过程中产生的废气、废水及废渣进行无害化处理后达标排放。

7 处理结果评估

对废弃通信产品中的有毒有害物质进行环境无害化处理，应对处理结果进行评估。评估内容应该以文档的方式保存 3 年以上。

处理结果评估应包含以下内容：

——有毒有害物质的名称、来源、数量、处理方式(工艺)及最终流向；

——有毒有害物质存储的地点、方式、数量及风险处置措施；

——有毒有害物质无害化处理的地点、数量及对周围环境的主要影响及环境风险；

——评估有毒有害物质的识别、拆分、存储、处置的难度；

——有毒有害物质的回收利用及送交专业处置单位焚烧、填埋的比例；

——有毒有害物质无害化处理过程的记录。

ICS 13.030.10
Z 71

中华人民共和国国家标准

GB/T 26259—2010

废弃通信产品再使用技术要求

Technical requirements of reuse for the waste telecommunication equipment

2011-01-14 发布　　　　2011-06-01 实施

中华人民共和国国家质量监督检验检疫总局
中国国家标准化管理委员会　发布

前　言

与本标准技术内容相关的还有如下标准，在本标准的制定过程中还注意了与以下标准的协调统一：

——旧通信设备鉴定通用技术要求；

——废弃通信产品回收处理设备要求；

——通信记录媒体的回收处理要求；

——通信网络设备的回收处理要求；

——通信终端设备的回收处理要求；

——通信用锂离子电池的回收处理要求；

——通信用铅酸蓄电池的回收处理要求；

——废弃通信产品有毒有害物质环境无害化处理技术要求。

本标准由中华人民共和国工业和信息化部提出。

本标准由中国通信标准化协会归口。

本标准起草单位：工业和信息化部电信研究院、华为技术有限公司、中讯邮电咨询设计院、中兴通讯股份有限公司。

本标准主要起草人：郭伟祥、蒋京鑫、朱永光、王殿魁、严峻、孙淑英、王艳平。

引　言

随着通信技术水平的提高，通信产品的更新换代在逐步加快，废弃的通信产品需要回收处理。由于废弃通信产品中的部分零部件及元器件仍完好，如果加以再次利用，可以大量减少废弃电子垃圾对环境造成的污染，避免资源的浪费。为了达到资源节约、环境保护的目的，需要规范通信产品再使用，特制定本标准。

本标准既考虑了废弃通信产品的实际情况，又考虑到与国家法规和监管的相关要求相衔接，结合行业的现状、经济与技术上的可行性，对废弃通信产品零部件及元器件的再使用提出相应技术要求，使再使用的过程更加高效、环保、资源利用率最大化，最终促进通信产业的良性发展。

废弃通信产品再使用技术要求

1 范围

本标准规定了有利于废弃通信产品再使用的设计要求、废弃通信产品再使用的原则和处理流程。

本标准适用于废弃通信产品的零部件及元器件。

2 术语和定义

下列术语和定义适用于本标准。

2.1

废弃通信产品 waste telecommunication equipment

已经失去使用价值或因使用价值不能满足要求而被弃用的通信产品。

2.2

再使用 reuse

产品或产品中的零部件、元器件继续使用或经清理、维修后继续用于原来用途或类似用途的行为。

3 通信产品再使用设计要求

3.1 概述

产品的设计情况对产品废弃后的再使用有重要影响，因此通信产品制造企业应在设计阶段充分考虑产品的再使用性。尽量避免采用特殊的设计方法或者加工工艺阻止废弃通信产品的再使用，除非该设计或者加工工艺更有利于环境保护和安全。

3.2 材料选择

在不影响性能的前提下，材料选择应注意：

——应尽可能使用环保材料；

——尽量采用常规材料，减少特殊材料的使用；

——尽量采用可靠性高的材料，提高产品的可靠性；

——尽量减少使用材料的种类。

3.3 易拆解性

拆解是再使用的关键步骤，良好的拆解性能可以使需要再使用的部分完好无损的从产品中分离出来。设计时应考虑以下内容：

——尽可能减少产品中零部件的数量和种类；

——减少紧固件种类和数量；

——采用易拆解的连接方式；

——采用优化的标准模块和结构设计，增加零部件的重复使用性。

3.4 模块化、标准化

模块化、标准化对产品的再使用有着重要意义，通过将产品分成一系列标准化、模块化的单元，可提高其再使用性。设计时应考虑以下内容：

——采用优化的标准模块和结构设计，增加零部件的重复使用性；

——尽量使用标准零部件和通用零部件；

——外形和接口尺寸尽量标准化。

3.5 易修复(升级)性

为了提高产品的易修复(升级)性,设计时应考虑以下内容:

——易清洁,防止零部件的脏污和腐蚀损坏,增加重复使用性;

——易检测,简化检测操作,提高零部件再使用价值;

——易修复,降低修复成本,提高零部件再使用价值。

4 再使用原则

4.1 级别优先原则

零部件和元器件的再使用分为不同的层次,如直接再使用和降级再使用。

直接再使用是有效节约资源和减少环境污染的最佳方式,若条件允许,应优先考虑直接再使用方式。

4.2 节约及环保原则

对废弃通信产品进行再使用的目的是为了节约资源和减少环境污染,再使用时应首先对资源节约和环境污染等效果进行评估,如果达不到这两个目的,则不予考虑零部件或元器件的再使用。

4.3 质量原则

再使用的零部件或元器件应满足适当的质量指标,其使用寿命、可靠性以及功能指标应符合预期的再使用要求。

4.4 信息安全原则

应通过加强保密管理和采取有效的防泄密措施等手段有效防止再使用过程中的信息泄漏,确保信息安全。

4.5 产品安全原则

再使用产品应符合国家相关的安全规范,以保证其在运输、存储、安装、使用和维护等过程中,不能对人身、环境产生电击、机械伤害、爆炸、热、燃烧、辐射和化学污染等危险。

5 再使用处理流程

5.1 预检测

对废弃通信产品应首先进行预检测,检测产品各个部分的性能,确定其再使用可能性。

5.2 拆解

根据预检测的结果,将需要再使用的零部件或元器件从产品中拆解出来,并尽量保证拆解过程中不损坏零部件或元器件。

5.3 零部件和元器件检测

进一步对零部件或元器件进行性能检测,确定其性能状况。

对有故障的零部件或元器件,根据零部件和元器件价值及损伤情况,确定其是否需要修复以及是否能够修复。

5.4 修复及检测

对需要修复的零部件或元器件进行适当的修复工作。修复后,对其进行性能和可靠性检测,确定达到一定要求时方可进行再使用。

5.5 再使用说明

对再使用的零部件或元器件的性能状况要进行明确的说明与告知,以区别于新品。

ICS 29.200
M 41

中华人民共和国国家标准

GB/T 26260—2010

接入网设备与远端模块电源系统的综合再利用

Synthetic reuse of power supply system for access network equipment and remote module

2011-01-14 发布 2011-06-01 实施

中华人民共和国国家质量监督检验检疫总局
中国国家标准化管理委员会
发布

前　言

本标准参考了以下标准：

——YD/T 1058—2007《通信用高频开关电源系统》；

——YD/T 731—2008《通信用高频开关整流器》；

——SJ/T 11364—2006《电子信息产品污染控制标识要求》。

本标准由中华人民共和国工业和信息化部提出。

本标准由中国通信标准化协会归口。

本标准起草单位：信息产业部电信研究院、华为技术有限公司、艾默生网络能源有限公司、深圳科士达科技股份有限公司。

本标准主要起草人：熊兰英、吴京文、黄茂胜、马向民、林锦、吴建华、杨戈戈、延汇文、齐曙光。

接入网设备与远端模块电源系统的综合再利用

1 范围

本标准规定了接入网设备与远端模块电源系统进行综合再利用的技术要求、试验方法及判定与原则。

本标准适用于接入网设备与远端模块等配套电源系统的综合再利用。

2 规范性引用文件

下列文件中的条款通过本标准的引用而成为本标准的条款。凡是注日期的引用文件，其随后所有的修改单(不包括勘误的内容)或修订版均不适用于本标准，然而，鼓励根据本标准达成协议的各方研究是否可使用这些文件的最新版本。凡是不注日期的引用文件，其最新版本适用于本标准。

YD/T 731—2008　通信用高频开关整流器

YD/T 1058—2007　通信用高频开关电源系统

YD/T 1436—2006　室外型通信电源系统

3 术语和定义

下列术语和定义适用于本标准。

3.1

综合再利用　synthetic reuse

接入网设备与远端模块配套的电源系统对外接口的电气性能和机械性能实现标准化，当主设备更新升级时电源系统可以继续再使用。

3.2

再循环　recycle

废物材料以原有目的或其他目的在生产过程中的再加工，但不包括将可燃性废物直接焚烧或与其他废物一起焚烧仅回收热能的形式。

3.3

更新期限　replacing period

用户根据电源系统的设计寿命、实际使用环境条件、输入输出特性、自身财务条件确定的从电源系统投入使用到其退出使用的时间。

3.4

处理　disposal

将报废电源系统运输至处置场所，进行预处理，实施拆解、切碎、回收等任何行为，并防止污染。

4 电源系统与对外接口

接入网设备与远端模块电源系统在远端通信机房或者室外机柜中的位置与对外接口如图1所示。电源系统对外接口包括交流输入接口、监控通讯接口、直流负载接口等。

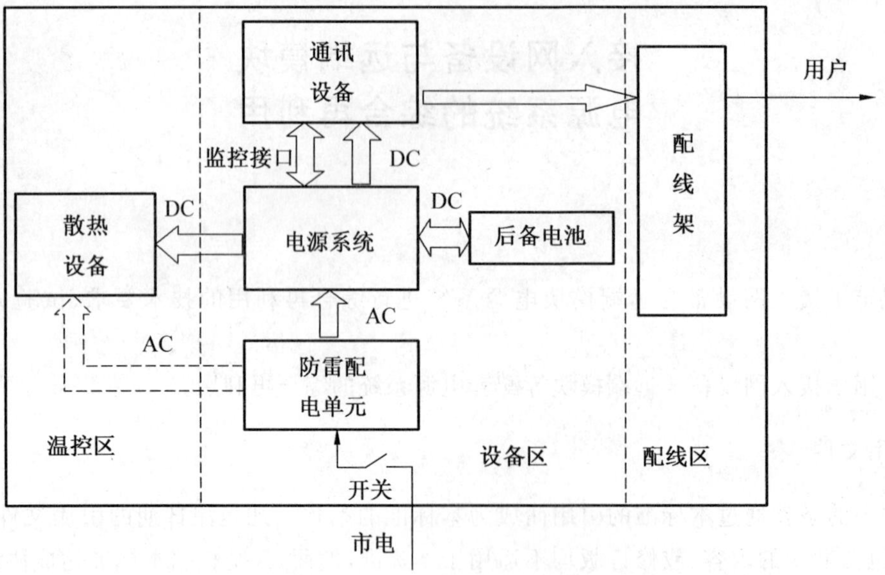

注：在远端通讯机房或者室外机柜中的散热设备，可以是交流供电也可以是直流供电。

图 1　接入网电源系统与对外接口

5　再利用技术要求

5.1　电源系统再利用设计原则要求

5.1.1　电源系统的模块化设计

电源系统的同种功能模块或单元应采用模块化设计，使其易维修、易替换、易升级，有利延长整个电源系统的使用寿命。

5.1.2　电源系统对外接口兼容性

电源系统的规格和零部件应标准化，同种类型或同种功能单元的接口应兼容，提高模块或部件的通用性。

5.1.3　电源系统的回收和再循环使用特性

电源系统在设计、生产时应减少使用材料的种类，多使用易于回收再利用的环保材料。电源系统中的通用部件应采用国际或国内标准进行标注，电源系统的设计与工艺应有利于拆解，从而提高其再循环使用特性。

5.1.4　系列化产品的配套电源系统归一化设计

同一厂家生产的系列化接入网设备与远端模块，其配套的电源系统应考虑归一化设计，即考虑电源系统的尺寸、交流输入接口、监控通讯接口、直流负载接口等具有兼容性，便于产品升级时，电源系统可最大限度地再利用。

5.2　电源系统的尺寸

同种类型、相同功率的电源系统(或整流器)的尺寸宜保持一致，易于维护与替换。

5.3　电源系统的外观

再利用的电源系统的表面应无毛刺，丝印字迹图案应清晰、正确。如不符合要求，应把标志、丝印、字迹处理清晰正确后再利用。

5.4　电源系统的交流输入接口

电源系统的交流输入接口应具有兼容性。

电源系统的交流输入接口宜采用标准3芯电源插座、OT端子或者冷压端子，指标应满足YD/T 731—2008的要求。

5.5 电源系统的监控通讯接口

电源系统的监控模块应具有告警信号的输出接口，如干接点、通信接口等，可以通过这些接口上报电源系统的告警等信息。

再利用的电源系统不应更改现有设备的监控通讯接口、相应的电缆和通讯协议。

6 试验方法

分别按照 YD/T 1058—2007、YD/T 731—2008、YD/T 1436—2006 的要求进行试验。

7 电源系统再利用判定与原则

7.1 直接利用

在设计寿命周期内且在更新期限内的电源系统，满足 5.2～5.6 的要求，经检测，电源系统的技术性能指标满足 YD/T 1058—2007 的要求，整流器的技术性能指标满足 YD/T 731—2008 的要求，电源系统在其配套的接入网设备与远端模块升级、更换时可直接再利用。

在设计寿命周期内、但超出了更新期限的电源系统，满足 5.2～5.6 的要求，经检测，电源系统的技术性能指标满足 YD/T 1058—2007 的要求，整流器的性能指标满足 YD/T 731—2008 的要求，电源系统在其配套的接入网设备与远端模块升级、更换时可直接再利用，但应贴上特殊标识，提示此类电源系统或整流器有故障率增高的风险，建议用户将此类电源系统或整流器用于可靠性要求较低的场所。

7.2 维修后再利用

在设计寿命周期内且在更新期限内的电源系统，满足 5.2～5.6 的要求，经检测，电源系统的部分技术性能指标不满足 YD/T 1058—2007 的要求，整流器的部分性能指标不满足 YD/T 731—2008 的要求，经维修后，各项技术性能指标都满足 YD/T 1058—2007 和 YD/T 731—2008 的要求，可以继续使用。

在设计寿命周期内、但超出了更新期限的电源系统，满足 5.2～5.6 的要求，经检测，电源系统的部分技术性能指标不满足 YD/T 1058—2007 的要求，整流器的部分指标不满足 YD/T 731—2008 的要求，经维修后，各项技术性能指标都满足 YD/T 1058—2007 和 YD/T 731—2008 的要求，可以继续使用，但应贴上特殊标识，提示此类电源系统或整流器有故障率增高的风险，建议用户将此类电源系统或整流器用于可靠性要求较低的场所。

7.3 报废

电源系统的技术性能指标维修后仍不能满足 YD/T 1058—2007 的要求，整流器的技术性能指标维修后仍不能满足 YD/T 731—2008 的要求，应进行报废处理。

7.4 电源系统的拆解再利用

对于决定报废的电源系统，应进行回收处理。对于划分功能模块进行装配的电源系统，拆解功能模块，功能与性能完好的模块可再利用。

8 回收、运输、贮存

8.1 鼓励电源系统用户与生产商建立回收系统。

8.2 报废的电源系统回收可采用付费、互换、无偿交易等市场手段，鼓励用户将报废电源系统交到指定的回收站点或与生产商预约上门回收。

8.3 回收的电源系统应送往具有相关资质的企业进行专业化、无害化地集中处理。

8.4 报废的电源系统在运输过程中应采取适当的包装措施，避免在运输过程中某些易碎产品或零部件破碎或有毒有害物质泄漏、释出。

8.5 报废的电源系统应贮存在专门的场所，地面进行防渗漏处理，具有防雨淋的遮盖物。

ICS 33.020
M 30

中华人民共和国国家标准

GB/T 26261—2010

旧通信设备鉴定通用技术要求

General technical requirements of used telecommunication equipment appraisal

2011-01-14 发布 2011-06-01 实施

中华人民共和国国家质量监督检验检疫总局
中国国家标准化管理委员会 发布

前　言

与本标准技术内容相关的还有如下标准，在本标准的制定过程中还注意了与以下标准的协调统一：

——废弃通信产品再使用技术要求；

——废弃通信产品回收处理设备要求；

——通信记录媒体的回收处理要求；

——通信网络设备的回收处理要求；

——通信终端设备的回收处理要求；

——通信用锂离子电池的回收处理要求；

——通信用铅酸蓄电池的回收处理要求。

本标准由中华人民共和国工业和信息化部提出。

本标准由中国通信标准化协会归口。

本标准起草单位：工业和信息化部电信研究院、中讯邮电咨询设计院、华为技术有限公司、中兴通讯股份有限公司。

本标准主要起草人：刘伟、王守源、蒋京鑫、王殿魁、朱永光、严峻、王艳平、孙淑英。

引　言

随着中国通信产业的不断发展，出现了一些旧通信设备，这些设备并未完全损坏，还保有使用价值，可以再使用。但旧通信设备如果不加鉴定直接进入流通领域，其质量和安全性没有保证，可能会对使用者构成安全隐患或损害消费者权益。为了既达到资源节约、环境保护的目的，又保证消费者的合法权益不受损害，需要规范旧通信设备的鉴定行为。

本标准是根据旧通信设备的特点，对旧通信设备是否可以继续使用以及性能的鉴定方法和内容进行了规定，从而为旧通信设备的鉴定和流通提供了技术依据。

本标准既考虑了旧通信设备的实际情况，又考虑到使用旧通信设备的消费者的权益，结合行业的现状、经济与技术上的可行性，对旧通信设备的鉴定流程、鉴定内容、判断依据等分别提出相应要求，以使旧通信设备鉴定能顾及消费者权益和资源节约两方面关系，最终达到促进通信设备资源利用率最大化，社会成本最优化的目标。

旧通信设备鉴定通用技术要求

1 范围

本标准规定了对旧通信设备进行技术鉴定的流程、鉴定内容、判断依据等要求。

本标准适用于预定进入市场进行二次流通的旧通信设备。

2 术语和定义

下列术语和定义适用于本标准。

2.1

旧通信设备 used telecommunication equipment

经过消费者使用过的通信设备。

2.2

旧通信设备鉴定 appraisal for used telecommunication equipment

鉴别确定旧通信设备相关性能的行为。

3 旧通信设备鉴定流程

3.1 产品信息确认

在旧通信设备的鉴定开始前，首先需要确认和记录该设备的信息。

信息内容可包括：产品名称、生产厂家、生产批次、产品型号、设备识别码和购买凭据等。

如有可能应了解产品使用和维修情况，包括发生过的故障及维修措施等。

3.2 原技术资料的收集

在产品信息确认后，可通过设备的使用者或设备的生产厂家等渠道来收集被鉴定设备的原技术资料。这些原技术资料可以是原厂提供的技术手册或产品使用说明书。

3.3 再使用性判断

与原技术资料或其他可参考技术资料进行比对，确定被鉴定设备主要功能是否正常。

如果不正常，需初步检查其损坏程度，并结合设备的价值情况，给出是否值得修复的评价。

对不值得修复的设备，应按照废弃通信设备进行处理。

对于值得修复的设备，进行必要的修复后再进行以下的鉴定流程。

3.4 安全性鉴定

在3.3中确定主要功能正常的设备，应进行必要的安全性鉴定，以确保在其再使用的过程中不会对使用者造成人身或财产的伤害。

如果安全性鉴定无法通过，则鉴定是否值得修复到安全达标。如值得，修复完成后再次进行安全性鉴定，否则，按照废弃通信设备进行处理。

3.5 性能鉴定及降级使用

在完成3.3和3.4的步骤后，可根据再使用的具体情况，进行必要的性能鉴定，以确定被鉴定设备的性能是否符合相关产品的标准要求。

如某些指标低于标准，宜降级使用，并在鉴定结论中详细说明。

3.6 寿命或可靠性鉴定

对有寿命或高可靠性要求的旧通信设备，宜进行寿命或可靠性方面的鉴定，确定该旧设备可能的残余寿命时间。

如不能进行寿命或可靠性方面鉴定，应在鉴定结论中明确说明所存在风险，并建议不要用于高可靠性要求的场合。

根据设备的种类、使用及维修等情况，给出该设备进入再流通领域的质量保证期限范围建议，为旧通信设备经销商提供售后服务参考。

3.7 出具鉴定结论

完成以上鉴定后，应出具鉴定结论，鉴定结论的内容见4.4。

4 旧通信设备鉴定内容和依据

4.1 安全性鉴定内容及依据

安全性鉴定内容应针对具体设备对应的安全标准选取，应包括旧通信设备对人身、环境可能存在的的电击、燃烧、化学、热、能量、机械和辐射等方面的危险鉴定。

安全鉴定依据应遵照被鉴定设备适用的最新国家或行业安全标准，安全性鉴定中无任何可降级项目，被鉴定设备应完全达到标准中规定的最低安全等级，以确保设备再使用过程中不会对使用者造成人身伤害和财产损失。

4.2 性能鉴定内容

性能鉴定内容应包括设备的主要功能和指标，以确定设备可以达到的性能水平。

性能鉴定应依据被鉴定设备适用的最新版本的国家标准、通信行业标准和设备原技术资料（如果有）中列出的相关内容，主要以鉴定人员的主观鉴别和/或仪器测试以及综合分析等手段，对旧通信设备的相关功能和指标进行判定。对于达不到标准的，应注明，以便于进入再使用领域时降级使用。

4.3 寿命或可靠性鉴定内容

寿命和可靠性指标直接影响着设备进入再使用领域时的售后服务期限、维修费用及维护工作量等。因此，寿命和可靠性鉴定内容应包括设备的再使用年限、可靠性指标的测试或计算、使用和维护要求等。

4.4 鉴定结论

鉴定机构完成对被鉴定设备的鉴定后，应出具鉴定结论。鉴定结论的内容至少包括以下部分：

a） 被鉴定设备编号（出厂序号或另行编写的唯一性编号）；

b） 安全性评价；

c） 设备性能评价；

d） 设备预期使用寿命；

e） 设备的可靠性评价；

f） 设备再使用价值的综合评价；

g） 鉴定机构名称和联系方式；

h） 鉴定人员签字；

i） 鉴定日期。

鉴定结论的相关信息应在鉴定机构保存，保存期限应至少超过设备预期使用寿命2年。

4.5 鉴定后产品的标识

鉴定后的旧通信设备应采用适当的方式在产品上进行标识，标识内容应能明示鉴定机构，并表明该产品经过鉴定。该标识应不易被去除或损坏。

ICS 33.020
M 30

中华人民共和国国家标准

GB/T 26262—2010

通信产品节能分级导则

Guide for classification of telecommunication equipment energy efficiency

2011-01-14 发布　　2011-06-01 实施

中华人民共和国国家质量监督检验检疫总局
中国国家标准化管理委员会　发布

前　言

本标准的附录A为资料性附录。

本标准由中华人民共和国工业和信息化部提出。

本标准由中国通信标准化协会归口。

本标准起草单位：工业和信息化部电信研究院、南京爱立信熊猫通信有限公司、中讯邮电咨询设计院、华为技术有限公司、中兴通讯股份有限公司。

本标准主要起草人：王守源、刘伟、蒋京鑫、张文婷、王殿魁、肖劲强、王蔚、李晓明、张翠平。

引　　言

随着中国通信产业的不断发展，通信已经成为国民经济发展的支柱产业，在国家大力开展节能减排，走可持续发展循环经济道路的大背景下，为了更好的引导通信产品向节能降耗方向发展，指导相关节能分级更加科学、合理，以切实达到节约能源、环境保护的目的，特制定本标准。

本标准是根据通信设备的特点，对各类通信设备制定节能分级标准时需考虑的节能参数、节能分级级差、级数设定等问题给出指导原则，以帮助各类通信设备进行科学合理的节能分级。

本标准作为通信产品节能分级导则，将指导后续标准的制定。

通信产品节能分级导则

1 范围

本标准规定了通信产品节能参数和级差、级数设定原则。

本标准适用于通信产品。

2 术语和定义

下列术语和定义适用于本标准。

2.1

级差 step of level

设定的分级中，临近两级之间参数值的差距。

2.2

级数 number of level

设定的分级中，区分的等级数量。

3 节能参数

3.1 概述

节能参数是通信产品节能分级的依据，包括功耗、能效及辅助性参数。其中功耗和能效是节能分级的主要依据。

在制定这些节能参数时应考虑以下因素：

a) 功能：不同功能和容量(例如：交换机门数、无线设备的发射功率或信号覆盖范围)的参数值有差异，应在同样或接近的功能状态下进行参数值的评价。

b) 工作状态：不同工作状态下的参数值有差异，可以在不同工作状态下分别进行参数值的评价；也可以对不同工作状态设定相应的权重，进行综合评价。

c) 工作状态转换：要注意转换中的参数值变化。

d) 工作环境条件：工作环境条件主要包括温度、湿度、空气清洁度、供电模式等参数。由于通信产品在不同工作环境条件下节能参数值有差异。因此，通信产品节能分级时应考虑在相同工作环境条件下进行参数值的评价。

3.2 功耗

功耗指的是通信产品在指定条件下正常工作的输入功率。(功耗示例参见附录 A.1)

3.3 能效

对于可以测量输入功率与输出量的通信产品，应以能效代替功耗，这样对产品的评价将更加合理准确。通信产品的输出量可以是光功率、电功率，也可以是其他可以衡量的产品主要功能的贡献参数。(能效示例见附录 A 中的 A.2 和 A.3)

3.4 辅助性参数

除 3.2 和 3.3 所列主要参数外，通信产品在具体产品节能分级中也可以根据自身特点再选择一些辅助性参数。

4 节能分级级差和级数设定原则

4.1 节能分级级差的设定原则

最高等级体现行业的最佳水平要求，是企业现阶段的努力目标，以促进节能新技术的应用。

最低等级体现行业的最低水平要求，应能逐步淘汰节能技术落后的产品，促进低成本节能技术普遍应用。

中间某一等级体现了行业内的平均水平要求，该值应能促使整个行业的节能水平逐步达到国家的中长期目标。

级差设定应考虑目前技术能力，市场状况以及节能技术发展潜力等因素。

级差设定应考虑市场实际现状，使得各个等级内都覆盖适当数量的产品，保持有效的市场能效分布结构。

4.2 节能等级级数的设定原则

在考虑通信产品整体容量以及制造商数量的基础上，根据设定的级差水平，最终得到的级数应不小于 2 级，不应超过 5 级。

4.3 节能等级的更新原则

更新升级应依据国家整体节能中长期规划的改变而调整各个等级限值，同时也应考虑目前技术能力，市场状况以及节能技术发展潜力等因素。节能等级的更新信息应以合适的方式对行业公布。

在判断今后节能技术发展在短期内不会有较大突破的情况下，最高级可以保持不变，最低级应逐步提升。以促使成熟低成本节能技术的普遍应用。

在判断今后节能技术还在发展，有潜力的情况下，每次更新时每级应逐步提高；根据发展空间大小确定提升幅度，以整体提高行业节能水平。

附 录 A
（资料性附录）
示 例

A.1 功耗示例

DSL用户端设备具有传输和待机两种状态。分别在这两种状态下测量功率值P_1、P_2，P_1是传输状态下的功耗，P_2是待机状态下的功耗。

A.2 能效示例1

对于宽带通信产品（例如DSL接入技术，DSLAM），其输出应当是用户线，即这个网络设备（DSLAM）服务的用户数量：

- 每个用户线的功耗应该在一定的距离、信道和比特率的条件下进行测量；
- 每用户线的功耗可以通过式(A.1)算出：

$$P_{BBline}=P_{BBeq}/N_{subscrib\text{-}line} \qquad \text{(A.1)}$$

式中：

P_{BBline}——每用户线的功耗；

P_{BBeq}——设备需要的功耗；

$N_{subscrib\text{-}line}$——用户线的数量；

- 当考虑到比特率和距离时，可以定义标准化的能效参数，表示在每公里的范围内传输1兆比特数据而消耗的能量，如式(A.2)：

$$\text{NPC}=1\,000\times P_{BBline}/(\text{Bitrate}\times \text{LineLength}) \qquad \text{(A.2)}$$

式中：

NPC——标准化的能效参数，单位为毫瓦/每秒兆比特数千米(mW/Mbpskm)；

Bitrate——比特率，单位为每秒兆比特数(Mbps)；

LineLength——线的长度，单位为千米(km)。

A.3 能效示例2

移动通信手持机充电器能效测试连接图如图A.1。充电器能效=直流输出功率/交流输入有功功率，见式(A.3)：

$$U_oI_o/P_i\times 100\% \qquad \text{(A.3)}$$

式中：

U_o——负载电压，单位为伏特(V)；

I_o——负载电流，单位为安培(A)；

P_i——整流设备交流输入有功功率，单位为瓦特(W)。有功功率即视在功率乘以功率因数，输入电压乘以输入电流是视在功率，用功率计可以读出功率因数。或者用功率计也可直接读出有功功率。

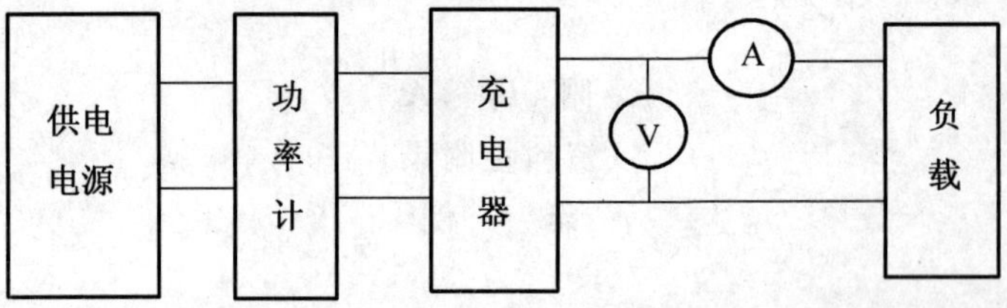

图 A.1 充电器能效测试连接图

ICS 29.220
M 41

中华人民共和国国家标准

GB/T 26263—2010

通信用风能电源系统

The power system of wind energy for telecommunication

2011-01-14 发布

2011-06-01 实施

中华人民共和国国家质量监督检验检疫总局
中国国家标准化管理委员会 发布

前　言

本标准是“通信用新能源电源系统”系列标准之一，该系列标准的名称如下：

——通信用太阳能电源系统；

——通信用风能电源系统。

本标准由中华人民共和国工业和信息化部提出。

本标准由中国通信标准化协会归口。

本标准起草单位：信息产业部电信研究院、中国移动通信集团公司、广州珠江电信设备制造有限公司、中国电信集团公司、中国卫星通信集团公司、江苏双登集团有限公司、浙江南都电源动力股份有限公司、中讯邮电咨询设计院、华为技术有限公司、厦门科华恒盛股份有限公司、深圳理士奥电源技术有限公司、武汉银泰科技电源有限公司、中国移动通信集团设计院有限公司。

本标准主要起草人：吴京文、高健、伍开勇、侯福平、牛志远、温海泉、童一波、朱清峰、马向民、陈四雄、周德超、汤建皮、齐曙光、彭广香。

通信用风能电源系统

1 范围

本标准规定了通信用风能电源系统的定义、组成、要求、试验方法、检验规则和包装储运。

本标准适用于向通信设备供电的风能发电系统或混合发电系统，不适用于向电网送电的风能发电系统和柴油发电机组等发电装置。

2 规范性引用文件

下列文件中的条款通过本标准的引用而成为本标准的条款。凡是注日期的引用文件，其随后所有的修改单(不包括勘误的内容)或修订版均不适用于本标准，然而，鼓励根据本标准达成协议的各方研究是否可使用这些文件的最新版本。凡是不注日期的引用文件，其最新版本适用于本标准。

GB/T 191—2008 包装储运图示标志(ISO 780:1997,MOD)

GB/T 2423.1—2008 电工电子产品环境试验 第2部分:试验方法 试验A:低温(IEC 60068-2-1:2007,IDT)

GB/T 2423.2—2008 电工电子产品环境试验 第2部分:试验方法 试验B:高温(IEC 60068-2-2:2007,IDT)

GB/T 2423.3—2006 电工电子产品环境试验 第2部分:试验方法 试验Cab:恒定湿热试验(IEC 60068-2-78:2001,IDT)

GB/T 2423.10—2008 电工电子产品环境试验 第2部分:试验方法 试验Fc:振动(正弦)(IEC 60068-2-6:1995,IDT)

GB/T 2423.17—2008 电工电子产品环境试验 第2部分:试验方法 试验Ka:盐雾(IEC 60068-2-11:1981,IDT)

GB/T 2828.1—2003 计数抽样检验程序 第1部分:按接收质量限(AQL)检索的逐批检验抽样计划(ISO 2859-1:1999,IDT)

GB/T 3873—1983 通信设备产品包装通用技术条件

GB/T 4980—2003 容积式压缩机噪声的测定

GB/T 19068.1—2003 离网型风力发电机组 第1部分:技术条件

GB/T 20626.1—2006 特殊环境条件 高原电工电子产品 第1部分:通用技术要求

YD/T 122—1997 邮电工业产品铭牌

YD/T 282—2000 通信设备可靠性通用试验方法

YD/T 799 通信用阀控式密封铅酸蓄电池

YD/T 944—2007 通信电源设备的防雷技术要求和测试方法

YD/T 983—1998 通信电源设备电磁兼容性限值及测量方法

YD/T 1360 通信用阀控式密封胶体蓄电池

YD/T 1363.3—2005 通信局(站)电源、空调及环境集中监控管理系统 第3部分:前端智能设备协议

IEC 60896-11 固定型铅酸蓄电池 第11部分:排气式 要求和试验方法

3 术语和定义

下列术语和定义适用于本标准。

3.1

风能电源系统额定输出电流　rated output current of wind energy system

风力发电机组经过控制器变换后的额定输出直流电流。

3.2

太阳能电源系统额定输出电流　solar energy rated output current of photovoltaic power system

太阳能电池方阵经过控制器变换后的额定输出直流电流。

4　风能电源系统组成

4.1　系统组成

系统由风力发电机组(包括塔架)、蓄电池(组)、控制器(包括稳压装置和配电单元或与其他电源系统的接口)、逆变器(可选)等组成。

4.2　产品分类

根据系统的组成部分可分为:

——独立风能电源系统;

——风能-市电互补电源系统;

——风能-柴油发电机组互补电源系统;

——风光互补电源系统;

——其他混合发电系统。

4.3　系统的构成

4.3.1　独立风能电源系统

独立风能电源系统的构成如图1所示。

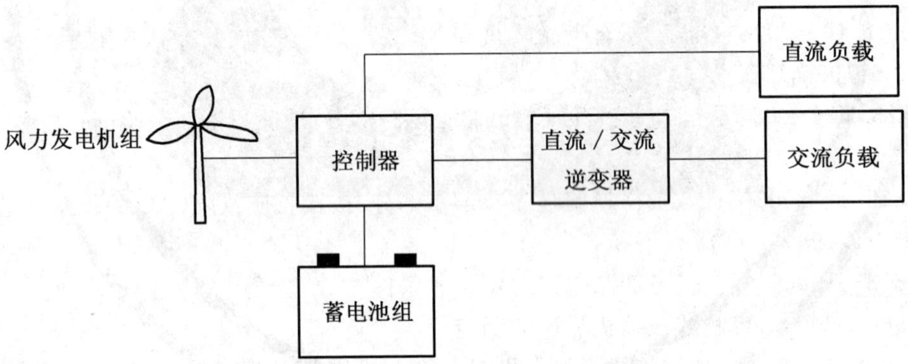

图1　独立风能电源系统构成示意图

4.3.2　风能-市电互补电源系统

风能-市电互补电源系统的构成如图2所示。

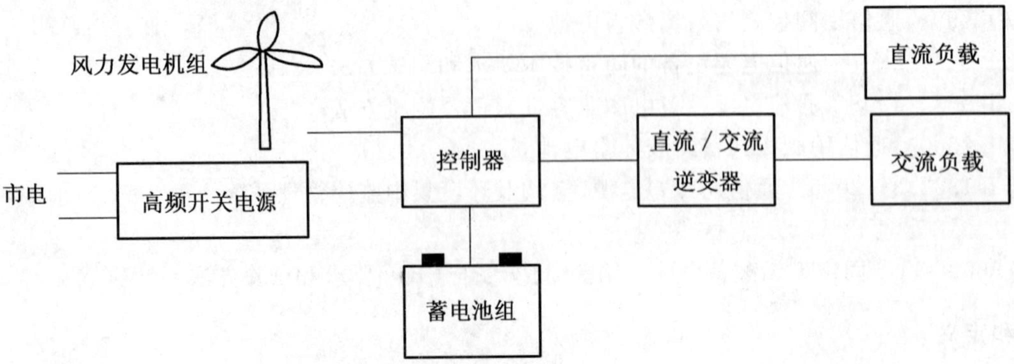

图2　风能-市电互补电源系统构成示意图

4.3.3 风能-柴油发电机组互补电源系统

风能-柴油发电机组互补电源系统的构成如图 3 所示。

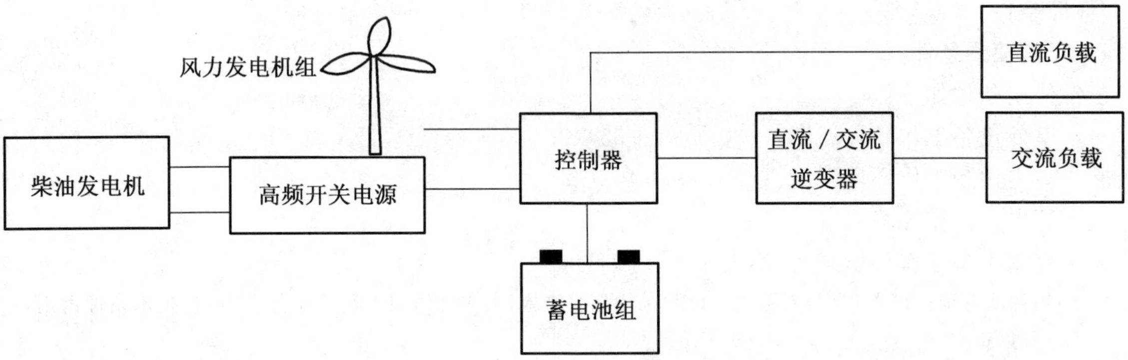

图 3 风能-柴油发电机组互补电源系统构成示意图

4.3.4 风光互补电源系统

风光互补电源系统的构成如图 4 所示。

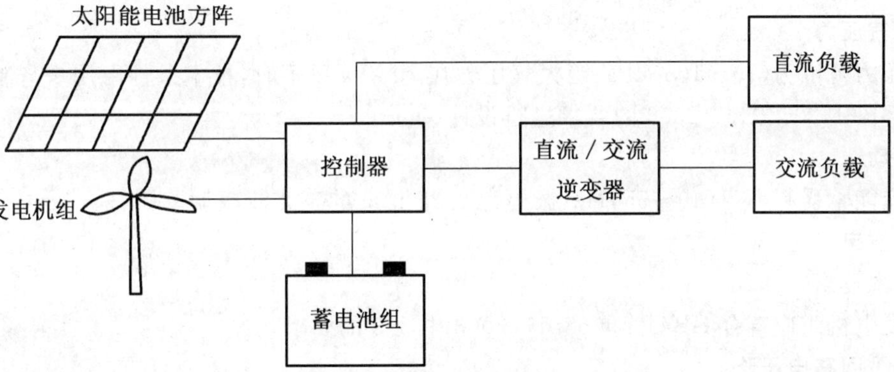

图 4 风光互补电源系统构成示意图

4.4 产品型号与命名

系统的型号规格，用大写英文字母和阿拉伯数字表示，格式如下：

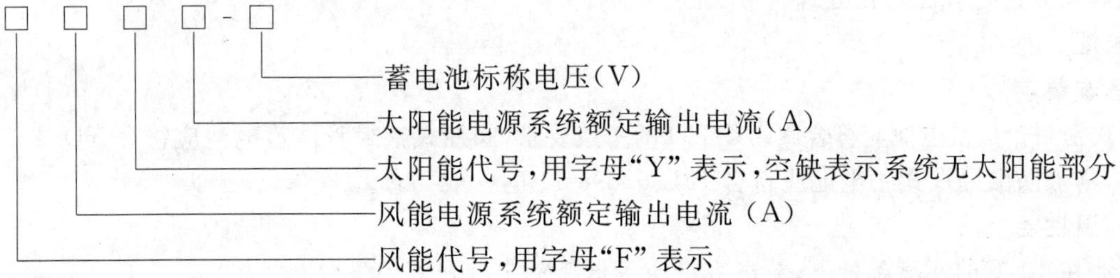

示例：风能电源系统额定输出电流为 200 A，太阳能电源系统额定输出电流为 100 A，蓄电池标称电压为 48 V 的系统型号为：F200Y100-48。

注：制造厂可自行规定系统的型号与命名。

4.5 系列

4.5.1 直流输出电压标称值

12 V、24 V、−48 V。

4.5.2 风能电源系统额定输出电流

10 A、20 A、30 A、50 A、100 A、200 A、300 A、500 A。

注：当用户提出要求并与制造厂协商后，可以生产系列数值以外的产品。

5 要求

5.1 环境条件

5.1.1 正常使用条件

正常使用条件如下：

——室外设备工作环境温度：−30 ℃～+55 ℃；

——室内设备工作环境温度：−5 ℃～+40 ℃；

——蓄电池工作环境温度：−15 ℃～+40 ℃；

——室内设备工作环境湿度：不大于 90%RH。

注：环境温度低于−20 ℃时，应对蓄电池(组)采用保温措施；工作环境温度超出上述范围时，技术条件由用户与制造厂协商。

5.1.2 储存运输条件

储存运输条件如下：

——蓄电池储运环境温度：−20 ℃～+40 ℃；

——其他设备储运环境温度：−40 ℃～+70 ℃；

——储运环境湿度：不大于 90%RH。

5.1.3 大气压力

大气压力范围为(70～106)kPa；当大气压力在 70 kPa 以下时，技术条件由用户与制造厂协商，制造厂可根据 GB/T 20626.1—2006 的要求进行设计、生产。

5.1.4 振动

系统应能承受频率为(10～55)Hz、振幅为 0.35 mm 的正弦波振动。

5.2 风力发电机组

5.2.1 基本要求

风力发电机组应符合 GB/T 19068.1—2003 中 3.3 的要求。

5.2.2 馈线回路电压降

风力发电机组输出额定工作电流时，从风力发电机组到控制器输入端的馈线回路电压降应不大于风力发电机组额定电压的 5%。

5.2.3 风机塔架

风机塔架应进行表面防锈处理。

5.3 蓄电池

5.3.1 基本要求

阀控式密封铅酸蓄电池应符合 YD/T 799 的一般要求，阀控式密封胶体蓄电池应符合 YD/T 1360 的一般要求，富液防酸隔爆式蓄电池应符合 IEC 60896-11 的一般要求。

5.3.2 高温性能

蓄电池在 40 ℃的环境条件下，放电容量应不低于额定容量 C_{10} 的 100%。

5.3.3 低温性能

蓄电池在−5 ℃的环境条件下，放电容量应不低于额定容量 C_{10} 的 75%。

5.3.4 蓄电池容量恢复性能

蓄电池经 5 次短路循环后，放电容量不低于额定容量 C_{10} 的 90%。

5.3.5 循环寿命

按 6.2.5 规定的试验方法，阀控式密封铅酸蓄电池的循环次数不少于 600 次，即大循环不少于 4 次；阀控式密封胶体蓄电池的循环次数不少于 900 次，即大循环不少于 6 次；富液防酸隔爆式蓄电池的循环次数不少于 1 500 次，即大循环不少于 10 次。

5.4 控制器

5.4.1 外观与结构

机壳面板应平整、镀层牢固、防腐保护涂层匀称；所有标记、标牌清晰可辨，无剥落、锈蚀、裂痕、明显变形等现象；可采用墙挂式、嵌入式或落地式安装，应牢固可靠。

5.4.2 输入电压范围

当输入电压在配套风力发电机组输出电压范围变化时，控制器应能正常工作。

5.4.3 输入电流谐波成分

交流输入的控制器，额定工作时的输入电流谐波成分应不超过30%。

5.4.4 直流输出分路

直流配电单元的直流输出分路、蓄电池回路应具有容量适宜的断路器等过流短路保护装置。

5.4.5 直流配电单元放电回路电压降

系统输出额定电流时，直流配电单元蓄电池放电回路电压降应不超过500 mV(环境温度20 ℃)。

5.4.6 充电电压

控制器应能根据蓄电池状态进行浮充、均充手动和自动转换，其浮充电压应能在直流输出电压标称值的90%～113%之间调整，均充电压应在直流输出电压标称值的115%～120%之间调整。

5.4.7 效率

系统额定工作时，控制器的效率应不低于90%。

5.4.8 温度补偿

控制器应能对蓄电池的充电电压进行温度补偿，补偿系数调节范围宜为(－3～－5)mV/℃/单体，基准温度为25 ℃。

5.4.9 空载损耗

控制器的自身耗电电流应不大于其额定充电电流的1%。

5.4.10 保护功能

5.4.10.1 过流保护

控制器应具有负载过流自动保护功能。

5.4.10.2 短路保护

控制器应具有短路自动保护功能。

5.4.10.3 过、欠电压保护

控制器应具有蓄电池过、欠电压保护功能：

——当蓄电池电压值达到过电压设定值时，控制器应自动告警并采取保护措施，电压下降到设定值后，应能自动恢复工作；

——当蓄电池电压值达到欠压设定值时，控制器应自动告警并采取保护措施，电压上升到设定值后，应能自动恢复工作；

——控制器输出电压的过、欠电压值可设定。

5.4.10.4 输入浪涌保护

控制器应装有输入浪涌保护装置，应符合YD/T 944—2007的要求。

5.4.10.5 卸荷保护(可选)

对配套的风力发电机组有卸荷要求的，控制器应具有卸荷保护功能，卸荷装置的容量不小于风力发电机组额定功率的2倍，其卸荷动作时间不大于0.5 s。

5.4.10.6 极性反接保护

控制器应具有直流型风力发电机组、蓄电池极性反接保护功能。

5.4.11 告警功能

系统出现故障或进入保护状态时，控制器应发出可闻、可见告警信号。

5.4.12 监控功能

控制器应具有下列主要监控功能：

a) 实时监视电源系统工作状态；

b) 采集和存储电源系统运行参数；

c) 能够按照监控管理中心的命令对电源系统进行控制(可选)；

d) 应具备RS232或RS485/422、IP、USB等标准通讯接口或干接点告警接口，并提供与通讯接口配套使用的通讯线缆和各种告警信息输出端子，通信协议应符合YD/T 1363.3—2005的要求，监控内容如下：

——遥测：蓄电池电压，蓄电池充放电电流，蓄电池温度，负载电流，环境温度(可选)，风力强度(可选)；

——遥信：蓄电池过、欠压告警，熔断器/断路器告警，设备故障(可选)，控制器或蓄电池充/放电状态(可选)，蓄电池二次下电(可选)，市电/油机供电/风能供电/太阳能供电状态；

——遥控(可选)：浮充/均充转换，柴油发电机组启动。

5.4.13 显示功能

控制器应能显示：蓄电池电压、蓄电池充放电电流、风力发电机组输出电压/电流、负载电流、风力发电机组累计发电量(可选)、负载累计用电量(可选)、蓄电池温度、系统工作及告警状态(可选)。

5.4.14 蓄电池(组)管理功能

控制器应能接入至少2组蓄电池，宜具有蓄电池组单只电压管理功能，在蓄电池单只电压不均衡时发出告警；必要时控制器应能调节充电电压或切断负载以避免蓄电池过充、过放；控制器应能对蓄电池恒压限流充电，限流值应能根据蓄电池组容量在一定范围内调节，阀控式密封铅酸蓄电池和阀控式密封胶体蓄电池的最大充电电流为0.25 C_{10} A，富液防酸隔爆式蓄电池的最大充电电流为0.20 C_{10} A。

5.4.15 二次下电(可选)

控制器应具有二次下电功能接口。

5.4.16 杂音电压

5.4.16.1 电话衡重杂音电压

控制器的直流输出端电话衡重杂音电压应≤2 mV。

5.4.16.2 峰-峰值杂音电压

控制器的直流输出端在(0～20)MHz频带内的峰-峰值杂音电压应≤200 mV。

5.4.17 音频噪声

控制器额定工作时的噪声应不大于55 dBA。

5.4.18 安全要求

5.4.18.1 绝缘电阻

在环境温度为15 ℃～35 ℃，相对湿度为90%，试验电压为直流500 V时，交流电路对地、直流电路对地、交流电路对直流电路的绝缘电阻应不低于2 MΩ。

5.4.18.2 抗电强度

交流电路对地、交流电路对直流电路应能承受50 Hz、有效值为1 500 V的交流电压(漏电流≤30 mA)或等效其峰值的2 120 V直流电压1 min，且无击穿、无飞弧现象。

直流电路对地应能承受50 Hz、有效值为500 V的交流电压(漏电流≤30 mA)或等效其峰值的710 V直流电压1 min，且无击穿、无飞弧现象。

5.4.18.3 保护接地

保护接地点应有明显的标志。

外壳及所有可触及的不带电金属零部件与保护接地点之间的电阻应不大于0.1 Ω。

5.5 电磁兼容性

5.5.1 传导骚扰限值

传导骚扰限值应符合 YD/T 983—1998 中 5.1 的要求。

5.5.2 辐射骚扰限值

辐射骚扰限值应符合 YD/T 983—1998 中 5.2 的要求。

5.5.3 静电放电抗扰性

系统机柜应能保护产品抵御静电的破坏,其保护能力应符合 YD/T 983—1998 中 7.3 表 9"静电放电"的要求,应能承受不低于 8 kV 静电电压的冲击。

5.6 可靠性

MTBF≥1×10^5 h。

6 试验方法

6.1 风力发电机组

6.1.1 基本要求试验

基本要求的试验应按照 GB/T 19068.1—2003 的规定进行。

6.1.2 馈线回路电压降

风力发电机组输出额定工作电流时,用电压表测量从风力发电机组到控制器输入端的馈线回路电压降,应符合 5.2.2 的要求。

6.1.3 风机塔架

按照 GB/T 2423.17—2008 中的试验方法对样品进行 48 h 的盐雾试验,试验后的样品应符合 5.2.3 的要求。

6.2 蓄电池

6.2.1 基本要求试验

阀控式密封铅酸蓄电池按照 YD/T 799 的规定进行试验,阀控式密封胶体蓄电池按照 YD/T 1360 的规定进行试验,富液防酸隔爆式蓄电池按照 IEC 60896-11 的规定进行试验。

6.2.2 高温性能

将完全充电的蓄电池放入恒温箱,调节温度至 40 ℃±3 ℃,蓄电池温度与环境温度平衡后,用 I_{10}(A)电流放电。

放电过程中电流值的变化应不大于 1%,每隔 1 h 记录一次蓄电池电压;当电压达到 1.90 V 时,每隔 5 min 记录一次;当电压达到 1.80 V 时,停止放电并记录放电时间;结果应符合 5.3.2 的要求。

6.2.3 低温性能

将完全充电的蓄电池放入恒温箱,调节温度至−5 ℃±2 ℃,蓄电池温度与环境温度平衡后,用 I_{10}(A)电流放电。

放电过程中电流值的变化应不大于 1%,每隔 1 h 记录一次蓄电池电压;当电压达到 1.90 V 时,每隔 5 min 记录一次;当电压达到 1.80 V 时,停止放电并记录放电时间;结果应符合 5.3.3 的要求。

6.2.4 蓄电池容量恢复性能

试验步骤如下:

a) 完全充电的蓄电池用 I_{10}(A)电流放电至接近 0 V 后,将其正负极短接并保持 24 h;

b) 将蓄电池完全充电后,重复步骤 a),共循环 5 次;

c) 蓄电池完全充电后,用 I_{10}(A)电流放电至 1.80 V/单体,放电容量应符合 5.3.4 的要求。

6.2.5 循环寿命

用于循环寿命试验的蓄电池应符合 6.2.1 的要求。

第一阶段(低荷电、浅循环):

a) 将完全充电的蓄电池放入高温箱，调节温度至 40 ℃±3 ℃，保持 16 h；

b) 以 I_{10}(A)电流，放电 9 h 或蓄电池电压至 1.75 V，停止放电；

c) 以 1.03I_{10}(A)电流，充电 3 h；

d) 以 I_{10}(A)电流，放电 3 h；(当单体电池电压低于 1.5 V 时，循环寿命试验终止。)

e) 重复步骤 b)、c)49 次；

f) 蓄电池完全充电，进行下一阶段试验。

第二阶段(高荷电、浅循环)：

g) 以 1.25I_{10}(A)电流，放电 2 h；

h) 以 I_{10}(A)电流，充电 6 h；

注：蓄电池充电限制电压应符合制造商的规定。

i) 重复步骤 f)、g)99 次；

j) 蓄电池完全充电，进行下一阶段试验。

第三阶段(10 h 率放电)：

蓄电池在常温环境中静置 16 h 后进行 10 h 率放电试验，若放电容量大于额定容量的 80%，再进行第一阶段和第二阶段试验，否则循环寿命试验终止。

结果应符合 5.3.5 的要求。

6.3 控制器

6.3.1 试验原理图

控制器的试验原理图如图 5 所示。

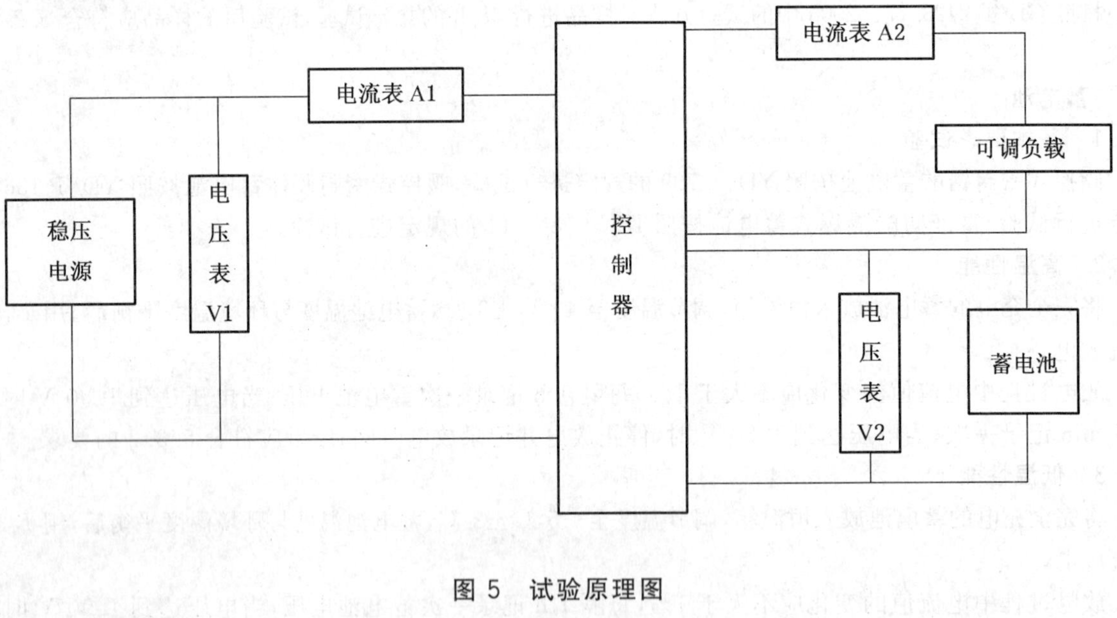

图 5 试验原理图

6.3.2 外观与结构

目测检查控制器的外观与结构，应符合 5.4.1 的要求。

6.3.3 输入电压范围

试验电路如图 5，接通稳压电源，启动系统，在配套风力发电机组输出电压范围内调节，检查控制器是否正常工作，结果应符合 5.4.2 的要求。

6.3.4 输入电流谐波成分

控制器额定工作时，用数字功率计测量控制器的输入电流总谐波含量，应符合 5.4.3 的要求。

6.3.5 直流输出分路

检查直流配电单元的输出分路，结果应符合 5.4.4 的要求。

6.3.6 直流配电单元放电回路电压降

控制器额定工作时，用直流电压表测量直流配电单元的蓄电池端子到负载端子之间的电压降，若环境温度不是 20 ℃，应按式(1)计算，结果应符合 5.4.5 的要求。

$$V_{20}=\frac{V_t\times(1+20\alpha)}{1+\alpha\times t}\qquad\cdots\cdots(1)$$

式中：

t——测试时环境温度；

V_{20}——20 ℃时的电压降；

V_t——t ℃时的电压降；

α——铜导体电阻温度系数。

6.3.7 充电电压

测试电路如图 6 所示。用稳压电源模拟风力发电机组通过控制器给蓄电池充电，检查蓄电池均充、浮充状态的转换，调整浮充电压和均充电压，结果应符合 5.4.6 的要求。

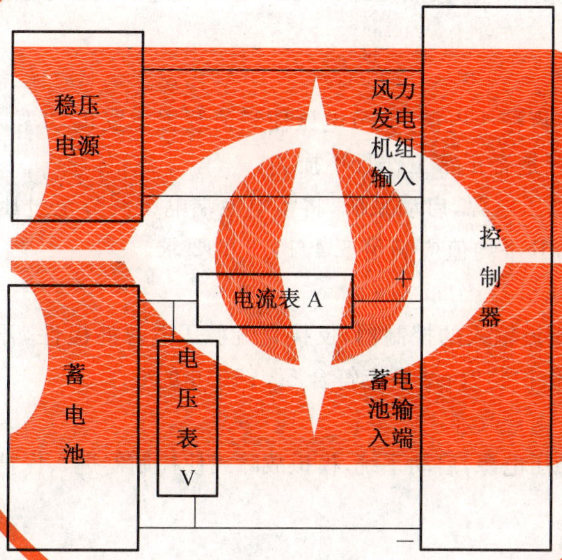

图 6 充电电压试验原理图

6.3.8 效率

在输入电压、输出电压和输出电流均为额定值时测量，按式(2)计算效率，结果应符合 5.4.7 的要求。

$$效率=\frac{U_oI_o}{U_iI_i}\qquad\cdots\cdots(2)$$

式中：

U_o——输出电压值；

I_o——输出电流值；

U_i——输入电压值；

I_i——输入电流值。

6.3.9 温度补偿

将控制器和温度传感器放入恒温箱中，调节恒温箱的温度至稳定状态，记录控制器随温度变化的充电电压，结果应符合 5.4.8 的要求。

6.3.10 空载损耗

控制器输出空载时，用电流表测量控制器的自身耗电电流，结果应符合 5.4.9 的要求。

6.3.11 过流保护

试验电路如图 5，接通稳压电源，启动系统，调节负载使控制器进入过流状态，结果应符合 5.4.10.1 的要求。

6.3.12 短路保护

试验电路如图 5，接通稳压电源，启动系统，使控制器短路，结果应符合 5.4.10.2 的要求。

6.3.13 过、欠电压保护

试验电路如图 5，用稳压电源模拟风力发电机组通过控制器给蓄电池充电，当电压至过压保护值以上后，再将电压回调至恢复点；模拟蓄电池通过控制器给负载放电，当电压至欠压保护值以下后，再将电压回调至恢复点；分别调节控制器的蓄电池过、欠压保护值，重复上述试验；结果应符合 5.4.10.3 的要求。

6.3.14 输入浪涌保护

检查控制器的输入浪涌保护装置，按照 YD/T 944—2007 规定的试验方法进行，结果应符合 5.4.10.4 的要求。

6.3.15 卸荷保护

在卸荷装置两端接入交流稳压电源，调节电压使卸荷装置承受的功率为风力发电机组额定功率的 2 倍，保持 1 h，检查卸荷装置是否正常工作且不损坏。

试验电路如图 5，接通稳压电源，启动系统，将蓄电池端电压调节至过压保护值，测量卸荷装置的保护动作时间，连续试验 5 次，其平均值应满足 5.4.10.5 的要求。

6.3.16 极性反接保护

试验电路如图 5，对于直流输入的控制器，反接直流稳压电源的极性，开启系统，检查控制器是否保护；检查蓄电池回路的过流保护装置；结果应符合 5.4.10.6 的要求。

6.3.17 告警功能

试验电路如图 5，接通稳压电源，启动系统，模拟故障或使控制器进入保护状态，结果应符合 5.4.11 的要求。

6.3.18 监控功能

检查控制器的监控内容，结果应符合 5.4.12 的要求。

6.3.19 显示功能

检查控制器的显示内容，结果应符合 5.4.13 的要求。

6.3.20 蓄电池（组）管理功能

检查控制器对蓄电池的管理功能，结果应符合 5.4.14 的要求。

6.3.21 二次下电

检查控制器直流输出配电单元的二次下电接口，结果应符合 5.4.15 的要求。

6.3.22 杂音电压

试验电路如图 7，接通稳压电源，启动系统，试验按以下步骤进行：

——用杂音计中电话衡重加权测量模式，选择 600 Ω 或 75 Ω 输入阻抗和适当量程，结果应符合 5.4.16.1 的要求；

——用 20 MHz 示波器并选择适当量程，扫描速度应低于 0.5 s，结果应符合 5.4.16.2 的要求。

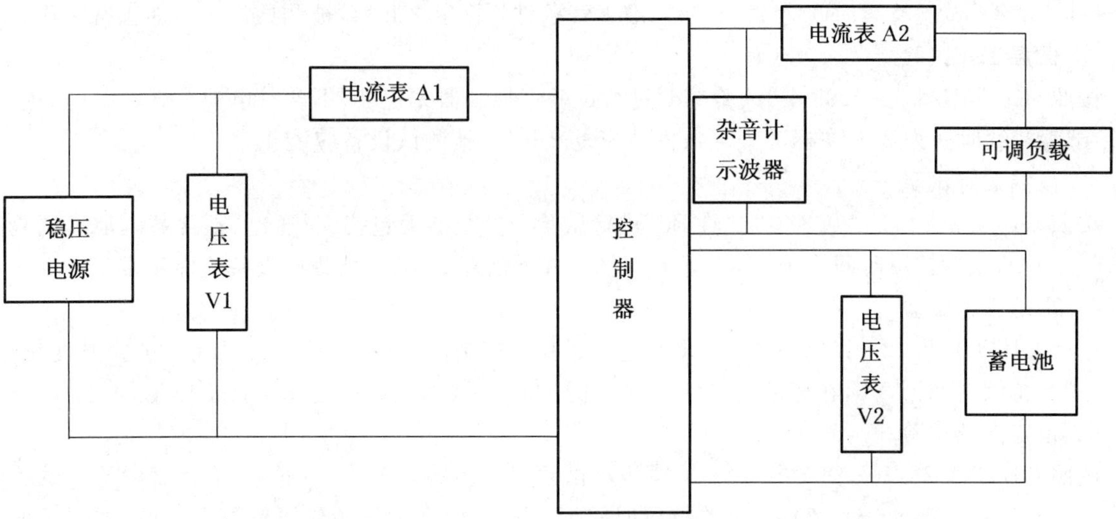

图 7 杂音电压试验原理图

6.3.23 音频噪声

试验电路如图5，接通稳压电源，启动系统，控制器额定工作时，用声级计在控制器正面 1 m、其二分之一高度处进行测量，测试现场的被测噪声与本底噪声的差应不小于 7 dB，否则，测量数据应按照 GB/T 4980—2003 要求进行修正。结果应符合 5.4.17 的要求。

6.3.24 绝缘电阻

在常温条件下，用绝缘电阻测试仪直流 500 V 的测试电压，对被测控制器交流电路对地、直流电路对地、交流电路对直流电路进行测试，结果应符合 5.4.18.1 要求。

6.3.25 抗电强度

用耐压测试仪对被测控制器进行抗电强度试验。

被测控制器必须是在进行完绝缘电阻试验并符合要求后才能进行抗电强度的试验。

试验内容：耐压与漏电流(交流电路对地、直流电路对地、交流电路对直流电路)。

试验电压：交流电路对地、交流电路对直流电路的试验电压为 50 Hz、有效值为 1 500 V 的交流电压或等效其峰值的 2 120 V 直流电压；直流电路对地的试验电压为 50 Hz、有效值为 500 V 的交流电压或等效其峰值的 710 V 直流电压。

试验持续时间：试验电压从小于一半最高幅值处逐步升高，达到规定电压值时持续 1 min。

试验结果应符合 5.4.18.2 的要求。

6.3.26 保护接地

接地性能试验按以下步骤进行：

a) 被测系统应与输入电路、输出电路、监控设备及所有外部电路完全断开；
b) 使用数字微欧计、凯尔文电桥等微电阻测量仪器，测量前、后可活动的门(板)及其门(板)的拉手、钮子、钥匙锁等外表面可能触及的金属部件与主保护接地端子的连接电阻值，结果应符合 5.4.18.3 的要求。

6.4 电磁兼容性

按照 YD/T 983—1998 中 5.5 的规定进行，结果应符合 5.5 的要求。

6.5 可靠性

按照 YD/T 282—2000 中的规定进行，结果应符合 5.6 的要求。

6.6 环境试验

6.6.1 低温贮存试验

按照 GB/T 2423.1—2008 中"试验 Ab"进行试验。控制器无包装、不通电、不含蓄电池。试验温度为(－40±3)℃，试验持续时间为16 h，在标准大气条件下恢复2 h后，被测试设备应能正常工作。

6.6.2　低温工作试验

按照GB/T 2423.1—2008中"试验Ad"进行试验。控制器无包装、不含蓄电池。试验温度为(－5±3)℃，试验持续时间为2 h，在标准大气条件下恢复2 h后，被测试设备应能正常工作。

6.6.3　高温贮存试验

按照GB/T 2423.2—2008中"试验Bd"进行试验。控制器无包装、不通电、不含蓄电池。试验温度为(70±2)℃，试验持续时间为16 h，在标准大气条件下恢复2 h后，被测试设备应能正常工作。

6.6.4　高温工作试验

按照GB/T 2423.2—2008中"试验Bd"进行试验。控制器无包装、不含蓄电池。试验温度为(40±2)℃，试验持续时间为2 h，在标准大气条件下恢复2 h后，被测试设备应能正常工作。

6.6.5　恒定湿热试验

按照GB/T 2423.3—2006中"试验Cb"进行试验。控制器无包装、不通电、不含蓄电池。试验温度为(40±2)℃，相对湿度(93±3)%，试验持续时间为2 h，在标准大气条件下恢复2 h后，被测试设备应能正常工作。

6.6.6　振动试验(正弦)

按照GB/T 2423.10—2008中"试验Fc"进行试验，控制器无包装、不通电、不含蓄电池。频率为(10～55)Hz，振幅为0.35 mm，X、Y、Z轴向各30 min。试验后被测试设备应能正常工作。

7　检验规则

7.1　检验分类

产品检验分为出厂检验和型式试验。出厂检验分为100%检验和抽样检验两种，可根据情况任选一种，检验合格后填写检验记录并发给合格证方能出厂。

7.2　出厂检验

7.2.1　100%检验

有一项性能指标不符合要求即为不合格，应返修复试；复试不合格，不能发给合格证。

100%检验的检验项目、要求及试验方法按表1的要求见第5章和第6章的相关内容。

表1　检验项目及判定

序号	项　目	不合格判定		出厂检验		型式检验	要　求	试验方法
		B	C	100%	抽样			
1	风力发电机组基本要求		○			√	5.2.1	6.1.1
2	馈线回路电压降		○		√	√	5.2.2	6.1.2
3	风机塔架		○			√	5.2.3	6.1.3
4	蓄电池基本要求	○			√	√	5.3.1	6.2.1
5	高温性能	○				√	5.3.2	6.2.2
6	低温性能	○				√	5.3.3	6.2.3
7	蓄电池容量恢复性能	○				√	5.3.4	6.2.4
8	循环寿命	○				√	5.3.5	6.2.5
9	控制器外观与结构		○	√	√	√	5.4.1	6.3.2
10	输入电压范围	○			√	√	5.4.2	6.3.3
11	输入电流谐波成分	○				√	5.4.3	6.3.4

表 1（续）

序号	项　目	不合格判定		出厂检验		型式检验	要　求	试验方法
		B	C	100%	抽样			
12	直流输出分路	○		√	√	√	5.4.4	6.3.5
13	直流配电单元放电回路电压降	○		√	√	√	5.4.5	6.3.6
14	充电电压	○		√	√	√	5.4.6	6.3.7
15	效率	○			√	√	5.4.7	6.3.8
16	温度补偿	○		√	√	√	5.4.8	6.3.9
17	空载损耗	○				√	5.4.9	6.3.10
18	过流保护	○				√	5.4.10.1	6.3.11
19	短路保护		○			√	5.4.10.2	6.3.12
20	过、欠电压保护	○		√	√	√	5.4.10.3	6.3.13
21	输入浪涌保护	○				√	5.4.10.4	6.3.14
22	卸荷保护	○			√	√	5.4.10.5	6.3.15
23	极性反接保护	○			√	√	5.4.10.6	6.3.16
24	告警功能	○		√	√	√	5.4.11	6.3.17
25	监控功能	○			√	√	5.4.12	6.3.18
26	显示功能	○		√	√	√	5.4.13	6.3.19
27	蓄电池（组）管理功能		○			√	5.4.14	6.3.20
28	二次下电（可选）		○	√	√	√	5.4.15	6.3.21
29	电话衡重杂音电压	○			√	√	5.4.16.1	6.3.22
30	峰—峰值杂音电压	○			√	√	5.4.16.2	6.3.23
31	音频噪声		○			√	5.4.17	6.3.24
32	绝缘电阻	○		√	√	√	5.4.18.1	6.3.25
33	抗电强度	○			√	√	5.4.18.2	6.3.25
34	保护接地	○			√	√	5.4.18.3	6.3.26
35	电磁兼容性	○				√	5.5	6.4
36	可靠性	○				√	5.6	6.5
37	环境试验	○				√	5.1	6.6

7.2.2 抽样检验

抽样检验按逐批检验进行，其检验水平使用 GB/T 2828.1—2003 中的Ⅱ水平，抽样方案按 GB/T 2828.1—2003 中的正常检验一次抽样方案。产品的质量以不合格数表示；产品的不合格分为 B 类和 C 类。

接收质量限 *AQL* 分别为：B 类 4.0；C 类 15。根据 *AQL* 在 GB/T 2828.1—2003 表 2-A 中查出抽样所需样本量 n、接收数 Ac 和拒收数 Re。B 类：$n=3$，Ac=0，Re=1；C 类：$n=3$，Ac=1，Re=2。

抽样检验应按 GB/T 2828.1—2003 中 13.3 执行转移规则；抽样检验后的处置应按 GB/T 2828.1—2003 中第 7 章执行。

抽样检验的检验项目、要求及试验方法按表 1 的要求见第 5 章和第 6 章的相关内容。

7.2.3 型式检验

型式检验按周期检查进行，一般一年进行一次。具有下列情况之一的均需做型式检验：

a) 产品停产一个周期以上又恢复生产；

b) 转厂生产再试制定型；

c) 正式生产后，如结构、材料、工艺有较大改变；

d) 产品投产前或质量监督机构提出。

型式检验项目的B、C类不合格、要求及试验方法按表1的对应关系见第5章和第6章的相关内容。

8 标志、包装、运输、贮存

8.1 标志

在产品的适当位置必须有标志，产品铭牌的内容、外观、性能应符合YD/T 122—1997的规定；产品包装上应有标志并符合GB/T 191—2008规定。

8.2 包装

产品包装应防潮、防振，并应符合GB/T 3873—1983规定。

产品随带文件：

a) 产品合格证；

b) 产品说明书；

c) 装箱清单；

d) 其他技术资料。

8.3 运输

产品在运输中，应有遮篷，不应有剧烈振动、撞击等。

8.4 储存

产品储存应符合GB/T 3873—1983的规定。

ICS 29.220
M 41

中华人民共和国国家标准

GB/T 26264—2010

通信用太阳能电源系统

The photovoltaic power system for telecommunication

2011-01-14 发布

2011-06-01 实施

中华人民共和国国家质量监督检验检疫总局
中国国家标准化管理委员会 发布

前 言

本标准是“通信用新能源电源系统”系列标准之一，该系列标准的名称如下：

——通信用太阳能电源系统；

——通信用风能电源系统。

本标准由中华人民共和国工业和信息化部提出。

本标准由中国通信标准化协会归口。

本标准起草单位：信息产业部电信研究院、中国移动通信集团公司、广州珠江电信设备制造有限公司、中国电信集团公司、中国联合通信有限公司、中国卫星通信集团公司、江苏双登集团有限公司、浙江南都电源动力股份有限公司、中达电通股份有限公司、中讯邮电咨询设计院、华为技术有限公司、北京动力源科技股份有限公司、中兴通讯股份有限公司、山东圣阳电源股份有限公司、深圳理士奥电源技术有限公司、浙江卧龙灯塔电源有限公司、中国普天信息产业股份有限公司、苏州工业园区新海宜电信发展股份有限公司、中国移动通信集团设计院有限公司。

本标准主要起草人：吴京文、高健、叶子红、杨世忠、许伟杰、牛志远、王景川、童一波、宋小刚、王殿魁、马向民、王三良、田剑峰、孔德龙、熊正林、朱卫民、雷志宏、蒋治明、齐曙光、赵黎明。

通信用太阳能电源系统

1 范围

本标准规定了通信用太阳能电源系统的定义、组成、要求、试验方法、检验规则和包装储运。

本标准适用于向通信设备供电的离网型光伏发电系统或混合发电系统，不适用于向电网送电的光伏发电系统和柴油发电机组等发电装置。

2 规范性引用文件

下列文件中的条款通过本标准的引用而成为本标准的条款。凡是注日期的引用文件，其随后所有的修改单(不包括勘误的内容)或修订版均不适用于本标准，然而，鼓励根据本标准达成协议的各方研究是否可使用这些文件的最新版本。凡是不注日期的引用文件，其最新版本适用于本标准。

GB/T 191—2008 包装储运图示标志(ISO 780:1997,MOD)

GB/T 2423.1—2008 电工电子产品环境试验 第2部分:试验方法 试验A:低温(IEC 60068-2-1:2007,IDT)

GB/T 2423.2—2008 电工电子产品环境试验 第2部分:试验方法 试验B:高温(IEC 60068-2-2:2007,IDT)

GB/T 2423.3—2006 电工电子产品环境试验 第2部分:试验方法 试验Cab:恒定湿热试验(IEC 60068-2-78:2001,IDT)

GB/T 2423.10—2008 电工电子产品环境试验 第2部分:试验方法 试验Fc:振动(正弦)(IEC 60068-2-6:1995,IDT)

GB/T 2828.1—2003 计数抽样检验程序 第1部分:按接收质量限(AQL)检索的逐批检验抽样计划(ISO 2859-1:1999,IDT)

GB/T 3873—1983 通信设备产品包装通用技术条件

GB/T 4980—2003 容积式压缩机噪声的测定

GB/T 6495.3—1996 光伏器件 第3部分:地面用光伏器件的测量原理及标准光谱辐照度数据(IEC 904-3:1989,IDT)

GB/T 9535—1998 地面用晶体硅光伏组件 设计鉴定和定型(eqv IEC 1215:1993)

GB/T 20626.1—2006 特殊环境条件 高原电工电子产品 第1部分:通用技术要求

YD/T 122—1997 邮电工业产品铭牌

YD/T 282—2000 通信设备可靠性通用试验方法

YD/T 637—2006 通信用直流-直流变换设备

YD/T 777—2006 通信用逆变设备

YD/T 799 通信用阀控式密封铅酸蓄电池

YD/T 944—2007 通信电源设备的防雷技术要求和测试方法

YD/T 983—1998 通信电源设备电磁兼容性限值及测量方法

YD/T 1360 通信用阀控式密封胶体蓄电池

YD/T 1363.3—2005 通信局(站)电源、空调及环境集中监控管理系统 第3部分:前端智能设备协议

IEC 60896-11　固定型铅酸蓄电池　第11部分:排气式——要求和试验方法

3　术语和定义

下列术语和定义适用于本标准。

3.1

太阳能电源系统额定输出电流　rated output current of photovoltaic power system

太阳能电池方阵经过控制器变换后的额定输出直流电流。

3.2

风能电源系统额定输出电流　rated output current of wind energy system

风力发电机组经过控制器变换后的额定输出直流电流。

3.3

逐级投入型太阳能电源系统　switch mode photovoltaic power system

通过对多组太阳能电池组件(方阵)逐级投入、撤出以实现稳压的太阳能电源系统。

3.4

脉宽调制型太阳能电源系统　pulse width modulation mode photovoltaic power system

通过调节控制元件开关脉冲的占空比以实现稳压的太阳能电源系统。

3.5

变换稳压型太阳能电源系统　DC/DC mode photovoltaic power system

通过直流-直流变换器实现稳压的太阳能电源系统。

4　太阳能电源系统组成

4.1　系统组成

系统由太阳能电池方阵(包括支架)、蓄电池(组)、控制器(包括稳压装置和配电单元或与其他电源系统的接口)、逆变器(可选)等组成。

4.2　产品分类

4.2.1　按控制器类型分

按照控制器的类型,太阳能电源系统可分为逐级投入型、脉宽调制型、变换稳压型。

4.2.2　按系统组成分

根据系统的组成部分可分为:

——独立太阳能电源系统;

——太阳能-市电互补电源系统;

——太阳能-柴油发电机组互补电源系统;

——风光互补电源系统;

——其他混合发电系统。

4.3　系统的构成

4.3.1　独立太阳能电源系统

独立太阳能电源系统的构成如图1所示。

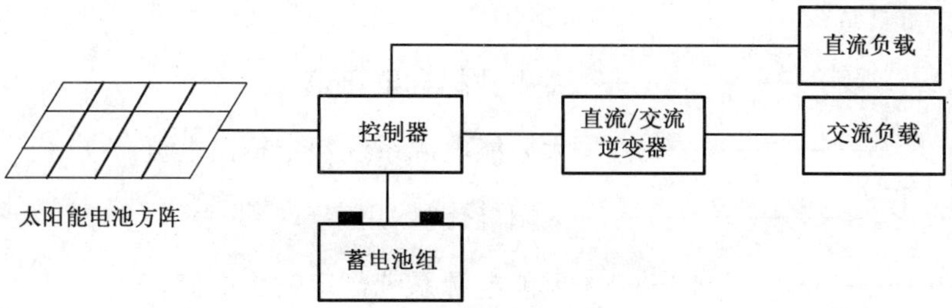

图 1 独立太阳能电源系统构成示意图

4.3.2 太阳能-市电互补电源系统

太阳能-市电互补电源系统的构成如图 2 所示。

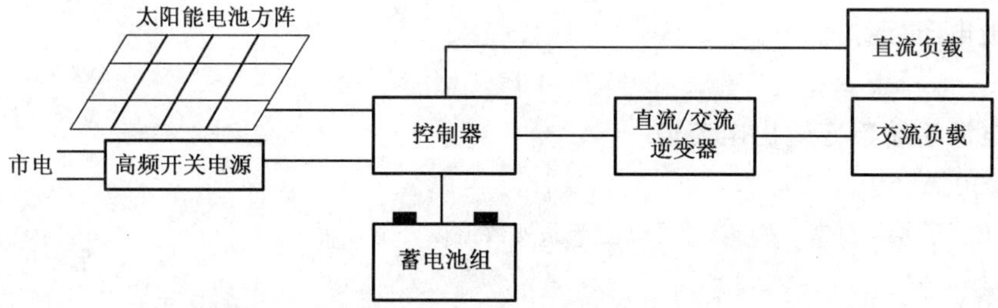

图 2 太阳能-市电互补电源系统构成示意图

4.3.3 太阳能-柴油发电机组互补电源系统

太阳能-柴油发电机组互补电源系统的构成如图 3 所示。

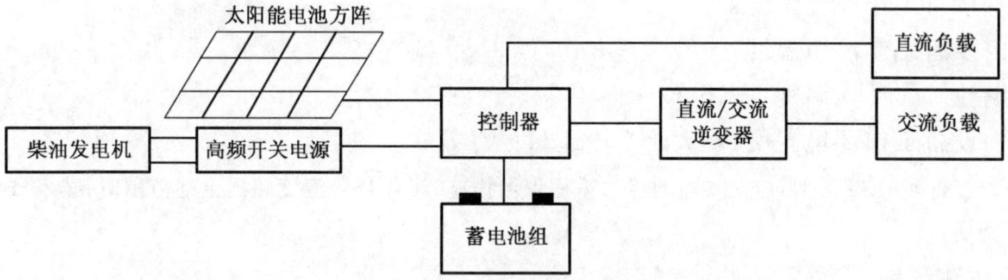

图 3 太阳能-柴油发电机组互补电源系统构成示意图

4.3.4 风光互补电源系统

风光互补电源系统的构成如图 4 所示。

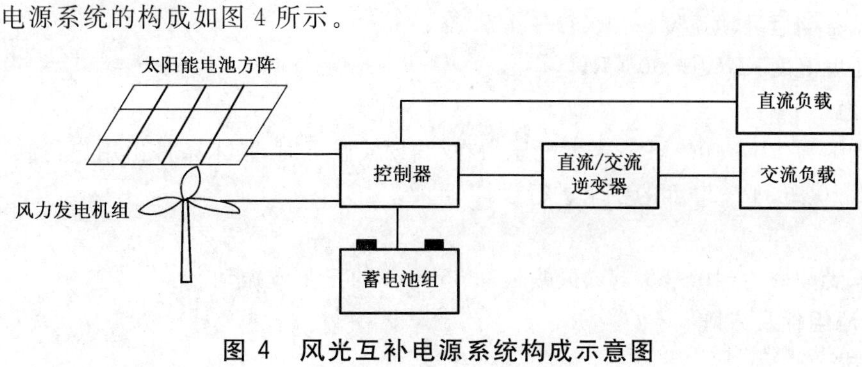

图 4 风光互补电源系统构成示意图

4.4 产品型号与命名

系统的型号规格，用大写英文字母和阿拉伯数字表示，格式如下：

□ □ □ □-□

- 蓄电池标称电压(V)
- 太阳能电源系统额定输出电流(A)
- 太阳能代号，用字母“Y”表示
- 风能电源系统额定输出电流(A)
- 风能代号，用字母“F”表示，空缺表示系统无风能部分

示例：风能电源系统额定输出电流为 200 A，太阳能电源系统额定输出电流为 100 A，蓄电池标称电压为 48 V 的系统型号为：F200Y100-48。

注：制造厂可自行规定系统的型号与命名。

4.5 系列

4.5.1 直流输出电压标称值

12 V、24 V、−48 V。

4.5.2 太阳能电源系统额定输出电流值

10 A、20 A、30 A、50 A、100 A、200 A、300 A、500 A。

注：当用户提出要求并与制造厂协商后，可以生产系列数值以外的产品。

5 要求

5.1 环境条件

5.1.1 正常使用条件

正常使用条件如下：

——室外设备工作环境温度：−30 ℃～+55 ℃；

——室内设备工作环境温度：−5 ℃～+40 ℃；

——蓄电池工作环境温度：−15 ℃～+40 ℃；

——室内设备工作环境湿度：不大于 90%RH。

注：环境温度低于−20 ℃时，应对蓄电池(组)采用保温措施；工作环境温度超出上述范围时，技术条件由用户与制造厂协商。

5.1.2 储存运输条件

储存运输条件如下：

——蓄电池储运环境温度：−20 ℃～+40 ℃；

——其他设备储运环境温度：−40 ℃～+70 ℃；

——储运环境湿度：不大于 90%RH。

5.1.3 大气压力

大气压力范围为(70～106)kPa；当大气压力在 70 kPa 以下时，技术条件由用户与制造厂协商，制造厂可根据 GB/T 20626.1—2006 的要求进行设计、生产。

5.1.4 振动

系统应能承受频率为(10～55)Hz、振幅为 0.35 mm 的正弦波振动。

5.2 太阳能电池组件及方阵

5.2.1 基本要求

太阳能电池组件应符合 GB/T 9535—1998 中的规定。

5.2.2 峰值功率

太阳能电池组件的峰值功率与标称值的偏差应在 0～3%的范围内。

5.2.3 转换效率

太阳能电池的转换效率宜不低于13%,太阳能电池组件的转换效率宜不低于11%。

5.2.4 馈线回路电压降

太阳能电池方阵输出额定工作电流时,从太阳能电池方阵到控制器输入端的馈线回路电压降应不大于系统直流输出电压标称值的5%。

5.3 蓄电池

5.3.1 基本要求

阀控式密封铅酸蓄电池应符合YD/T 799的一般要求,阀控式密封胶体蓄电池应符合YD/T 1360的一般要求,富液防酸隔爆式蓄电池应符合IEC 60896-11的一般要求。

5.3.2 高温性能

蓄电池在40 ℃的环境条件下,放电容量应不低于额定容量(C_{10})的100%。

5.3.3 低温性能

蓄电池在−5 ℃的环境条件下,放电容量应不低于额定容量(C_{10})的75%。

5.3.4 蓄电池容量恢复性能

蓄电池经5次短路循环后,放电容量不低于额定容量(C_{10})的90%。

5.3.5 循环寿命

按6.2.5规定的试验方法,阀控式密封铅酸蓄电池的循环次数不少于600次,即大循环不少于4次;阀控式密封胶体蓄电池的循环次数不少于900次,即大循环不少于6次;富液防酸隔爆式蓄电池的循环次数不少于1 500次,即大循环不少于10次。

5.4 控制器

5.4.1 外观与结构

机壳面板应平整、镀层牢固、防腐保护涂层匀称;所有标记、标牌清晰可辨,无剥落、锈蚀、裂痕、明显变形等现象;可采用墙挂式、嵌入式或落地式安装,应牢固可靠。

5.4.2 输入电压范围

当输入电压在配套太阳能电池方阵输出电压范围内变化时,控制器应能正常工作。

5.4.3 直流输出分路

直流配电单元的直流输出分路、蓄电池回路应具有容量适宜的断路器等过流或短路保护装置。

5.4.4 直流配电单元放电回路电压降

系统输出额定电流时,直流配电单元蓄电池放电回路电压降应不超过500 mV(环境温度20 ℃)。

5.4.5 防雷要求

控制器的太阳能电池方阵输入端应装有浪涌保护装置,应符合YD/T 944—2007的要求。

5.4.6 逐级投入型控制器

5.4.6.1 投入/撤出电压

逐级投入型控制器应具备投入/撤出部分或整个太阳能电池方阵的功能,撤出方阵的电压应不高于直流输出电压标称值的120%,投入方阵的电压应不低于直流输出电压标称值的110%。

5.4.6.2 充放电回路电压降

系统输出额定电流时,逐级投入型控制器的充放电回路(包括直流配电单元)电压降应不大于直流输出电压标称值的5%。

5.4.7 脉宽调制型控制器

5.4.7.1 充电电压

脉宽调制型控制器应能根据蓄电池状态进行浮充、均充手动和自动转换,其浮充电压应能在直流输出电压标称值的90%~113%之间调整,均充电压应能在直流输出电压标称值的115%~120%之间调整。

5.4.7.2 充放电回路电压降

系统输出额定电流时，脉宽调制型控制器的充放电回路（包括直流配电单元）电压降应不大于直流输出电压标称值的5%。

5.4.7.3 效率

系统额定工作时，脉宽调制型控制器的效率应不低于90%。

5.4.7.4 温度补偿

脉宽调制型控制器应能对蓄电池的充电电压进行温度补偿，补偿系数调节范围宜为(−3～−5)mV/℃/单体，基准温度为25 ℃。

5.4.8 变换稳压型控制器

5.4.8.1 基本要求

变换稳压型控制器采用直流-直流变换器稳定充电电压，其直流-直流变换器部分应符合YD/T 637—2006中4.4、4.5、4.7和4.8的要求。

5.4.8.2 充电电压

变换稳压型控制器应能根据蓄电池状态进行浮充、均充手动和自动转换，其浮充电压应在直流输出电压标称值的90%～113%之间调整，均充电压应在直流输出电压标称值的115%～120%之间调整。

5.4.8.3 效率

系统额定工作时，变换稳压型控制器的效率应不低于90%。

5.4.8.4 温度补偿

稳压变换型控制器应能对蓄电池的充电电压进行温度补偿，补偿系数调节范围为(−3～−5)mV/℃/单体，基准温度为25 ℃。

5.4.8.5 最大功率跟踪功能

具有最大功率跟踪功能的变换稳压型控制器应能自动调节太阳能电池方阵的输出，必要时，使太阳能电池方阵工作在最大输出功率点附近。

5.4.9 空载损耗

控制器的自身耗电电流应不大于其额定充电电流的1%。

5.4.10 保护功能

5.4.10.1 反向放电保护

控制器应具有防止蓄电池(组)通过太阳能电池方阵反向放电的保护功能。

5.4.10.2 过流保护

控制器应具有负载过流自动保护功能。

5.4.10.3 短路保护

变换稳压型控制器应具有短路自动保护功能。

5.4.10.4 过、欠电压保护

控制器应具有蓄电池过、欠电压保护功能：

——当蓄电池电压值达到过电压设定值时，控制器应自动告警并采取保护措施，电压下降到设定值后，应能自动恢复工作；

——当蓄电池电压值达到欠压设定值时，控制器应自动告警并采取保护措施，电压上升到设定值后，应能自动恢复工作；

——控制器输出电压的过、欠电压值可设定。

5.4.10.5 极性反接保护

控制器应具有太阳能电池组件、蓄电池极性反接保护功能。

5.4.10.6 耐冲击电压

控制器应能承受1 h高于太阳能电池方阵标称开路电压1.2倍的冲击。

5.4.10.7 耐冲击电流

逐级投入型和脉宽调制型控制器应能承受 1 h 高于太阳能电池组件标称短路电流 1.25 倍的冲击。

5.4.11 告警功能

系统出现故障或进入保护状态时，控制器应发出可闻、可见告警信号。

5.4.12 监控功能

控制器应具有下列主要监控功能：

a) 实时监视电源系统工作状态；
b) 采集和存储电源系统运行参数；
c) 能够按照监控管理中心的命令对电源系统进行控制(可选)；
d) 应具备 RS232 或 RS485/422、IP、USB 等标准通讯接口或干接点告警接口，并提供与通讯接口配套使用的通讯线缆和各种告警信息输出端子，通信协议应符合 YD/T 1363.3—2005 的要求，监控内容如下：
   ——遥测：蓄电池电压，蓄电池充放电电流，蓄电池温度，负载电流，太阳能电池方阵及经控制器转换后的输出电压/电流，日光强度(可选)，环境温度(可选)；
   ——遥信：蓄电池过、欠压告警，熔断器/断路器告警，太阳能电池方阵工作状态(投入/撤出)，直流-直流变换器和其他设备故障(可选)，防雷器件状态(可选)，控制器或蓄电池充/放电状态(可选)，蓄电池二次下电(可选)，市电/油机供电/风能供电/太阳能供电状态；
   ——遥控(可选)：浮充/均充转换，太阳能电池方阵投入/撤出，柴油发电机组启动。

5.4.13 显示功能

控制器应能显示：蓄电池电压，蓄电池充放电电流，太阳电池方阵输出电压/电流，负载电流，太阳电池方阵累计发电量(可选)，负载累计用电量(可选)，蓄电池温度，系统工作及告警状态(可选)。

5.4.14 蓄电池(组)管理功能

控制器应能接入至少 2 组蓄电池，宜具有蓄电池组单只电压管理功能，在蓄电池单只电压不均衡时发出告警；必要时控制器应能调节充电电压或切断负载以避免蓄电池过充、过放；控制器应能对蓄电池恒压限流充电，限流值应能根据蓄电池组容量在一定范围内调节，阀控式密封铅酸蓄电池和阀控式密封胶体蓄电池的最大充电电流为 $0.25C_{10}$ A，富液防酸隔爆式蓄电池的最大充电电流为 $0.20C_{10}$ A。

5.4.15 二次下电(可选)

控制器应具有二次下电功能接口。

5.4.16 杂音电压

5.4.16.1 电话衡重杂音电压

控制器的直流输出端电话衡重杂音电压应≤2 mV。

5.4.16.2 峰-峰值杂音电压

控制器的直流输出端在(0～20)MHz 频带内的峰-峰值杂音电压应≤200 mV。

5.4.17 音频噪声

控制器额定工作时的噪声应不大于 55 dBA。

5.4.18 安全要求

5.4.18.1 绝缘电阻

在环境温度为 15 ℃～35 ℃、相对湿度小于 90%、试验电压为直流 500 V 时，交流、直流电路对地的绝缘电阻应不低于 2 MΩ。

5.4.18.2 抗电强度

交流电路对地应能承受 50 Hz、有效值为 1 500 V 的交流电压(漏电流≤30 mA)或等效其峰值的 2 120 V 直流电压 1 min，且无击穿、无飞弧现象。

直流电路对地应能承受 50 Hz、有效值为 500 V 的交流电压(漏电流≤30 mA)或等效其峰值的

710 V 直流电压 1 min，且无击穿、无飞弧现象。

5.4.18.3 保护接地

保护接地点应有明显的标志。

外壳及所有可触及的不带电金属零部件与保护接地点之间的电阻应不大于 0.1 Ω。

5.5 逆变器

逆变器应符合 YD/T 777—2006 的要求。

5.6 电磁兼容性

5.6.1 传导骚扰限值

传导骚扰限值应符合 YD/T 983—1998 中 5.1 的要求。

5.6.2 辐射骚扰限值

辐射骚扰限值应符合 YD/T 983—1998 中 5.2 的要求。

5.6.3 静电放电抗扰性

系统机柜应能保护产品抵御静电的破坏，其保护能力应符合 YD/T 983—1998 中 7.3 表 9“静电放电”的要求，应能承受不低于 8 kV 静电电压的冲击。

5.7 可靠性

MTBF$\geqslant 1\times 10^5$ h。

6 试验方法

6.1 太阳能电池组件及方阵

6.1.1 标准试验条件

试验应用自然光或符合 GB/T 6495.3—1996 中的 A 级模拟器，标准试验条件为：

——温度：25 ℃±2 ℃；

——幅照度：1 000 W/m^2；

——标准太阳光谱幅照度：应符合 GB/T 6495.3—1996 的规定。

6.1.2 基本要求试验

基本要求的试验方法应按照 GB/T 9535—1998 的规定进行。

6.1.3 峰值功率

太阳能电池组件输出最佳工作电流时，用直流电压表测量输出电压，计算两者的乘积，结果应符合 5.2.2 的要求。

6.1.4 转换效率

按照 GB/T 9535—1998 的规定进行试验，结果应符合 5.2.3 的要求。

6.1.5 馈线回路电压降

太阳能电池方阵输出额定工作电流时，用直流电压表测量从太阳能电池方阵到控制器输入端的馈线回路电压降，应符合 5.2.4 的要求。

6.2 蓄电池

6.2.1 基本要求试验

阀控式密封铅酸蓄电池按照 YD/T 799 的规定进行试验，阀控式密封胶体蓄电池按照 YD/T 1360 的规定进行试验，富液防酸隔爆式蓄电池按照 IEC 60896-11 的规定进行试验。

6.2.2 高温性能

将完全充电的蓄电池放入恒温箱，调节温度至 40 ℃±3 ℃，蓄电池温度与环境温度平衡后，用 I_{10}(A)电流放电。

放电过程中电流值的变化应不大于 1%，每隔 1 h 记录一次蓄电池电压；当电压达到 1.90 V 时，每隔 5 min 记录一次；当电压达到 1.80 V 时，停止放电并记录放电时间；结果应符合 5.3.2 的要求。

6.2.3 低温性能

将完全充电的蓄电池放入恒温箱，调节温度至－5 ℃±2 ℃，蓄电池温度与环境温度平衡后，用 I_{10}(A)电流放电。

放电过程中电流值的变化应不大于1%，每隔1 h记录一次蓄电池电压；当电压达到1.90 V时，每隔5 min记录一次；当电压达到1.80 V时，停止放电并记录放电时间；结果应符合5.3.3的要求。

6.2.4 蓄电池容量恢复性能

试验步骤如下：

a) 完全充电的蓄电池用 I_{10}(A)电流放电至接近0 V后，将其正负极短接并保持24 h；

b) 将蓄电池完全充电后，重复步骤a)，共循环5次；

c) 蓄电池完全充电后，用 I_{10}(A)电流放电至1.80 V/单体，放电容量应符合5.3.4的要求。

6.2.5 循环寿命

用于循环寿命试验的蓄电池应符合6.2.1的要求。

第一阶段(低荷电、浅循环)：

a) 将完全充电的蓄电池放入高温箱，调节温度至40 ℃±3 ℃，保持16 h；

b) 以 I_{10}(A)电流，放电9 h或蓄电池电压至1.75 V，停止放电；

c) 以1.03 I_{10}(A)电流，充电3 h；

d) 以 I_{10}(A)电流，放电3 h；(当单体电池电压低于1.5 V时，循环寿命试验终止。)

e) 重复步骤b)、c)49次；

f) 蓄电池完全充电，进行下一阶段试验。

第二阶段(高荷电、浅循环)：

g) 以1.25 I_{10}(A)电流，放电2 h；

h) 以 I_{10}(A)电流，充电6 h；

注：蓄电池充电限制电压应符合制造商的规定。

i) 重复步骤f)、g)99次；

j) 蓄电池完全充电，进行下一阶段试验。

第三阶段(10 h率放电)：

蓄电池在常温环境中静置16 h后进行10 h率放电试验，若放电容量大于额定容量的80%，再进行第一阶段和第二阶段试验，否则循环寿命试验终止。

结果应符合5.3.5的要求。

6.3 控制器

6.3.1 试验原理图

控制器的试验原理图如图5所示。

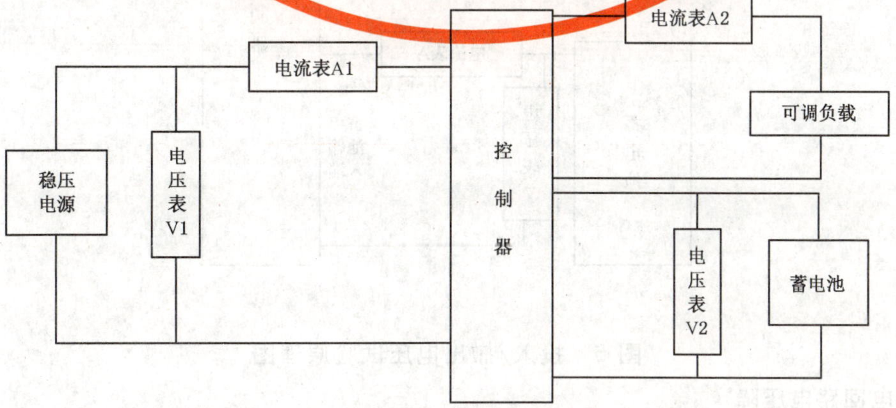

图5 试验原理图

6.3.2　外观与结构

目测检查控制器的外观与结构，应符合 5.4.1 的要求。

6.3.3　输入电压范围

试验电路如图 5，接通直流稳压电源，启动系统，在配套太阳能电池方阵输出电压范围内调节，检查控制器是否正常工作，结果应符合 5.4.2 的要求。

6.3.4　直流输出分路

检查直流配电单元的输出分路，结果应符合 5.4.3 的要求。

6.3.5　直流配电单元放电回路电压降

控制器额定工作时，用直流电压表测量直流配电单元的蓄电池端子到负载端子之间的电压降，若环境温度不是 20 ℃，应按式(1)计算，结果应符合 5.4.4 的要求。

$$V_{20}=\frac{V_t\times(1+20\alpha)}{1+\alpha\times t} \qquad \cdots\cdots(1)$$

式中：

t——测试时环境温度；

V_{20}——20 ℃时的电压降；

V_t——t ℃时的电压降；

α——铜导体电阻温度系数。

6.3.6　防雷要求

检查控制器的输入浪涌保护装置，按照 YD/T 944—2007 规定的试验方法进行，结果应符合 5.4.5 的要求。

6.3.7　投入/撤出电压

试验电路如图 6 所示。用直流电源模拟太阳能电池方阵通过控制器给蓄电池充电：当蓄电池电压至充满断开电压时，控制器应能断开充电回路；降低电压至恢复电压时，控制器应能重新接通充电回路；电压值应符合 5.4.6.1 的要求。

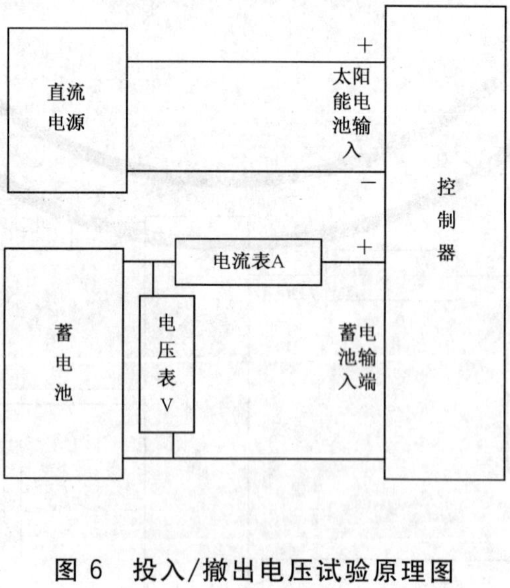

图 6　投入/撤出电压试验原理图

6.3.8　充放电回路电压降

控制器额定工作时，用直流电压表测量充放电回路(包括直流配电单元)电压降，应符合 5.4.6.2 和

5.4.7.2 的要求。

6.3.9 充电电压

试验电路如图 7 所示。用直流电源模拟太阳能电池方阵通过控制器给蓄电池充电，检查蓄电池均充、浮充状态的转换，调整浮充电压和均充电压，结果应符合 5.4.7.1 和 5.4.8.2 的要求。

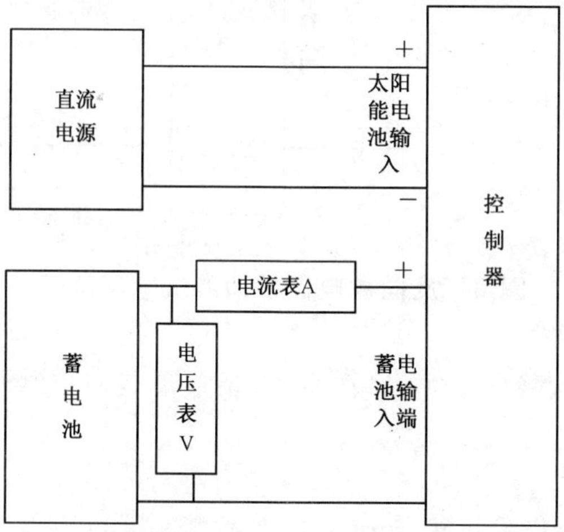

图 7 充电电压试验原理图

6.3.10 效率

在输入直流电压、输出电压和输出电流均为额定值时测量，按式(2)计算效率，结果应符合 5.4.7.3 和 5.4.8.3 的要求。

$$效率=\frac{直流输出功率}{直流输入功率}=\frac{U_{o}I_{o}}{U_{i}I_{i}} \quad \cdots\cdots(2)$$

式中：

U_{o}——输出电压值；

I_{o}——输出电流值；

U_{i}——输入电压值；

I_{i}——输入电流值。

6.3.11 温度补偿

将控制器和温度传感器放入恒温箱中，调节恒温箱的温度至稳定状态，记录控制器随温度变化的充电电压，结果应符合 5.4.7.4 和 5.4.8.4 的要求。

6.3.12 变换稳压型控制器基本要求

按照 YD/T 637—2006 的规定进行试验。

6.3.13 最大功率跟踪功能

太阳能电池方阵通过控制器给完全放电的蓄电池(或模拟完全放电蓄电池的装置)充电，该功能开启和关闭状态下分别测量太阳能电池方阵的输出电压、电流值，结果应符合 5.4.8.5 的要求。

6.3.14 空载损耗

控制器输出空载时，用直流电流表测量控制器的自身耗电电流，结果应符合 5.4.9 的要求。

6.3.15 反向放电保护

试验电路如图 8 所示，调节可调电阻，检查 A2 有无电流流过，结果应符合 5.4.10.1 的要求。

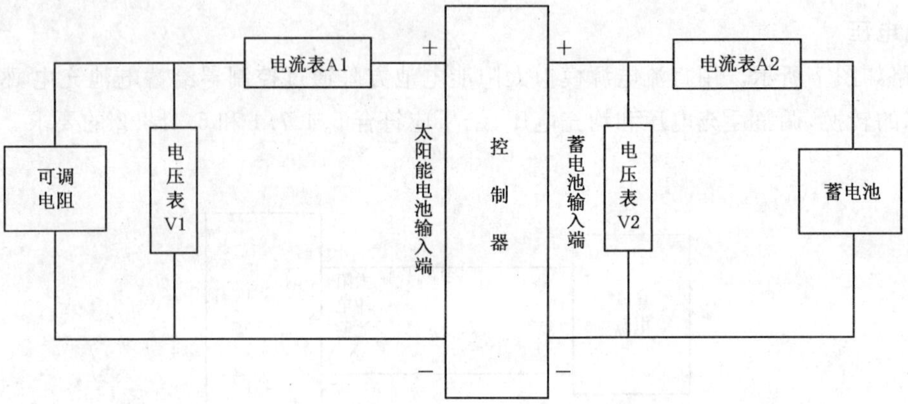

图 8 反向放电保护功能试验原理图

6.3.16 过流保护

试验电路如图 5,接通直流稳压电源,启动系统,调节负载使控制器进入过流状态,结果应符合 5.4.12.2 的要求。

6.3.17 短路保护

试验电路如图 5,接通直流稳压电源,启动系统,使控制器短路,结果应符合 5.4.10.3 的要求。

6.3.18 过、欠电压保护

试验电路如图 5,用直流电源模拟太阳能电池方阵通过控制器给蓄电池充电,当电压至过压保护值以上后,再将电压回调至恢复点;模拟蓄电池通过控制器给负载放电,当电压至欠压保护值以下后,再将电压回调至恢复点;分别调节控制器的蓄电池过、欠压保护值,重复上述试验;结果应符合 5.4.10.4 的要求。

6.3.19 极性反接保护

试验电路如图 5,反接直流稳压电源的极性,开启系统,检查控制器是否保护;检查蓄电池回路的过流保护装置;结果应符合 5.4.10.5 的要求。

6.3.20 耐冲击电压

试验电路如图 5,切断蓄电池回路,调节控制器的输入电压为太阳能电池方阵标称开路电压的 1.2 倍,持续 1 h,结果应符合 5.4.10.6 的要求。

6.3.21 耐冲击电流

试验电路如图 5,调节控制器的输入电流为太阳能电池组件标称短路电流的 1.25 倍,持续 1 h,结果应符合 5.4.10.7 的要求。

6.3.22 告警功能

试验电路如图 5,接通直流稳压电源,启动系统,模拟故障或使控制器进入保护状态,结果应符合 5.4.11 的要求。

6.3.23 监控功能

检查控制器的监控内容,结果应符合 5.4.12 的要求。

6.3.24 显示功能

检查控制器的显示内容,结果应符合 5.4.13 的要求。

6.3.25 蓄电池(组)管理功能

检查控制器对蓄电池的管理功能,结果应符合 5.4.14 的要求。

6.3.26 二次下电

检查控制器直流输出配电单元的二次下电接口,结果应符合 5.4.15 的要求。

6.3.27 杂音电压

试验电路如图9,接通直流稳压电源,启动系统,试验按以下步骤进行:

——用杂音计中电话衡重加权测量模式,选择600 Ω或75 Ω输入阻抗和适当量程,结果应符合5.4.16.1的要求;

——用20 MHz示波器并选择适当量程,扫描速度低于0.5 s,结果应符合5.4.16.2的要求。

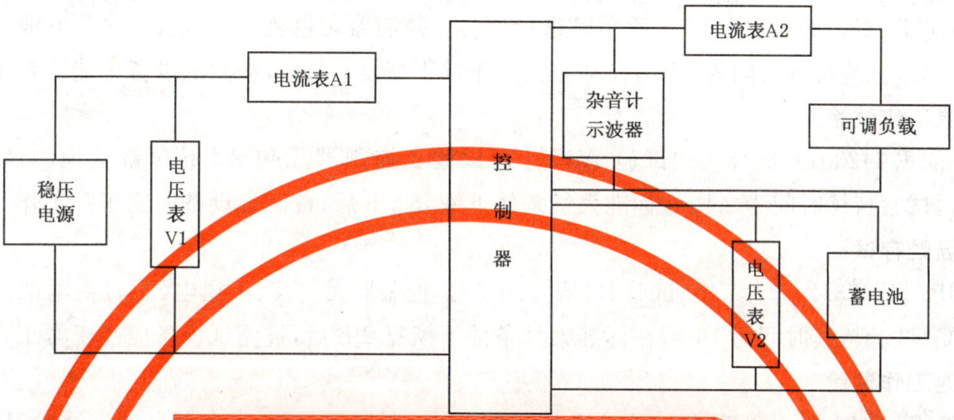

图9 杂音电压试验原理图

6.3.28 音频噪声

试验电路如图5,接通直流稳压电源,启动系统,控制器额定工作时,用声级计在控制器正面1 m、其二分之一高度处进行测量,若测试现场的被测噪声与本底噪声的差应不小于7 dB,否则,测量数据应按照GB/T 4980—2003要求进行修正。结果应符合5.4.17的要求。

6.3.29 绝缘电阻

在常温条件下,用绝缘电阻测试仪直流500 V的测试电压,对被测控制器交流电路对地、直流电路对地进行测试,结果应符合5.4.18.1的要求。

6.3.30 抗电强度

用耐压测试仪对被测控制器进行抗电强度试验。

被测控制器必须是在进行完绝缘电阻试验并符合要求后才能进行抗电强度的试验。

试验内容:耐压与漏电流(交流电路对地、直流电路对地)。

试验电压:交流电路对地的试验电压为50 Hz、有效值为1 500 V的交流电压或等效其峰值的2 120 V直流电压;直流电路对地的试验电压为50 Hz、有效值为500 V的交流电压或等效其峰值的710 V直流电压。

试验持续时间:试验电压从小于一半最高幅值处逐步升高,达到规定电压值时持续1 min。

试验结果应符合5.4.18.2的要求。

6.3.31 保护接地

接地性能试验按以下步骤进行:

a) 被测控制器应与输入电路、输出电路、监控设备及所有外部电路完全断开;

b) 使用数字微欧计、凯尔文电桥等微电阻测量仪器,测量前、后可活动的门(板)、及其门(板)的拉手、钮子、钥匙锁等外表面可能触及的金属部件与主保护接地端子的连接电阻值,结果应符合5.4.18.3的要求。

6.4 逆变器

按照YD/T 777—2006的要求进行试验。

6.5 电磁兼容性

按照 YD/T 983—1998 中 5.5 的规定进行，结果应符合 5.6 的要求。

6.6 可靠性

按照 YD/T 282—2000 中的规定进行，结果应符合 5.7 的要求。

6.7 环境试验

6.7.1 低温贮存试验

按照 GB/T 2423.1—2008 中“试验 Ab”进行试验。控制器无包装、不通电、不含蓄电池。试验温度为(−40±3)℃，试验持续时间为 16 h，在标准大气条件下恢复 2 h 后，被测试设备应能正常工作。

6.7.2 低温工作试验

按照 GB/T 2423.1—2008 中“试验 Ad”进行试验。控制器无包装、不含蓄电池。试验温度为(−5±3)℃，试验持续时间为 2 h，在标准大气条件下恢复 2 h 后，被测试设备应能正常工作。

6.7.3 高温贮存试验

按照 GB/T 2423.2—2008 中“试验 Bd”进行试验。控制器无包装、不通电、不含蓄电池。试验温度为(70±2)℃，试验持续时间为 16 h，在标准大气条件下恢复 2 h 后，被测试设备应能正常工作。

6.7.4 高温工作试验

按照 GB/T 2423.2—2008 中“试验 Bd”进行试验。控制器无包装、不含蓄电池。试验温度为(40±2)℃，试验持续时间为 2 h，在标准大气条件下恢复 2 h 后，被测试设备应能正常工作。

6.7.5 恒定湿热试验

按照 GB/T 2423.3—2006 中“试验 Cb”进行试验。控制器无包装、不通电、不含蓄电池。试验温度为(40±2)℃，相对湿度(93±3)%，试验持续时间为 2 h，在标准大气条件下恢复 2 h 后，被测试设备应能正常工作。

6.7.6 振动试验(正弦)

按照 GB/T 2423.10—2008 中“试验 Fc”进行试验，控制器无包装、不通电、不含蓄电池。频率为(10～55)Hz，振幅为 0.35 mm，X、Y、Z 轴向各 30 min。试验后被测试设备应能正常工作。

7 检验规则

7.1 检验分类

产品检验分为出厂检验和型式试验。出厂检验分为 100%检验和抽样检验两种，可根据情况任选一种，检验合格后填写检验记录并发给合格证方能出厂。

7.2 出厂检验

7.2.1 100%检验

有一项性能指标不符合要求即为不合格，应返修复试；复试不合格，不能发给合格证。

100%检验的检验项目、要求及试验方法按表 1 的要求见第 5 章和第 6 章的相关内容。

表 1 检验项目及判定

序号	项目	不合格判定		出厂检验		型式检验	要求	试验方法
		B	C	100%	抽样			
1	太阳能电池组件及方阵基本要求		○			√	5.2.1	6.1.2
2	峰值功率		○	√	√	√	5.2.2	6.1.3
3	转换效率		○		√	√	5.2.3	6.1.4
4	馈线回路电压降		○		√	√	5.2.4	6.1.5

表 1（续）

序号	项　　目	不合格判定		出厂检验		型式检验	要　求	试验方法
		B	C	100%	抽样			
5	蓄电池基本要求	○			√	√	5.3.1	6.2.1
6	高温性能	○				√	5.3.2	6.2.2
7	低温性能	○				√	5.3.3	6.2.3
8	蓄电池容量恢复性能	○				√	5.3.4	6.2.4
9	循环寿命	○				√	5.3.5	6.2.5
10	控制器外观与结构		○	√	√	√	5.4.1	6.3.2
11	输入电压范围	○			√	√	5.4.2	6.3.3
12	直流输出分路	○		√	√	√	5.4.3	6.3.4
13	直流配电单元放电回路电压降	○		√	√	√	5.4.4	6.3.5
14	防雷要求	○				√	5.4.5	6.3.6
15	逐级投入型控制器投入/撤出电压	○		√	√	√	5.4.6.1	6.3.7
16	逐级投入型控制器充放电回路电压降	○			√	√	5.4.6.2	6.3.8
17	脉宽调制型控制器充电电压	○		√	√	√	5.4.7.1	6.3.9
18	脉宽调制型控制器充放电回路电压降	○			√	√	5.4.7.2	6.3.8
19	脉宽调制型控制器效率	○			√	√	5.4.7.3	6.3.10
20	脉宽调制型控制器温度补偿	○		√	√	√	5.4.7.4	6.3.11
21	稳压变换型控制器基本要求	○				√	5.4.8.1	6.3.12
22	稳压变换型控制器充电电压	○		√	√	√	5.4.8.2	6.3.9
23	稳压变换型控制器效率	○			√	√	5.4.8.3	6.3.10
24	稳压变换型控制器温度补偿	○		√	√	√	5.4.8.4	6.3.11
25	稳压变换型控制器最大功率跟踪功能		○			√	5.4.8.5	6.3.13
26	空载损耗	○				√	5.4.9	6.3.14
27	反向放电保护	○				√	5.4.10.1	6.3.15
28	过流保护	○				√	5.4.10.2	6.3.16
29	短路保护		○			√	5.4.10.3	6.3.17
30	过、欠电压保护	○		√	√	√	5.4.10.4	6.3.18
31	极性反接保护	○			√	√	5.4.10.5	6.3.19
32	耐冲击电压	○				√	5.4.10.6	6.3.20
33	耐冲击电流	○				√	5.4.10.7	6.3.21
34	告警功能	○		√	√	√	5.4.11	6.3.22
35	监控功能	○			√	√	5.4.12	6.3.23
36	显示功能	○		√	√	√	5.4.13	6.3.24
37	蓄电池(组)管理功能		○			√	5.4.14	6.3.25
38	二次下电(可选)		○	√	√	√	5.4.15	6.3.26

表 1（续）

序号	项　目	不合格判定		出厂检验		型式检验	要　求	试验方法
		B	C	100%	抽样			
39	电话衡重杂音电压	○			√	√	5.4.16.1	6.3.27
40	峰-峰值杂音电压	○			√	√	5.4.16.2	6.3.27
41	音频噪声		○			√	5.4.17	6.3.28
42	绝缘电阻	○		√	√	√	5.4.18.1	6.3.29
43	抗电强度	○			√	√	5.4.18.2	6.3.30
44	保护接地	○			√	√	5.4.18.3	6.3.31
45	逆变器	○				√	5.5	6.4
46	电磁兼容性	○				√	5.6	6.5
47	可靠性	○				√	5.7	6.6
48	环境试验	○				√	5.1	6.7

7.2.2 抽样检验

抽样检验按逐批检验进行，其检验水平使用 GB/T 2828.1—2003 中的Ⅱ水平，抽样方案按 GB/T 2828.1—2003 中的正常检验一次抽样方案。产品的质量以不合格数表示；产品的不合格分为 B 类和 C 类。

接收质量限 AQL 分别为：B 类 4.0；C 类 15。根据 AQL 在 GB/T 2828.1—2003 表 2-A 中查出抽样所需样本量 n、接收数 A_c 和拒收数 R_e。B 类：$n=3$，$A_c=0$，$R_e=1$；C 类：$n=3$，$A_c=1$，$R_e=2$。

抽样检验应按 GB/T 2828.1—2003 中 13.3 执行转移规则；抽样检验后的处置应按 GB/T 2828.1—2003 中第 7 章执行。

抽样检验的检验项目、要求及试验方法按表 1 的要求见第 5 章和第 6 章的相关内容。

7.2.3 型式检验

型式检验按周期检查进行，一般 1 年进行一次。具有下列情况之一的均需做型式检验：

a) 产品停产一个周期以上又恢复生产；

b) 转厂生产再试制定型；

c) 正式生产后，如结构、材料、工艺有较大改变；

d) 产品投产前或质量监督机构提出。

型式检验项目的 B、C 类不合格、要求及试验方法按表 1 的对应关系见第 5 章和第 6 章的相关内容。

8 标志、包装、运输、贮存

8.1 标志

在产品的适当位置必须有标志，产品铭牌的内容、外观、性能应符合 YD/T 122—1997 的规定；产品包装上应有标志并符合 GB/T 191—2008 规定。

8.2 包装

产品包装应防潮、防振，并应符合 GB/T 3873—1983 规定。

产品随带文件：

a) 产品合格证；

b) 产品说明书；

c) 装箱清单；

d) 其他技术资料。

8.3 运输

产品在运输中，应有遮篷，不应有剧烈振动、撞击等。

8.4 储存

产品储存应符合 GB/T 3873—1983 的规定。

ICS 33.040.40
M 32

中华人民共和国国家标准

GB/T 26265—2010

反垃圾信息技术要求

Technical requirements for anti-spam

(ITU-T X.1231:2008,Technical strategies on countering spam,MOD)

2011-01-14 发布　　2011-06-01 实施

中华人民共和国国家质量监督检验检疫总局
中国国家标准化管理委员会　发布

前言

本标准是《反垃圾信息》系列标准之一。该系列标准的名称如下：

——反垃圾信息技术要求；

——反垃圾邮件技术要求；

——反垃圾短信技术要求。

本标准修改采用 ITU-T X.1231：2008《反垃圾信息技术策略》(英文版)。本标准与 ITU-T X.1231：2008《反垃圾信息技术策略》(英文版)的主要差异如下：

——根据本标准的内容编写了第 1 章的内容；

——第 2 章对应 ITU-T X.1231：2008 的第 3 章，删除了 ITU-T X.1231 中的 3.2.4 和 3.2.7，增加了"简单的邮件传输协议"和"接入控制"；

——第 3 章对应 ITU-T X.1231：2008 的第 4 章，根据本标准的实际内容做了增减；

——第 4 章对应 ITU-T X.1231：2008 的第 6 章；

——第 5 章对应 ITU-T X.1231：2008 的第 7 章；

——第 6 章对应 ITU-T X.1231：2008 的第 8 章；

——第 7 章对应 ITU-T X.1231：2008 的第 9 章；

——根据本标准的实际参考情况编写了"参考文献"。

本标准由中华人民共和国工业和信息化部提出。

本标准由中国通信标准化协会归口。

本标准起草单位：工业和信息化部电信研究院、中兴通讯股份有限公司。

本标准起草人：落红卫、陈剑勇、王新京、李巍、汪坤、李晓明、李世东。

反垃圾信息技术要求

1 范围

本标准给出了垃圾信息的特征和垃圾信息载体，确立了反垃圾信息的总体目标，规定了反垃圾信息技术需求和反垃圾信息治理的评价指标。

本标准适用于反垃圾信息技术的相关设备。

2 术语和定义

下列术语和定义适用于本标准。

2.1

短消息实体 short message entity

指写短消息或者解短消息的实体。短消息实体可以在宿主归属寄存器 HLR、短消息中心 MC，访问归属寄存器 VLR、移动台 MS 或者移动交换中心 MSC。

2.2

短消息业务 short message service

短消息业务是手机、终端之间及与短消息实体之间通过业务中心进行文字信息收发的方式，其中业务中心完成信息的存储和转发功能。

2.3

多媒体消息业务 multimedia messaging service

多媒体消息业务是继 SMS、EMS 之后的另一项移动消息业务，可以通过无线网络向移动用户传递各种多媒体信息，包括文本、图像、声音、视频等。

2.4

IP 电话 IP phone

电话指直接连接到 IP 网络的终端(例如，专门的语音终端或者多目的个人计算机)。

2.5

IP 多媒体垃圾信息 IP multimedia spam

未请求消息或者基于实时 IP 多媒体应用的呼叫。区分于传统垃圾电子邮件的是，IP 多媒体垃圾信息通常指最近基于 IP 技术(例如，即时消息、呈现业务、基于 IP 语音等)出现的垃圾信息，SPIT、VAM 和 SPIM 是这些 IP 多媒体垃圾信息针对特定业务的垃圾信息名称。

2.6

即时消息 instant messaging

允许用户相互之间订阅或者提示相互状态并且能够即时发送和接收网络消息的业务，其中消息包括文本、语音、视频、数据等多种类型。

2.7

简单的邮件传输协议 simple mail transfer protocol

一组在主机之间针对传送电子邮件信息的协议。大部分电子邮件系统是透过网际网路传送邮件，使用 SMTP 协定从这台主机传送讯息到另一台主机。SMTP 是工作在两种情况下：一是电子邮件从客户机传输到服务器；二是从某一个服务器传输到另一个服务器。

2.8

接入控制 access control

接入控制指阻止非授权使用资源，包括在未授权方式下使用资源。

2.9

模式　modality

模式指包含人类可以感知信息的信息编码。例如，模式信息包括用于人机接口的文本、图形、语音、视频和触觉信息。多模式信息可以来自于或者目标是多模式设备，例如用于声音输入的麦克风、触觉输入的笔、图片/文本输出的屏幕、触觉反馈的震动设备或者用于视觉障碍的盲文输入设备。

2.10

认证　authentication

认证指确保宣称实体有效性。

3　缩略语

下列缩略语适用于本标准。

DoS	Denial of Service	拒绝攻击
Email	Electronic Mail	电子邮件
IM	Instant Messaging	即时消息
IP	Internet Protocol	互联网协议
MC	Message Centre	信息中心
MMS	Multimedia Messaging Service	多媒体消息业务
PSTN	Public Switched Telephone Network	公共电话交换网
SMS	Short Message Service	短消息业务
SMTP	Simple Mail Transfer Protocol	简单邮件传输协议
SPIM	Spam over Internet Messaging	垃圾互联网消息
SPIT	Spam over Internet Telephony	垃圾互联网电话
UBE	Unsolicited Bulk E-mail	未经请求批量电子邮件
UCE	Unsolicited Commercial E-mail	未经请求商业电子邮件
VoIP	Voice over IP	基于IP语音

4　垃圾信息总体概述

4.1　垃圾信息特征

垃圾信息是指未经接收者同意而直接通过计算机、手机、固定电话、小灵通等通信终端向接收者发送的各种电子信息。垃圾信息往往是那些毫无利用价值、甚至具有破坏性的信息。垃圾信息可能采用电子邮件、移动消息(短消息、多媒体消息等)、IP多媒体或者其他形式传播。垃圾信息通常具有如下特征：

● 垃圾信息是电子消息

一般基于开放的通信网络，尤其越来越多的垃圾信息是基于开放的互联网发送的。不同于传统邮寄、广告、直销等传送方式，垃圾信息通常价格便宜、发送方便、易于传播并且容易伪装。

● 垃圾信息是未经用户请求的

垃圾信息多半含有商业目的，也有部分垃圾信息含有政治宣传、色情宣传等信息，很多都具有欺骗性质，甚至包括具有破坏性的病毒代码，这些信息基本上不受接收者欢迎。

另外，垃圾信息通常还完全或者部分具有如下特点：

● 大量或者重复发送

垃圾消息往往采用无目的批量发送或/和重复发送的形式。通常情况，垃圾信息制造者除了知道接收者的地址(例如接收者的电话号码)以外，并不知道接收者其他的信息。

● 使用未经接收者同意而收集的地址

垃圾信息制造者通常使用未经接收者明确同意而收集的地址，这些地址可能是垃圾信息制造者通过非法的渠道获得，可能是通过网络软件程序进行收集，也可能是通过软件自动生成。所有这些通信地址没有经过用户明确同意而被使用。

● 隐藏或者修改的消息来源

垃圾信息制造者往往隐藏或者修改的消息来源，使垃圾信息接收者无法识别或者错误理解，导致判断失误。通常垃圾信息制造者使用非授权第三方服务器或者容易侵入的服务器来发送垃圾信息，使其他人无法查询真实信息来源。

● 垃圾信息难于阻止

由于垃圾信息的形式多样、存在极高隐藏性和欺骗性，同时数量巨大，故此很难判断和阻止。通常都存在一定的误报率和漏报率，相关数值和具体业务有关。

4.2 垃圾信息载体

4.2.1 概述

事实上，垃圾信息已经在几乎所有的通信业务网络中散播，但是，垃圾信息在传统通信网络中垃圾信息的散播程度和危害程度相对来说要小，而在基于IP技术和计算机通信技术发展起来的通信业务网络中危害确实极大。故此，有必要介绍垃圾信息最常使用到的通信媒介。通常垃圾信息使用的通信载体如下。

4.2.2 电子邮件

由于电子邮件协议本身的缺陷和基础Internet网络脆弱性，垃圾邮件已经成为最严重的垃圾信息。电子邮件使用SMTP协议(Simple Mail Transfer Protocol)来发送和传递电子邮件，在SMTP协议中，SMTP为每一封电子邮件定义了信封和信头。信封包含接收者的地址并且接收者看不到。在发送过程中，信封中地址被用作目的地址来使消息从发送者发送到接收者传递。通常，在传送过程中，这个包含在信封中的目的地址可以被拷贝到接收者可以看到的电子邮件头。垃圾信息制造者通常使用两种SMTP认证过程的缺陷：

● 早期的SMTP中没有认证规定，垃圾信息制造者可以隐藏和伪造他们身份；

● 绝大多数电子邮件中的信封和信头的字段可以伪造。

另外，发送电子邮件的成本很低也直接导致垃圾邮件泛滥。

4.2.3 移动消息业务(SMS\MMS)

移动消息最大的优点就是方便、高效、低成本和容易使用。但是如今，用户必须在享受移动消息优点的同时面临移动垃圾消息。有代表性的移动垃圾消息是通过短消息或者多媒体消息发送的未请求消息。根据当前统计，最主要的垃圾短信类型有：

● 业务订购欺骗；

● 广告信息；

● 非法欺骗；

● 色情信息。

这些类型消息通常带有欺骗性和虚假性，也被称作欺骗消息。

伴随GPRS和第三代移动通信的发展，用户可以通过移动设备接收电子邮件。垃圾信息制造者利用这一点扩大了垃圾信息的范围。

● IP多媒体：伴随IP多媒体的发展，垃圾信息的概念开始扩展到IP多媒体范围，例如垃圾即时消息、垃圾IP电话、垃圾呈现业务、垃圾博客、垃圾新闻消息、垃圾在线游戏等。在一些特定环境出现了针对垃圾信息的专业术语，例如：SPIM(垃圾即时消息)、SPIT(垃圾IP电话)等。同样，作为多媒体业务最新发展的多模式信息也面临垃圾信息的污染,例如被垃圾信息侵入的网络消息可能播放有着相同或者不同内容的垃圾语音片断、垃圾视频片断或者在屏幕上播放垃圾文本。

SPIM:即时消息是伴随互联网快速发展的一种方便、实时和便宜的通信方式。通常用于私有通信,但是,即时消息正在越来越多地应用于企业。但是不幸的是,越来越多的垃圾信息,例如病毒、有害代码等正在通过即时消息传播,通常被称作 SPIM。虽然 SPIM 在整个垃圾信息的比例很小,但是发展却非常快速。

SPIT:一些和 IP 网络相关的、伴随着复杂威胁的问题正在出现,例如误传、窃听、VoIP 拒绝服务攻击、包注入和垃圾消息。SPIT 的出现主要也是由于 VoIP 发送语音消息成本低廉而产生,最终导致了和垃圾邮件类似的情况:大量的垃圾语音邮件可以在几秒钟发遍世界,并且引起和前面介绍类似的问题。

事实上,垃圾信息不限于以上通信媒介,垃圾信息是随着通信技术的出现而出现,同时随着通信技术的发展而发展。随着通信技术的不断发展,如果没有切实的治理方案,还会有更多的新技术和新业务被垃圾信息制造者利用,散播垃圾信息。

5 反垃圾信息总体目标

本标准的目的是描述反垃圾信息的最终目标。本标准的重点是要达到什么目标而不是具体的实现步骤。反垃圾信息的目标如下:

- 只有合法的实体可以在认证和/或授权以后发送消息和发起通信;
- 合法用户发送的消息或者发起的通信的地址和/或其他重要信息不可以隐藏或者伪造;
- 在信息传送过程中需要保护隐私;
- 所有实体必须负责在信息传送或者中继过程中自身行为;
- 为了保证有效接入,电信网络需要防止非授权访问或者操作;
- 为了确保可追溯,需要提供信源的必要信息;
- 为了保证可用性,需要保护业务设备不受病毒和非授权接入的侵害;
- 垃圾信息可以被过滤,如果必要,可以存储到存储设备用于追溯和司法分析;
- 提供必要投诉平台,不仅有助于做出正确有效的处理,同时可用于国际合作和立法等;
- 尽量采用标准国际国内通信协议来共享和分发反垃圾信息。

以上目标的实现基于特定的环境。

6 反垃圾信息技术需求

6.1 技术需求架构

反垃圾信息是一个系统工程,涉及到应对技术、行业自律、国际合作、法律法规、用户投诉和技术培训等多个方面。在这些方面中,应对技术是整个系统工程的基本和保证。本标准技术需求重点规范反垃圾信息在应对技术方面具体的技术需求。

首先,需要对通信业务进行分类,使反垃圾信息的对象更加明确,从而便于具体使用反垃圾信息措施。根据通信业务传输方式的不同,通信业务可以划分为存储转发类业务和实时通信类业务。存储转发类业务包括电子邮件业务(Email)、短消息业务(SMS)、多媒体消息业务(MMS)、即时消息业务(IM)等。实时通信类业务包括 IP 电话业务(IP Phone)、IP 传真业务(IP Fax)等。在不同类别的业务上实施反垃圾信息措施存在着有很大的不同。因此,对于具体业务实施反垃圾信息的技术措施需要具体的分析和应对。

反垃圾信息不仅仅在整体上是一个涉及到方方面面的系统工程,在技术需求上也存在一个体系架构,可以根据反垃圾信息技术实施层次和位置的不同,呈现出反垃圾信息的等级结构,具体见图 1。

过滤需求	投诉需求
业务需求	
设备需求	网络需求

图 1　反垃圾信息的等级结构

在等级结构中一共有 5 个部分的技术需求：设备需求、网络需求、业务需求、过滤需求和投诉需求。根据所在层次不同，5 个部分的技术需求又可以划分到 3 个层次：基础层、业务层和应用层。设备需求和网络需求可以归属到基础层，它们是等级结构的基础。它们的实施有助于为上层需求建立安全和扎实的基础。另外，安全网络需要安全设备同时安全设备需要适合的安全网络。业务需求属于业务层，它是 5 个部分中最重要的部分，直接对业务规定负责。过滤需求和投诉需求属于应用层，它们最贴近用户的反垃圾信息。同时，5 个部分有相互交互的关系。图 2 显示各部分之间的关系。

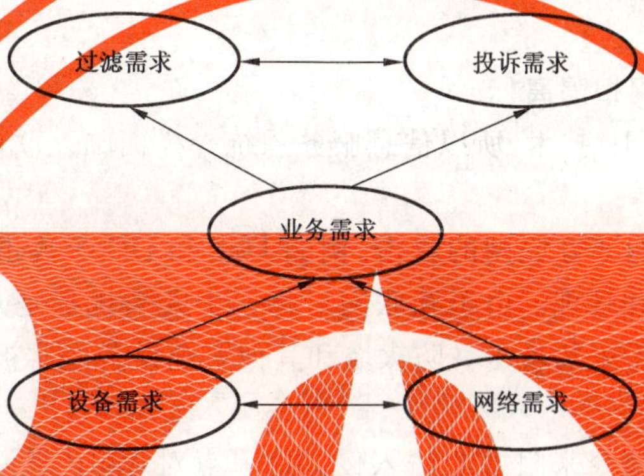

图 2　不同部分之间关系图

另外，建议使用标准的国际国内通信协议来满足这些技术需求。另外，不可能在实现上满足所有技术需求，因为那样的话，可能反垃圾信息实施的价格比业务本身价值都高。故此，根据实际应用来定制反垃圾信息措施就变得非常重要。通常反垃圾信息实施应根据技术特点提供用户定制方式，同时，由于存在大量的技术需求组合方式，需要提供一些轮廓文件可以覆盖大部分的业务。总之，标准化和用户定制有利于解决方案和产品重用。确保反垃圾信息可以尽快和尽量低的成本来实施。

6.2　设备需求

6.2.1　增强相关设备软件的安全性

一旦计算机系统有漏洞，垃圾信息制造者就可以利用这些计算机资源和网络资源发送大量的垃圾信息。处于这种情况下的计算机通常成为僵尸计算机或者蠕虫计算机。垃圾信息制造者可以控制这些资源发送垃圾信息。故此，安装防病毒软件来防止计算机系统避免网络攻击是非常必要的。同时，任何软件系统都存在漏洞，而且漏洞不断被发现被利用，所以定期对系统进行升级至关重要。

6.2.2　需要支持不同管理角色

由于信息服务设备本身的重要性和复杂性，系统需要支持不同的管理角色。系统支持用户管理角色、系统管理角色和审计管理角色。用户管理角色可以生成、删除系统管理角色的账号，调整系统管理角色对应账号具体的操作权限，但用户管理角色不能调整自身和审计管理角色的权限；系统管理角色用于维护和操作设备；审计管理角色具有对系统日志的查看、备份、删除的权限。另外，对于具体设备可能需要其他的管理角色。

6.2.3　具备完整的操作日志和运行日志

为了保证系统的正常运行，系统必须具备完整的操作日志和运行日志以确保对系统的正常操作和保证系统的正常运行。

操作日志主要记录系统的所有登录以及操作事件，至少应包括如下字段：操作者、操作时间、操作内容、是否成功等。

运行日志主要记录系统运行状态信息，主要包括定时系统运行状态信息、故障信息以及运行状态改变等信息。具体包括的信息字段根据信息类型的不同而不同。

除了保证系统的正常运行以外，完善的系统日志和操作日志也可以威慑和确保管理员不会执行具有破坏性的操作。

6.2.4 提高终端的安全性和灵活性

对用户来说，终端是直接使用的设备，同时也是垃圾信息最直接的受害对象。所以提高终端的安全性和灵活性是最重要的事情。但是，由于终端本身硬件和软件千差万别，各有不同，所以只有一些通用原则需要遵守，终端至少但不限于支持以下功能：

- 对于终端，特别是智能终端，需要支持认证和授权功能；
- 支持黑白名单功能；
- 对于终端，特别是智能终端，需要提供反病毒软件。

6.3 网络需求

6.3.1 保证业务系统与互联网相隔离

信息服务系统很多是基于IP技术，所以信息服务系统一样面临互联网上的威胁，网络隔离是非常重要的。

- 保护业务网络不受来自于互联网的攻击，例如DoS和DDoS攻击。业务网络非常重要并且通常由管理员远程控制和管理。由于互联网对每一个人来说都是开放的，所以业务网络必须可以抵御互联网脆弱性带来的攻击。防火墙和其他安全设备经常被用来保护业务网络免受来自互联网的攻击。
- 在控制平面保护协议信令来阻塞非法入侵。这一点对VoIP来说非常重要。PSTN通常总是安全和可靠的，但是互联网是不安全和不可靠的。因此，必须需要VoIP网关来阻塞非法协议信令并获取和PSTN一样的安全级别。

6.3.2 通过冗余备份机制保证业务网络稳定性

业务设备和业务网络非常重要，故此需要提供冗余设备和备份路由来保证业务网络稳定性。另外，冗余备份机制必须是实用、有效并且价格合理的。

6.4 服务需求

6.4.1 支持信息服务安全身份认证

严格的验证机制是保证电子信息来自有效用户和有效信息服务设备的关键。电子信息服务设备要有严格的验证机制保证只有经过验证的用户进行信息发送。从而散布垃圾信息的投机分子有所顾忌，也为专门法案的设立打好前站，保障法案的实施过程有据可查。

为了可以明确责任人，可为信息服务的验证机制辅以实名制。由于移动网络有严格的认证机制，所以手机实名制可以明确责任人，防止垃圾短信泛滥。电子邮件也可以考虑实名制，对企业邮箱的设立实行域名登记，由法人负责任；对个人邮箱实行邮件地址登记，由个人负责任。使垃圾信息的制造者有所顾忌。同样适用于其他信息服务。

6.4.2 支持有选择性信息转发设置

信息服务设备应该采用限制转发机制，禁止开放式信息转发。设备应该支持配置转发地址列表，对于来自允许的地址可以转发，而对于来自地址列表以外的信息不予转发。

6.4.3 提供严格消息格式

对于特定消息，特别是商业电子消息，必须严格指定消息格式。在专用的商业广告格式，在格式中必须具备足够的发送人信息。另外，业务系统必须可以获得足够的消息来处理这些消息。

6.4.4 严格遵守国际国内标准

为了加强互联互通能力和互操作能力，通信协议必须严格遵守国际国内标准。

6.4.5 提供必要的垃圾信息踪迹信息

一方面,业务系统必须可以识别和认证用户,并且提供准确的来源信息,然后把这些信息记录到数据库。另外一方面,业务系统必须提供审计功能,用来基于数据库记录来做溯源。

6.4.6 能够限制电子信息的流量

业务系统需要提供限制电子信息的流量的方式,以保障设备可以正常提供服务。

6.4.7 具备完善的信息统计功能

业务系统应该提供完善的信息统计功能。

6.5 过滤需求

6.5.1 业务系统需要支持垃圾信息过滤

通常,有两种过滤方式:基于地址的过滤和基于内容的过滤。

基于地址的过滤是根据信息的发送地址进行过滤,适用于对于本身发出垃圾信息的信息服务设备或者是长期转发垃圾邮件的信息服务设备。优点是有效便捷,缺点是同样地址发出的有用信息也被过滤掉。

基于内容的过滤是根据信息的内容进行过滤。优点基于地址的完全过滤,缺点是必须完全接收信息才可以判断,而且耗费资源多,准确率和判断的具体算法有密切关系。

任何一种过滤方法都不可能完全满足垃圾信息过滤的需要,只有综合多种过滤方式的优点,才可能尽大可能消除垃圾信息。所以需要信息服务系统同时具备基于地址的过滤和基于内容的过滤。值得一提的是,业务系统可以支持对带有病毒垃圾信息过滤。

6.5.2 提供被过滤掉的垃圾信息的原始备份

对于被过滤掉的垃圾信息,要求提供自动备份功能,并可以保存一定时间,以备日后调查使用。对于存储转发类垃圾信息,需要备份整个垃圾信息;对于直接通信类垃圾信息,需要备份垃圾信息的概要信息。

6.5.3 垃圾信息过滤性能指标需求

对于垃圾信息过滤,尤其是基于内容的垃圾信息过滤,性能指标至关重要。误报率和漏报率是评价垃圾信息过滤准确性的两个最常用指标。误报是指本身不是垃圾信息却被错报为垃圾信息的情况;而漏报是指本身是垃圾信息却没有判断出来的情况。因此,误报率是指所有判断为垃圾信息中实际上不是垃圾信息的概率;漏报率是指所有判断不是垃圾信息中实际上是垃圾信息的概率。如表1。

表1 垃圾信息过滤结果

		实际情况	
		垃圾信息样本	非垃圾信息样本
测试结果	判断为垃圾信息的结果	A	B
	判断为非垃圾信息的结果	C	D

测试样本总数为 T。

$T=A+B+C+D$;

其中,误报数为 B,漏报数为 C;

误报率 $=B/(B+D)\times 100\%$;

漏报率 $=C/(A+C)\times 100\%$;

准确率和召回率紧密相关。随着误报率的提高,漏报率呈下降趋势。然而具体情况跟具体过滤业务相关。通常,垃圾信息过滤需要在保证低的误报率情况下,尽可能降低漏报率。

6.5.4 提供简单灵活的过滤配置

面对数量众多的、变化无常的垃圾信息,业务系统需要提供简单灵活的过滤配置方式,例如友好的操作界面、可选的配置方式等。另外,通用的规律规则可以分类到不同的过滤类别,并存储到数据库或者其他存储设备里面。一旦需要,可以把整个过滤类别库提取出来直接使用,可以极大地简化用户操作。

6.5.5 尽可能地降低垃圾信息过滤成本

对于垃圾信息过滤尽可能早阻止垃圾信息,而不是占用大量带宽以后阻止。这就需要在垃圾信息发送前期的阶段就被过滤掉,而不要把过滤任务留到后面的业务系统。

6.5.6 支持黑名单与白名单过滤

有两种基于地址的过滤方式:对于确定可接受发送者的白名单和对于确定垃圾信息发送者的黑名单。

黑名单技术的工作原理是确定已知垃圾信息制造者的地址,包括机器名称、IP 地址、MAC 地址和其他类别的电子地址,然后将其整理成列表名单。业务系统根据这个列表名单拒绝所有来自这个名单地址的电子信息。

白名单技术的工作原理则相反,在白名单上列举的地址是可以接受发送者信息的地址,接收者接收任何来自白名单地址的电子信息。

基于黑名单与白名单的过滤相对绝大多数有过滤需求的用户来说还是比较粗。但是,基于黑名单与白名单的过滤是最简单而且最易实现的方式。事实上,所有的过滤设备都需要支持黑名单和白名单,特别是要支持黑名单。

6.5.7 对多媒体垃圾消息过滤的支持

由于越来越多的垃圾信息制造者开始使用多媒体技术发送垃圾消息,故此,过滤系统在一定程度需要支持多媒体消息的过滤。

6.6 投诉需求

6.6.1 建立垃圾信息投诉平台

事实上,终端用户是垃圾信息的接收者,病毒信息和欺诈信息的受害者。终端用户的参与对有效治理垃圾信息是最有力的支持。故此,用户投诉必须要在反垃圾信息需求中有重点的考虑,最直接地方式就是建立与业务系统和过滤系统相关联的投诉平台。但是需要考虑的是,用户投诉一定是在用户自愿的基础上。

6.6.2 支持统一的垃圾信息投诉手段

信息服务系统必须支持统一的垃圾信息投诉手段,以提供用户在发现垃圾信息时可以进行投诉。目的是一方面可以使服务提供商和执法者了解垃圾信息来源,同时可以使用户可以向服务提供商提供“事前允诺”和“事后拒绝”请求。信息投诉格式要求采用标准规范,并且包括必要的信息体或者信息地址信息,并且支持扩展。

6.6.3 支持特定的垃圾信息共享方式和信息格式

垃圾信息可以以标准的格式在不同信息服务系统之间共享。以便垃圾信息治理工作组的成员之间可以共享反垃圾邮件方面的有关信息,共同抵制垃圾信息。该项可以结合垃圾信息黑名单来操作。

7 评价指标

垃圾信息治理方式有多种方法,而且很多可以结合使用。为了评估反垃圾信息技术和系统的准确性及有效性,通常可以采用以下指标。

- 误报率和漏报率:误报率和漏报率是衡量反垃圾信息正确有效工作,并使用户满意的最重要指标。同样也是反垃圾信息技术和系统的评估体系中最重要的指标。
- 成本:反垃圾信息系统是为了保障业务系统健康有效为用户提供服务而建立的,反垃圾信息系统的成本仅仅是业务系统重要的一个部分,所以其成本在保证效果的情况下,一定要尽可能的低。这也是评价体系重要的指标。
- 对现有系统的改变程度:实施反垃圾信息的前提条件就是保障业务系统的正常运行。换句话说，在评估反垃圾信息技术和系统的时候，是否不对现有系统运行有严重影响是评价体系中重要指标。

- 与国际国内标准一致性：技术解决方案一定要基于现有国际国内标准，以确保不同系统之间的互联和未来系统的升级。尤其反垃圾信息已经不单单是一个用户、一个企业和一个国家的事情，所以在整体上一定要基于现有国际国内标准。同时，基于国际国内标准的反垃圾信息有利于设备和部件的重用与量产，也有助于成本的降低。故此，该指标同样是评价体系中重要指标。

以上是评估反垃圾信息技术和系统的原则性指标，实际操作中，应结合具体业务体系来进行。

参 考 文 献

[1] YD/T 1310—2004 互联网广告电子邮件格式要求
[2] YD/T 1311—2004 防范互联网垃圾电子邮件技术要求
[3] IETF RFC 821 简单邮件传输协议
[4] IETF RFC 1425 SMTP 服务扩展
[5] IETF RFC 1869 SMTP 服务扩展
[6] IETF RFC 1870 SMTP 服务对于信息大小的扩展
[7] IETF RFC 2034 SMTP 服务对于返回增强错误码扩展
[8] IETF RFC 2505 SMTP MTAs 反垃圾邮件建议
[9] IETF RFC 2554 SMTP 服务认证扩展
[10] IETF RFC 2635 未经请求群发邮件和招贴系列指南
[11] IETF RFC 2821 简单邮件传输协议
[12] IETF RFC 2822 互联网消息格式
[13] IETF RFC 2852 SMTP 分发服务扩展
[14] IETF RFC 3685 电子邮件过滤:垃圾邮件测试和病毒测试扩展

ICS 33.040.40
M 32

中华人民共和国国家标准

GB/T 26266—2010

反垃圾电子邮件设备测试方法

Test specification for anti-spam email equipment

2011-01-14 发布　　　　2011-06-01 实施

中华人民共和国国家质量监督检验检疫总局
中国国家标准化管理委员会　发布

前　言

本标准是《反垃圾电子邮件设备》系列标准之一，本系列的标准结构和名称如下：

——反垃圾电子邮件设备技术要求；

——反垃圾电子邮件设备测试方法；

——反垃圾电子邮件网关技术要求。

《反垃圾电子邮件设备技术要求》是本标准的技术依据，在使用过程中需要与其配套使用。

本标准的附录A为资料性附录。

本标准由中华人民共和国工业和信息化部提出。

本标准由中国通信标准化协会归口。

本标准起草单位：工业和信息化部电信研究院、中国互联网协会、上海贝尔阿尔卡特股份有限公司。

本标准主要起草人：陈凯、李红、陈勇、杨崑、张德华、吴英桦、王建超。

反垃圾电子邮件设备测试方法

1 范围

本标准主要规范了反垃圾电子邮件设备的测试方法，包括对功能要求、管理要求、性能指标和环境要求的测试。

本标准适用于反垃圾电子邮件设备。

2 规范性引用文件

下列文件中的条款通过本标准的引用而成为本标准的条款。凡是注日期的引用文件，其随后所有的修改单(不包括勘误的内容)或修订版均不适用于本标准，然而，鼓励根据本标准达成协议的各方研究是否可使用这些文件的最新版本。凡是不注日期的引用文件，其最新版本适用于本标准。

YD/T 1098—2001 路由器测试规范—低端路由器

3 缩略语

下列缩略语适用于本标准。

DNS	Domain Name Server	域名服务器
DUT	Device Under Test	被测设备
SMTP	Simple Mail Transfer Protocol	简单邮件传输协议
SNMP	Simple Network Management Protocol	简单网络管理协议
SNMPv3	SNMP version 3	SNMP 版本 3

4 测试配置图

反垃圾电子邮件设备主要包括反垃圾邮件网关和反垃圾邮件服务器。反垃圾邮件网关通常部署在邮件服务器的前端，所有的邮件经过反垃圾邮件的处理后，转发到邮件服务器。反垃圾邮件服务器具备反垃圾邮件功能，通常直接对垃圾电子邮件进行处理。反垃圾电子邮件设备的测试配置图如图 1 所示：其中 DUT 是指被测设备，通过配置终端进行配置，IP 测试仪 1 和 IP 测试仪 2 分别模拟电子邮件的发送和接受。

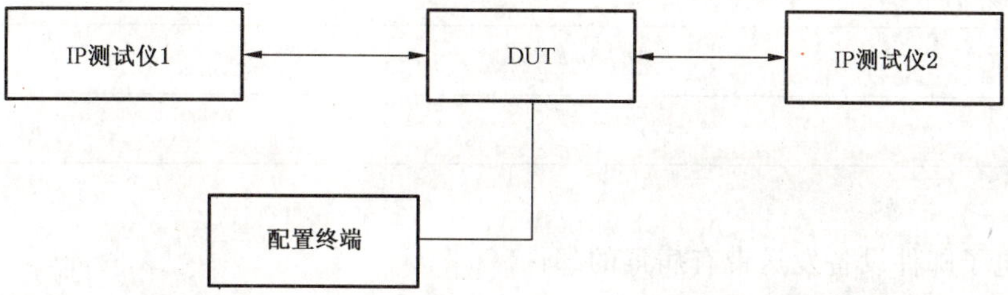

图 1 反垃圾电子邮件设备的测试配置图

5 功能测试

5.1 动态限制

测试编号:1
测试项目:动态限制
测试类型:必选
测试配置:见图 1
测试过程: 1) 模拟从一个 IP 地址 telnet 到网关的 25 端口,建立的连接数应被限制。 2) 模拟从一个外网的邮件账号发送邮件给被保护域帐号,发送的邮件次数应被限制。 3) 模拟采用一封邮件向网关多次发送邮件,连接频率应被限制。 4) 模拟从不同的外网邮件帐号发送相同主题的邮件到内网邮件帐号,同一主题的邮件数量应被限制。
预期结果: 1) 在步骤 1)中设备应该能够限制同一个 IP 的最大 TCP 和 SMTP 同时连接数。当超过该连接数目时,设备能够自动阻止新的连接。 2) 在步骤 2)中设备应该能够限制同一个 IP 的最大 SMTP 连接频率,一旦超过该阀值,设备将自动禁止对方的连接。 3) 在步骤 3)中设备应该能够限制同一主题的邮件的最大发送数,一旦超过该阀值,设备将自动禁止该邮件的传输。 4) 在步骤 4)中设备应该能够限制发件账号在单位时间内的最大邮件发送数,一旦超过该阀值,设备将自动禁止该邮件的传输。
测试说明: 当超过限制的连接数目时,被测设备应能够自动阻止新的连接。
判定原则: 测试结果应与预期结果相符,否则不符合要求。

5.2 病毒识别

测试编号:2
测试项目:病毒识别
测试类型:可选
测试配置:见图 1
测试过程: 1) 向反垃圾电子邮件设备发送带有病毒的邮件。 2) 进入隔离区,观察是否有设备判定为病毒的邮件。
预期结果: 应支持邮件防病毒功能。

测试说明： 设备应对邮件、附件、压缩附件中所包含的病毒进行识别。
判定原则： 测试结果应与预期结果相符，否则不符合要求。

5.3 静态黑白名单

测试编号：3
测试项目：静态黑白名单
测试类型：必选
测试配置：见图 1
测试过程： 1) 在反垃圾邮件引擎黑白名单进行设置。 2) 可设置一个 IP 为黑名单，然后从这个 IP 进行邮件的发送，观察此时邮件是否能够发送。 3) 可设置一个 IP 为白名单，然后从这个 IP 进行邮件的发送，观察此时邮件是否能够发送。 4) 可设置一个邮件域为黑名单，然后从这个邮件域进行邮件的发送，观察此时邮件是否能够发送。 5) 可设置一个邮件域为白名单，然后从这个邮件域进行邮件的发送，观察此时邮件是否能够发送。
预期结果： 1) 步骤 1)在反垃圾邮件引擎黑白名单可以进行设置。 2) 步骤 2)邮件无法发送。 3) 步骤 3)邮件成功发送。 4) 步骤 4)邮件无法发送。 5) 步骤 5)邮件成功发送。
测试说明： 设备支持多种规则的黑白名单。
判定原则： 测试结果应与预期结果相符，否则不符合要求。

5.4 源头认证

测试编号：4
测试项目：源头认证
测试类型：可选
测试配置：见图 1
测试过程： 1) 伪造发件人域发送到被测设备，观察是否存在。 2) 对发件域进行反向 DNS 解析，观察是否存在。
预期结果： 通过伪造域发邮件到保护域，此邮件应被识别。

测试说明： 能够有效防止用户冒用其他域名或者邮件地址进行欺骗。
判定原则： 测试结果应与预期结果相符，否则不符合要求。

5.5 实时黑名单

测试编号：5
测试项目：实时黑名单
测试类型：必选
测试配置：见图 1
测试过程： 1） 在被测设备上启动实时黑名单引擎。 2） 模拟实时黑名单中的邮件地址，发送到被测设备。 3） 分别观察过滤的效果。
预期结果： 属于实时黑名单中的邮件应被过滤。
测试说明： 设备应该能够提供对多种实时态黑名单的支持。
判定原则： 测试结果应与预期结果相符，否则不符合要求。

5.6 分布协作的指纹分析

测试编号：6
测试项目：分布协作的指纹分析
测试类型：可选
测试配置：见图 1
测试过程： 1） 在被测设备上配置分布协作的指纹分析引擎。 2） 模拟黑名单中的邮件地址，发送到被测设备。 3） 分别观察过滤的效果。
预期结果： 属于分布协作的指纹分析中的邮件应被过滤。
测试说明： 设备应该能够提供对分布协作的指纹分析的支持。
判定原则： 测试结果应与预期结果相符，否则不符合要求。

5.7 内容过滤

测试编号:7
测试项目:内容过滤
测试类型:必选
测试配置:见图 1
测试过程: 1) 设置过滤规则,然后向被测设备发送测试邮件。 2) 改变邮件信头、信体、附件、主题、发件人、收件人、抄送人、暗送人(只针对外发邮件)、邮件正文、邮件附件中包含的关键字。 3) 分别观察过滤的效果。
预期结果: 支持邮件信头、信体、附件、主题、发件人、收件人、抄送人、暗送人(只针对外发邮件)、邮件正文、邮件附件中包含的关键字进行过滤。
测试说明: 设备应该能够提供对邮件大小或附件大小及文件格式的限制。
判定原则: 测试结果应与预期结果相符,否则不符合要求。

5.8 隔离区管理

测试编号:8
测试项目:隔离区管理
测试类型:必选
测试配置:见图 1
测试过程: 1) 进入隔离区,观察是否有设备判定为垃圾的邮件。 2) 选定邮件,进行放行操作,观察收件箱是否收到。 3) 删除选定邮件,观察是否被删除。
预期结果: 可以察看与放行或删除被隔离的邮件。
测试说明: 隔离区可由邮件用户自行维护。
判定原则: 测试结果应与预期结果相符,否则不符合要求。

5.9 审计

测试编号:9
测试项目:审计

测试类型:可选
测试配置:见图 1
测试过程: 1) 保存垃圾识别、内容过滤等方式匹配的邮件。 2) 对保存的邮件进行审计。
预期结果: 可以审计针对垃圾识别、内容过滤等方式匹配的邮件。
测试说明: 可以审计保存以备企业信息安全查询或公安部门查询。
判定原则: 测试结果应与预期结果相符,否则不符合要求。

5.10 处理动作

测试编号:10
测试项目:处理动作
测试类型:可选
测试配置:见图 1
测试过程: 1) 在被测设备上分别配置通过、标记通过、拒绝、隔离和直接丢弃等处理动作。 2) 模拟黑名单中的邮件地址,发送到被测设备。 3) 分别观察处理动作滤的效果。
预期结果: 对垃圾邮件的处理符合预设的处理动作。
测试说明: 设备应该能够提供对多种处理动作的支持。
判定原则: 测试结果应与预期结果相符,否则不符合要求。

6 管理测试

6.1 网络参数配置

测试编号:11
测试项目:网络参数配置
测试类型:必选
测试配置:见图 1
测试过程: 配置被测设备的 IP 地址、子网掩码及机器名以及用于与互联网的通信及自身管理的参数。

预期结果： 能够配置网络参数配置。
测试说明： 网关和被保护邮件服务器的出口网关相同。
判定原则： 测试结果应与预期结果相符，否则不符合要求。

6.2 SMTP 协议参数配置

测试编号：12
测试项目：SMTP 协议参数配置
测试类型：必选
测试配置：见图 1
测试过程： 1) 进入被测设备的管理界面。 2) 对 SMTP 参数进行配置。 3) telnet 到被测设备 25 端口，验证 SMTP 协议参数配置。
预期结果： 能够配置 SMTP 协议参数。
测试说明： 通常设备可提供 SMTP 参数的缺省值。
判定原则： 测试结果应与预期结果相符，否则不符合要求。

6.3 软件升级管理

测试编号：13
测试项目：软件升级管理
测试类型：可选
测试配置：见图 1
测试过程： 1) 进入被测设备的管理界面。 2) 对设备进行软件升级。 3) 检查设备的软件版本和运行状况。
预期结果： 设备支持升级管理。
测试说明： 升级过程应该快速而简单，升级过程中以及升级之后不需要重新启动设备。
判定原则： 测试结果应与预期结果相符，否则不符合要求。

6.4 设备状态监测

测试编号:14
测试项目:设备状态监测
测试类型:可选
测试配置:见图1
测试过程: 1) 进入被测设备的管理界面。 2) 监测CPU使用情况、内存使用状态、TCP/SMTP连接数、硬盘空间和运行状况、网络流量状况、邮件流量分布。
预期结果: 管理员应该能够通过管理界面远程监控硬件的健康状况。
测试说明: 设备应该能够监测到关键信息。
判定原则: 测试结果应与预期结果相符,否则不符合要求。

6.5 SNMP网络管理协议

测试编号:15
测试项目:SNMPv3 Get 原语功能测试
测试类型:可选
测试配置:见图1
测试过程: 1) 按照测试环境连接设备。 2) 使用终端上的SNMPv3客户端软件读取被测设备的系统描述。 3) 使用终端上的SNMPv3客户端软件读取被测设备上不存在的对象。
预期结果: 1) 在步骤2)中应得到正确地系统描述; 2) 在步骤3)中应得到错误状态"noSuchName"以及相应的错误索引。
测试说明: 系统应能进行正常的SNMP操作。
判定原则: 测试结果应与预期结果相符,否则不符合要求。

测试编号:16
测试项目:SNMPv3 Get Next 原语功能测试
测试类型:可选

测试配置:见图 1
测试过程: 1) 按照测试环境连接设备。 2) 使用终端上的 SNMPv3 客户端软件读取被测设备的系统描述。 3) 使用终端上的 SNMPv3 客户端软件读取被测设备上不存在的对象。
预期结果: 1) 在步骤 2)中应得到正确地系统描述; 2) 在步骤 3)中应得到下一个属性的值。
测试说明: 系统应能进行正常的 SNMP 操作。
判定原则: 测试结果应与预期结果相符,否则不符合要求。

测试编号:17
测试项目:SNMPv3 Get Bulk 原语功能测试
测试类型:可选
测试配置:见图 1
测试过程: 1) 按照测试环境连接设备。 2) 使用终端上的 SNMPv3 客户端软件以 Get Bulk 命令读取被测设备的系统描述。
预期结果: 在步骤 2)中应得到正确地批量系统描述值。
测试说明: 系统应能进行正常的 SNMP 操作。
判定原则: 测试结果应与预期结果相符,否则不符合要求。

测试编号:18
测试项目:SNMPv3 Set 原语功能测试
测试类型:可选
测试配置:见图 1
测试过程: 1) 按照测试环境连接设备。 2) 使用终端上的 SNMPv3 客户端软件以 Set 命令设置被测设备的系统描述。 3) 读取被测设备的系统描述。

预期结果： 在步骤3)中应得到重新设置的系统描述值。
测试说明： 系统应能进行正常的SNMP操作。
判定原则： 测试结果应与预期结果相符,否则不符合要求。

测试编号:19
测试项目:SNMPv3 Trap功能测试
测试类型:可选
测试配置:见图1
测试过程： 1) 按照测试环境连接设备； 2) 配置被测设备,使其在设备冷启动向网管工作站Trap(ColdStart),并冷启动设备； 3) 配置被测设备,使其在设备热启动向网管工作站Trap(WarmState),并热启动设备； 4) 配置被测设备,使其在设备冷启动向网管工作站Trap(LinkDown),并断开某一接口； 5) 配置被测设备,使其在设备冷启动向网管工作站Trap(LinkUp),并使链路恢复正常； 6) 配置被测设备,使其在设备冷启动向网管工作站Trap(AuthenticationFailrue),并用错误的用户名/密码登陆。
预期结果： 在步骤2)到6)中应得到正确的Trap信息。
测试说明： 系统应能进行正常的SNMP操作。
判定原则： 测试结果应与预期结果相符,否则不符合要求。

测试编号:20
测试项目:SNMPv3安全性测试
测试类型:可选
测试配置:见图1
测试过程： 1) 按照测试环境连接设备； 2) 在被测设备上配置SNMPv3工作在nonAuthnoPriv方式,使用SNMPv3客户端以明文方式对被测设备进行SNMP操作； 3) 在被测设备上配置SNMPv3工作在AuthnoPriv方式,使用SNMPv3客户端以HMAC-MD5方式认证； 4) 算法与被测设备进行认证,并进行SNMP操作； 5) 在被测设备上配置SNMPv3工作在AuthnoPriv方式,使用SNMPv3客户端以HMAC-MD5方式； 6) 认证算法与被测设备进行认证,使用DES-CBC加密算法对数据进行加密,并进行SNMP操作。

预期结果： 在步骤2)～4)中，应能进行正常的SNMP操作。
测试说明： 系统应能进行正常的SNMP操作。
判定原则： 测试结果应与预期结果相符，否则不符合要求。

6.6 日志和统计

测试编号：21
测试项目：日志和统计功能
测试类型：可选
测试配置：见图1
测试过程： 1) 进入被测系统的管理界面。 2) 查看详细的所有邮件日志。 3) 查看详细的所有邮件的统计信息。
预期结果： 系统应提供详细的所有邮件日志及统计信息。
测试说明： 对于整个系统的管理和维护应尽可能简单。
判定原则： 测试结果应与预期结果相符，否则不符合要求。

6.7 设备安全

测试编号：22
测试项目：系统安全
测试类型：必选
测试配置：见图1
测试过程： 1) 进入管理界面，检查网络接口的地址设置。 2) 试图进入必须的服务外的其他任何服务端口。 3) 经过多次访问后，检查是否可以进入必须的服务外的其他任何服务端口。
预期结果： 系统关闭除了必须的服务外其他任何服务端口。
测试说明： 对于整个系统的管理和维护应尽可能简单。
判定原则： 测试结果应与预期结果相符，否则不符合要求。

6.8 管理员操作安全

测试编号:23
测试项目:管理操作安全
测试类型:必选
测试配置:见图 1
测试过程: 1) 进入被测系统的管理界面。 2) 察看管理员的登陆管理台的使用情况。 3) 配置不同的管理员角色,验证是否生效。 4) 经过多次错误登录后,检查是否对错误登录者的进行封禁。
预期结果: 详细记录管理员的登陆管理台的使用情况,能够配置不同的管理员角色。
测试说明: 系统应该具备管理员登陆日志信息和配置不同的管理员角色,以保障系统的安全。
判定原则: 测试结果应与预期结果相符,否则不符合要求。

7 性能指标测试

7.1 准确性指标

7.1.1 漏报率

测试编号:24
测试项目:漏报率测试
测试类型:必选
测试配置:见图 1
测试过程: 1) 启动反垃圾电子邮件设备的反垃圾引擎。 2) 反垃圾电子邮件设备接收大量的 SMTP 请求。 3) 计算反垃圾电子邮件设备不能正确报警的概率。
预期结果: 漏报率不大于 10%。
测试说明: 漏报率=不能报警的数量/垃圾邮件的数量。
判定原则: 测试结果应与预期结果相符,否则不符合要求。

7.1.2 误报率

测试编号:25
测试项目:误报率测试
测试类型:必选
测试配置:见图 1
测试过程: 1) 启动反垃圾电子邮件设备的反垃圾引擎。 2) 反垃圾电子邮件设备接收大量的 SMTP 请求。 3) 计算反垃圾电子邮件设备错误报警的概率。
预期结果: 误报率不大于 2%。
测试说明: 误报率=错误报警数量/正常邮件的数量。
判定原则: 测试结果应与预期结果相符,否则不符合要求。

7.2 效率指标

7.2.1 SMTP 最大并发连接数

测试编号:26
测试项目:SMTP 最大并发连接数
测试类型:必选
测试配置:见图 1
测试过程: 1) 关闭反垃圾电子邮件设备的反垃圾邮件引擎。 2) 性能测试仪向反垃圾电子邮件设备发出大量的 SMTP 并发请求。 3) 计算成功发送邮件的百分比。 4) 启动反垃圾电子邮件设备的反垃圾邮件引擎。 5) 性能测试仪向反垃圾电子邮件设备发出大量的 SMTP 并发请求。 6) 计算最大并发连接处理数。
预期结果: 反垃圾电子邮件设备能够具备提供所需服务的能力。
测试说明: 最大并发连接数反映了邮件系统瞬间提供服务的能力,其结果表示为每秒最大建立会话的连接数。
判定原则: 测试结果应与预期结果相符,否则不符合要求。

7.2.2 SMTP 每秒新建连接数

测试编号:27
测试项目:SMTP 每秒新建连接数
测试类型:必选
测试配置:见图 1
测试过程: 1) 关闭反垃圾电子邮件设备的反垃圾邮件引擎。 2) 性能测试仪向反垃圾电子邮件设备发出大量的 SMTP 并发请求。 3) 计算成功发送邮件的百分比。 4) 启动反垃圾电子邮件设备的反垃圾邮件引擎。 5) 性能测试仪向反垃圾电子邮件设备发出大量的 SMTP 并发请求。 6) 计算每秒新建连接数。
预期结果: 反垃圾电子邮件设备能够具备提供所需服务的能力。
测试说明: 最大并发连接处理数反映了邮件系统瞬间提供服务的能力,其结果表示为每秒新建会话的连接数。
判定原则: 测试结果应与预期结果相符,否则不符合要求。

7.2.3 SMTP 平均响应时间

测试编号:28
测试项目:SMTP 平均响应时间
测试类型:必选
测试配置:见图 1
测试过程: 1) 关闭反垃圾电子邮件设备的反垃圾邮件引擎。 2) 性能测试仪向反垃圾电子邮件设备发出大量的 SMTP 请求。 3) 计算平均响应时间。 4) 启动反垃圾电子邮件设备的反垃圾邮件引擎。 5) 性能测试仪向反垃圾电子邮件设备发出大量的 SMTP 请求。 6) 计算平均响应时间。
预期结果: 反垃圾电子邮件设备的平均响应时间满足所需服务的要求。
测试说明: 平均响应时间是指发送 SMTP 连接请求开始,到反垃圾邮件网关成功接受到邮件第一位数据时的时间间隔。

判定原则： 测试结果应与预期结果相符，否则不符合要求。

8 环境测试

环境测试方法见 YD/T 1098—2001。

9 电源与接地测试

电源与接地测试方法见 YD/T 1098—2001。

附 录 A
（资料性附录）
名词、术语英汉对照表

Anti-Spam Email Gateway	反垃圾电子邮件网关
Anti-Spam Email Server	反垃圾邮件电子服务器
Fake Mail	邮件假冒
Fake Route	虚假路由
Fingerprint analysis base on distributed cooperation	分布协作的指纹分析
Source Authentication	源头认证
Spam Email	垃圾电子邮件

ICS 33.040.40
M 32

中华人民共和国国家标准

GB/T 26267—2010

反垃圾电子邮件设备技术要求

Technical requirement for anti-spam email equipment

2011-01-14 发布 2011-06-01 实施

中华人民共和国国家质量监督检验检疫总局
中国国家标准化管理委员会 发布

前言

本标准是《反垃圾电子邮件设备》系列标准之一。本系列的标准结构和名称预计如下：

——反垃圾电子邮件设备技术要求；

——反垃圾电子邮件设备测试方法；

——反垃圾电子邮件网关技术要求。

本标准的附录A为资料性附录。

本标准由中华人民共和国工业和信息化部提出。

本标准由中国通信标准化协会归口。

本标准起草单位：工业和信息化部电信研究院、中国互联网协会、上海贝尔阿尔卡特股份有限公司。

本标准主要起草人：陈凯、李红、陈勇、杨崑、张德华、吴英桦、王建超。

反垃圾电子邮件设备技术要求

1 范围

本标准规定了反垃圾电子邮件设备的功能要求、管理要求、性能指标和环境要求。

本标准适用于反垃圾电子邮件设备。

2 规范性引用文件

下列文件中的条款通过本标准的引用而成为本标准的条款。凡是注日期的引用文件,其随后所有的修改单(不包括勘误的内容)或修订版均不适用于本标准,然而,鼓励根据本标准达成协议的各方研究是否可使用这些文件的最新版本。凡是不注日期的引用文件,其最新版本适用于本标准。

YD/T 1096—2001 路由器设备技术规范—低端路由器

3 缩略语

下列缩略语适用于本标准。

DNS	Domain Name Server	域名服务器
LDAP	Lightweight Directory Access Protocol	轻量级目录访问协议
RBL	Realtime Blackhole List	实时黑名单
SMTP	Simple Mail Transfer Protocol	简单邮件传输协议
SNMP	Simple Network Management Protocol	简单网络管理协议
SNMPv1	SNMP version 1	SNMP 版本 1
SNMPv2c	SNMP version 2c	SNMP 版本 2c
SNMPv3	SNMP version 3	SNMP 版本 3

4 设备描述

反垃圾电子邮件设备是针对电子邮件系统和通过电子邮件系统的邮件的安全保护,主要用于阻止所有非正常电子邮件通过电子邮件服务器或到达电子邮件用户端,包括使用垃圾电子邮件发送器或手工发送的垃圾电子邮件、被病毒侵染的电子邮件服务器或电子邮件客户端自动发出的病毒传播邮件、无需认证的邮件列表发出的电子邮件等,同时邮件安全还要保证自身的管理和应用安全,防止自身被入侵、防止自身成为垃圾邮件发送工具。

反垃圾电子邮件设备主要包括反垃圾电子邮件网关和反垃圾电子邮件服务器。反垃圾电子邮件网关通常部署在电子邮件服务器的前端,所有的电子邮件经过反垃圾电子邮件网关的处理后,转发到电子邮件服务器。反垃圾电子邮件服务器具备反垃圾电子邮件功能,通常直接对垃圾电子邮件进行处理。反垃圾电子邮件设备的框架图如图 1 和图 2 所示。

图 1 反垃圾电子邮件网关的框架图

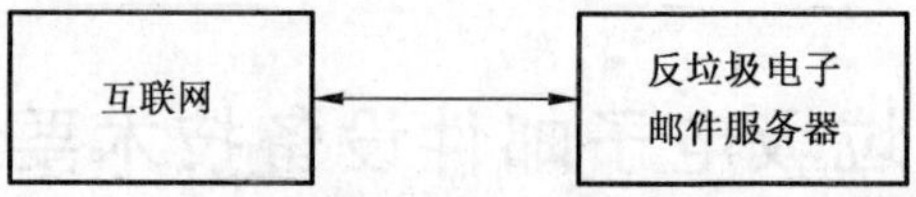

图 2 反垃圾电子邮件服务器的框架图

5 功能要求

5.1 动态限制

反垃圾电子邮件设备应该能够限制同一个 IP 的最大 TCP 和 SMTP 同时连接数。当超过该连接数目时，系统能够自动阻止新的连接。

反垃圾电子邮件设备应该能够限制同一个 IP 的最大 SMTP 连接频率，一旦超过该阀值，系统将自动禁止对方的连接。

反垃圾电子邮件设备应该能够限制同一主题的邮件的最大发送数，一旦超过该阀值，系统将自动禁止该邮件的传输。

反垃圾电子邮件设备应该能够限制发件账号的在单位时间内的最大邮件发送数，一旦超过该阀值，系统将自动禁止该邮件的传输。

5.2 病毒识别

反垃圾电子邮件设备宜支持邮件防病毒功能，应对邮件、附件、压缩附件中所包含的病毒进行识别。

5.3 静态黑白名单

反垃圾电子邮件设备应提供静态黑名单功能。凡在黑名单中的地址，系统可直接拒绝连接而无需进行垃圾邮件等判断工作。系统可提供白名单的功能。凡在白名单中的地址，系统可允许其正常通过而无需进行垃圾邮件检测。

5.4 源头认证

反垃圾电子邮件设备宜支持源头认证技术，具有虚假路由识别功能，以确保用户的 IP 地址和域名相符。如果不符，则阻止用户进行发送。

5.5 实时黑名单

反垃圾电子邮件设备应支持 RBL 黑名单列表功能。实时黑名单是通过 DNS 查询方式来查询黑名单列表。至今，已经衍生了很多增强和扩展的黑名单服务，系统中应有国家主管部门提供的实时黑名单服务。

5.6 分布协作的指纹分析

反垃圾电子邮件设备宜支持分布协作的邮件指纹分析功能。分布协作的邮件指纹分析是基于从邮件中提取出可以代表内容的指纹数据，不同的内容会产生不同的指纹，用这些指纹代表邮件，全球的兼容用户会提交邮件的指纹，从服务器得到响应知道有多少封相同的邮件在全球传播，识别邮件是否为垃圾邮件。

5.7 内容过滤

反垃圾电子邮件设备应能够提供对邮件全方位的过滤机制。支持邮件信头、信体、附件、主题、发件人、收件人、抄送人、暗送人（只针对外发邮件）、邮件正文、邮件附件中包含的关键字进行过滤；系统应该能够提供对邮件大小或附件大小及文件格式的限制。

5.8 隔离区管理

反垃圾电子邮件设备应支持隔离区管理。被认为是垃圾邮件或病毒邮件的，应可以先放入隔离区由用户人工判别。隔离账号可采用账号导入、共用 LDAP 服务器、自动测试激活等方式取得邮件服务器合法用户的账号以建立对应的隔离区。隔离区应由邮件用户自行维护，不应由管理员维护。

5.9 审计

反垃圾电子邮件设备宜支持审计功能。针对垃圾识别、内容过滤等方式匹配的邮件甚至全部邮件，可以审计保存以备企业信息安全查询或公安部门查询，但不应能够让邮件管理员自行访问查阅。

5.10 处理动作

当判别垃圾邮件以后，反垃圾电子邮件设备可当支持以下动作：

a) 通过；

b) 标记通过；

c) 拒绝；

d) 隔离；

e) 直接丢弃。

6 管理要求

6.1 网络参数配置

反垃圾电子邮件设备应能配置IP地址、子网掩码、网关地址、DNS地址及设备名称。

6.2 SMTP协议参数配置

反垃圾电子邮件设备应能配置提供SMTP协议参数。

6.3 软件升级管理

为了尽可能避免升级给服务带来影响，升级过程应快速而简单，升级过程中以及升级之后宜不需要重新启动系统。

6.4 设备状态监测

为保证系统的安全，管理员宜能够通过web管理界面远程监控硬件的健康状况，而无需利用操作系统管理权限远程登陆到服务器直接进行操作。系统宜能够监测到以下几个关键信息：

- CPU使用情况；
- 内存使用状态；
- TCP/SMTP连接数；
- 硬盘空间和运行状况；
- 网络流量状况；
- 邮件流量分布。

6.5 SNMP网络管理协议

SNMP是一种应用非常广泛的网络管理协议，主要用于设备的监控和配置的更改等，目前使用的SNMP协议有3个版本，分别是SNMPv1、SNMPv2c和SNMPv3。反垃圾电子邮件设备宜支持安全性较好的SNMPv3协议。

6.6 日志统计

为了方便管理员进行邮件故障诊断，系统应提供详细的所有邮件日志以及详细的垃圾邮件防护日志和统计信息。为方便管理员掌握垃圾邮件状况，以便及时采取防护措施，系统宜提供相应的TOP 10排名分析功能。

6.7 设备安全

设备除了管理端口(转发端口)应配置有效的IP地址以外，其他端口都不宜设IP地址。系统除了必须的服务外不应开启其他任何服务端口。

6.8 管理员操作安全

应支持远程web管理，并且管理过程应使用https安全协议进行通讯。管理员管理应支持角色管理。多次错误登录后应支持对错误登录者的封禁。应具备管理员登陆日志信息，详细记录管理员的登陆管理台的使用情况。

7 性能指标

7.1 准确性指标

准确性指标在很大程度上取决于测试时采用的样本集和测试环境。样本集和测试环境不同,准确性也不相同。因此,本标准对误报率和漏报率的准确性数值不作统一规范,只作为重要的性能指标供比较。

7.1.1 漏报率

漏报率是指被保护的邮件服务器受到垃圾邮件攻击时,设备不能正确报警的概率。

漏报率=不能报警的数量/垃圾邮件的数量。

本标准建议漏报率不大于10%。

7.1.2 误报率

误报率是指系统把正常邮件判断为垃圾邮件攻击而错误报警的概率。

误报率=错误报警数量/正常邮件的数量。

本标准建议误报率不大于2%。

7.2 效率指标

效率指标根据用户系统的实际需求,以保证检测质量为准。这里不做强制性的量化规定或建议。同准确性指标一样,只作为重要的性能指标供比较。

7.2.1 SMTP最大并发连接数

指整个测试过程中,反垃圾电子邮件设备同时成功接收邮件的最大值,其结果表示为最大建立会话的连接数。这里不做强制性的量化规定或建议。同准确性指标一样,只作为重要的性能指标供比较。

7.2.2 SMTP每秒新建连接数

指整个测试过程中,反垃圾电子邮件设备成功接收邮件的瞬间最大值,其结果表示为每秒新建会话的连接数。这里不做强制性的量化规定或建议。同准确性指标一样,只作为重要的性能指标供比较。

7.2.3 SMTP平均响应时间

指从性能测试仪发送SMTP连接请求开始,到反垃圾电子邮件设备成功接受到邮件第一位数据时的时间间隔。这里不做强制性的量化规定或建议。同准确性指标一样,只作为重要的性能指标供比较。

8 环境要求

环境要求见YD/T 1096—2001。

9 电源与接地

电源与接地要求见YD/T 1096—2001。

附　录　A
（资料性附录）
名词、术语英汉对照表

Anti-Spam Email Gateway	反垃圾电子邮件网关
Anti-Spam Email Server	反垃圾邮件电子服务器
Fake Mail	邮件假冒
Fake Route	虚假路由
Fingerprint analysis base on distributed cooperation	分布协作的指纹分析
Source Authentication	源头认证
Spam Email	垃圾电子邮件

ICS 33.040.40;33.200
M 54

中华人民共和国国家标准

GB/T 26268—2010

网络入侵检测系统测试方法

Test method for network intrusion detection system

2011-01-14 发布　　2011-06-01 实施

中华人民共和国国家质量监督检验检疫总局
中国国家标准化管理委员会　发布

前言

本标准是网络入侵检测系统系列标准之一。该系列标准的名称如下：

——网络入侵检测系统技术要求；

——网络入侵检测系统测试方法。

《网络入侵检测系统技术要求》是本标准的技术依据，在使用时需与其配套使用。

本标准的附录A和附录B均为资料性附录。

本标准由中华人民共和国工业和信息化部提出。

本标准由中国通信标准化协会归口。

本标准起草单位：工业和信息化部电信研究院、北京启明星辰信息技术有限公司。

本标准起草人：周开波、张治兵、郝春光、吴海民。

网络入侵检测系统测试方法

1 范围

本标准规定了网络入侵检测系统的接口测试、系统功能测试和性能测试等测试内容和相应的测试方法。

本标准适用于网络入侵检测系统及相关设备。

2 规范性引用文件

下列文件中的条款通过本标准的引用而成为本标准的条款。凡是注日期的引用文件，其随后所有的修改单(不包括勘误的内容)或修订版均不适用于本标准，然而，鼓励根据本标准达成协议的各方研究是否可使用这些文件的最新版本。凡是不注日期的引用文件，其最新版本适用于本标准。

GB/T 26269—2010　网络入侵检测系统技术要求

YD/T 1141—2007　以太网交换机测试方法

3 术语和定义

下列术语和定义适用于本标准。

3.1

报警　alert

报警是指网络入侵检测系统在检测到入侵行为时，发布给具有系统管理角色实体的消息。

3.2

攻击　attack

攻击是指任何危及计算机资源与网络资源完整性、机密性或可用性的行为。

3.3

自动响应　automated response

自动响应是指网络入侵检测系统在发现攻击后自发采取的保护行为。

3.4

躲避　evasion

躲避是指入侵者发动攻击，而又不希望被发现而采取的行为。

3.5

漏报　false negatives

漏报是指一个攻击事件未被网络入侵检测系统检测到而造成的错误。

3.6

误报　false positives

误报是指系统把正常行为作为入侵攻击而进行报警，或者把一种周知的攻击错误报告为另一种攻击而导致系统错误响应。

3.7

防火墙　firewall

在网络之间执行访问控制策略的一个或一组设备。

3.8

入侵　intrusion

同“攻击”含义。

3.9

入侵检测　intrusion detection

入侵检测是对入侵行为的发觉。它从IP网络或计算机系统中的若干关键点收集信息并对其进行分析,从中发现是否有违反安全策略的行为或遭到入侵的迹象。

3.10

入侵检测系统　Intrusion Detection System (IDS)

进行入侵检测并依据既定的策略采取一定的响应措施的软件与硬件的组合。

3.11

网络入侵检测系统　Network Intrusion Detection System (NIDS)

使用IP网络数据包作为数据源的入侵检测系统。

3.12

策略　policy

入侵检测系统的策略是指对于IP网络中的攻击事件采取何种响应方式和响应条件。多个策略构成策略集。

3.13

规则　rule

入侵检测规则包含了对网络中攻击事件进行评判的依据及对该事件采用的策略,多个规则构成规则集。

3.14

特征　signature

入侵检测系统的特征是使入侵检测系统在攻击行为发生时触发事件的依据。多个特征可以构成特征库。

3.15

简单网络管理协议陷阱　SNMP Trap

简单网络管理协议陷阱是指由于发生某个网络事件,触发特定的网络设备发送相应的数据。

4　缩略语

下列缩略语适用于本标准。

ARP	Address Resolution Protocol	地址解析协议
BGP	Border Gateway Protocol	边界网关协议
BO	Back Orifice	后门
DNS	Domain Name Server	域名服务器
FTP	File Transfer Protocol	文件传输协议
HTTP	Hypertext Transfer Protocol	超文本传输协议
ICMP	Internet Control Message Protocol	互联网控制消息协议
IP	Internet Protocol	因特网协议
OSPF	Open Shortest Path First	开放最短路径优先
POP3	Post Office Protocol 3	邮局协议的第3个版本
RIP	Routing Information Protocol	路由信息协议
SNMP	Simple Network Management Protocol	简单网络管理协议
SMTP	Simple Mail Transfer Protocol	简单邮件传输协议
SUT	System Under Test	被测系统
TCP	Transmission Control Protocol	传输控制协议
UDP	User Datagram Protocol	用户数据报协议

5 测试环境

在图 1 中,流量发生器主要用于产生背景流量。背景流量可以是接近实际的业务流,也可以是 UDP 或 TCP 数据流。端口 P1 和 P2 中的数据流是流量发生器产生的数据流。流量发生器与交换机之间的数据交换是双向的。被测 IDS 监测交换机的镜像端口 P3,交换机与被测 IDS 之间的数据交换是单向的。

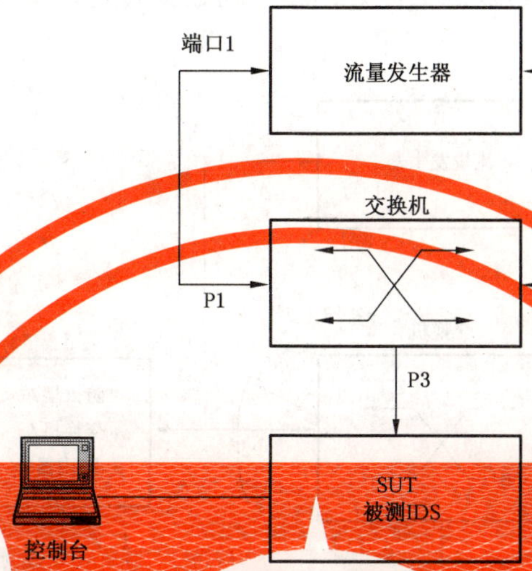

图 1 测试环境 1

在图 2 中,流量发生器主要用于产生背景流量,攻击发生器用于产生攻击,攻击目标是被攻击的主机或服务器。背景流量可以是接近实际的业务流,也可以是 UDP 或 TCP 数据流。攻击发生器产生的攻击流量和流量发生器的背景流量混合后发送给攻击目标,然后测试 SUT 是否能够正常检测到入侵行为。端口 P1 和 P2 中的数据流是攻击发生器发出的攻击与流量发生器产生的背景流量的混合数据流。流量发生器与交换机之间的数据交换是双向的,攻击发生器与攻击目标之间的数据交换也是双向的。被测 IDS 监测交换机的镜像端口 P3,交换机与被测 IDS 之间是单向数据传输。

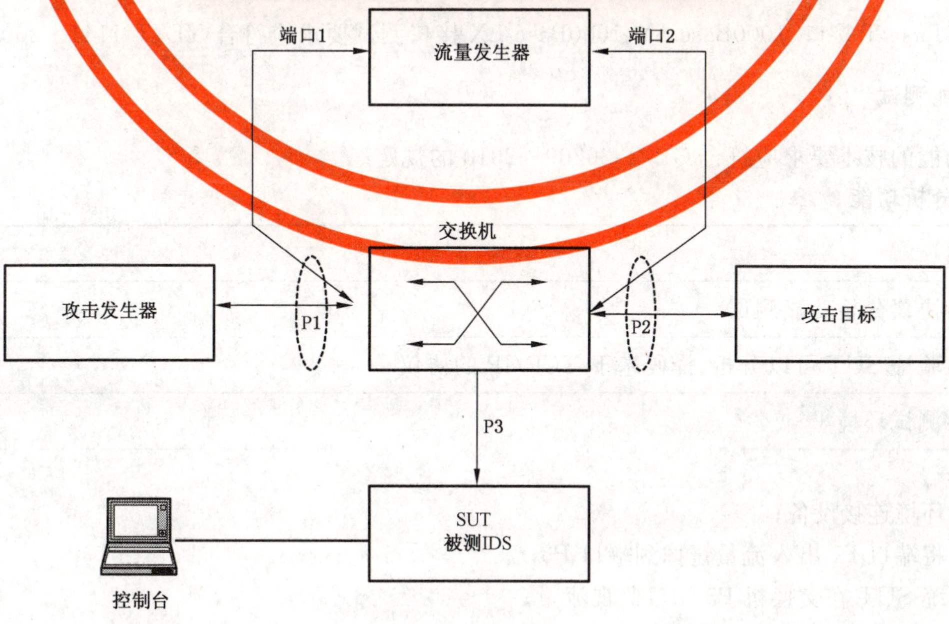

图 2 测试环境 2

在图3中，流量发生器主要用于产生背景流量，攻击发生器用于产生攻击，攻击目标是被攻击的主机或服务器。背景流量可以是接近实际的业务流，也可以是UDP或TCP数据流。攻击发生器产生的攻击流量和流量发生器的背景流量混合后发送给攻击目标，然后测试SUT是否能够正常检测到入侵行为。SUT根据检测到的入侵行为与网络设备或网络安全设备互动，阻断正在进行的入侵行为。端口P1和P2中的数据流是攻击发生器发出的攻击与流量发生器产生的背景流量的混合数据流。流量发生器与交换机之间的数据交换是双向的，攻击发生器与攻击目标之间的数据交换也是双向的。被测IDS监测交换机的镜像端口P3，交换机与被测IDS之间是单向数据传输。SUT与防火墙/交换机/路由器之间传输控制信息，用虚线连接。

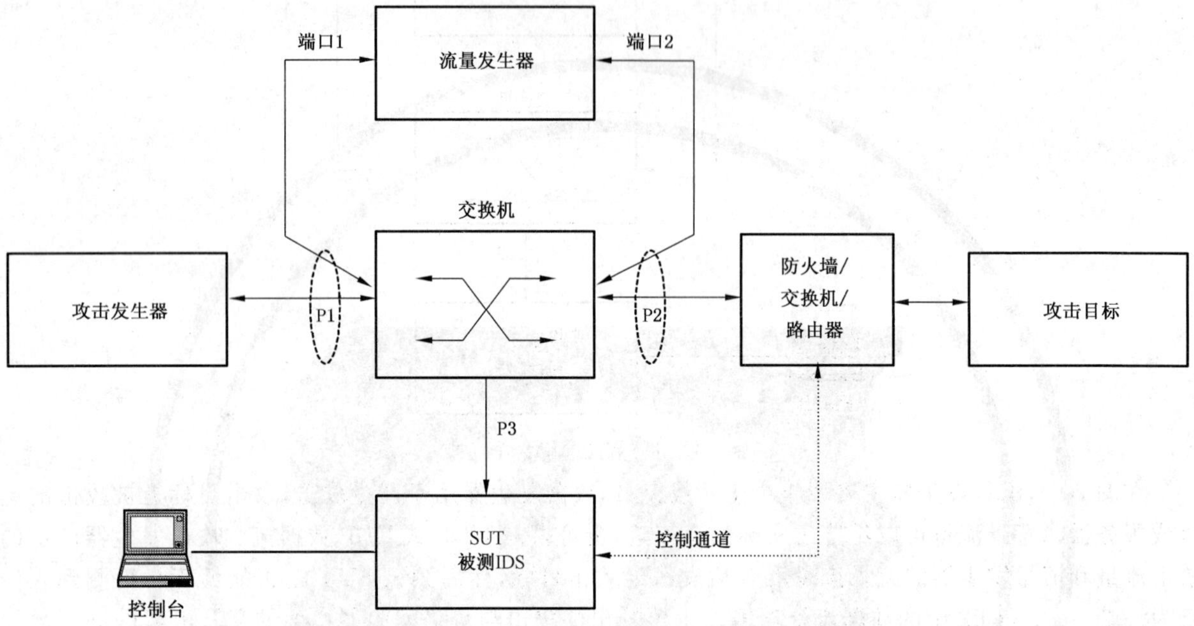

图3 测试环境3

6 接口测试

10/100Base-T接口、1000Base-SX、1000Base-LX接口测试要求应符合YD/T 1141—2007的规定。

7 系统功能测试

各项功能的技术要求应符合GB/T 26269—2010的规定。

7.1 协议分析功能

测试编号：1
测试项目：协议分析功能测试
测试目的：验证SUT可以分析、译码基于TCP/IP的协议
测试配置：测试环境1
测试过程： 1. 按测试环境连接设备； 2. 交换机将端口P1出入流量镜像到端口P3； 3. 被测系统SUT在交换机P3端口监视流量； 4. 从流量发生器端口1向端口2发送ARP、ICMP、DNS、RIP、OSPF、BGP、HTTP、FTP、TELNET、SMTP、POP3数据流。

预期结果： 在步骤 4 中，SUT 应能正常监视数据流，对数据流进行分析、译码并提取数据流特征信息（数据流的特征信息至少包括源 MAC 地址、目的 MAC 地址、源 IP 地址、目的 IP 地址、协议类型和协议内容）。
判定原则： 应符合预期结果要求，否则为不合格。

7.2 攻击识别

测试编号：2
测试项目：攻击类型测试
测试目的：验证 SUT 可以识别的攻击类型
测试配置：测试环境 2
测试过程： 1. 按测试环境连接设备； 2. 交换机将端口 P1 出入的数据流镜像到端口 P3； 3. 配置 SUT 的检测策略为最大策略集； 4. 被测系统 SUT 在交换机 P3 端口监视数据流； 5. 攻击发生器从事件库中选择具有不同特征的多个事件，组成攻击事件测试集。选取的事件至少应包括如下几类： 1） 端口扫描类事件（TCP 端口扫描、UDP 端口扫描、ICMP 分布式主机扫描）； 2） 拒绝服务类事件（SynFlood、UDPFlood、ICMPFlood、IGMP 拒绝服务）； 3） 后门类事件（BO、Netbus、Dolly）； 4） 蠕虫类事件（红色代码、冲击波、振荡波）； 5） 溢出类事件（FTP_命令溢出、SMTP_HELO_缓冲区溢出、POP3_foxmail_5.0_缓冲区溢出、Telnet_Solaris_telnet_缓冲区溢出、HTTP_IIS_Unicode_漏洞、MSSQL2000_远程溢出、FTP_AIX_溢出漏洞）； 6） 强力攻击和弱口令类事件（SMTP 口令探测、HTTP 口令探测、FTP 口令探测、MSSQLSERVER_弱口令、FTP_弱口令、POP3_弱口令）。
预期结果： 在步骤 5 中，SUT 应能正确报告相应的入侵事件。报告的内容应包括事件名称、攻击源地址、攻击目的地址、事件发生时间以及重要级别等。
判定原则： 应符合预期结果要求，否则为不合格。

7.3 躲避识别

测试编号：3
测试项目：躲避识别——IP 分片重组测试
测试目的：验证 SUT 可以识别 IP 分片之后的攻击
测试配置：测试环境 2

测试过程： 1. 按测试环境连接设备； 2. 交换机将端口 P1 的数据流镜像到端口 P3； 3. 配置 SUT 的检测策略为最大策略集； 4. 被测系统 SUT 在交换机 P3 端口监视数据流； 5. 攻击发生器发送经过分片之后的在测试编号 2 中通过测试的攻击。
预期结果： 在步骤 5 中，SUT 应能正确报告相应的入侵事件。
判定原则： 应符合预期结果要求，否则为不合格。

测试编号：4
测试项目：躲避识别——TCP 流重组测试
测试目的：验证 SUT 可以识别利用 TCP 流重组进行的攻击
测试配置：测试环境 2
测试过程： 1. 按测试环境连接设备； 2. 交换机将端口 P1 的数据流镜像到端口 P3； 3. 配置 SUT 的检测策略为最大策略集； 4. 被测系统 SUT 在交换机 P3 端口监视数据流； 5. 攻击发生器发送经过分片和乱序的 TCP 攻击，所选的 TCP 攻击是在测试编号 2 中通过测试的攻击。
预期结果： 在步骤 5 中，SUT 应能正确报告相应的入侵事件。
判定原则： 应符合预期结果要求，否则为不合格。

测试编号：5
测试项目：躲避识别——端口重定向测试
测试目的：验证 SUT 可以识别利用协议端口重定向进行的攻击
测试配置：测试环境 2
测试过程： 1. 按测试环境连接设备； 2. 交换机将端口 P1 的数据流镜像到端口 P3； 3. 配置 SUT 的检测策略为最大策略集； 4. 被测系统 SUT 在交换机 P3 端口监视数据流； 5. 攻击发生器发送协议端口重定向之后的攻击，要求发送的攻击是测试编号 2 中通过测试的。

预期结果：

在步骤 5 中，SUT 应能正确报告相应的入侵事件。

判定原则：

应符合预期结果要求，否则为不合格。

测试编号：6

测试项目：躲避识别——特殊编码格式测试

测试目的：验证 SUT 可以识别利用特殊编码格式进行的攻击

测试配置：测试环境 2

测试过程：

1. 按测试环境连接设备；
2. 交换机将端口 P1 的数据流镜像到端口 P3；
3. 配置 SUT 的检测策略为最大策略集；
4. 被测系统 SUT 在交换机 P3 端口监视数据流；
5. 攻击发生器发送特殊编码格式（至少包括 UTF-8 编码）的攻击，要求发送的攻击是测试编号 2 中通过测试的。

预期结果：

在步骤 5 中，SUT 应能正确报告相应的入侵事件。

判定原则：

应符合预期结果要求，否则为不合格。

7.4 报警功能

测试编号：7

测试项目：报警功能

测试目的：验证 SUT 在检测到入侵事件时，可以将报警信息以邮件、SNMP Trap、报警灯、短消息等至少一种形式提交给具有管理角色的实体

测试配置：测试环境 2

测试过程：

1. 按测试环境连接设备；
2. 交换机将端口 P1 的数据流镜像到端口 P3；
3. 配置 SUT 的检测策略为最大策略集；
4. 被测系统 SUT 在交换机 P3 端口监视数据流；
5. 攻击发生器发送选定的在测试编号 2 中通过测试的攻击。

预期结果：

在步骤 5，SUT 应能检测到入侵事件，并将事件以设定的方式报告给管理者。报告的事件内容至少应包括：攻击源 IP 地址、目的 IP 地址、发生时间、事件类型、事件内容、事件级别。

判定原则：

应符合预期结果要求，否则为不合格。

7.5 设备联动

测试编号:8
测试项目:设备联动
测试目的:验证 SUT 在检测到入侵事件时,可以通过相应的控制方式控制其他的网络设备或安全系统
测试配置:测试环境 3
测试过程: 1. 按测试环境连接设备; 2. 交换机将端口 P1 的数据流镜像到端口 P3; 3. 配置 SUT 的检测策略为最大策略集; 4. 被测系统 SUT 在交换机 P3 端口监视数据流; 5. 攻击发生器发送在测试编号 2 中通过测试的攻击。
预期结果: 在步骤 5,SUT 应能检测到入侵事件,并通知指定的网络设备(例如交换机或路由器)或安全系统(例如防火墙)进行联动,网络设备或安全系统阻断该入侵行为。
判定原则: 应符合预期结果要求,否则为不合格。

测试编号:9
测试项目:实时切断会话连接
测试目的:验证 SUT 在检测到入侵事件时,可以通过发送特定的阻断信息来实现阻断当前连接
测试配置:测试环境 3
测试过程: 1. 按测试环境连接设备; 2. 交换机将端口 P1 的数据流镜像到端口 P3; 3. 被测系统 SUT 在交换机 P3 端口监视数据流; 4. 攻击发生器发送在测试编号 2 中通过测试的攻击。
预期结果: 在步骤 4,SUT 应能检测到入侵事件,并发送特定的阻断信息(例如 TCP Reset)来阻断当前连接。
判定原则: 应符合预期结果要求,否则为不合格。

7.6 管理功能

测试编号:10
测试项目:角色管理

测试目的:验证 SUT 可以采用不同的角色进行管理
测试配置:测试环境 3
测试过程: 1. 按测试环境连接设备; 2. 流量发生器产生任意的背景流量,攻击发生器发出任意的攻击; 3. 创建一个属于用户管理角色的用户 A; 4. 创建一个属于系统管理角色的用户 B; 5. 创建一个属于审计管理角色的用户 C。
预期结果: 在步骤 3 中,创建的用户 A 可以生成、删除系统管理角色的账号,调整系统管理角色对应账号具体的操作权限,但用户 A 不能调整自身和审计管理角色的权限; 在步骤 4 中,创建的用户 B 具有对 IDS 的管理权限,例如配置入侵检测规则、查看入侵检测日志、报警响应,但无用户管理和用户系统操作日志审计功能; 在步骤 5 中,用户仅具有对系统操作日志的查看、备份和删除的权限,可以进行可选的用户审计配置、审计日志的完整性检查及登陆失败的处理。
判定原则: 应符合预期结果要求,否则为不合格。

测试编号:11
测试项目:设备管理
测试目的:验证 SUT 中具有管理角色的用户可以查看到设备的相关信息
测试配置:测试环境 3
测试过程: 1. 按测试环境连接设备; 2. 流量发生器产生任意的背景流量,攻击发生器发出任意的攻击; 3. 创建一个属于系统管理角色的用户。
预期结果: 在步骤 3 中,创建的用户可以查看网络入侵检测系统的网络接口状态、组件的工作状态、当前日志文件的大小、CPU 占用率、内存占用率、存储器占用率以及软硬件版本信息; 管理员可以配置以上网络入侵检测系统组件的参数以及状态;设置管理接口的通讯参数;启动或者停止系统运行。
判定原则: 应符合预期结果要求,否则为不合格。

测试编号:12
测试项目:规则管理
测试目的:验证 SUT 的规则管理功能

测试配置:测试环境 2
测试过程: 1. 按测试环境连接设备; 2. 流量发生器产生任意的背景流量,攻击发生器发出任意的攻击; 3. 创建一个属于系统管理角色的用户; 4. 查询当前的策略配置,增加、删除与修改检测规则。
预期结果: 在步骤 3 中,创建的用户应具备以下功能: 可以查询当前的策略配置,可以根据需要增加、删除与修改检测规则; 对于系统内置的入侵检测规则,用户可以根据需要进行修改; 可以导入和导出入侵检测规则。
判定原则: 应符合预期结果要求,否则为不合格。

测试编号:13
测试项目:升级管理
测试目的:验证 SUT 的升级功能
测试配置:测试环境 3
测试过程: 1. 按测试环境连接设备; 2. 流量发生器产生任意的背景流量,攻击发生器发出任意的攻击; 3. 创建一个属于系统管理角色的用户; 4. 用户对系统软件和入侵检测特征库升级。
预期结果: 在步骤 4 中,系统软件和入侵事件特征库升级完成后工作正常。入侵事件特征库升级完成后不重启系统就能生效。
判定原则: 应符合预期结果要求,否则为不合格。

7.7 日志功能

测试编号:14
测试项目:系统操作日志
测试目的:验证 SUT 的操作日志是否有效记录用户的行为
测试配置:测试环境 2
测试过程: 1. 按测试环境连接设备; 2. 流量发生器产生任意的背景流量,攻击发生器发出任意的攻击; 3. 创建一个属于系统管理角色的用户; 4. 用户登陆 SUT,进行设备管理操作。

预期结果： 　　在步骤 4 中，用户的登陆及操作应记入系统操作日志。日志的内容应至少包括：操作者、操作时间、操作内容和是否成功等字段。
判定原则： 　　应符合预期结果要求，否则为不合格。

测试编号：15
测试项目：入侵日志
测试目的：验证 SUT 在检测到入侵事件时，将入侵事件记录到日志中
测试配置：测试环境 2
测试过程： 1. 按测试环境连接设备； 2. 交换机将端口 P1 的数据流镜像到端口 P3； 3. 配置 SUT 的检测策略为最大策略集； 4. 被测系统 SUT 在交换机 P3 端口监视数据流； 5. 攻击发生器发送测试编号 2 中 SUT 可以识别的攻击。
预期结果： 　　在步骤 5，SUT 应能检测到入侵事件，并将入侵事件记录到日志中。记录的内容至少应包括事件主体、事件客体、发生时间、事件类型、事件内容、事件级别。
判定原则： 　　应符合预期结果要求，否则为不合格。

7.8 审计功能

测试编号：16
测试项目：审计功能
测试目的：验证 SUT 的审计功能
测试配置：测试环境 2
测试过程： 1. 按测试环境连接设备； 2. 流量发生器产生任意的背景流量，攻击发生器发出任意的攻击； 3. 创建一个属于系统管理角色的用户； 4. 用户登陆 SUT，进行设备管理操作； 5. 创建一个属于审计管理角色的用户； 6. 用户登陆 SUT，进行审计相关操作。
预期结果： 　　在步骤 4 中，用户可以查询和审阅入侵检测日志，但不能删除日志； 　　在步骤 6 中，用户可以查询和审阅全部系统操作日志，并可以在确认后删除日志数据。

判定原则： 应符合预期结果要求，否则为不合格。

7.9 **系统自身安全**

测试编号：17
测试项目：系统安全
测试目的：验证系统自身的安全性能
测试配置：测试环境 2
测试过程： 1. 按测试环境连接设备； 2. 流量发生器发出任意的背景流量，攻击发生器发出任意的攻击； 3. 用管理端口登陆 SUT，给 SUT 配置 IP 地址； 4. 查看 SUT 除管理端口之外其他端口的状态； 5. 在组件之间的通信网络上加上协议分析仪查看组件之间的通信数据。
预期结果： 系统没有启用除远程管理外的任何 Internet 服务； 组件间的通信已加密的，不能是明文数据。
判定原则： 应符合预期结果要求，否则为不合格。

测试编号：18
测试项目：管理安全
测试目的：验证系统管理的安全性能
测试配置：测试环境 2
测试过程： 1. 按测试环境连接设备； 2. 流量发生器发出任意的背景流量，攻击发生器发出任意的攻击； 3. 登录系统，检查是否在执行所有功能之前要求首先进行身份认证； 4. 检查系统的安全功能是否可定义用户鉴别尝试的最大允许失败次数； 5. 检查系统的安全功能是否可定义当用户鉴别尝试失败连续达到指定次数后，采取相应的措施（如锁定该账号）； 6. 尝试多次失败的用户鉴别行为，检查到达指定的鉴别失败次数后，系统是否采取了相应的措施，并生成了审计事件； 7. 登陆 SUT 后，不做任何操作； 8. 查看操作日志。

预期结果： 系统应具备定义用户鉴别尝试的最大允许失败次数的功能； 系统应定义当用户鉴别尝试失败连续达到指定次数后，采取相应的措施（如锁定该账号）； 当用户鉴别尝试失败连续达到指定次数后，系统应锁定该账号，并将有关信息生成审计事件； 最多失败次数仅由授权管理员设定； 管理员在设定时间内没有任何操作，则自动退出。如要进行其他操作，必须重新登录。设定最大超时时间只能由授权管理员进行操作； 操作日志应记录所有的登录与操作事件。
判定原则： 应符合预期结果要求，否则为不合格。

8 系统性能

测试编号：19
测试项目：最大处理能力
测试目的：验证系统在检测率下能够正常报警的最大流量
测试配置：测试环境 2
测试过程： 1. 按测试环境连接设备； 2. 在指定的网络带宽（百兆网络、千兆网络、或厂商声明的其他网络带宽）测试环境下，攻击发生器产生有状态背景流，逐渐增加背景流量强度，随机选择攻击的源地址、目的地址和端口，测试被测 NIDS 在各种环境下对网络数据包的最大处理能力； 3. 记录在 100％的检测率下，系统能处理的最大流量。
预期结果： 最大处理能力应该达到接口标称速率的 80％。
判定原则： 应符合预期结果要求，否则为不合格。

测试编号：20
测试项目：检测率
测试目的：验证被监视网络在受到入侵攻击时，系统能够正确报警的概率
测试配置：测试环境 2
测试过程： 1. 按测试环境连接设备； 2. 流量发生器产生有状态的背景流，如 TCP 流，流量强度分别加到标称速率的 25％、50％、75％、99％； 3. 攻击发生器发送一定数量不同类型的已知攻击； 4. 记录此时 SUT 检测到的攻击数。

预期结果： 检测率＝SUT 检测到的攻击数/攻击发生器发送的攻击数

测试编号：21
测试项目：误报率
测试目的：验证系统把正常行为作为入侵攻击而进行报警和已知的一种攻击报成另一种攻击的概率
测试配置：测试环境 2
测试过程： 1. 按测试环境连接设备； 2. 利用误报测试工具或通过人工构造数据包的方式，生成虚假的攻击包，查看网络型入侵检测系统是否报警； 3. 依据已有的事件库，生成多个已知的攻击事件，查看网络型入侵检测系统是否正确报告出了事件名称。
预期结果： 1. 对虚假的攻击包，网络型入侵检测系统不应该报警，如果有报警，则该条报警就是误报； 2. 对已知的攻击，系统所报告的入侵事件名称应正确无误，否则即为误报； 3. 记录测试的事件总数量和系统的误报数量； 4. 误报率＝SUT 检测到的攻击数/攻击发生器发送的正常行为。

测试编号：22
测试项目：漏报率
测试目的：验证被检测网络受到入侵攻击时，系统不能正确报警的概率
测试配置：测试环境 2
测试过程： 1. 按测试环境连接设备； 2. 从已有的事件库中选择具有不同特征的多个事件，组成攻击事件测试集，发送攻击事件测试集中的所有事件，记录系统的检测结果； 3. 选取部分攻击事件作为测试基线；选取 64 字节、128 字节、512 字节、1 518 字节大小的数据包作为背景流量，分别以满负荷背景流量的 25％、50％、75％、99％作为背景流量强度，将选取的基线攻击发送多次（如 100 次），记录系统的检测结果。
预期结果： 1. 对攻击事件测试集的所有攻击，系统应报告相应的入侵事件，未报告的事件即为漏报； 2. 对测试基线的事件，系统应检测到相应的攻击次数（如 100 次）并报告，未报告的事件即为漏报；记录测试的事件总数量（总发送次数）和系统漏报的攻击数量。

测试编号:23
测试项目:每秒并发 TCP 会话数
测试目的:验证网络入侵检测系统每秒最大可以增加的 TCP 连接数
测试配置:测试环境 2
测试过程: 1. 按测试环境连接设备; 2. 攻击发生器发送一定数量的已知入侵攻击,要求这些攻击是在测试编号 2 中通过测试的; 3. 在 SUT 的检测率下逐渐增加背景流量发生器的每秒并发 TCP 连接数; 4. 当每秒并发连接数达到某个值后,SUT 的检测率由 100%开始下降,这个值就是每秒并发 TCP 会话数。
预期结果: 百兆比网络入侵检测系统每秒并发 TCP 会话数不应小于 5 000 条/s,千兆比网络入侵检测系统每秒并发 TCP 会话数不应小于 50 000 条/s。
判定原则: 应符合预期结果要求,否则为不合格。

测试编号:24
测试项目:最大并发 TCP 会话数
测试目的:验证网络入侵检测系统最大可以同时支持的 TCP 连接数
测试配置:测试环境 2
测试过程: 1. 按测试环境连接设备; 2. 攻击发生器发送一定数量的入侵攻击,要求这些攻击是在测试编号 2 中通过测试的; 3. 在 SUT 的检测率下逐渐增加背景流量发生器的并发 TCP 连接数; 4. 当 TCP 并发连接数达到某个值后,SUT 的检测率由 100%开始下降,这个值就是最大并发 TCP 会话数。
预期结果: 百兆比网络入侵检测系统最大并发 TCP 会话数不应小于 10 000 条,千兆比网络入侵检测系统最大并发 TCP 会话数不应小于 100 000 条。
判定原则: 应符合预期结果要求,否则为不合格。

测试编号:25
测试项目:最大规则数
测试目的:验证网络入侵检测系统允许管理员配置的入侵检测规则条目的最大数目

测试配置：测试环境 3
测试过程： 1. 按测试环境连接设备； 2. 流量发生器分别产生被测 NIDS 端口标称速率的 25%、50%、75%和 99%的背景流量； 3. 攻击发生器发出测试编号 2 中通过测试的攻击； 4. 调整入侵规则数，在不同的背景流强度下测试被测 NIDS 的检测率； 5. 记录检测率为 100%时，被测 NIDS 可配置的最大入侵检测规则数。
预期结果： 与设备的声明值相符合。
判定原则： 应符合预期结果要求，否则为不合格。
备注： 最大规则数是指被测 NIDS 的检测率为 100%条件下入侵检测规则条目的最大数目。 背景流强度低时对应的最大规则数应该多，背景流强度高时对应的最大规则数少。

附 录 A
（资料性附录）
典型攻击的类型

攻击发生器的攻击库包括传统的一些典型攻击和测试时流行的、对网络危害较大的攻击。

典型的攻击要包括各种利用常用协议的攻击，目前主要包括以下几类：

- 端口扫描类事件（如 TCP 端口扫描、UDP 端口扫描、ICMP 分布式主机扫描等）；
- 拒绝服务类事件（如 SynFlood、UDPFlood、ICMPFlood、IGMP 拒绝服务等）；
- 后门类事件（如 BO、Netbus、Dolly 等）；
- 蠕虫类事件（如红色代码、冲击波、振荡波等）；
- 溢出类事件（如 FTP_命令溢出、SMTP_HELO_缓冲区溢出、POP3_foxmail_5.0_缓冲区溢出、Telnet_Solaris_telnet_缓冲区溢出、HTTP_IIS_Unicode_漏洞、MSSQL2000_远程溢出、FTP_AIX_溢出漏洞等）；
- 强力攻击和弱口令类事件（如 SMTP 口令探测、HTTP 口令探测、FTP 口令探测、MSSQLSERVER_弱口令、FTP_弱口令、POP3_弱口令等）。

最新流行的危害较大的攻击主要参考如下机构发布的漏洞及攻击信息：国家计算机病毒应急处理中心发布的病毒监测报告；国家计算机网络应急技术处理协调中心发布的漏洞公告；国际权威计算机漏洞发布机构 CVE(Common Vulnerabilities and Exposures)和 OSVDB(The Open Source Vulnerability Database)公布的新漏洞。国家计算机病毒应急处理中心是中国国内权威的计算机病毒发布机构，每周都会发布级别较高的、危害较大的计算机病毒。国家计算机网络应急技术处理协调中心（简称 CNCERT/CC），为国家公共互联网、国家主要网络信息应用系统以及关键部门提供计算机网络安全的监测、预警、应急、防范等安全服务和技术支持，及时收集、核实、汇总、发布有关互联网安全的权威性信息。CVE(Common Vulnerabilities and Exposures)是国际知名的漏洞发布权威机构，其成员包括商业安全工具厂商，研究机构，政府机构和一些卓越的安全专家。OSVDB（开源漏洞数据库）是一些安全行业的自愿者组成的组织，该组织把英特网漏洞的免费数据公布于网上，并且得到了安全业界的认同。

附 录 B
（资料性附录）
常用的编码格式介绍

常用编码格式主要有ASCⅡ编码和Unicode编码两大类，这两类编码方式又包括几种不同的编码方法。

ASCⅡ编码主要包括如下几种编码方式：

a） 十六进制编码

十六进制编码方法是对URL进行编码的符合RFC要求的一种方式，也是最简单的URL编码方法。该方法只须在每个编码字符的十六进制字节值前，加一个"％"。如果我们想对大写的A进行十六进制编码（ASCⅡ的十六进制值是0x41），编码的结果是：

&＃8226；％41 ＝ 'A'。

b） 双百分号十六进制编码

双百分号十六进制编码是基于正常的十六进制编码。具体的方法是将百分号编码并后接信息编码的十六进制值。对大写的A进行编码，结果是：

&＃8226；％2541 ＝ 'A'

百分号的编码是％25（等价于"％"），该值解码后变成了％41（等价于"A"）。这种编码方法受到微软IIS的支持。

c） 双四位十六进制编码

双四位十六进制编码也是基于标准的十六进制编码，每个四位十六进制使用标准的十六进制编码方法。例如，对大写的A编码，结果是：

&＃8226；％％34％31 ＝ 'A'

正常的A，十六进制编码是％41。双四位十六进制编码的方法是对每个四位进行编码，因此，4被编码为％34（这是数字4的ASCⅡ值），第二个四位，1，被编码为％31（这是数字1的ASCⅡ值）。

在第一次URL解码后，四位值变成了数字4和数字1。因为4和1前边有一个％，第二遍会将％41解码为大写的A。

d） 首四位十六进制编码

首四位十六进制编码类似于双四位十六进制编码，不同之处是只有第一个四位被编码。因此对于大写的A，双四位十六进制编码后为％％34％31，而按照首四位十六进制编码结果为：

&＃8226；％％341 ＝ 'A'

像以前一样，第一次URL解码以后，％34被解码为数字4，因此第二次解码时的对象就成了％41，最后的结果依然是大写的A。

e） 后四位十六进制编码

后四位十六进制编码与首四位十六进制编码完全相同，只不过只执行标准解码的后四位。因此大写A的编码结果是：

&＃8226；％4％31 ＝ 'A'

第一次解码时，％31解码为数字1，第二次解码的对象就是％41，最终的结果是"A"。

Unicode 编码主要包括如下几种编码：

a) GB 2312—1980 编码

GB 2312—1980 一共收录了 7 445 个字符，包括 6 763 个汉字和 682 个其他符号。汉字区的内码范围高字节从 B0-F7，低字节从 A1-FE，占用的码位是 6 768。其中 5 个空位是 D7FA-D7FE。

b) GBK 编码

GBK 字符集是 GB 2312—1980 字符集的扩展，包括汉字区和图形符号区。

c) GB 18030—2005 编码

GB 18030—2005《信息技术 中文编码字符集》中编码字符采用多字节编码，每个字可以由 1 个、2 个或 4 个字节组成。

d) UTF-8 编码

UTF-8 编码允许大于单字节(0—255)的值以字节流的形式表示。HTTP 服务器使用 UTF-8 编码来表示大于 ASCⅡ代码范围之外(1—127)的 Unicode 码。

UTF-8 工作的时候，字节的高位有特殊的含义。两字节的 UTF-8 和三字节的 UTF-8 序列表示如下：

110xxxxx 10xxxxxx（二字节序列）

1110xxxx 10xxxxxx 10xxxxxx（三字节序列）

UTF-8 序列的第一字节是最重要的，通过它你可以知道这个 UTF-8 序列有多少字节，这是通过检查第一个 0 之前的 1 的个数来获得的。例子中，两字节的 UTF-8 序列，0 之前的高位有两个 1。第一个 UTF-8 字节 0 后边的位可以用来计算最终的值。后边的 UTF-8 字节格式相同，最高位是 1，次高位是 0，两位用于鉴别 UTF-8，剩下的 6 位用来计算最终的值。

为了对 URL 进行 UTF-8 编码，每个 UTF-8 字节都是用一个百分号进行转换。

例如：%C0%AF = ‘/’。

e) UTF-16 编码

UTF-16 编码使用了一个双字节的编码单元，编码方式与 ASCⅡ 编码类似。编码单元的值与 0x0000 到 0xFFFF 范围内的任意码点的码点值相同，对于该范围内的字符，UTF-16 是固定长度的双字节编码。

参　考　文　献

［1］ GB 2312—1980　信息交换用汉字编码字符集　基本集
［2］ GB 18030—2005　信息技术　中文编码字符集

ICS 33.040.40;33.200
M 54

中华人民共和国国家标准

GB/T 26269—2010

网络入侵检测系统技术要求

Technical requirements for network intrusion detection system

2011-01-14 发布　　2011-06-01 实施

中华人民共和国国家质量监督检验检疫总局
中国国家标准化管理委员会　发布

前　　言

本标准是网络入侵检测系统系列标准之一。该系列标准的名称如下：

——网络入侵检测系统技术要求；

——网络入侵检测系统测试方法。

本标准的附录A为资料性附录。

本标准由中华人民共和国工业和信息化部提出。

本标准由中国通信标准化协会归口。

本标准起草单位：工业和信息化部电信研究院、北京启明星辰信息技术有限公司、北京电信规划设计院有限公司、华为技术有限公司。

本标准起草人：落红卫、楚建梅、吴海民、陈萍、苗福友、刘册、夏俊杰。

引　言

网络入侵检测系统是指从IP网络的若干关键点收集信息并对其进行分析，从中发现网络中是否有违反安全策略的行为或遭到入侵的迹象，并依据既定的策略采取一定措施的系统。

网络入侵检测技术是网络动态安全的核心技术，相关设备和系统是整个安全防护体系的重要组成部分。目前，防火墙是静态安全防御技术，但对网络环境下日新月异的攻击手段缺乏主动的监测和响应。而网络入侵检测系统能对网络入侵事件和过程做出实时响应，和防火墙并列为网络与信息安全的核心设备。

网络入侵检测系统技术要求

1 范围

本标准规定了网络入侵检测系统的系统结构、检测内容、响应方式、系统管理、日志审计、自身安全、性能指标和物理安全。

本标准适用于网络入侵检测系统及相关设备。

2 规范性引用文件

下列文件中的条款通过本标准的引用而成为本标准的条款。凡是注日期的引用文件,其随后所有的修改单(不包括勘误的内容)或修订版均不适用于本标准,然而,鼓励根据本标准达成协议的各方研究是否可使用这些文件的最新版本。凡是不注日期的引用文件,其最新版本适用于本标准。

GB 4943—2001 信息技术设备的安全

GB 9254—2008 信息技术设备的无线电骚扰限值和测量方法

GB/T 17618—1998 信息技术设备抗扰限值和测量方法

3 术语和定义

下列术语和定义适用于本标准。

3.1

报警 alert

报警是指网络入侵检测系统在检测到入侵行为时,发布给具有系统管理角色实体的消息。

3.2

攻击 attack

攻击是指任何危及计算机资源与网络资源完整性、机密性或可用性的行为。

3.3

自动响应 automated response

自动响应是指网络入侵检测系统在发现攻击行为后自发采取的保护行为。

3.4

躲避 evasion

躲避是指入侵者发动攻击,而又不希望被发现而采取的行为。

3.5

漏报 false negatives

漏报是指一个攻击事件未被网络入侵检测系统检测到而造成的错误。

3.6

误报 false positives

误报是指系统把正常行为作为入侵攻击而进行报警,或者把一种攻击错误报告为另一种攻击而导致系统错误响应。

3.7

防火墙 firewall

在网络之间执行访问控制策略的一个或一组设备。

3.8

入侵 intrusion

同“攻击”含义。

3.9

入侵检测 intrusion detection

入侵检测是对入侵行为的发觉。它从IP网络或计算机系统中的若干关键点收集信息并对其进行分析,从中发现是否有违反安全策略的行为或遭到入侵的迹象。

3.10

入侵检测系统 Intrusion Detection System (IDS)

进行入侵检测并依据既定的策略采取一定响应措施的软件与硬件的组合。

3.11

网络入侵检测系统 Network Intrusion Detecion System (NIDS)

使用IP网络数据包作为数据源的入侵检测系统。

3.12

策略 policy

入侵检测系统的策略是指对于IP网络中的攻击事件采取何种响应方式和响应条件,多个策略构成策略集。

3.13

策略模板 policy template

入侵检测系统中的策略模板是策略集的表现形式,采用直观的名称对策略集进行区分。

3.14

规则 rule

入侵检测规则包含了对网络中攻击事件进行评判的依据及对该事件采用的策略,多个规则构成规则集。

3.15

特征 signature

入侵检测系统的特征是使入侵检测系统在攻击行为发生时触发事件的依据,多个特征可以构成特征库。

3.16

隐藏 stealth

隐藏是指网络入侵检测系统在检测攻击时不为外界所见。

4 缩略语

下列缩略语适用于本标准。

ACL	Access Control List	访问控制列表
CPU	Central Processing Unit	中央处理单元
DDoS	Distributed Denial of Service	分布式拒绝服务
DoS	Denial of Service	拒绝服务
FTP	File Transfer Protocol	文件传输协议
HTTP	Hypertext Transfer Protocol	超文本传输协议
IP	Internet Protocal	互联网协议
POP3	Post Office Protocol:Version 3	邮局协议第3版
SMTP	Simple Mail Transfer Protocol	简单邮件传输协议

SNMP	Simple Network Management Protocol	简单网络管理协议
TCP	Transmission Control Protocol	传输控制协议

5　系统描述

5.1　架构

网络入侵检测系统是指从 IP 网络的若干关键点收集信息并对其进行分析，从中发现网络中是否有违反安全策略的行为或遭到入侵的迹象，并依据既定的策略采取一定的措施的软件与硬件的组合。按照功能划分，网络入侵检测系统至少要包括 4 个基本组件：事件产生器、事件分析器、响应单元和事件数据库。网络入侵检测系统的架构如图 1 所示。

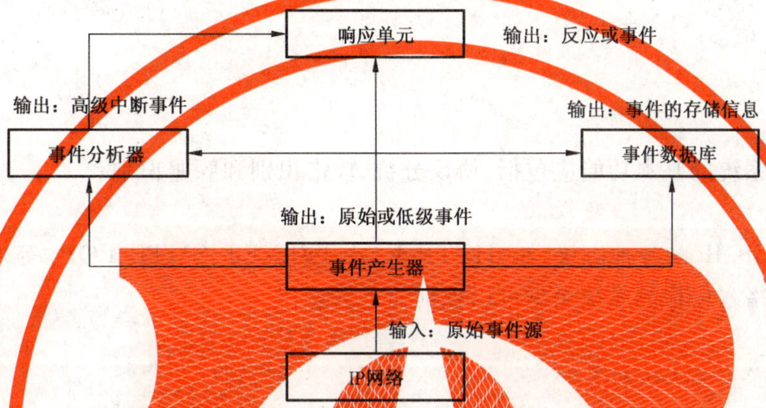

图 1　网络入侵检测系统架构

4 个组件的关系是，事件产生器的任务是通过监听所处的 IP 网络从而提取关心的事件并转化为一定格式以供其他组件使用；事件分析器接收这些事件，并且分析它们是否是入侵行为，结果依然转化为相应格式的事件；响应单元根据令系统执行特定行为的事件做出相应响应；事件数据库存储事件以备将来使用。

在网络入侵检测系统框架中，事件产生器、事件分析器和响应单元通常以应用程序的形式出现，而事件数据库则往往以文件或数据流的形式出现。4 个组件只是逻辑实体，它们以事件的形式进行数据交换。

以上 4 个组件是网络入侵检测系统最核心的部分，可以完成最基本的入侵检测功能。但是作为一个完整的网络入侵检测系统，系统管理组件和日志审计组件也是必不可少的。系统管理完成对系统的操作与配置，而日志审计是任何安全设备必须具备的功能。

5.2　事件产生器

对于网络入侵检测系统来说，事件产生器从系统所处的 IP 网络环境中收集事件，并将这些事件转换成一定格式以传送给其他组件。可以说，事件产生器是实时监视网络数据流并依据入侵检测规则产生事件的一种过滤器。

5.3　事件分析器

事件分析器分析从事件产生器收到的事件，并经过分析以后产生新的事件传送给其他组件。事件分析器可以是一个特征检测工具，用于在一个事件序列中检查是否有已知的攻击特征；也可以是一个统计分析工具，检查现在的事件是否与以前某个事件来自同一个事件序列；此外，事件分析器还可以是一个相关器，观察事件之间的关系，将有联系的事件放到一起，以利于以后的进一步分析。

具体检测内容见第 6 章。

5.4　事件数据库

事件数据库用来临时存储事件，以备系统需要的时候使用。

5.5 响应单元

响应单元处理收到的事件,并依据策略采取相应的反应措施。

具体响应方式见第7章。

5.6 系统管理

负责网络入侵检测系统的管理,主要包括角色管理、设备管理、规则管理、升级管理。

具体内容见第8章。

5.7 日志审计

系统应该提供详细日志记录及查询统计功能,日志审计至少包括两部分,操作日志审计和入侵检测日志审计。

具体内容见第9章。

6 检测内容

6.1 基本功能

网络入侵检测系统的基本功能应包括:协议分析、攻击识别和躲避识别。

6.2 协议分析

可以对基于TCP/IP的各种协议(如:HTTP、FTP、TELNET、SMTP、POP3等)进行分析、解码,并提取特征信息。网络入侵检测系统至少可以识别如下信息:

- 协议主体;
- 协议客体;
- 协议类型;
- 协议内容。

6.3 攻击识别

网络攻击一般分为以下五类:信息探测类、拒绝服务类、蠕虫病毒类、权限获取类、可疑网络活动类。

信息探测类:搜集对计算机和网络信息的攻击尝试行为,包括端口扫描、漏洞扫描等。

拒绝服务类:破坏计算机和网络资源可用性的攻击行为,包括各种DoS、DDoS攻击等。

蠕虫病毒类:通过病毒进行的攻击行为,包括蠕虫(即:网络病毒)、邮件病毒等。

权限获取类:非法获取更高权限的攻击行为,包括后门攻击、木马攻击、缓冲区溢出攻击等。

可疑网络活动类:不确定,但有可能是攻击的行为,或者用户自定义的网络违规行为。

网络入侵检测系统在协议分析的基础上,结合攻击特征模式匹配和异常统计等技术,应能检测出以上种类中的若干种攻击行为。

6.4 躲避识别

躲避是指入侵者发动攻击,而又不希望被发现而采取的行为,而躲避识别则是为了对抗网络入侵者的各种躲避行为。为识别躲避行为,网络入侵检测系统应具备如下功能:

- IP碎片重组:对所监视的网络中的IP碎片包重组后进行分析,防止碎片欺骗。
- TCP流重组:对所监视的网络中乱序的TCP流重新排序,从而对完整的网络对话进行分析。

7 响应方式

7.1 响应方式分类

在检测到入侵攻击后,网络入侵检测系统的响应单元主要有两类响应方式:被动响应方式和主动响应方式。被动响应方式是系统在检测出入侵攻击后只是产生报警和日志通知具有系统管理角色的实体,具体处理工作由此实体完成;主动响应方式是系统在检测出入侵攻击后可以自动对目标系统或者相应网络设备做出修改制止入侵行为。

网络入侵检测系统的响应单元应具备以下主动响应方式和被动响应方式中的一种或者多种。

7.2 被动响应方式

7.2.1 报警功能

当系统检测到入侵事件产生时，响应单元应将报警信息以邮件、SNMP Trap、声光告警、焦点窗口等形式中的一种或者几种提交具有系统管理角色的实体。报警信息至少应包括以下内容：

- 事件主体；
- 事件客体；
- 发生时间；
- 事件类型；
- 事件内容；
- 事件级别。

7.2.2 生成日志

当系统检测到入侵事件产生时，响应单元应将入侵事件记录到日志中，日志记录至少包括以下字段：

- 事件主体；
- 事件客体；
- 发生时间；
- 事件类型；
- 事件内容；
- 事件级别。

7.2.3 自定义被动响应

为了满足实际需求，系统还可以提供可供具有系统管理角色的实体自定义的被动响应方式来响应入侵事件。

7.3 主动响应方式

7.3.1 联动响应

系统可以通过相应的控制方式和其他网络设备（如路由器、交换机等）或安全系统（如防火墙、漏洞扫描系统等）进行联动。

与网络设备联动是指系统发现了入侵事件后，通知指定的网络设备（如路由器、交换机等），利用网络设备自身的命令（如 ACL 控制命令）来修改访问控制策略，对入侵行为进行主动响应，如阻断。

与安全系统联动是指系统发现了入侵事件后，通知指定的安全系统（如防火墙等），由安全系统执行一些安全措施，对入侵行为进行主动响应。如通知防火墙修改当前访问控制策略以对攻击行为进行阻断。

为保证联动安全性，系统应提供与其他网络设备或安全系统之间的身份认证，联动消息也应采取措施保证机密性和完整性。

7.3.2 实时切断会话连接

当系统检测到入侵事件后，响应单元可以通过发送特定的阻断信息来实现阻断当前连接。系统应至少支持通过发送 TCP Reset 报文来切断特定的 TCP 会话连接。

7.3.3 自定义的响应程序

为了满足实际需求，系统还可以提供可供具有系统管理角色的实体自定义的主动响应方式来响应入侵事件。

8 系统管理

8.1 基本构成

网络入侵检测系统的系统管理应包括以下几个部分：角色管理、设备管理、规则管理和升级管理。

8.2 角色管理

网络入侵检测系统需要采用不同的角色进行管理。网络入侵检测系统应提供三种不同管理角色：用户管理角色、系统管理角色和审计管理角色。

- 用户管理角色：可以生成、删除系统管理角色的帐号，调整系统管理角色对应账号具体的操作权限，但用户管理角色不能调整自身和审计管理角色的权限；
- 系统管理角色：具有对IDS的管理权限，如：配置入侵检测规则、查看入侵检测日志、报警响应等权限，但无用户管理和用户系统操作日志审计功能；
- 审计管理角色：仅具有对系统操作日志的查看、备份、删除的权限，并可以进行可选的用户审计配置、审计日志的完整性检查及登陆失败处理。

对于所有权限的管理角色，都要有详细的登录记录和操作记录，以备参看。

8.3 设备管理

系统中具有系统管理角色的实体可以查看网络入侵检测系统的网络接口状态、组件的工作状态、当前的日志文件大小、CPU占用率、内存占用率、存储器占用率，以及软硬件版本信息。

具有系统管理角色的实体可以配置以上网络入侵检测系统组件的参数以及状态；设置管理接口的通讯参数；启动或者停止系统运行。

具体具有系统管理角色的实体所对应的管理权限可以由具有用户管理角色的实体来设置。

8.4 规则管理

系统应提供多种定制缺省策略模板，具有系统管理角色的实体可以根据自己的网络情况选择模板或编辑定制策略模板。

具有系统管理角色的实体可以查询当前策略配置；并可以根据需要增加、删除与修改入侵检测规则；对系统内置的入侵规则，用户可以根据需要进行修改。

网络入侵检测系统应尽可能多地为具有系统管理角色的实体提供灵活的入侵规则定制功能，使之可根据自身网络环境及需求对已有规则进行选择，或根据自己的认识定义特征，从而产生新的规则，并确定这些规则的响应方式，使之能够对系统的检测内容和响应方式做到灵活的控制。

网络入侵检测系统应能导入导出入侵检测规则。

8.5 升级管理

网络入侵检测系统应支持系统升级管理，以对抗新的攻击方式和系统漏洞。升级应包括系统软件的升级和对入侵特征库升级两部分。升级方式既要支持手工升级方式，也要支持自动升级方式。

9 日志审计

9.1 日志类型

网络入侵检测系统应包括入侵检测日志和系统操作日志。

9.2 入侵检测日志

针对每一个攻击事件，入侵检测日志都要记录其详细的信息，应包括如下字段：

- 事件主体；
- 事件客体；
- 发生时间；
- 事件类型；
- 事件内容；
- 事件级别。

其中，事件级别建议参考SYS-LOG的日志输出信息格式和代码，采用通用的8个级别。具体见表1。

表 1 事件级别

序号	等级	描述
0	LOG_EMERG	紧急事件
1	LOG_ALERT	重要事件
2	LOG_CRIT	关键事件
3	LOG_ERR	普通事件
4	LOG_WARNING	警告事件
5	LOG_NOTICE	需注意事件
6	LOG_INFO	提示事件
7	LOG_DEBUG	调试信息

9.3 系统操作日志

针对系统的所有登录以及操作事件，系统都要有详细的记录，应包括如下字段：

- 操作者；
- 操作时间；
- 操作内容；
- 是否成功。

9.4 审计功能

日志数据的存储时间应能够满足用户的要求，统计数据最低存储时间不低于一个月，原始数据最低存储时间不低于一个星期。

日志数据可以以文件或者数据库的形式存储于磁带、磁盘等永久性存储介质中，而且需支持日志的转储和备份。当系统内的日志数据超过预定义的域值时，系统应及时通知进行外部备份。

具有系统管理角色的实体可以查询和审阅入侵检测日志。

网络入侵检测系统应严格保护系统操作日志，只有具有审计管理角色的实体可以查询和审阅全部系统操作日志，并可以在确认后删除日志数据。

10 自身安全

10.1 概述

和其他系统一样，网络入侵检测系统也可能存在安全漏洞。若对该系统攻击成功，则会导致其工作失灵。因此网络入侵检测系统首先要保证自身的安全。具体要求如下：

10.2 系统安全

系统除了管理端口可以配置有效 IP 地址以外，其他端口都不设 IP 地址。

系统不允许启用任何 Internet 服务(远程管理除外)。

网络入侵检测系统各组件之间需要通过网络进行通信时，应能对各组件间的通信进行加密。

10.3 管理安全

角色管理(具体内容见 8.2)。

系统应具备严格的访问控制机制，一般采用身份认证形式确保具有管理角色的实体的身份，非授权人员不能管理检测系统。

具有管理角色的实体在一定时限内失败的登录次数超过设定限值，系统应阻止该实体的进一步的登录或在设定时间内无法登录。

具有管理角色的实体在设定时间内没有任何操作，则自动退出。如要进行其他操作，必须重新登录。

对于远程管理应采用加密信道对传输信息进行处理,保证数据机密性和完整性。

系统必须严格按照操作日志格式记录所有的登录与操作事件。

11 性能指标

11.1 指标类型

网络入侵检测系统的指标主要包括3类:准确性指标、效率指标和系统指标。

11.2 准确性指标

准确性指标在很大程度上取决于测试时采用的样本集和测试环境。样本集和测试环境不同,准确性也不相同。因此,本标准对检测率、误报率和漏报率的准确性数值不作统一规范,只作为重要的性能指标供比较。

11.2.1 检测率

检测率是指被监视网络在受到入侵攻击时,系统能够正确报警的概率。通常利用已知入侵攻击的实验数据集合来测试系统的检测率。

检测率=入侵报警的数量/入侵攻击的数量

11.2.2 误报率

误报率是指系统把正常行为作为入侵攻击而进行报警的概率和把一种周知的攻击错误报告为另一种攻击的概率。

误报率=错误报警数量/(总体正常行为样本数量+总体攻击样本数量)

11.2.3 漏报率

漏报率是指被检测网络受到入侵攻击时,系统不能正确报警的概率。通常利用已知入侵攻击的实验数据集合来测试系统的漏报率。

漏报率=不能报警的数量/入侵攻击的数量

11.3 效率指标

效率指标根据用户系统的实际需求,以保证检测质量为准;同时取决于不同的设备级别,如:百兆比网络入侵检测系统和千兆比网络入侵检测系统。这里不做强制性的量化规定或建议。同准确性指标一样,只作为重要的性能指标供比较。

11.3.1 最大处理能力

网络入侵检测系统在检测率下系统没有漏警的最大处理能力。目的是验证系统在检测率下能够正常报警的最大流量。最大处理能力应该达到接口标称速率的80%。

11.3.2 每秒并发 TCP 会话数

网络入侵检测系统每秒最大可以增加的 TCP 连接数。

11.3.3 最大并发 TCP 会话数

网络入侵检测系统最大可以同时支持的 TCP 连接数。

11.4 系统指标

11.4.1 最大规则数

系统允许具有系统管理角色的实体配置的入侵检测规则条目的最大数目。

11.4.2 平均无故障间隔

系统无故障连续工作的间隔。

12 物理安全

网络入侵检测系统设备的安全特性,应符合 GB 4943—2001。

系统设备的电磁兼容性,应符合 GB 9254—2008 和 GB/T 17618—1998。

附 录 A
(资料性附录)
事件分类

原始事件:由事件产生器产生可以直接判断或由事件产生器产生专门供事件分析器统计分析判断的事件,一般是针对TCP/IP协议中传输层以及传输层以下的事件。原始事件在事件数据库没有缺省对应关系,也不需要进入事件数据库,除非用户自己定义该类事件。例如:对于限制IP地址和端口的检测规则,只要事件产生器检测到包含有相应IP地址和端口的原始事件(即IP数据包)就可以判断为攻击并交与响应单元响应;对于基于传输层或传输层以下的DOS攻击,一般在事件分析器有一个统计计数器(对于TCP层还有状态记录和维护),在单位时间内相应原始事件计数达到限制域值即可判断为攻击,形成高级中断事件并交与响应单元响应。

低级事件:由事件产生器产生可以直接判断,或者需要事件分析器进行高级分析判断,或者需要临时存储在事件数据库以便事件分析器分析判断的事件,一般是针对TCP/IP协议中传输层以上的事件。低级事件在事件数据库有缺省对应关系,低级事件可以临时存储在事件数据库中供事件分析器进行高级分析判断。例如:对于对协议(比如:Telnet、HTTP等)有限制的检测规则,只要事件产生器检测到相应限制的事件就可以判断为攻击并交与响应单元响应;对于网络应用的口令猜测或者利用多个会话完成一次攻击的行为,就必须统计或关联多个低级事件,只要符合相应的关联或统计规则就可以判断为攻击,形成高级中断事件并交与响应单元响应。

高级中断事件:由事件分析器对采集到原始事件、低级事件进行统计分析或关联分析判断后输出的事件,可交付响应单元做相应响应。

参 考 文 献

［1］ GB/T 5271.8—2001　信息技术　词汇　第8部分:安全
［2］ GB/T 18336—2001　信息技术　安全技术　信息技术安全性评估准则
［3］ The Common Intrusion Detection Framework Architecture(通用入侵检测框架结构)

ICS 33.160.25
M 74

中华人民共和国国家标准

GB/T 26270—2010

数字电视接收设备标准测试信号

Standard test signals for digital television receiving equipment

2011-01-14 发布　　　　2011-06-01 实施

中华人民共和国国家质量监督检验检疫总局
中国国家标准化管理委员会　发布

前　言

本标准的附录A、附录B为规范性附录,附录C、附录D、附录E、附录F、附录G为资料性附录。

本标准由中华人民共和国工业和信息化部提出。

本标准由全国数字音频、视频及多媒体系统与设备标准化技术委员会归口。

本标准主要起草单位:天津大学、工业和信息化部电子工业标准化研究所、中国电子科技集团公司第三研究所、北京牡丹视源电子有限责任公司。

本标准主要起草人:李桂苓、张素兵、徐岩、刘全恩、徐康兴、李彦、王方、田晨燕、汪莉。

数字电视接收设备标准测试信号

1 范围

本标准规定了数字电视接收设备测试用的标准测试信号。

本标准适用于我国地面、有线和卫星数字电视广播接收设备测试。数字电视投影显示器和投影机用的相应测试信号可参照执行。

2 规范性引用文件

下列文件中的条款通过本标准的引用而成为本标准的条款。凡是注日期的引用文件，其随后所有的修改单(不包括勘误的内容)或修订版均不适用于本标准，然而，鼓励根据本标准达成协议的各方研究是否可使用这些文件的最新版本。凡是不注日期的引用文件，其最新版本适用于本标准。

GB/T 14857—1993　演播室数字电视编码参数规范(ITU-R BT.601-3:1992,EQV)

GB/T 14919—1994　数字声音信号源编码技术规范(ITU-R RS.646-1:1992,EQV)

GB/T 17191.2—1997　信息技术　具有1.5 Mbit/s数据传输率的数字存储媒体运动图像及其伴音的编码　第2部分:视频(ISO/IEC 11172-2:1993,IDT)

GB/T 17191.3—1997　信息技术　具有1.5 Mbit/s数据传输率的数字存储媒体运动图像及其伴音的编码　第3部分:音频(ISO/IEC 11172-3:1993,IDT)

GB/T 17975.1—2010　信息技术　运动图像及其伴音信息的通用编码　第1部分:系统(ISO/IEC 13818-1:2007,MOD)

GB/T 17975.2—2000　信息技术　运动图像及其伴音信息的通用编码　第2部分:视频(ITU-T H.262:1995,IDT)

GB/T 17975.3—2002　信息技术　运动图像及其伴音信息的通用编码　第3部分:音频(ISO/IEC 13818-3:1998,IDT)

GB/T 20090.2—2006　信息技术　先进音视频编码　第2部分:视频

GB/T 22726—2008　多声道数字音频编解码技术规范

GB/T 26271—2010　地面数字电视接收设备亮度与色差信号重合度技术要求及测量方法

GB/T 26273—2010　地面数字电视接收设备音视频同步性技术要求及测量方法

SJ/T 11180—1998　音频和视听设备数字音频特性基本测量方法

SJ/T 11324—2006　数字电视接收设备术语

GY/T 155—2000　高清晰度电视节目制作及交换用视频参数值

GY/T 156—2000　演播室数字音频参数

GY/T 230—2008　数字电视广播业务信息规范

3 术语和定义、缩略语

3.1 术语和定义

SJ/T 11324—2006界定的以及下列术语和定义适用于本标准。

3.1.1

统计复用　statistical multiplexing

利用多路节目自身和多路节目之间的统计特点，在一定范围内动态分配和调整参与复用的比特流比特率的复用操作。

注：统计复用旨在高效利用信道带宽，并使各路节目质量准最佳。

3.1.2

静止图像基本流 still image elementary stream

含编码的静止图像的视频基本流。

3.1.3

层 layer

音频编码层次结构中的各级别，或视频数据层次结构中的各级别，或视频分级层次结构中表示比特流有序集合中的一个，或系统数据层次结构中的各级别。

3.1.4

段 section

将业务信息映射到传送流包的语法结构。段所属的业务信息表由表标识符(table_id)标识。

3.1.5

事件 event

一组给定起始和结束时间、属同一业务的数据流。

3.1.6

业务群 bouquet

同一实体提供的业务集合。

3.1.7

拖尾 smearing

运动图像在背景上或背景在运动图像上留下残影的现象。

注：拖尾用拖尾时间表示。

3.1.8

拖尾时间 smearing time

拖尾的历时。

注：拖尾时间含亮拖尾时间和暗拖尾时间。拖尾时间等于运动图像在运动方向上的相应显示尺度与其实际尺度之差对运动速度之比。

3.1.9

满刻度 full scale

分别相应于最大正值和最大负值的最大正数字编码值和最大负数字编码值。

3.1.10

子表 sub_table

具有相同表标识符(table_id)的段(section)的集合，用表标识符扩展(table_id_extension)标识。子表的各段的顺序用段号(section_number)表示。

3.1.11

亮拖尾时间 bright smearing time

亮度高于背景的运动图像的拖尾时间。

3.1.12

暗拖尾时间 black smearing time

亮度低于背景的运动图像的拖尾时间。

3.2 缩略语

BAT——业务群关联表(bouquet association table)

CA——条件接收(conditional access)

CAT——条件接收表(conditional access table)

CBR——恒定码率(constant bitrate)

CRT——阴极射线管(cathode ray tube)

DAVIC——数字音视频委员会(Digital Audio Visual Council)

DIT——间断信息表(discontinuity information table)
DSNG——数字卫星新闻采集(digital satellite news gathering)
EIT——事件信息表(event information table)
EMM——授权管理信息(entitlement management message)
FS——满刻度(full scale)
HDTV——高清晰度电视(high definition television)
LFE——低频增强(low-frequency extension)
MPEG——运动图像专家组(Moving Pictute Experts Group)
MP@HL——主档/高级(main profile at high level)
MP@ML——主档/主级(main profile at main level)
NIT——网络信息表(network information table)
PAT——节目关联表(program association table)
PCR——节目时钟基准(program clock reference)
PCM——脉冲编码调制(pulse code modulation)
PID——包识别符(packet identifier)
PMT——节目映射表(program map table)
PSI——节目专用信息(program specific information)
RST——运行状态表(run status table)
SDT——业务描述表(service description table)
SDTV——标准清晰度电视(standard definition television)
SI——业务信息(service information)
SIT——选择信息表(selection information table)
TDT——时间和日期表(time and date table)
TOT——时间偏移表(time offset table)
TS——传送流(transport stream)
TSDT——传送流描述表(transport stream descriptor table)
UTC——世界协调时(universal time,co-ordinated)
VBR——可变码率(variable bitrate)
VESA——视频电子标准协会(Video Electronics Standards Association)

4 一般要求

4.1 数字视频测试信号

SDTV 视频测试信号应符合 GB/T 14857—1993。HDTV 视频测试信号应符合 GY/T 155—2000。

4.2 数字音频测试信号

除表 1 所列参数,其余参数应符合 GB/T 14919—1994 或 GY/T 156—2000。

表 1 数字音频测试信号部分参数

取样频率/kHz	优选 48,也可选 32 或 44.1,LFE 声道取样频率为主声道取样频率的 1/96
模拟音频信号频率范围[a]/Hz	LFE 声道:15～120;其他声道:20～20 k
数字音频测试基准频率/Hz	997
量化及编码[b]	16 bit 线性量化 PCM 编码,也可选 18、20 及 24 比特线性量化
预加重	无

[a] 对应 48 kHz 取样频率。
[b] 对 16 bit 有效位编码,音频信号最大电平的正峰值相应于十六进制 7 FFFH,负峰值相应于十六进制 8 000 H。

4.3 数字视频基本流

4.3.1 编码参数

除表2所列参数，其余参数应符合GB/T 17975.2—2000或GB/T 20090.2—2006。

表2 数字视频基本流部分编码参数

数字电视系统	标准清晰度电视	高清晰度电视
编码标准	GB/T 17975.2—2000(MPEG-2 视频)/GB/T 20090.2—2006(AVS 视频)	GB/T 17975.2—2000(MPEG-2 视频)/GB/T 20090.2—2006(AVS 视频)
档/级	MP@ML/基准档次 4.0 级 4.2 级	MP@HL/基准档次 6.0 级 6.2 级
正常恒定码率测试流码率/(Mb/s)	3.354/5.102/6.110(暂定)	18.500/21.380(暂定)
最高恒定码率测试流码率/(Mb/s)	15.000	30.000
可变码率测试流码率[a]/(Mb/s)	平均值:3.200(暂定)	—
[a] 统计复用码流。		

4.3.2 静止图像基本流

含编码的静止图像的视频基本流。用来检测数字电视接收设备中的信源解码器是否具有处理视频缓存器溢出及解码和显示静止图像的能力。

静止图像基本流的构成可为无缝连接的运动图像序列—彩条信号—运动图像序列基本流。三段基本流各自长度至少2 s。

4.4 数字音频基本流

除表3所列参数，其余参数应符合GB/T 17191.3—1997、GB/T 17975.3—2002或GB/T 22726—2008。

表3 数字音频基本流部分编码参数

数字电视系统	标准清晰度电视	高清晰度电视
编码方式	GB/T 17191.3—1997(MPEG-1 音频)层 2	MPEG-1 层 2/GB/T 17975.3—2002(MPEG-2 音频)/GB/T 22726—2008(DRA)
编码模式	单声道/双声道/立体声	双声道/立体声/多声道
码率/(kb/s)	128(单声道)/256(双声道、立体声)	128(单声道)/256(双声道、立体声)/不限(多声道)

4.5 传送流

4.5.1 编码参数

除表4所列参数，其余参数应符合GB/T 17975.1—2000、GB/T 22726—2008和GY/T 230—2008。

表4 传送流部分编码参数

数字电视系统	标准清晰度电视	高清晰度电视
传送流包长/Byte	188	
恒定码率/(Mb/s)	21.658/38.010(暂定)	20.791/38.010(暂定)
循环周期[a]/s	不小于 60	
复用模式	恒定码率音视频基本流复用;统计复用	恒定码率音视频基本流复用
[a] 无缝循环。		

4.5.2 时基抖动传送流

传送流中的节目时钟基准(PCR)值随机存在幅度±500 ns抖动，用来检查接收设备恢复系统时基的能力。

4.6 业务信息流

4.6.1 概述

本标准测试信号中的码流含符合 GB/T 17975.1—2000 和 GY/T 230—2008 的节目专用信息(PSI)和业务信息(SI),用来检测数字电视接收设备从码流中正确选择、解码和解释一些至关重要的PSI和SI信令,并正确工作的能力。

PSI和SI的整体结构如图1所示。其中,节目关联表(PAT)、节目映射表(PMT)、网络信息表(NIT)、业务描述表(SDT)、事件信息表(EIT)及时间和日期表(TDT)必备,其他可选。NIT、SDT和EIT不止一种,它们的必备和可选情况见图1。

图1中的传送流描述表(TSDT)用于数字卫星新闻采集(DSNG)等,本标准未予规定。

PSI表和SI表分成1个或若干个段(section)映射到TS包(见附录A)。

PSI表和SI表中可用不同描述符(descriptor())传送描述节目或业务的多种信息(见附录B)。

为便于接收设备随机提取,即使传送流没有变化,业务信息也应适当重复传输(见7.8)。

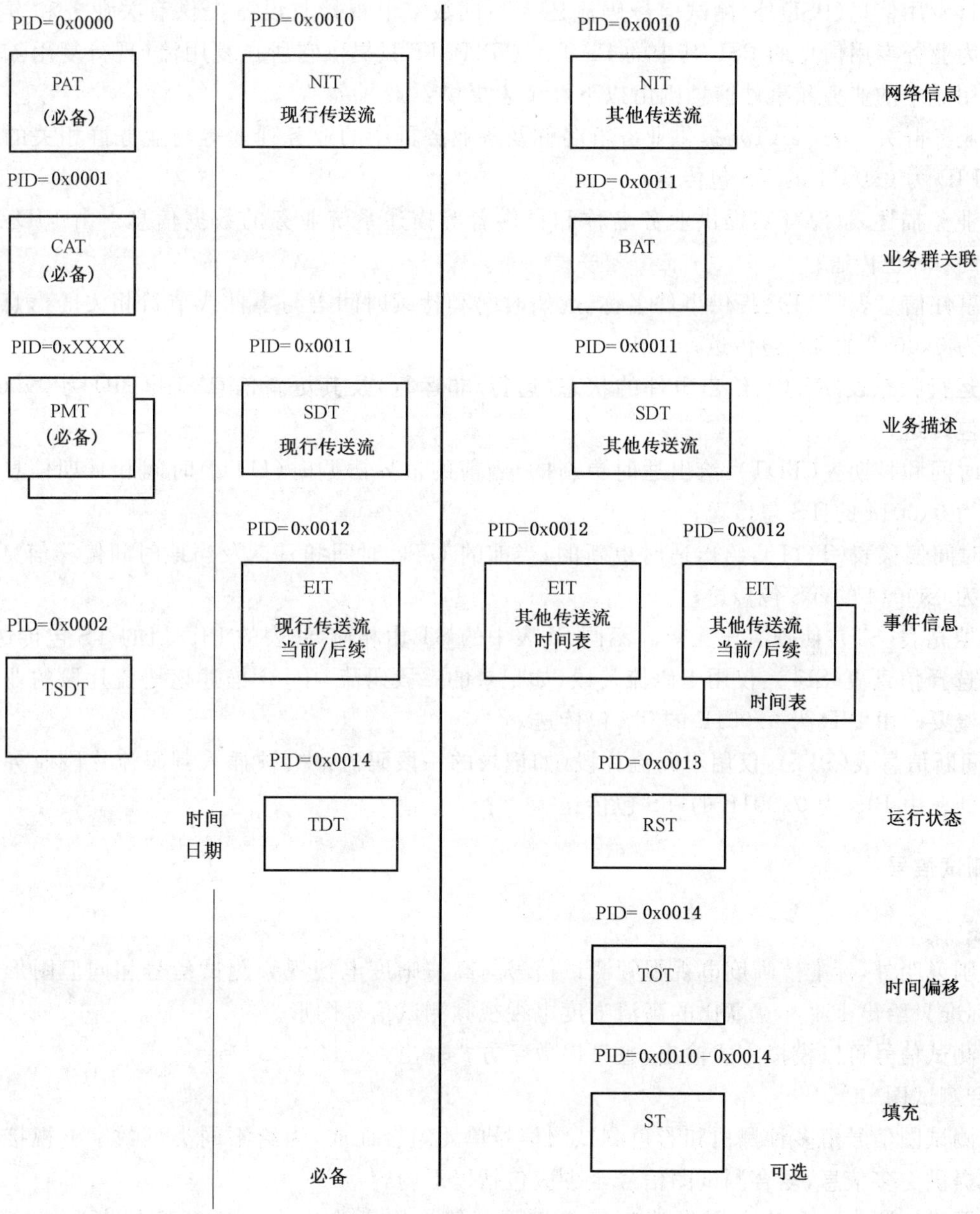

图1 **PSI和SI整体结构**

4.6.2 节目专用信息(PSI)

PSI 使数字电视接收设备得以对其所在传送流中的不同节目流解复用和解码。PSI 包括节目关联表(PAT)、节目映射表(PMT)、网络信息表(NIT)和条件接收表(CAT)。

a) 节目关联表(PAT):开列复用的各路业务之相应节目映射表(PMT)和网络信息表(NIT)所在传送流包(TS 包)的包标识符(PID)的值。由 PID 为 0x0000 的 TS 包传送;
b) 节目映射表(PMT):指示组成各路业务的数据流及节目时钟基准(PCR)字段所在传送流包(TS 包)的包标识符(PID)的值。传送 PMT 的 TS 包的 PID 由 PAT 给出;
c) 网络信息表(NIT):提供有关物理网络的信息。由 PID 为 0x0010 的 TS 包传送;
d) 条件接收表(CAT):提供复用流中的条件接收系统信息。由 PID 为 0x0001 的 TS 包传送。复用流中有授权管理信息(EMM)时,CAT 给出传送 EMM 的 TS 包的 PID。条件接收表(CAT)中的信息属专用数据,并依赖于条件接收系统,本标准未予规定。

4.6.3 其他 SI 表

除节目专用信息(PSI)外,测试信号码流还为测试数字电视接收设备提供有关业务和事件的识别信息。作为业务专用信息的 PSI,其中的 PAT、CAT、PMT 只提供它所在复用流(现行复用流)的信息,而其他复用流中的业务和事件信息则由以下九个表提供:

a) 业务群关联表(BAT):提供业务群名称及各业务群中的业务列表等与业务群相关的信息。由 PID 为 0x0011 的 TS 包传送;
b) 业务描述表(SDT):提供业务名称和提供者等描述系统业务的数据信息。由 PID 为 0x0011 的 TS 包传送;
c) 事件信息表(EIT):提供事件名称、起始时间和持续时间等与事件或节目相关的信息。由 PID 为 0x0012 的 TS 包传送;
d) 运行状态表(RST):给出事件的状态(运行/非运行)及其更新信息。由 PID 为 0x0013 的 TS 包传送;
e) 时间和日期表(TDT):给出适时更新的,当前的世界协调时(UTC)时间和日期信息。由 PID 为 0x0014 的 TS 包传送;
f) 时间偏移表(TOT):给出适时更新的,当前的 UTC 时间和日期及当地时间偏移信息。由 PID 为 0x0014 的 TS 包传送;
g) 填充表(ST):使现有段无效。不同 SI 表中的 ST 由相应 SI 表的 PID 值的 TS 包传送;
h) 选择信息表(SIT):仅用于码流片段(如记录的一段码流)中,含描述该码流片段的业务信息的概要。由 PID 为 0x001F 的 TS 包传送;
i) 间断信息表(DIT):仅用于码流片段(如记录的一段码流)中,被插入到码流片段业务信息间断处。由 PID 为 0x001E 的 TS 包传送。

5 视频测试信号

5.1 概述

除特别说明外,标准清晰度电视视频测试信号与高清晰度电视视频测试信号相同但图形宽高比不同时,本标准只给出 16∶9 宽高比的高清晰度电视视频测试信号图形。

视频测试信号可以模拟方式输出,也可以数字方式输出。

5.2 复合测试图

复合测试图信号由多种黑白和彩色测试图信号单元组合而成,为给不同类型数字电视接收设备调整和测试提供更多信息,复合测试图信号至少应包括以下内容:

a) 用于检测中心和边角图像清晰度的楔形线簇。用于检查中心清晰度的楔形线簇要求至少 10 根黑线 9 根白线,线簇分别位于水平、垂直及斜向清晰度最高的斜向方向;

b) 用于标识中心和边角图像清晰度电视线数的典型刻度值；

c) 用于检测图像重显率的刻度。为调整和检测 CRT 屏，在重显率为 95%刻度处有明显标记；

d) 用于表明图像信号水平和垂直方向有效像素数的标记；

e) 用于调整接收机和显示器标准工作状态的极限八灰度等级信号；

f) 用于检查灰度等级、已知亮度标度的 6～10 级阶梯信号；

g) 用于检查接收设备是否工作在正常状态下的运动图形和彩色信号；

h) 复合测试图的平均图像电平约 50%。

高清晰度电视和标准清晰度电视的复合测试图图例分别见附录 C 图 C.1 和图 C.2。

5.3 彩条信号

彩条信号由垂直色带组成，按亮度高低，从左至右排列。数字电视接收设备测试采用 100/0/100/0 彩条信号。红(R)、绿(G)和蓝(B)基色信号波形如图 2 所示。

按 GY/T 155—2000，高清晰度电视模拟编码亮度信号(E'_Y)、模拟编码色差信号(E'_{CB})和模拟编码色差信号(E'_{CR})分别为：

$$E'_Y=0.2126E'_R+0.7152E'_G+0.0722E'_B$$

$$E'_{CB}=0.5389(E'_B-E'_Y)=-0.1146E'_R-0.3854E'_G+0.5000E'_B$$

$$E'_{CR}=0.6350(E'_R-E'_Y)=0.5000E'_R-0.4542E'_G-0.0459E'_B$$

它们的波形如图 3 所示。

按 GB/T 14857—1993，标准清晰度电视模拟编码亮度信号(E'_Y)、模拟编码色差信号(E'_{CB})和模拟编码色差信号(E'_{CR})分别为：

$$E'_Y=0.299E'_R+0.587E'_G+0.114E'_B$$

$$E'_{CB}=0.564(E'_B-E'_Y)=-0.169E'_R-0.331E'_G+0.500E'_B$$

$$E'_{CR}=0.713(E'_R-E'_Y)=0.500E'_R-0.419E'_G-0.081E'_B$$

由此也可画出它们的波形。

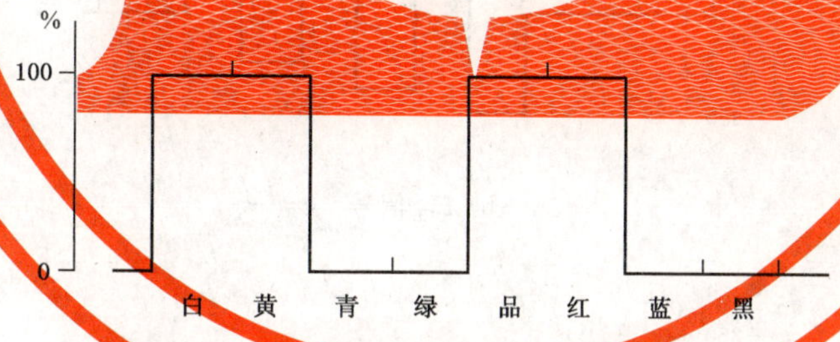

a) 红基色信号(R)

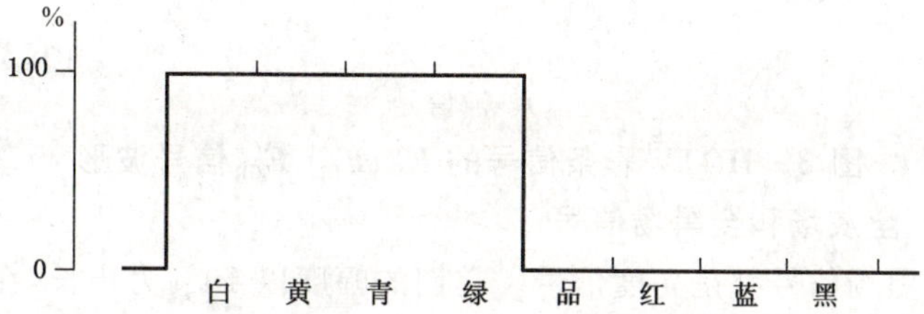

b) 绿基色信号(G)

图 2 彩条信号的 R、G、B 信号波形

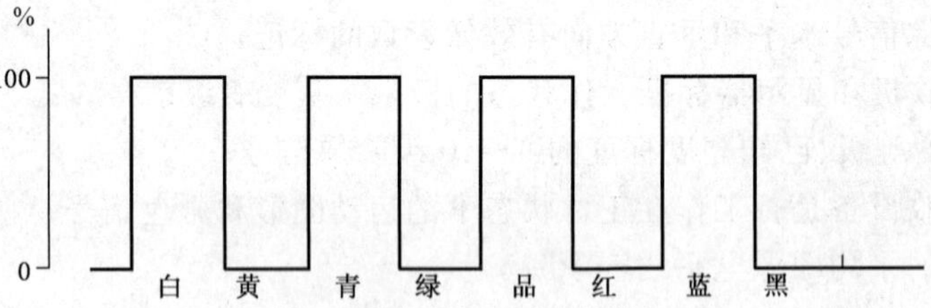

c）蓝基色信号(B)

图 2（续）

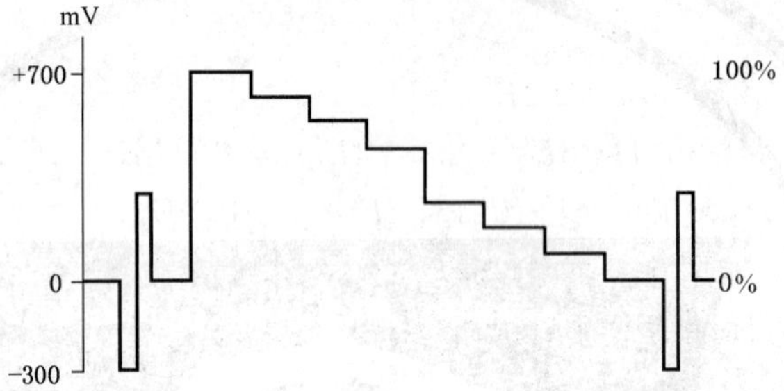

a）E'_{Y}信号

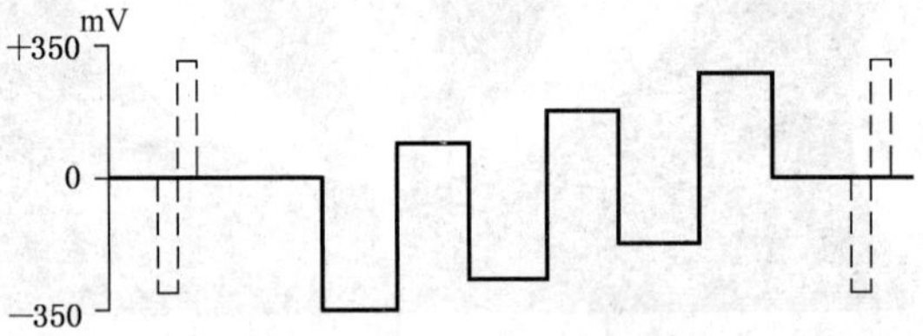

b）E'_{CB}信号

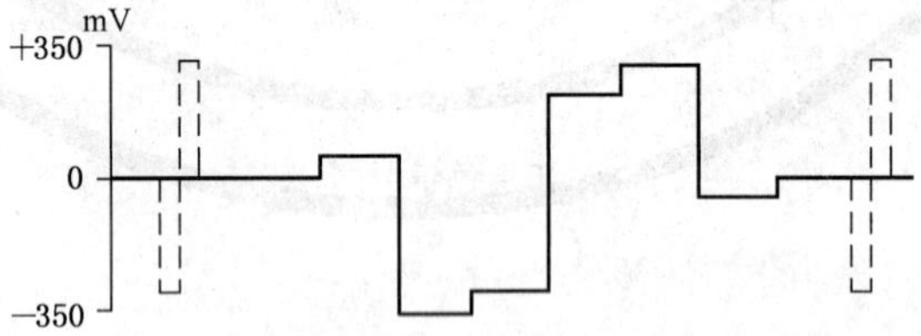

c）E'_{CR}信号

图 3　HDTV 彩条信号的 E'_{Y}、E'_{CB}、E'_{CR}信号波形

5.4　亮度可变的全白场、全灰场和全黑场信号

全白场、全灰场和全黑场信号都是亮度信号。它们的幅度以10%为步长，在0%～100%范围内，分别取值。图4以HDTV为例，示出了幅度分别为100%全白场、50%全灰场和0%全黑场三种信号的波形。

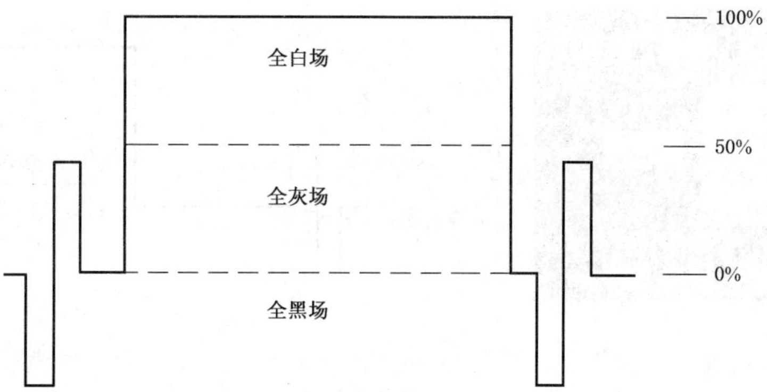

图 4　全白场、全灰场和全黑场信号波形

5.5　极限八灰度等级信号

极限八灰度等级信号是在 50%灰色背景上，两排灰度等级如图 5 所示的亮度信号。全黑场电平=0%，全白场电平=100%，从左至右，第一排灰度依次为：0%、5%、10%、15%；第二排灰度依次为：85%、90%、95%、100%。每个灰度矩形占满屏面积的 5%，它们的宽高比与整个图像的宽高比一致。

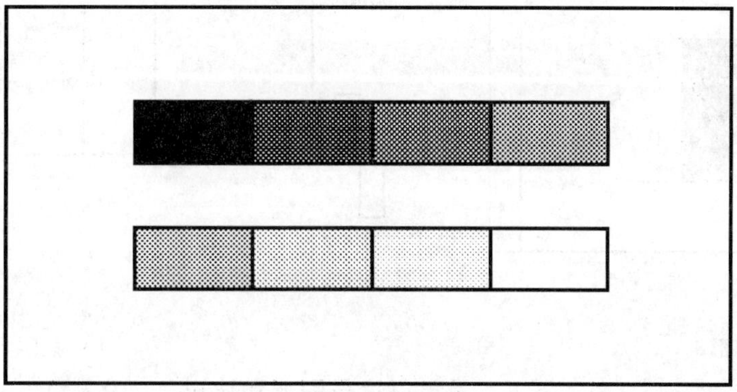

a) 示意图形

b) 信号图形

图 5　极限八灰度等级信号图形

5.6　白窗口信号

白窗口信号是在黑色背景上形成一个白色窗口的亮度信号，图 6 以 HDTV 为例，示出了其图形和波形。窗口的宽度和高度都是图像高度 H 的 1/2，窗口信号的幅度从 10%～100%可变。

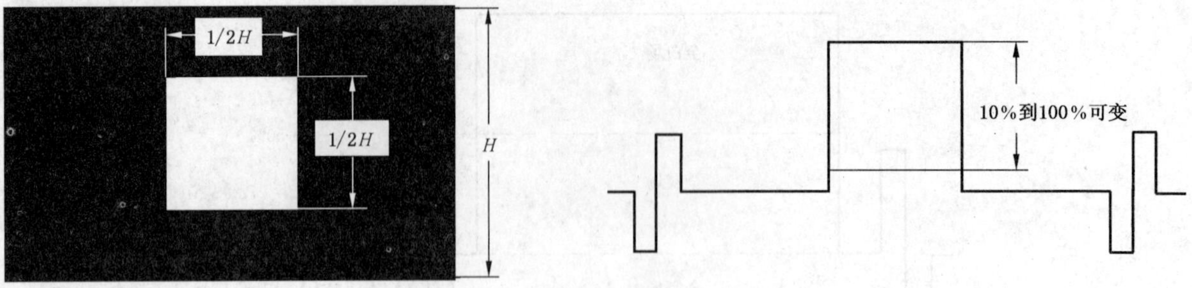

a) 图形　　　　　　　　b) 波形

图 6　白窗口信号图形和波形

5.7　黑窗口信号

黑窗口信号是在白色背景上形成一个黑色窗口的亮度信号，图 7 以 HDTV 为例，示出了其图形和波形。窗口的宽度和高度都是图像高度 H 的 1/2。

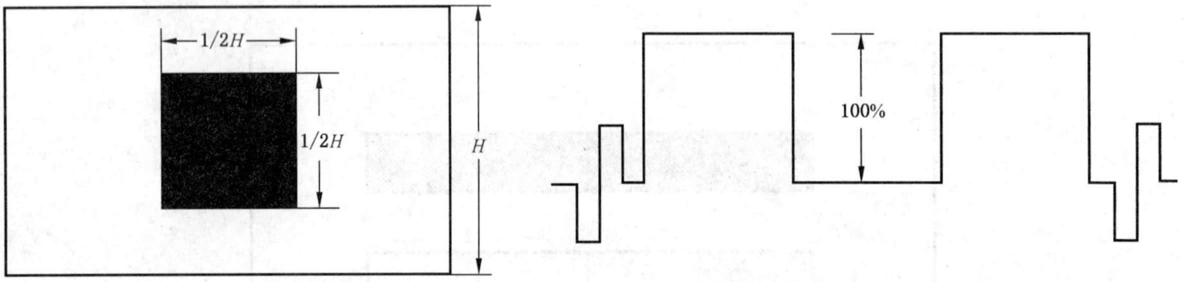

a) 图形　　　　　　　　b) 波形

图 7　黑窗口信号图形和波形

5.8　黑白窗口信号

黑白窗口信号是在 50%(HDTV)或 40%(SDTV)灰色背景上形成 1 个白色窗口和 4 个黑色窗口的亮度信号，黑、白窗口的尺寸分别是图像高度 H 的 2/15(HDTV)或 1/6(SDTV)，如图 8 和图 9 所示。

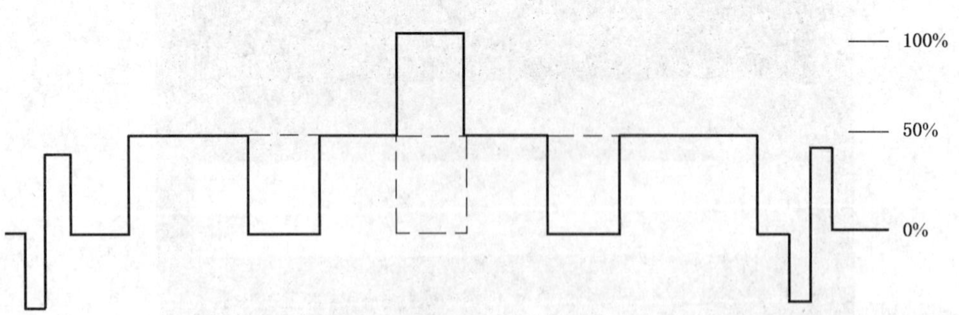

a) 波形

图 8　HDTV 黑白窗口信号波形和图形

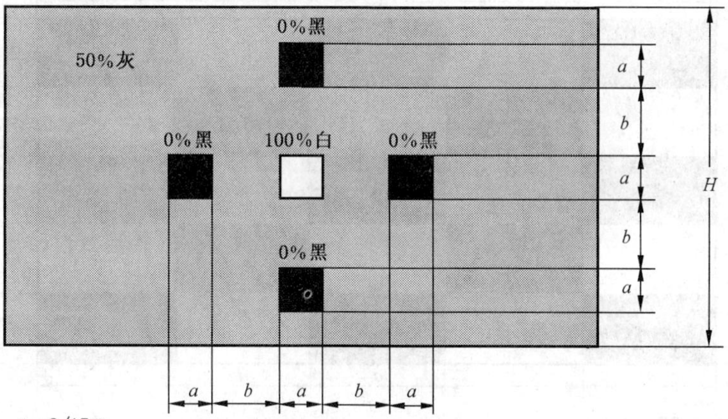

$a=2/15H$

$b=1/5H$

b) 图形

图 8（续）

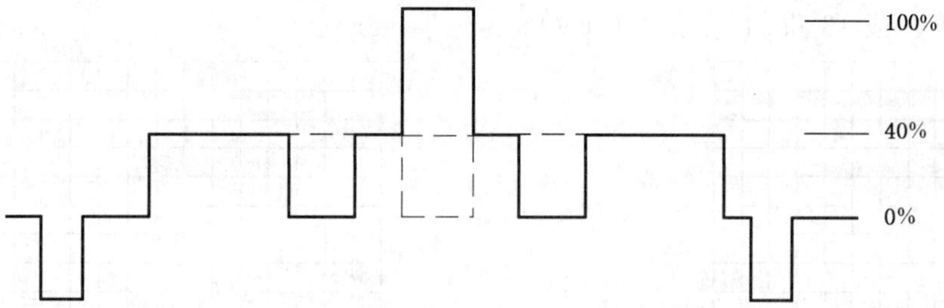

a) 波形

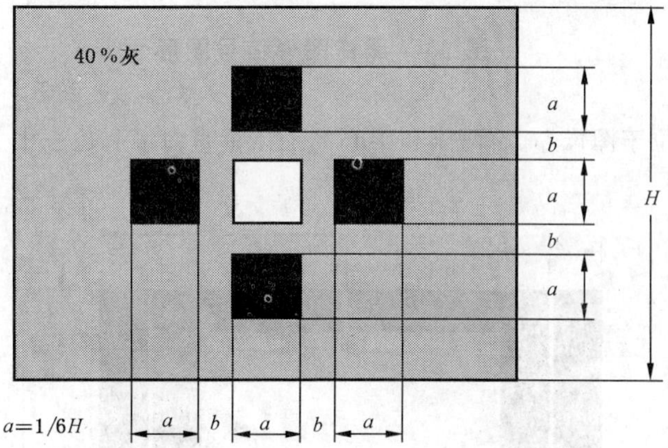

$a=1/6H$

$b=1/12H$

b) 图形

图 9 SDTV 黑白窗口信号波形和图形

5.9 棋盘格信号

棋盘格信号是一种亮度信号。图形由 5×5 个矩形块组成，各矩形块的宽度和高度分别为图像宽度 W 的 1/5 及高度 H 的 1/5，矩形块信号幅度分别为 100％及 0％，如图 10 所示。

为便于测试显示屏残留影像性能前定位测试点，可增设带定位标志的棋盘格信号。该辅助信号上三个定位标志分别位于第三行左数第 2、第 3、第 4 矩形块的中心。

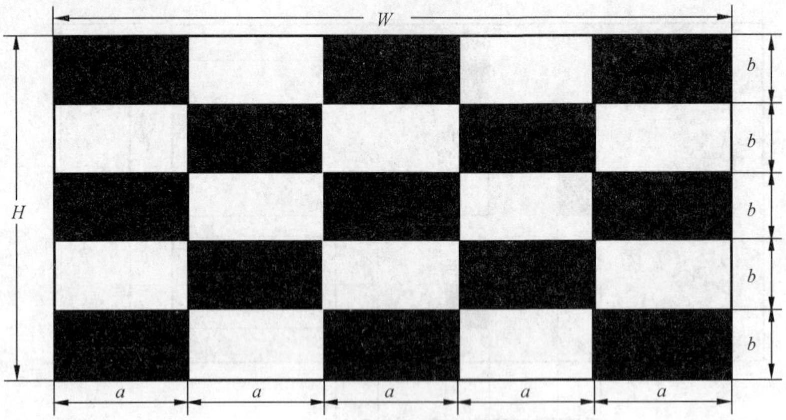

$a=1/5W$

$b=1/5H$

图 10　棋盘格信号图形

5.10　白格图形和黑格图形信号

白格图形信号是在黑色背景上形成白格，黑格图形信号是在白色背景形成黑格，如图 11 所示。

白格图形和黑格图形由等距的水平线和垂直线组成，并形成矩形格窗，垂直和水平方向上至少应有 13 和 17 条线(SDTV)或 13 和 21 条线(HDTV)。

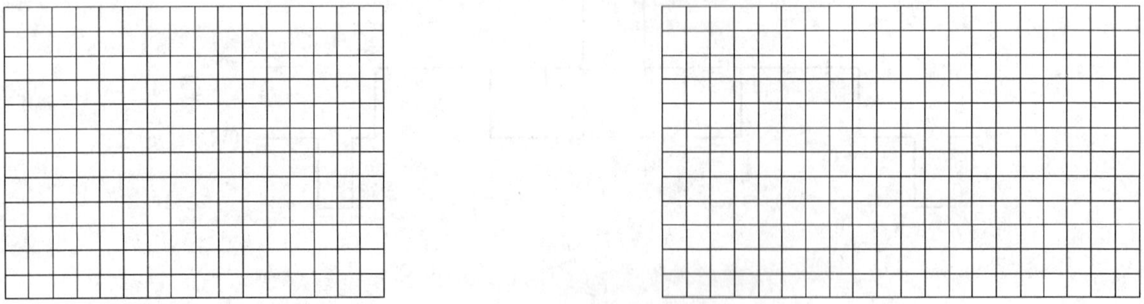

a) SDTV　　　　b) HDTV

图 11　黑格图形信号图形

5.11　线条和窗口信号

线条和窗口信号由位于图像左、右两侧和中心的三条垂直白线和位于中上部的矩形白窗口组成，背景为黑色，如图 12 所示。

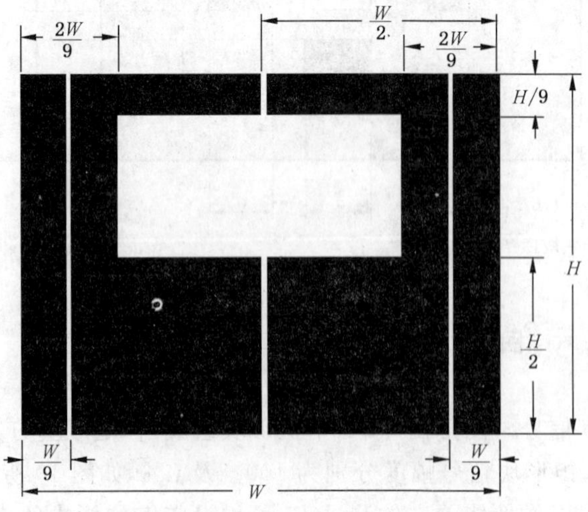

图 12　线条和窗口信号图形

5.12 复合正弦波信号

复合正弦波信号由叠加在50%灰度电平上的可变频率正弦波组成,正弦波峰—峰值幅度为40%,图13以HDTV为例,示出了其波形。正弦波频率从100 kHz～6 MHz(SDTV)可变或100 kHz～30 MHz(HDTV)可变,正弦波频率与行频谐波锁定。

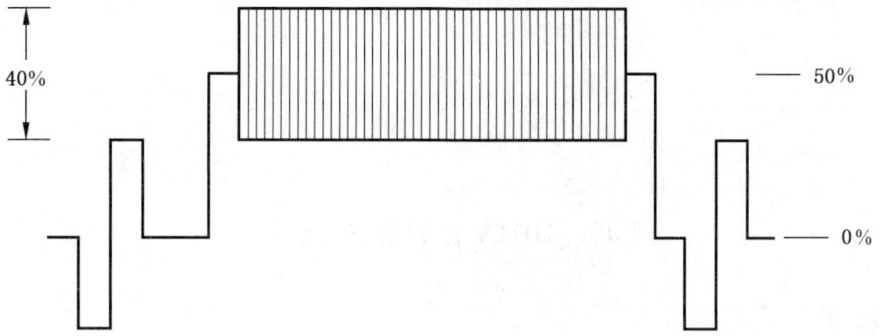

图13 复合正弦波信号波形

5.13 多波群信号

多波群信号由基准脉冲和叠加在50%灰度电平上的7个分立的多波群组成,波群的频率不超过标称视频带宽的上限值。

SDTV多波群信号各波群频率分别为:0.5 MHz、1 MHz、2 MHz、3 MHz、4 MHz、5 MHz、6 MHz,峰—峰值幅度为50%,它们叠加在50%的灰度电平上,如图14所示。

HDTV多波群信号各波群频率分别为:1 MHz、5 MHz、10 MHz、15 MHz、20 MHz、25 MHz、30 MHz,峰—峰值幅度为40%,它们叠加在50%的灰度电平上,如图15所示。

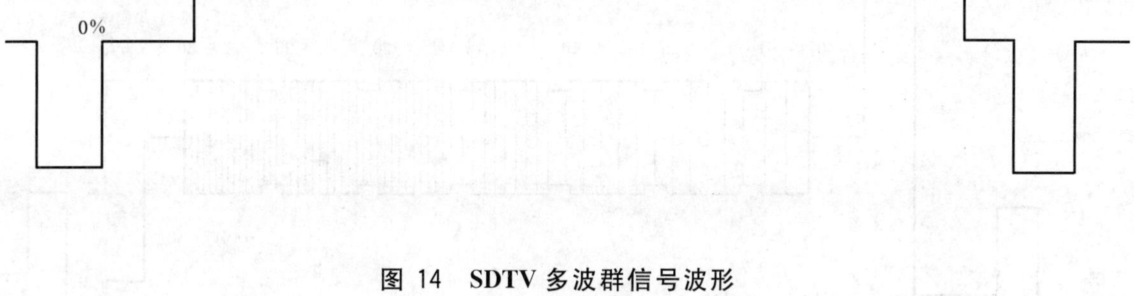

图14 SDTV多波群信号波形

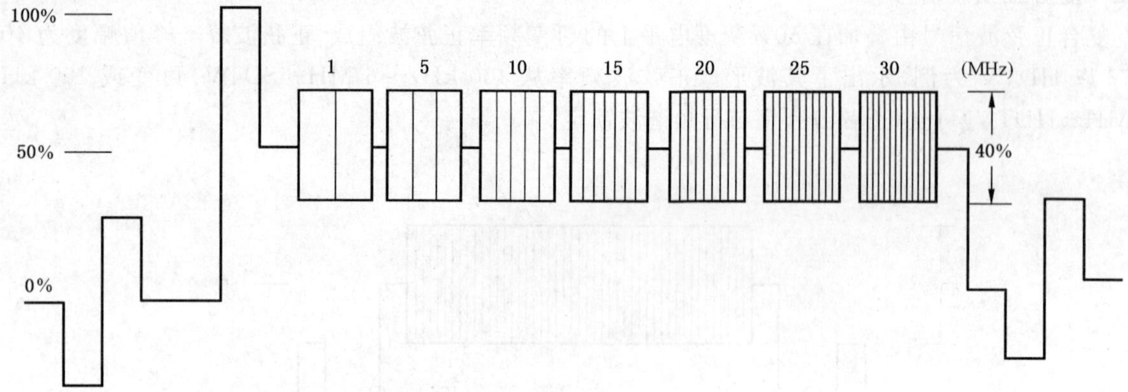

图 15　HDTV 多波群信号波形

5.14　扫频信号

5.14.1　扫频波形信号

扫频波形信号由基准脉冲和叠加在50%灰度电平上，频率自左到右线性改变的正弦波组成。

SDTV 扫频波形信号正弦波频率变化范围为100 kHz～6 MHz，峰—峰值幅度为50%，波形如图16所示。

HDTV 扫频波形信号正弦波频率变化范围 100 kHz～30 MHz，峰—峰值幅度为 40%，波形如图 17a)所示。

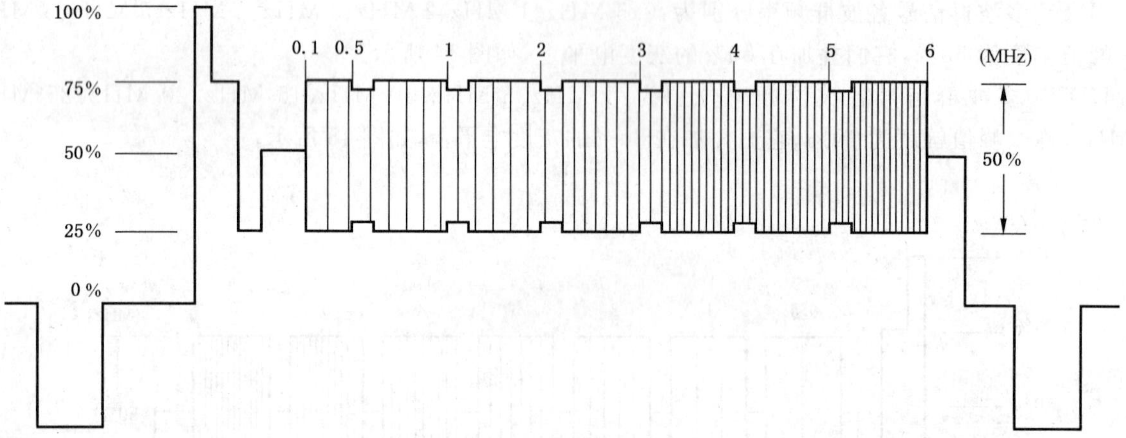

图 16　SDTV 扫频波形信号

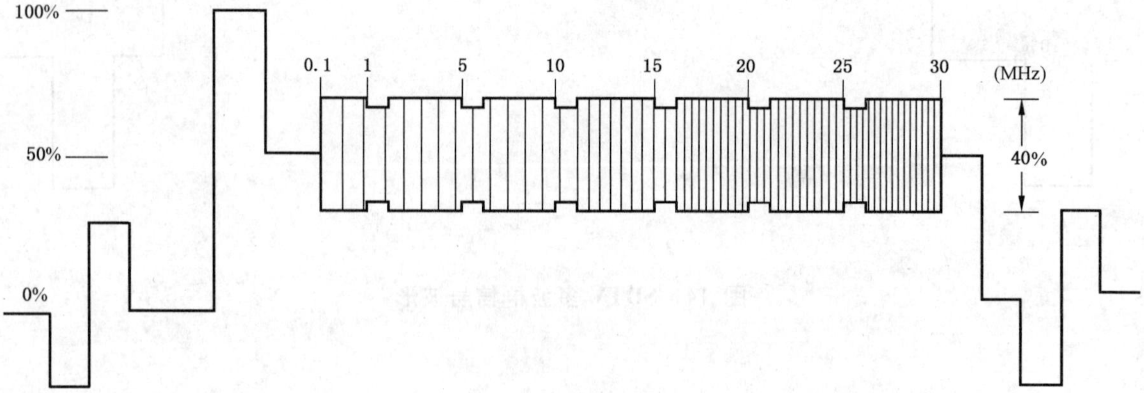

a) HDTV 扫频波形信号

图 17　HDTV 扫频信号

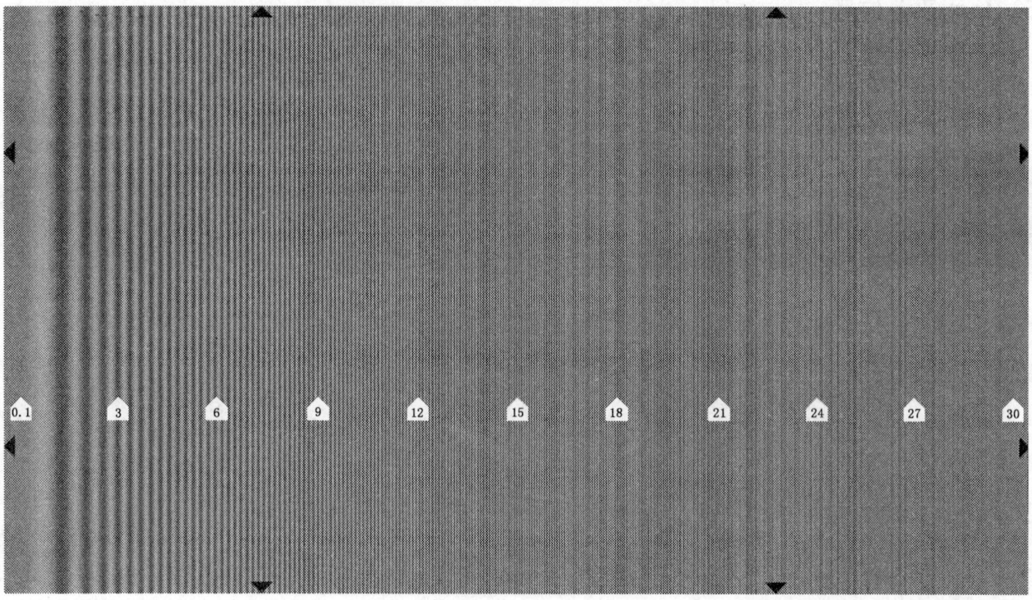

b) HDTV 扫频图形信号

图 17（续）

图 16 和图 17a)所示扫频波形信号便于用示波器等测试设备测量幅频特性。

5.14.2 扫频图形信号

为便于在屏幕上观测幅频响应或图像水平清晰度，另一类扫频信号为带有满屏标志和频率（兆赫）或清晰度（电视线），供显示图形用的扫频图形信号。图 17b)为带有满屏标志和以兆赫为频标的 HDTV 扫频图形信号图例。

5.15 2T 脉冲和条信号

2T 脉冲和条信号由在同一行正程的一个 2T 正弦平方脉冲和条信号组成，幅度均为 100%，半幅值点脉冲宽度和条信号跳变时间均为 $2T$。

$$2T=\frac{1}{f}$$

式中：

f——视频信号标称带宽上限频率值；

$2T$——166 ns(SDTV)；

$2T$——33 ns(HDTV)。

HDTV 的 2T 脉冲和条信号波形如图 18 所示。条信号半幅值持续时间为行周期的 36/128。

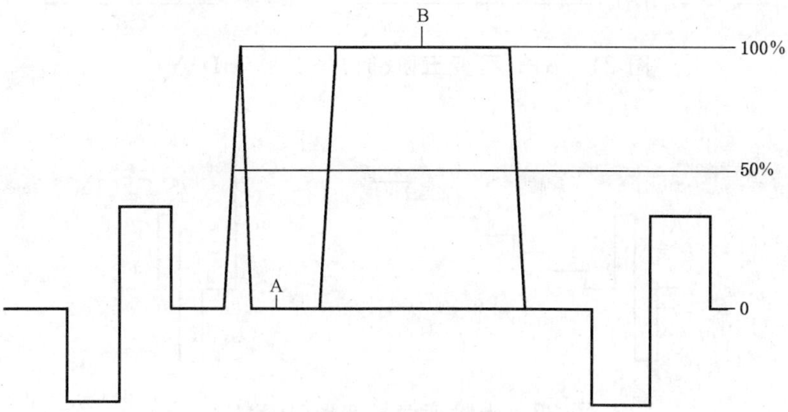

图 18 脉冲和条信号波形

5.16 50 Hz 水平条信号

50 Hz 水平条信号是在黑色背景上产生水平白条的亮度信号，其高度等于图像高度 H 的 1/2，如图 19 所示。

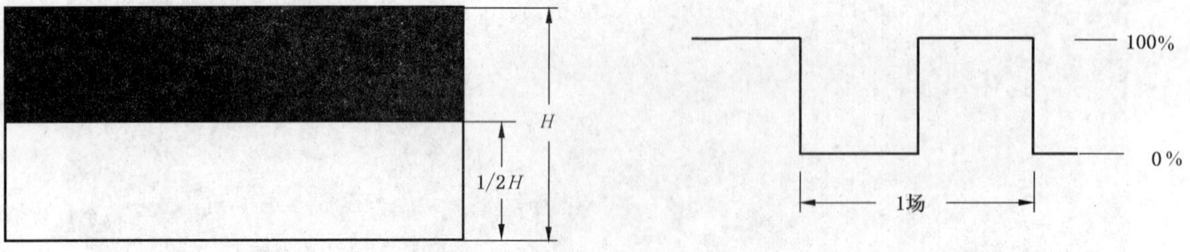

a）图形 b）波形

图 19 水平条信号图形和波形

5.17 阶梯信号和平均图像电平(APL)可变阶梯信号

五阶梯信号如图 20 所示。行正程等分为 6 个电平，相邻电平差均为黑电平与基准白电平差的 20%。

APL 可变阶梯信号由一行五阶梯信号和四行平坦信号组成，通过在 0%～100%范围内改变平坦信号电平，使整个信号的 APL 在 10%～90%范围内变化，如图 21 所示。

十阶梯信号如图 22 所示。行正程等分为 11 个电平，相邻电平差均为黑电平与基准白电平差的 10%。

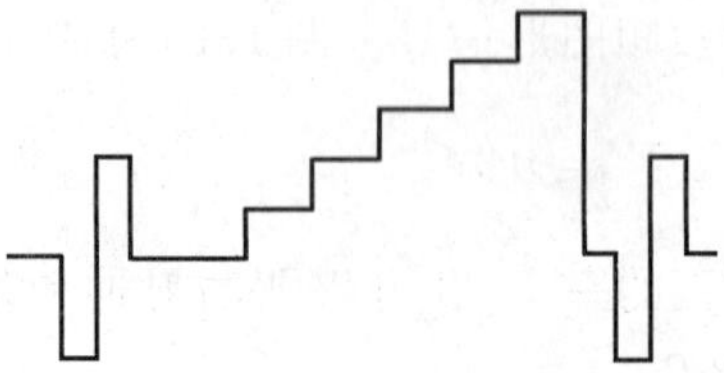

图 20 五阶梯信号波形(HDTV)

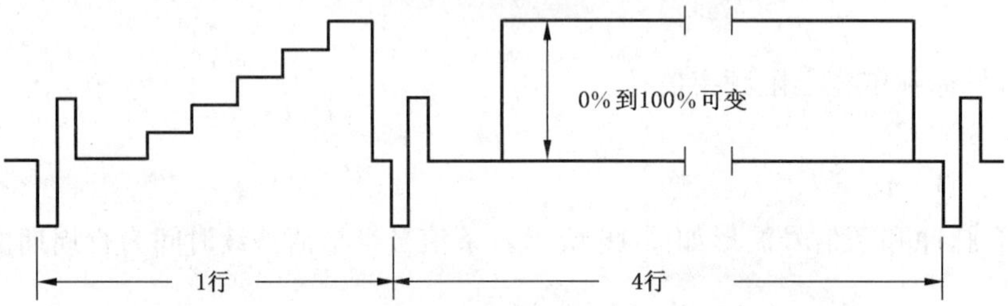

图 21 APL 可变五阶梯信号波形(HDTV)

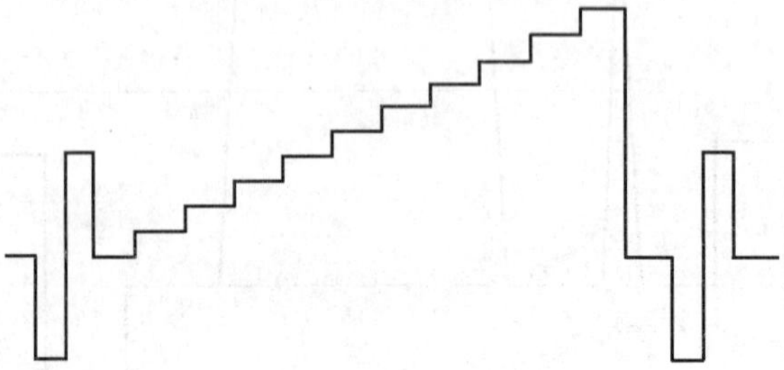

图 22 十阶梯信号波形(HDTV)

5.18 亮度、色度均匀性测试信号

见附录D。

5.19 窄白窗口信号

窄白窗口的宽度和高度为图像高度 H 的1/6,窗口信号幅度为100%,如图23所示。

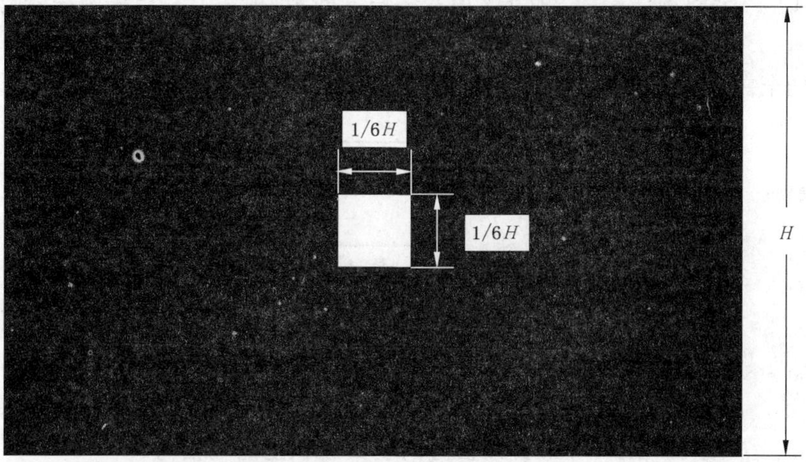

图23 窄白窗口信号图形

5.20 单像素信号

单像素信号是按投射光的幅型比设计的黑底白格图形,每个格的4条边都是1个像素宽的白线,并且在白格的中央有一个单像素白点。图形如图24a)所示,图24b)是其局部放大图。

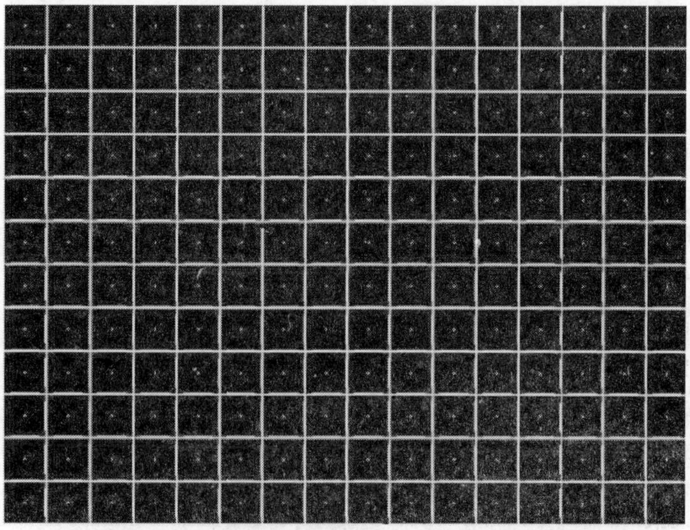

a) 全图

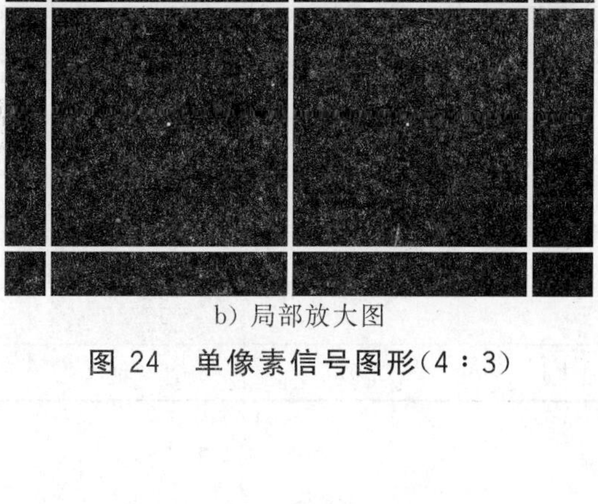

b) 局部放大图

图24 单像素信号图形(4∶3)

5.21　带 A、B 区的全白场、全灰场和全黑场信号

见附录 E。

5.22　带音频信号的全白场和全黑场信号

视频为 100%和 0%全场信号，每 2 s 跳变一次。音频为 997 Hz 单音频信号和数字无声信号，每 2 s 跳变一次。视频 100%全白场信号与 997 Hz 单音频信号同步，视频 0%全黑场信号与音频数字无声信号同步。

带音频信号的全白场和全黑场信号如图 25 所示。

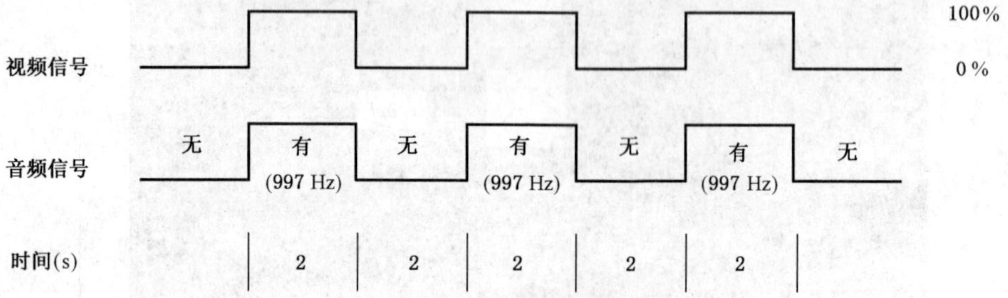

图 25　带音频信号的全白场和全黑场信号

5.23　全红场、全绿场和全蓝场信号

全红场、全绿场和全蓝场信号分别是 100%饱和度及 100%幅度的满屏红、满屏绿和满屏蓝基色信号。

5.24　带 A、B 区的全红场、全绿场和全蓝场信号

见附录 F。

5.25　拖尾时间测试信号

见附录 G。

5.26　音视频同步测试信号

见 GB/T 26273—2010。

5.27　亮度与色差信号重合测试信号

见 GB/T 26271—2010。

5.28　图像格式测试信号

5.28.1　数字电视图像格式测试信号

数字电视图像格式测试信号的格式及部分参数见表 5。测试信号可选用相应格式复合测试图信号(有效像素数为 1 920×1 080 和 720×576 的复合测试图信号见图 C.1 和图 C.2)。

表 5　图像格式测试信号的格式及部分参数

输入信号图像格式	隔行比	扫描行数	行频/kHz	场频/Hz	宽高比
720×576 i	2∶1	625	15.625	50	4∶3
720×576 p	1∶1	625	31.25	50	4∶3
1 280×720 p	1∶1	750	45	60	16∶9
1 280×720 p	1∶1	750	37.50	50	16∶9
1 920×1 080 i	2∶1	1 125	28.125	50	16∶9
1 920×1 080 i	2∶1	1 125	33.75	60	16∶9
1 920×1 080 p	1∶1	1 125	56.25	50	16∶9
1 920×1 080 p	1∶1	1 125	67.50	60	16∶9

5.28.2 计算机图像格式测试信号

计算机图像格式测试信号的格式(VESA)如下所列：

a) VGA-640 用复合测；

b) SVGA-800×600；

c) XGA-1 024×768；

d) WXGA-1 280×768；

e) SXGA-1 280×1 024；

f) UXGA-1 600×1 200；

g) WUXGA-1 920×1 200。

6 音频测试信号

6.1 单音频信号

单音频信号是以 PCM 码表示的一系列单一频率正弦波的采样值序列。正弦波的频率值按 SJ/T 11180—1998 选取(见表 6)。

表 6 单音频信号频率

单位为 Hz

标称值	实际值	标称值	实际值	标称值	实际值
20	19	250	251	3 150	3 163
25	23	315	317	4 000	4 001
31.5	33	400	401	5 000	4 999
40	41	500	499	6 300	6 301
50	53	630	631	8 000	7 993
63	61	800	797	10 000	10 007
80	79	1 000	997	12 500	12 503
100	101	1 250	1 249	16 000	16 001
125	127	1 600	1 601	18 000	17 989
160	163	2 000	1 999	20 000	19 997
200	199	2 500	2 503	—	—

6.2 音频扫频信号

音频扫频信号是频率线性连续变化的正弦波的一系列采样值，正弦波的频率变化范围为 20 Hz～20 kHz，采样值以 PCM 码表示。

6.3 低频增强声道扫频信号

低频增强(LFE)声道扫频信号是频率线性连续变化的正弦波的一系列采样值，正弦波的频率变化范围为 15 Hz～120 Hz，采样值以 PCM 码表示。

6.4 单声道单音频流

单声道单音频流是由 1 kHz 单音频信号编码产生的单声道音频码流。电平分别为 0 dBFS、－20 dBFS 和－60 dBFS。

6.5 双声道单音频流

双声道单音频流是由频率分别为表 6 所列单音频信号编码产生的双声道音频码流。电平分别为 0 dBFS、－20 dBFS 和－60 dBFS。左右声道同频、同相、同电平。

6.6 左串右声道单音频流

左串右声道单音频流是由 1 kHz 单音频信号编码产生的音频码流。可分为左串右双声道单音频流和左串右立体声声道单音频流。左声道为 1 kHz 单音频信号,右声道数字无声。电平为－20 dBFS。

6.7 右串左声道单音频流

右串左声道单音频流是由 1 kHz 单音频信号编码产生的音频码流。可分为右串左双声道单音频流和右串左立体声声道单音频流。右声道为 1 kHz 单音频信号,左声道数字无声。电平为－20 dBFS。

6.8 单声道音频扫频流

单声道音频扫频流是由音频扫频信号编码产生的单声道音频码流。电平为－20 dBFS。

6.9 双声道音频扫频流

双声道音频扫频流是由音频扫频信号编码产生的双声道音频码流。电平为－20 dBFS。左右声道同频、同相、同电平。

6.10 多声道单音频流

(待定)

6.11 多声道音频扫频流

(待定)

6.12 下混合立体声(Lo/Ro)测试流

(待定)

6.13 下混合立体声(Lt/Rt)测试流

(待定)

7 业务信息测试信号

7.1 业务信息表

业务信息包括 GB/T 17975.1—2000 和 GY/T 230—2008 中的 PSI 和 SI,共有表 7 所列 13 个表。其中,PAT、PMT、NIT、SDT、EIT 及 TDT 必备,其他可选(见图 1)。该表还规定了它们所在 TS 包的 PID 值。

业务信息表的语法和语义符合 GB/T 17975.1—2000 和 GY/T 230—2008。

表 7 业务信息表

表	PID 值	描 述	要求
PAT	0x0000	节目关联表。开列各业务的 PMT 和 NIT 的 PID 值	必备
PMT	由 PAT 给出	节目映射表。指示组成各业务的数据流及 PCR 的 PID 值	必备
CAT	0x0001	条件接收表。依赖于条件接收系统的专用数据	可选
NIT	0x0010	网络信息表。提供物理网络信息	必备
SDT	0x0011	业务描述表。提供描述系统业务的数据信息	必备
BAT	0x0011	业务群关联表。提供与业务群相关的信息	可选
EIT	0x0012	事件信息表。提供与事件或节目相关的信息	必备
TDT	0x0014	时间和日期表。给出当前 UTC 时间和日期信息	必备
TOT	0x0014	时间偏移表。给出当前 UTC 时间和日期及当地时间偏移信息	可选
RST	0x0013	运行状态表。给出事件运行/非运行状态及其更新信息	可选
DIT	0x001E	间断信息表。用于码流片段业务信息间断	可选
SIT	0x001F	选择信息表。描述码流片段业务信息的概要	可选
ST	0x0010～0x0014	填充表。使现有段无效。不同 SI 表的 ST 由相应 SI 表的 PID 值的 TS 包传送	可选

7.2 节目关联表(PAT)

节目关联表在 PID 值为 0x0000 的 TS 包中传送,段的 table_id 值为 0x00。

有不同版本号 version_number 的 PAT。

节目数不少于2套。

7.3 节目映射表(PMT)

节目映射表的 table_id 值为 0x02。

有不同版本号 version_number 的 PMT。

7.4 网络信息表(NIT)

网络信息表分为 NIT_actual 和 NIT_other 两种。

NIT_actual 描述现行网络(即包含 NIT 表的 TS 所在的网络)所含所有传送流及这些传送流对应的 RF 调谐参数,其段的 table_id 值为 0x40。

NIT_other 描述现行网络之外的其他网络所含的传送流,其 table_id 值为 0x41。

NIT 表除为接收设备提供网络名称描述符 network_name_descriptor、业务列表描述符 service_list_descriptor 和链接描述符 linkage_descriptor 外,面向地面、有线或卫星接收设备,应提供地面传送系统描述符 terrestrial_delivery_system_descriptor、有线传送系统描述符 cable_delivery_system_descriptor 或卫星传送系统描述符 satellite_delivery_system_descriptor。

7.5 业务描述表(SDT)

业务描述表分为 SDT_actual 和 SDT_other 两种。SDT_actual 指定现行传送流携带的业务名称等信息,其 table_id 值为 0x42。SDT_other 指定其他传送流携带的业务名称等信息,其 table_id 值取 0x46。

SDT_actual 和 SDT_other 须为接收设备提供业务描述符 service_descriptor,至少设置两个不同的 service_list_descriptor。

7.6 事件信息表(EIT)

应为接收设备提供4种事件信息表:

EIT p/f actual:描述现行传送流中当前/后续事件的事件信息表,其 table_id=0x4E。

EIT p/f other:描述其他传送流中当前/后续事件的事件信息表,其 table_id=0x4F。

EIT schedule actual:描述现行传送流中事件发生时间的事件信息表,其 table_id=0x5F。

EIT schedule other:描述其他传送流中事件发生时间的事件信息表,其 table_id=0x6F。

事件信息表须携带4种描述符:短事件描述符 Short_event_descriptor;扩展事件描述符 Extended_event_descriptor;组件描述符 Component_descriptor 和内容描述符 Content_descriptor。

7.7 时间和日期表(TDT)

时间和日期表 TDT 必备,在 PID 值为 0x0014 的 TS 包传送,其 table_id 值为 0x70,只含一个段,无描述符。

时间偏移表 TOT 可选,在 PID 值为 0x0014 的 TS 包传送,其 table_id 值为 0x73,只含一个段,可含本地时间偏移描述符 local_time_offset_descriptor。接收设备基于 TDT,或再按 TOT 提供的偏移量调整,显示正确的事件时间。

7.8 时间间隔

7.8.1 最小时间间隔

标有同一 PID、table_id 和 table_id_extension 值的业务信息表最后段最后字节与下一表首段首字节的最小时间间隔为 25 ms。

7.8.2 最大时间间隔

标有同一 PID、table_id 和 table_id_extension 值的业务信息表最后段最后字节与下一表首段首字节的最大时间间隔见表8。

表8 业务信息表最大时间间隔

业务信息表		最大时间间隔/s
NIT		10
BAT		10
SDT	SDT_actual	2
	SDT_other	10
EIT	EIT p/f actual	2
	EIT p/f other	10
	EIT schedule actual(未来8日内)	10
	EIT schedule other(未来8日内)	10
	EIT schedule actual(超过未来8日)	30
	EIT schedule other(超过未来8日)	30
TDT		30
TOT		30

附 录 A
（规范性附录）
段(section)

业务信息表按段由相应 PID 值的 TS 包传送。

段属于哪种 PSI/SI 表，由表标识符(table_id)表示，表 A.1 开列了它们的值。

段的长度可变，除 EIT 的段限长 4 096 字节外，其余各表的段限长 1 024 字节。

子表(sub_table)是具有相同表标识符的段的集合，用表标识符扩展(table_id_extension)标识。

子表的各段的顺序用段号(section_number)表示。

业务信息描述的传送流改变时，应更新业务信息。这以传送一个子表为标志，它与前面的子表的标识符相同，但版本号改为下一值，并将其作为新子表所有段的新版本号。

为使接收设备在传送流变化前做好准备，传送流可提前传送新版本业务信息。为此，各段用当前/后续指示符(current_next_indicator)表示"当前"有效或"后续"有效。

若一个段在 TS 包末尾前结束，则余下的各字节均填充 0xFF。

表 A.1 表标识符值(table_id)

值	描 述
0x00	节目关联段(program_association_section())
0x01	条件接收段(CA_section())
0x02	节目映射段(TS_program_map_section())
0x03	传送流描述段
0x04～0x3F	预留
0x40	现行网络信息段(network_information_section())
0x41	其他网络信息段
0x42	现行传送流业务描述段(service_description_section())
0x43～0x45	预留
0x46	其他传送流业务描述段
0x47～0x49	预留
0x4A	业务群关联段(bouquet_association_section())
0x4B～0x4D	预留
0x4E	现行传送流事件信息段(event_infotmation_section())，当前/后续
0x4F	其他传送流事件信息段，当前/后续
0x50～0x5F	现行传送流事件信息段，时间表
0x60～0x6F	其他传送流事件信息段，时间表
0x70	时间-日期段(time_date_section())
0x71	运行状态段(running_status_section())
0x72	填充段(stuffing_section())
0x73	时间偏移段(time_offset_section())
0x74～0x7D	预留

表 A.1（续）

值	描　述
0x7E	不连续信息段(discontinuity_information_section())
0x7F	选择信息段(selection_information_section())
0x80～0x8F	CA 系统使用
0x90～0xFE	用户定义
0xFF	预留

附 录 B
（规范性附录）
描述符(descriptor)

业务信息表中可用到多种描述符。表B.1给出了它们的名称、描述符标签(descriptor_tag)值和最可能出现于其中的表名(用“*”表示)，但这并不表示其他表禁用(“—”表示)。

表B.1 描述符标签值及其最可能出现的SI表

描 述 符	标签值	NIT	BAT	SDT	EIT	TOT	PMT	SIT[a]
network_name_descriptor 网络名称描述符	0x40	*	—	—	—	—	—	—
service_list_descriptor 业务列表描述符	0x41	*	*	—	—	—	—	—
stuffing_descriptor 填充描述符	0x42	*	*	*	*	—	—	*
satellite_delivery_system_descriptor 卫星传送系统描述符	0x43	*	—	—	—	—	—	—
cable_delivery_system_descriptor 有线传送系统描述符	0x44	*	—	—	—	—	—	—
VBI_data_descriptor 场消隐期数据描述符	0x45	—	—	—	—	—	*	—
VBI_teletext_descriptor 场消隐期图文电视描述符	0x46	—	—	—	—	—	*	—
bouquet_name_descriptor 业务群名称描述符	0x47	—	*	*	—	—	—	*
service_descriptor 业务描述符	0x48	—	—	*	—	—	—	*
country_availability_descriptor 国家/地区业务准用描述符	0x49	—	*	*	—	—	—	*
linkage_descriptor 链接描述符	0x4A	*	*	*	*	—	—	*
NVOD_reference_descriptor 准视频点播参考描述符	0x4B	—	—	*	—	—	—	*
time_shifted_service_descriptor 时移业务描述符	0x4C	—	—	*	—	—	—	*
short_event_descriptor 短事件描述符	0x4D	—	—	—	*	—	—	*
extended_event_descriptor 扩展事件描述符	0x4E	—	—	—	*	—	—	*
time_shifted_event_descriptor 时移事件描述符	0x4F	—	—	—	*	—	—	*
component_descriptor 组件描述符	0x50	—	—	—	*	—	—	*

表 B.1（续）

描述符	标签值	NIT	BAT	SDT	EIT	TOT	PMT	SIT[a]
mosaic_descriptor 马赛克描述符	0x51	—	—	*	—	—	*	*
stream_identifier_descriptor 流标识描述符	0x52	—	—	—	—	—	*	—
CA_identifier_descriptor 条件接收标识描述符	0x53	—	*	*	*	—	—	*
content_descriptor 内容描述符	0x54	—	—	—	*	—	—	*
parental_rating_descriptor 家长分级描述符	0x55	—	—	—	*	—	—	*
teletext_descriptor 图文电视描述符	0x56	—	—	—	—	—	*	—
telephone_descriptor 电话描述符	0x57	—	—	*	*	—	—	*
local_time_offset_descriptor 本地时间偏移描述符	0x58	—	—	—	—	*	—	—
subtitling_descriptor 字幕描述符	0x59	—	—	—	—	—	*	—
terrestrial_delivery_system_descriptor 地面传送系统描述符	0x5A	*	—	—	—	—	—	—
multilingual_network_name_descriptor 多语种网络名称描述符	0x5B	*	—	—	—	—	—	—
multilingual_bouquet_name_descriptor 多语种业务群名称描述符	0x5C	—	*	—	—	—	—	—
multilingual_service_name_descriptor 多语种业务名称描述符	0x5D	—	—	*	—	—	—	*
multilingual_component_descriptor 多语种组件描述符	0x5E	—	—	—	*	—	—	*
private_data_specifier_descriptor 专用数据说明符描述符	0x5F	*	*	*	*	—	*	*
service_move_descriptor 业务转移描述符	0x60	—	—	—	—	—	*	—
short_smoothing_buffer_descriptor 短平滑缓冲区描述符	0x61	—	—	—	*	—	—	*
frequency_list_descriptor 频率列表描述符	0x62	*	—	—	—	—	—	—
partial_transport_stream_descriptor[a] 传送流片断描述符	0x63	—	—	—	—	—	—	*
data_broadcast_descriptor 数据广播描述符	0x64	—	—	*	*	—	—	*

表 B.1（续）

描　述　符	标签值	NIT	BAT	SDT	EIT	TOT	PMT	SIT[a]
CA_system_descriptor[b] 条件接收系统描述符	0x65	—	—	—	—	—	*	—
data_broadcast_id_descriptor 数据广播标识描述符	0x66	—	—	—	—	—	*	—
transport_stream_descriptor[c] 传送流描述符	0x67	—	—	—	—	—	—	—
DSNG_descriptor[c] 数字卫星新闻采集描述符	0x68	—	—	—	—	—	—	—
PDC_descriptor 节目传送控制描述符	0x69	—	—	—	*	—	—	—
AC-3_descriptor AC-3 描述符	0x6A	—	—	—	—	—	*	—
ancillary_data_descriptor 附属数据描述符	0x6B	—	—	—	—	—	*	—
cell_list_descriptor 单元列表描述符	0x6C	*	—	—	—	—	—	—
cell_frequency_link_descriptor 单元频率链接描述符	0x6D	*	—	—	—	—	—	—
Announcement_support_descriptor 公告支持描述符	0x6E	*	—	—	—	—	—	—
application_signalling_descriptor 应用信号描述符	0x6F	—	—	—	—	—	*	—
adaptation_field_data_descriptor 适配域数据描述符	0x70	—	—	—	—	—	*	—
service_identifier_descriptor 业务标示描述符	0x71	—	—	*	—	—	—	—
service_availability_descriptor 业务可用性描述符	0x72	—	—	*	—	—	—	—
预留	0x73～0x7F							
用户定义	0x80～0xFE							
禁止	0xFF							

a 仅存在于个别传送流中。

b DAVIC 备用：DAVIC 将定义其用途。

c 只存在于 TSDT 中。

附 录 C
（资料性附录）
复合测试图示例

C.1 高清晰度电视复合测试图示例

图 C.1 为高清晰度电视复合测试图序列中的一帧。

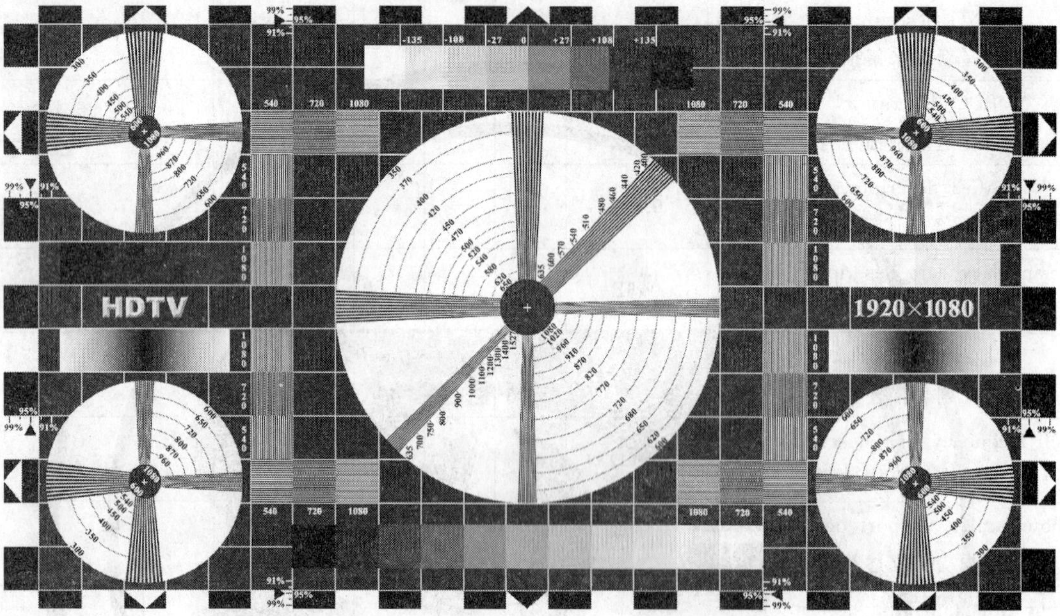

图 C.1 高清晰度电视复合测试图示例

图像格式为 1 920×1 080。

图像宽高比为 16∶9。

四周为护边框、满屏标志和重显率标度。为调整和检测 CRT 屏，95%重显率带有黑色三角形标示。整个测试图的背景为灰底白格。中央十字形中心定位测试图中心。这些测试信号单元用来调整和测试图像同心度、重显率，检查扫描质量、会聚和色纯等。

中部大圆内，90°、270°；0°、180°；45°和 225°方向，共 3 组 6 簇楔形线簇，分别测试图像中部的水平、垂直和斜向清晰度电视线数。斜向清晰度楔形测试线簇对应斜向清晰度最高值，因高清晰度电视像素呈正方形，故其所在方向为 45°和 225°。楔形线簇由 10 根黑线 9 根白线组成，带有图像清晰度典型值标识。最高测试范围为 1 920×1 080 格式图像相应方向清晰度电视线数的理论上限值。

四角小圆内，90°、270°；0°、180°方向，各 2 组 4 簇楔形线簇，分别测试图像四角的水平和垂直清晰度电视线数。楔形线簇由 10 根黑线 9 根白线组成，带有图像清晰度典型值标识。最高测试范围为 1 920×1 080 格式图像相应方向清晰度电视线数的理论上限值，最低测试范围比中部测试线簇的略低，对测试 CRT 电视显像管接收设备和固有分辨力显示器件接收设备的图像清晰度均可适用。

左上、右上、左下和右下，各 6 个垂直和水平线组，黑/白线宽（像素）分别为 1/1、2/1 和 2/2，可辅助粗略判别屏幕中间部位的水平和垂直清晰度电视线数，观察图像格式变换差拍伪像，区分逐行和隔行显示方式。

测试图上方设 100/0/100/0 彩条信号，一方面用来调整色调和色饱和度，检测被测数字电视系统或设备是否处于正常的彩色工作状态，另一方面按与背景垂直格线中央对正的彩色过渡沿标注，测量亮度/色度时延不等性。其正和负值分别对应色滞后和色超前的纳秒(ns)数。

测试图下方为灰度十阶梯信号,用来调整图像亮度和对比度,检测亮度信号通道线性以及动态白平衡等。

左、右两侧各设极限八灰度等级信号,分别用来调整亮度和对比度,检查暗场和亮场可重显的灰度层次。它们的下面,设灰度线性变化的循环滚动信号,用来检查被测系统或设备是否处于正常运动工作状态。二者中间标注图像格式。

整个测试图的平均图像电平约 50%。

C.2 标准清晰度电视复合测试图示例

图 C.2 为标准清晰度电视复合测试图序列中的一帧。

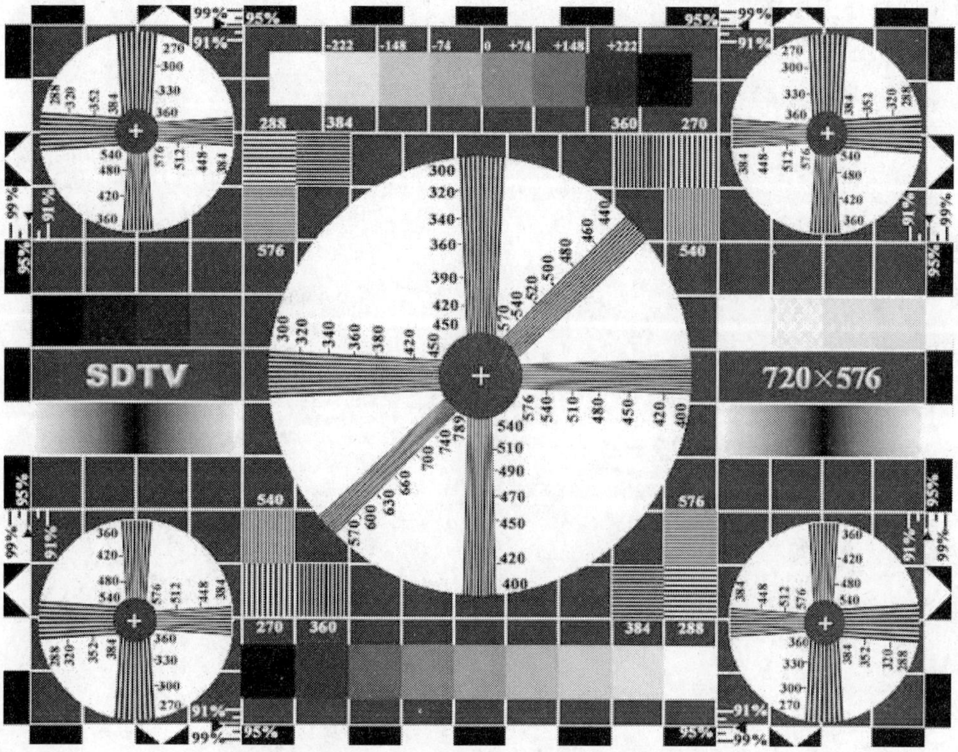

图 C.2 标准清晰度电视复合测试图示例

图像格式为 720×576。

图像宽高比为 4∶3。

四周为护边框、满屏标志和重显率标度。为调整和检测 CRT 屏,95%重显率带有黑色三角形标示。整个测试图的背景为灰底白格。中央十字形中心定位测试图中心。这些测试信号单元用来调整和测试图像同心度、重显率,检查扫描质量、会聚和色纯等。

中部大圆内,90°、270°;0°、180°;43.2°和 223.2°方向,共 3 组 6 簇楔形线簇,分别测试图像中部的水平、垂直和斜向清晰度电视线数。斜向清晰度楔形测试线簇对应斜向清晰度最高值,因标准清晰度电视像素呈扁平状,故其所在方向略小于 45°和 225°。楔形线簇由 10 根黑线 9 根白线组成,带有图像清晰度典型值标识。最高测试范围为 720×576 格式图像相应方向清晰度电视线数的理论上限值。

四角小圆内,90°、270°;0°、180°方向,各 2 组 4 簇楔形线簇,分别测试图像四角的水平和垂直清晰度电视线数。楔形线簇由 8 根黑线 7 根白线组成,带有图像清晰度典型值标识。最高测试范围为 720×576 格式图像相应方向清晰度电视线数的理论上限值,最低测试范围比中部测试线簇的略低,对测试 CRT 电视显像管接收设备和固有分辨力显示器件接收设备的图像清晰度均可适用。

左上、右上、左下和右下，各3个垂直或水平线组，黑/白线宽(像素)分别为1/1、2/1和2/2，可辅助判别屏幕中间部位的水平和垂直清晰度电视线数粗略范围(电视线)，观察图像格式变换差拍伪像，区分逐行和隔行显示方式。

测试图上方设100/0/100/0彩条信号，一方面用来调整色调和色饱和度，检测被测数字电视系统或设备是否处于正常的彩色工作状态，另一方面按与背景垂直格线中央对正的彩色过渡沿标注，测量亮度/色度时延不等性。其正和负值分别对应色滞后和色超前的纳秒(ns)数。

测试图下方为灰度八阶梯信号，用来调整图像亮度和对比度，检测亮度信号通道线性以及动态白平衡等。

左、右两侧各设极限八灰度等级信号，分别用来调整亮度和对比度，检查暗场和亮场可重显的灰度层次。它们的下面，设灰度线性变化的循环滚动信号，用来检查被测系统或设备是否处于正常运动工作状态。二者中间标注图像格式。

整个测试图的平均图像电平约50%。

附 录 D
（资料性附录）
亮度、色度均匀性测试信号

亮度、色度均匀性测试信号即全白场信号。但为测量亮度均匀性和白色色度不均匀性时定位，建议增加图 D.1 所示带有 9 个测试点位置的辅助定位信号，待测试点定位后，再切换到无这些标记的全白场信号，读出相应测试数据。

测试电子投影机的照度不均匀性需使用图 D.1 和图 D.2 所示带 9 个和 13 个测试点位置的辅助定位信号，待测试点定位后，再切换到无这些标记的全白场信号，读出相应测试数据。

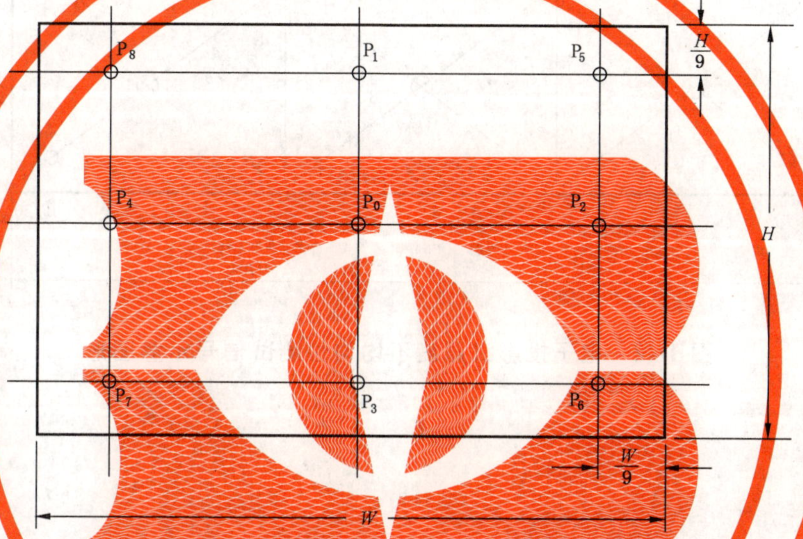

图 D.1 亮度、色度均匀性测试信号示意图形

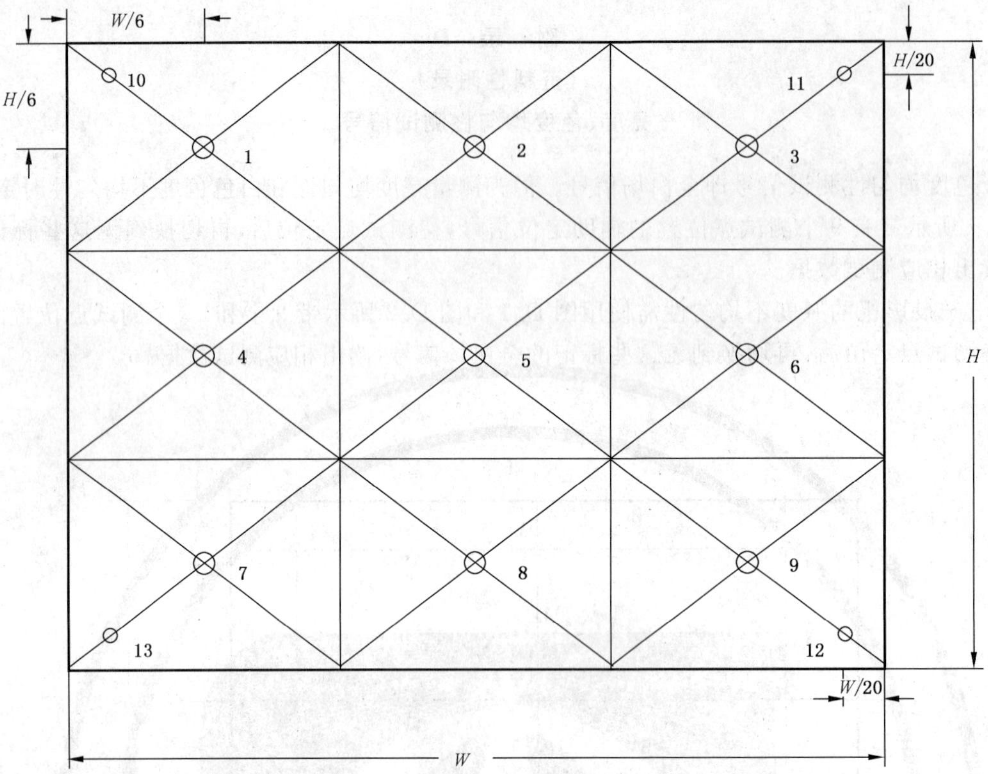

图 D.2 电子投影机照度不均匀性测试信号示意图形

附 录 E
（资料性附录）
带 A、B 区的全白场、全灰场和全黑场信号

带 A、B 区的全白场、全灰场和全黑场信号即全白场、全灰场和全黑场信号。但为检测屏幕的像素缺陷时定位，建议增加图 E.1 所示划分 A 区和 B 区的辅助信号。A 区位于屏幕中部，宽度和高度分别为屏幕宽度 W 和高度 H 的一半。B 区为屏幕中除 A 区以外的区域。定位后，再切换到无 A 区和 B 区标识的全白场、全灰场和全黑场信号，进行像素缺陷检测。

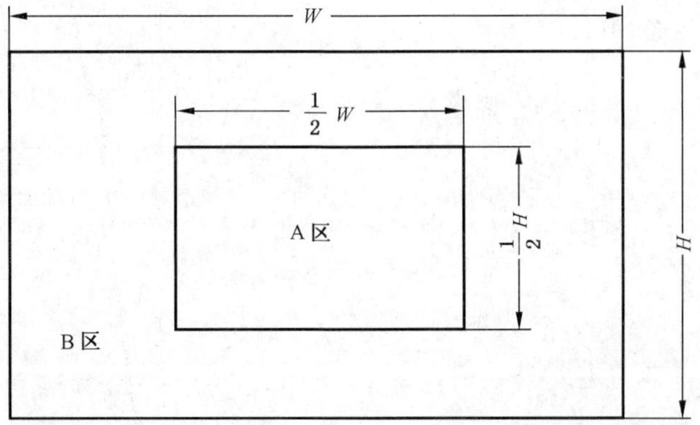

图 E.1 带 A 区和 B 区标识的全白场、全灰场和全黑场信号示意图形

附 录 F
（资料性附录）
带 A、B 区的全红场、全绿场和全蓝场信号

带 A、B 区的全红场、全绿场和全蓝场信号即全红场、全绿场和全蓝场信号。但为检测屏幕的像素缺陷时定位，建议增加同图 E.1 所示划分 A 区和 B 区的辅助信号。A 区位于屏幕中部，宽度和高度分别为屏幕宽度 W 和高度 H 的一半。B 区为屏幕中除 A 区以外的区域。定位后，再切换到无 A 区和 B 区标识的全红场、全绿场和全蓝场信号，进行像素缺陷检测。

附 录 G
（资料性附录）
拖尾时间测试信号示例

G.1 亮拖尾时间(正)测试信号

一帧 1 920×1 080(+)亮拖尾时间(正)测试信号示例如图 G.1 所示。图形由 0%亮度(*L*)背景上配置 100%亮度(*H*)矩形块组成。3 个矩形块为一单元，共 10 个单元。单元内 3 个矩形块纵向等间隔，上、下两块左右对齐，中间块左侧与上下两块右侧水平方向错开一定距离，不同单元错开图 G.1 所标的不等距离(单位:40 像素)。10 个单元分左、右两组，各 5 个单元。图形以同一速度水平方向每场匀速移动 20 个像素，移出画面右边界的部分再进入画面左侧，循环往复。各单元上下间及每单元亮块上下间的参考亮度(*C*)为 10%。左、右组第 3、第 4 单元间设亮度分别为 *H* 和 *L* 的两个方块，需要时可用来检测 *H*、*L*、*C* 亮度值。

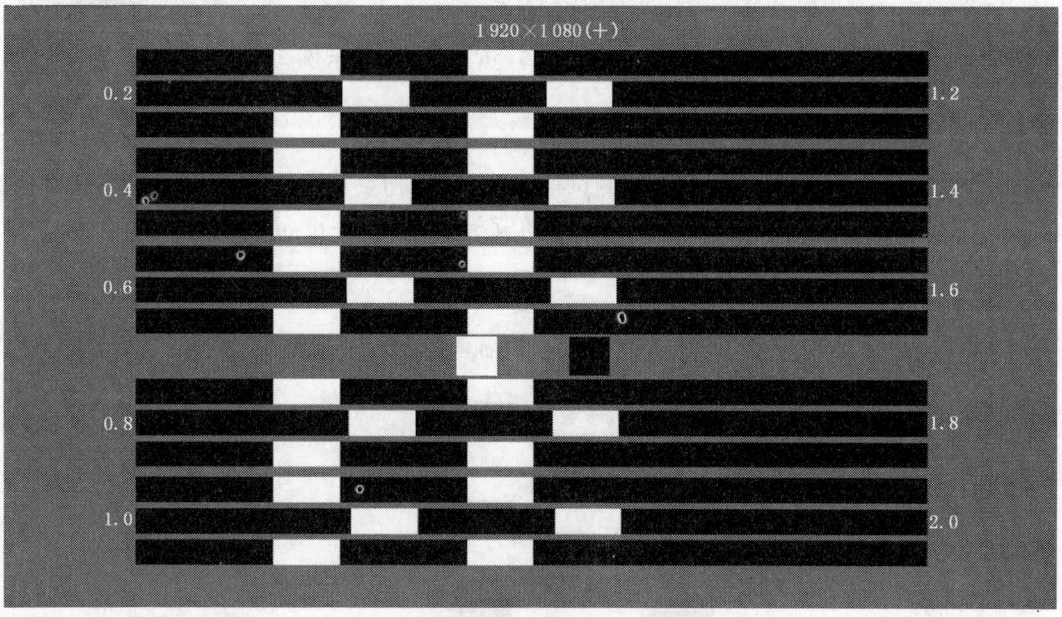

图 G.1 亮拖尾时间(正)测试信号示例

G.2 亮拖尾时间(负)测试信号

一帧 1 920×1 080(－)亮拖尾时间(负)测试信号示例如图 G.2 所示。图 G.2 与图 G.1 的区别为各图形单元中间的亮矩形块左侧在上下亮矩形块右侧之左，且各单元的交错距离为图示的不同值。图中单位同图 G.1。

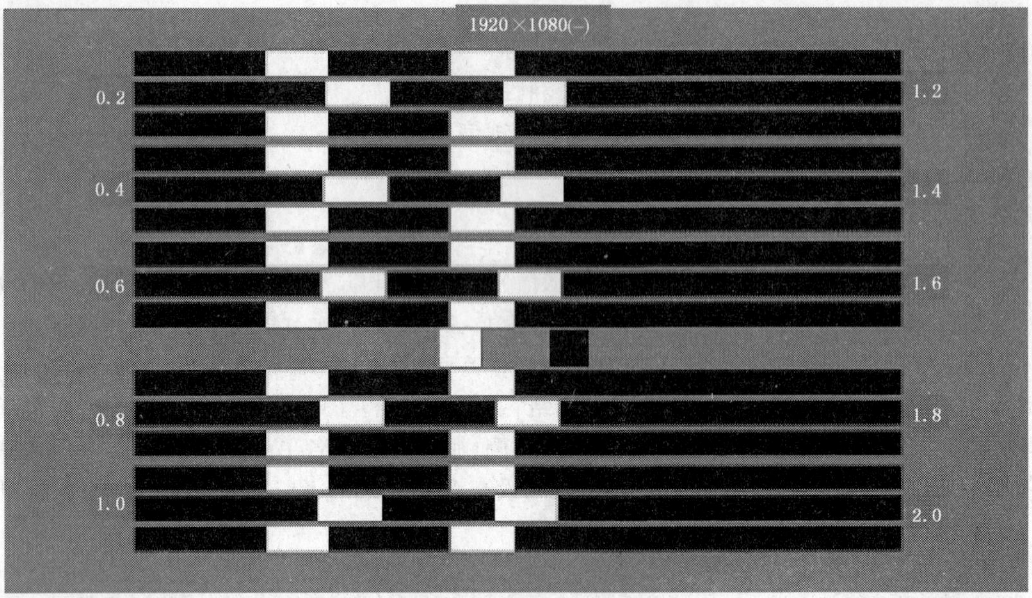

图 G.2 亮拖尾时间(负)测试信号示例

G.3 暗拖尾时间(正)测试信号

一帧 1 920×1 080(+)暗拖尾时间(正)测试信号示例如图 G.3 所示。图 G.3 与图 G.1 的区别为亮度设置相反,即矩形块为 0%亮度(*L*),它们的活动背景为 100%亮度(*H*),参考亮度为 90%(*C*)。图中单位同图 G.1。

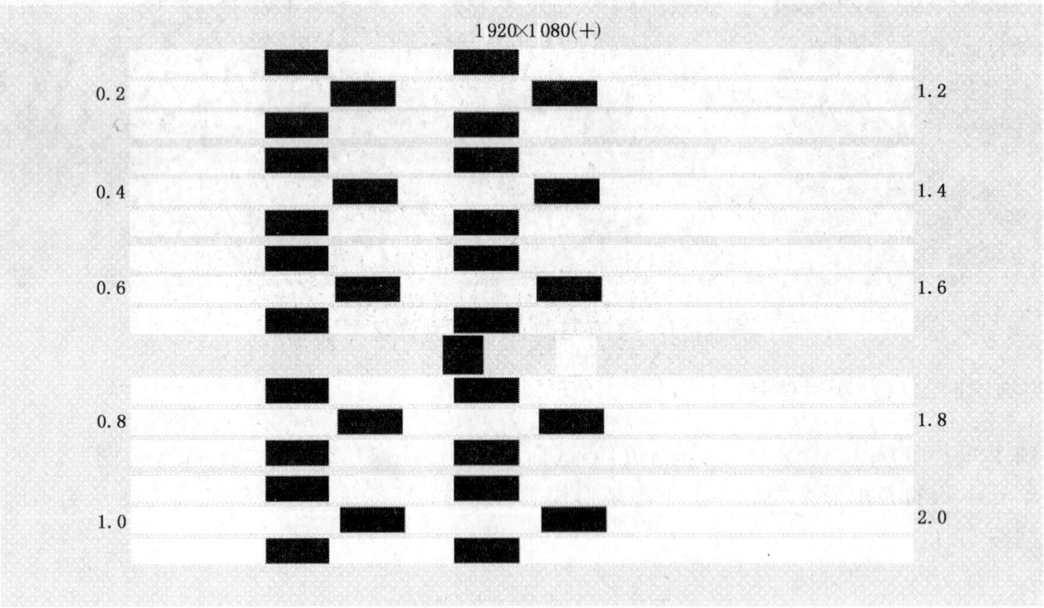

图 G.3 暗拖尾时间(正)测试信号示例

G.4 暗拖尾时间(负)测试信号

一帧 1 920×1 080(—)暗拖尾时间(负)测试信号示例如图 G.4 所示,图形与图 G.2 相同,而亮度设置与图 G.3 相同。图中单位同图 G.1。

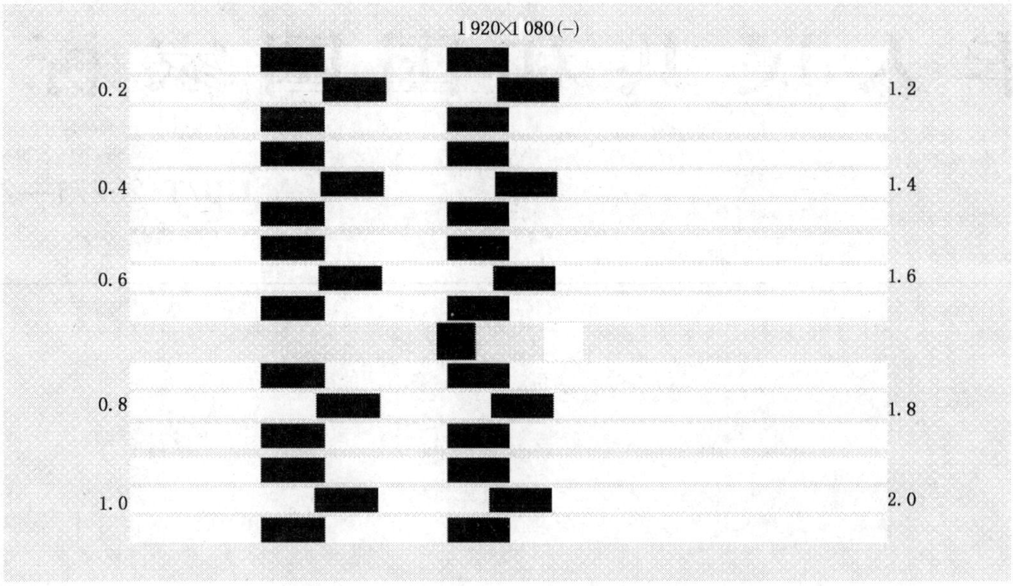

图 G.4　暗拖尾时间(负)测试信号示例

ICS 33.160.25
M 74

中华人民共和国国家标准

GB/T 26271—2010

地面数字电视接收设备亮度与色差信号重合度技术要求及测量方法

Technology requirements and measurement methods for the coincidence of luminance and color difference signal of terrestrial digital TV receiver equipment

2011-01-14 发布　　2011-06-01 实施

中华人民共和国国家质量监督检验检疫总局
中国国家标准化管理委员会　发布

前　言

本标准的附录A、附录B为规范性附录，附录C为资料性附录。

本标准由中华人民共和国工业和信息化部提出。

本标准由全国音频、视频及多媒体系统与设备标准化技术委员会归口。

本标准主要起草单位：北京牡丹视源电子有限责任公司、中国电子技术标准化研究所、中国电子科技集团公司第三研究所、天津大学。

本标准主要起草人：徐康兴、张素兵、刘全恩、李桂苓、祝萌、樊晓婷、田晨燕。

引　言

本标准的发布机构提请注意如下事实，声明符合本标准时，可以使用涉及大部分条款中有关内容的如下专利。

本标准的发布机构对于专利的范围、有效性和验证资料不提出任何看法。

专利持有人已向本标准的发布机构保证，他愿意同任何申请人在合理和非歧视的条款和条件下，就使用授权许可证进行谈判。在这方面，该专利持有人的声明已在本标准的发布机构备案。有关资料可从以下地址获得：

a) 专利名称：亮度与色差信号时间差信号及其测量方法；
专利权人：北京牡丹视源电子有限责任公司；
联系人：陈玉萍；
地址：北京市海淀区花园路2号牡丹创业楼510室；
电话：010-82237680。

b) 专利名称：亮度和色差信号时间差测试卡；
专利权人：北京牡丹视源电子有限责任公司；
联系人：陈玉萍；
地址：北京市海淀区花园路2号牡丹创业楼510室；
电话：010-82237680。

请注意除上述已经识别出的专利外，本标准的某些内容有可能涉及其他专利。本标准的发布机构不应承担识别这些专利的责任。

地面数字电视接收设备
亮度与色差信号重合度
技术要求及测量方法

1 范围

本标准规定了地面数字电视接收设备需满足的亮度与色差信号重合度的要求及测量方法。

本标准适用于地面数字电视接收设备，卫星数字电视接收设备和有线数字电视接收设备可参照使用。

2 规范性引用文件

下列文件中的条款通过本标准的引用而成为本标准的条款。凡是注日期的引用文件，其随后所有的修改单(不包括勘误的内容)或修订版均不适用于本标准，然而，鼓励根据本标准达成协议的各方研究是否可使用这些文件的最新版本。凡是不注日期的引用文件，其最新版本适用于本标准。

GB/T 14857 演播室数字电视编码参数规范

GB/T 17975.1 信息技术 运动图像及其伴音信息的通用编码 第1部分 系统

GB/T 17975.2 信息技术 运动图像及其伴音信号的通用编码 第2部分 视频

GB 20600—2006 数字电视地面广播传输系统帧结构、信道编码和调制

SJ/T 11327—2006 数字电视接收设备接口规范 第1部分：射频信号接口

SJ/T 11328—2006 数字电视接收设备接口规范 第2部分：传送流接口

SJ/T 11333—2006 数字电视接收设备接口规范 第7部分：YP_BP_R 模拟分量视频信号接口

SJ/T 11324—2006 数字电视接收设备术语

GY/T 155—2000 高清晰度电视节目制作及交换用视频参数值

3 术语和定义

SJ/T 11324—2006界定的以及下列术语和定义适用于本标准。

3.1

亮度与色差信号重合度 coincidence of luminance and color difference signal

同一位置采集的亮度与色差信号在再现过程中保持重合的程度，以按规定方法测得的亮度与色差信号时间差表示，色差信号提前为正，滞后为负。

注：单位为纳秒(ns)。

3.2

测试图形信号 testing pattern signal

满足测量亮度与色差信号时间差特定要求的图形信号，以不同的图像格式分成高清晰度(HDTV)测试图形信号和标准清晰度(SDTV)测试图形信号。

4 系统模型

系统模型如图1所示。

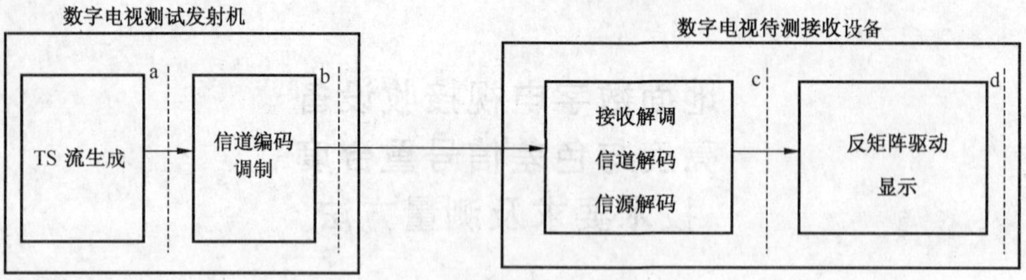

图 1 系统模型框图

系统模型框图如图 1 所示,图中:

a) 测试发射机端 TS 流生成的输出点 a,其亮度与色差信号时间差用 T_a 表示;

b) 信道编码调制器输出点 b,其亮度与色差信号时间差 T_b 等于 T_a;

c) 数字电视接收端的信源解码输出点 c,其亮度与色差信号时间差用 T_c 表示;

d) 显示终端 d,其亮度与色差信号时间差用 T_d 表示。

本标准中,默认发射端的亮度与色差信号时间差 T_a、T_b 为 0。只规定接收端所产生的亮度与色差信号时间差 T_c、T_d 的要求及测量方法。

5 技术要求

5.1 数字电视接收器及数字电视接收机电信号输出的亮度与色差信号时间差

HDTV :0 ns±15 ns 之内;

SDTV :0 ns±30 ns 之内。

5.2 数字电视显示器图像输出的亮度与色差信号时间差

HDTV :0 ns±35 ns 之内;

SDTV :0 ns±70 ns 之内。

5.3 数字电视接收机图像输出的亮度与色差信号时间差

HDTV :0 ns±50 ns 之内;

SDTV :0 ns±100 ns 之内。

6 测试信号

6.1 HDTV 测试信号

HDTV 亮度与色差信号时间差测试信号见附录 A。

6.2 SDTV 测试信号

SDTV 亮度与色差信号时间差测试信号见附录 B。

7 测试仪器

测试仪器要求见表 1。

表 1 测试仪器列表

序号	设备名称	指标	说明
1	测试 TS 流发生器	a) TS 流输出的亮度与色差信号时间差为 0 ns±2 ns; b) 输出接口符合 SJ/T 11328—2006; c) HDTV 码率:≥18 Mbps; SDTV 码率 :≥5 Mbps; d) 如系循环码流,其循环周期应不小于 60 s,并应无缝连接	依据 GB/T 17975.1 和 GB/T 17975.2 的相关规定采用软件编码的方法将本标准第 6 章规定的测试信号制作成 TS 流

表 1（续）

序号	设备名称	指　　标	说　　明
2	测试信道编码调制器	a) 输入接口符合 SJ/T 11328—2006 的相关规定； b) 输出接口符合 SJ/T 11327—2006 的相关规定	符合 GB 20600—2006 的相关规定
3	双踪示波器	具备水平展宽功能；两通道的同时性优于 1 ns	
4	测试信号发生器	a) 输出接口符合 SJ/T 11333—2006 的相关规定； b) 能够连续输出亮度与色差信号时间差测试图形的分量模拟信号； c) 亮度与色差信号时间差： HDTV 0 ns±2 ns； SDTV 0 ns±3 ns	符合 GY/T 155—2000 及 GB/T 14857 中关于图像格式、扫描时序的要求

8　测量方法

8.1　测量条件

8.1.1　标准测量条件

环境温度：15 ℃～35 ℃；

相对湿度：25%～75%；

大气压：86 kPa～106 kPa；

电源：198 V～242 V，50×(1±2%) Hz。

8.1.2　仲裁条件

环境温度：20 ℃±2 ℃；

相对湿度：60%～70%；

大气压：86 kPa～106 kPa；

电源：209 V～232 V，50×(1±2%) Hz。

8.1.3　稳定时间

为了确保在测量开始后接收设备的特性不随时间而明显变化，接收设备在标准测量条件下稳定工作至少 15 min。

8.2　电信号的亮度与色差信号时间差测试方法

8.2.1　测试框图

测试框图如图 2 所示：

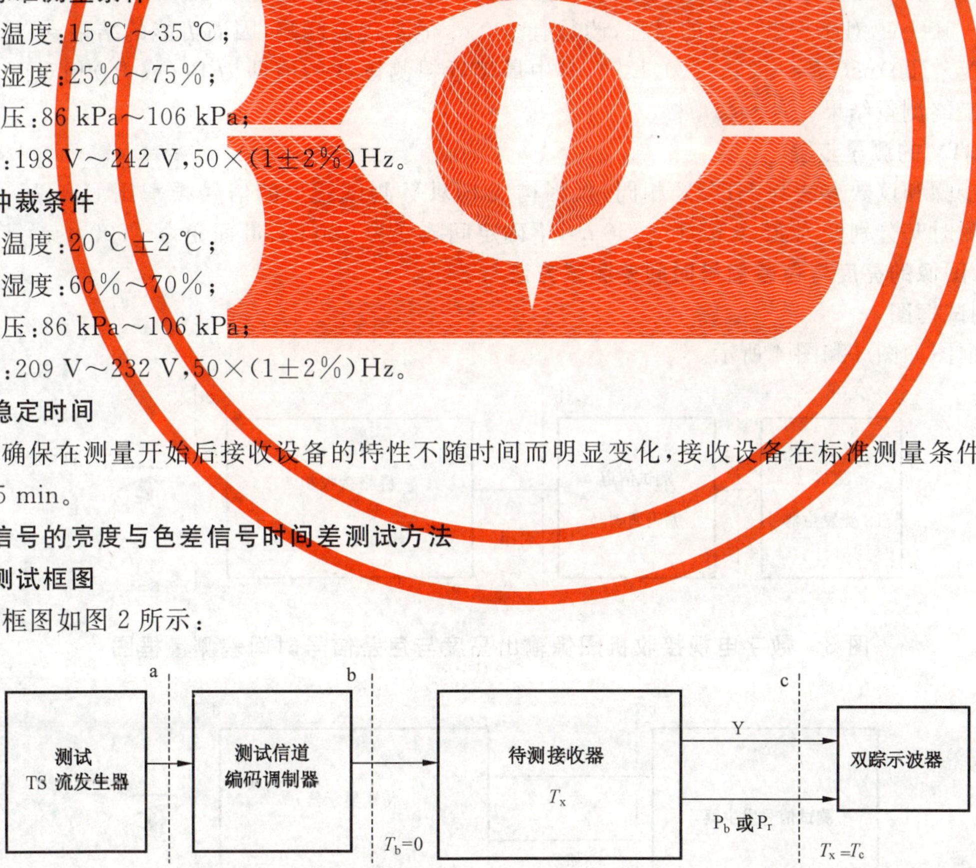

图 2　数字电视接收器电信号输出亮度与色差信号时间差测量框图

8.2.2　连接与调整

a）按图 2 连接测量电路，根据被测设备的性能选择 HDTV 或 SDTV 测试图形信号；

b) 亮度 Y 信号输出接示波器的 A 通道(75 Ω 端接),并以 A 通道作为扫描的同步;

c) 色差 P_b(或 P_r)信号输出接示波器的 B 通道(75 Ω 端接),调节显示幅度和位置,如图 C.1、图 C.2 所示,能同时看到两通道的波形,并使 A 通道在下,B 通道在上。每通道的波形都由较亮的低频余弦波和较暗的高频余弦波的叠加而成,它们分别用于粗测量和精测量。由于色差信号与亮度信号的频率不同,除了个别位置上 A 通道波形的波峰与 B 通道波形的波谷正好对齐外,其余均不对齐。如图 C.1、图 C.2 所示,Y 信号正中的波峰下面有一稍亮的平台 3,它给出了粗(精)测量的参考点 13(23)的位置。

8.2.3 **HDTV 的测量步骤**

a) 粗测量。如图 C.1 所示,波形 11 是 Y 的低频成分,波形 12 是 P_b(或 P_r)的低频成分,上下调节它们的相对位置,使波形 11 的波峰和波形 12 的波谷相接,并确认波峰与波谷上下对得最齐的所在位置,这对波峰与波谷称作特征点 14。特征点 14 相对于参考点 13 每位移一个波形,时间差变化 12.9 ns,此值称为粗测时基。粗读数据=偏移个数×粗测时基。右移表示色差信号比亮度信号提前,读数为正值,反之为负值,加了正、负号的粗读数据即为粗测读数。在时间差为±200 ns 的范围内,将得到唯一的粗测读数;

b) 精测量。如图 C.2 所示,波形 21 是 Y 高频成分,波形 22 是 P_b(或 P_r)的高频成分,调节波形上下位置,使波形 21 和波形 22 正好相接并稍有重叠,以便更易确定特征点 24(波形 21 的波峰与波形 22 的波谷对得最齐且离参考点 23 最近)的位置。特征点 24 相对于参考点 23 每位移一个波形,时间差变化 1.64 ns,此值称为精测时基。精读数据=偏移个数×精测时基。同样右移表示读数为正值,反之为负值,带符号的精读数据称精测读数。精测读数范围仅±100 ns,对于±200 ns 的量程,读数有 100 ns 的不确定间隔,因而可能的结果=(精测读数+N×100)ns(N=−2、−1、0、1、2),其中最接近粗测读数的值即为 P_b(或 P_r)相对 Y 时间差的最终测量结果。

8.2.4 **SDTV 的测量步骤**

测量步骤和读数方法与 HDTV 相同,仅因构成 SDTV 测试图形的信号频率比 HDTV 的低,粗测时基和精测时基分别变为 25.8 ns 和 6.56 ns,不确定间隔变为 400 ns,量程变为±800 ns。

8.3 显示图像的亮度与色差信号时间差测试方法

8.3.1 测试框图

测试框图如图 3 和图 4 所示。

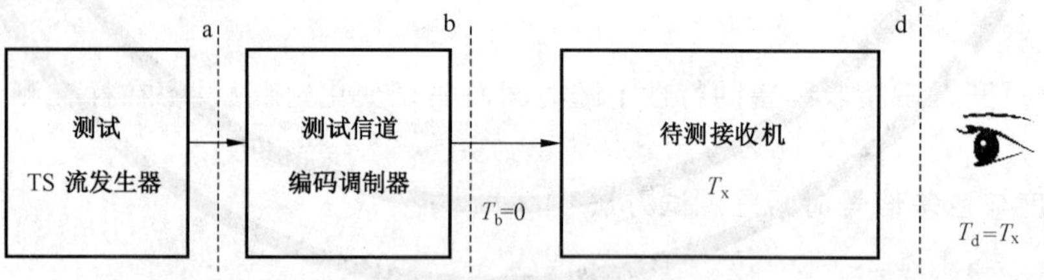

图 3 数字电视接收机图像输出亮度与色差信号时间差测量框图

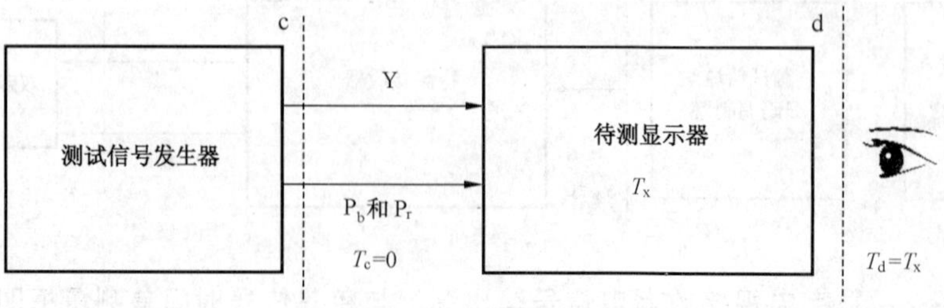

图 4 数字电视显示器图像输出亮度与色差信号时间差测量框图

8.3.2 连接与调整

a) 根据待测设备的种类,从图 3 和图 4 中确定一种测量电路的连接方案。根据被测设备的性能选择 HDTV 或 SDTV 测试图形信号;

b) 调节显示单元的亮度,对比度和色饱和度控制,使显示图形的彩色花纹清晰。

8.3.3 **HDTV 的测量步骤**

a) P_b 与 Y 时间差:显示图形如图 A.1 所示,注视其 C 区的图形作粗测量,确定彩色花纹中心对应的坐标位置,读取粗测读数。当粗测读数的绝对值不大于 100 ns 时,精测量的坐标刻度选定为－100 ns～＋100 ns;当粗测读数的大于 100 ns 时,精测量的坐标刻度选定为 0 ns～200 ns;当粗测读数的小于－100 ns 时,精测量的坐标刻度选定为－200 ns～0 ns。继而注视 A 区的图形作精测量,确定彩色花纹中心(一般有两个)对应的坐标位置,以选定的坐标刻度读取它们的数据,其中与粗测量结果相近的精测读数即为 P_b 与 Y 时间差的测量结果;

b) P_r 与 Y 时间差:以 a)的步骤和方法从显示图形的 D 区和 B 区读取 P_r 与 Y 时间差的测量结果。

8.3.4 **SDTV 的测量步骤**

a) P_b 与 Y 时间差:显示图形如图 B.1 所示,注视其 C 区的图形作粗测量,确定彩色花纹中心对应的坐标位置,并读取粗测读数。当粗测读数的绝对值不大于 400 ns 时,精测量的坐标刻度选定为－400 ns～400 ns;当粗测读数大于 400 ns,精测量的坐标刻度选定为 0 ns～800 ns;当粗测读数小于－400 ns,精测量的坐标刻度选定为－800 ns～0 ns。继而注视 A 区的图形作精测量,确定彩色花纹中心(一般有两个)对应的坐标位置,以选定的坐标刻度读取它们的数据,其中与粗测量结果相近的精测读数即为 P_b 与 Y 时间差的测量结果;

b) P_r 与 Y 时间差:以 a)的步骤和方法从显示图形的 D 区和 B 区读取 P_r 与 Y 时间差的测量结果。

附　录　A
（规范性附录）
HDTV 亮度与色差信号时间差测试图形

图 A.1 是用于 1920×1080 HDTV 亮度与色差信号时间差的测试图形（以亮度的变化近似模拟色调的变化，且对应于时间差为 0 的彩色花纹）。图形分成左、右、上、下排列的 A、B、C、D 四个区域。A、C 区的图形用来测量 P_b 与 Y 的时间差，B、D 区的图形则用来测量 P_r 与 Y 的时间差。HDTV 每行正程约 25.86 μs，A、C 和 B、D 的图形各占 12 μs 的宽度。C、D 区的图形用于粗测量，A、B 区的图形用于精测量。

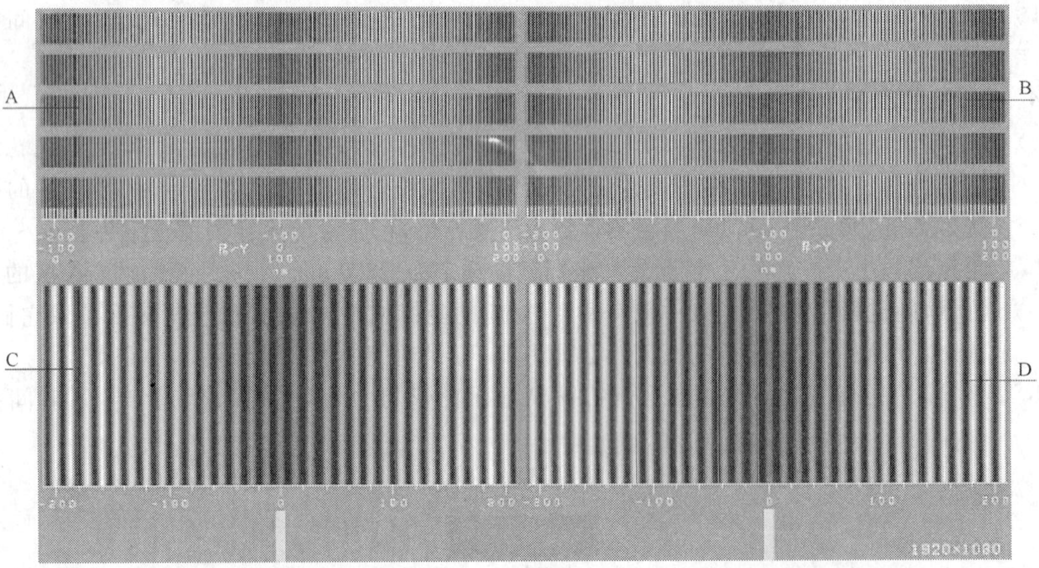

图 A.1　1920×1080　HDTV 亮度与色差信号时间差测试图形

C 区图形中，Y 为频率 $f_1=(1+1/30)\times 2.5$ MHz 的余弦波，P_b 为频率 $f_2=2.5$ MHz 的余弦波，Y 和 P_b 信号组合构成了色调变化的垂直彩色花纹。D 区中，Y 同样为 $f_1=(1+1/30)\times 2.5$ MHz 的余弦波，P_r 为 $f_2=2.5$ MHz 的余弦波，Y 和 P_r 信号相组合构成了另种色调变化的垂直彩色花纹。由于 $f_1-f_2=f_2/30=1/12$ MHz，色调变化周期为 12 μs，且每 1 ns 的时间差将使彩色花纹在水平方向平移 30 ns，相当在时间轴上放大了 30 倍。左移表示色差信号相对于亮度信号落后，时间差取负值，反之时间差取正值。±6 μs 的宽度对应于亮度与色差信号时间差±200 ns 的量程，只要亮色时间差在±200 ns 之内，就可得到唯一的粗测读数。图形的下方画出了坐标轴和±200、±100 和 0 的读数刻度标志及间隔 20 ns 的刻度线。

A 区图形中，Y 为频率 $f_3=(1+1/60)\times 10$ MHz 的余弦波，P_b 为频率 $f_4=10$ MHz 的余弦波。B 区图形中，Y 同为频率 $f_3=(1+1/60)\times 10$ MHz 的余弦波，P_r 为频率 $f_4=10$ MHz 的余弦波。$f_3-f_4=f_4/60=1/6$ MHz，色调变化周期为 6 μs，且在时间轴上放大了 60 倍。±6 μs 的区间对应于±100 ns 的时间差，坐标刻度间隔也可降为 10 ns，同时色调变化变陡，较易精确判定读数位置，使读数精度大大提高。

需要指出，由于色调变化周期为 6 μs，±6 μs 的范围内色调变化 2 个周期，读数就不再唯一，这些可能读数值之间有 $1/f_4=100$ ns 的不确定间隔。在±200 ns 的量程内，有 3 种可能的刻度范围：−200 ns、

－100 ns、0 ns；－100 ns、0 ns、100 ns 及 0 ns、100 ns、200 ns。图 A.1 中部的坐标轴标出了 3 种读数刻度。测量时，从 C、D 区的图形读取时间差的粗略值，根据此值，选定 A、B 区图形应取的刻度范围，再根据 A、B 区中彩色花纹中心（一般有两个）位置的偏移，读取时间差的精确值，其中与粗测读数接近的值为测量结果。

区域 C、D 下方给出两个亮的竖条，用来为示波器显示波形的参考点提供标识。

附 录 B
（规范性附录）
SDTV 亮度与色差信号时间差测试图形

图 B.1 是用于 720×576 SDTV 亮度与色差信号时间差的测试图形（以亮度的变化近似模拟色调的变化，且对应于时间差为 0 的彩色花纹）。图形分成上、下排列的 C、A、B、D 四个区域。A、C 区的图形用来测量 P_b 与 Y 的时间差，B、D 区的图形则用来测量 P_r 与 Y 的时间差。SDTV 每行正程约 52 μs，图形占 48 μs 的宽度。C、D 的图形用于粗测量，A、B 的图形用于精测量。

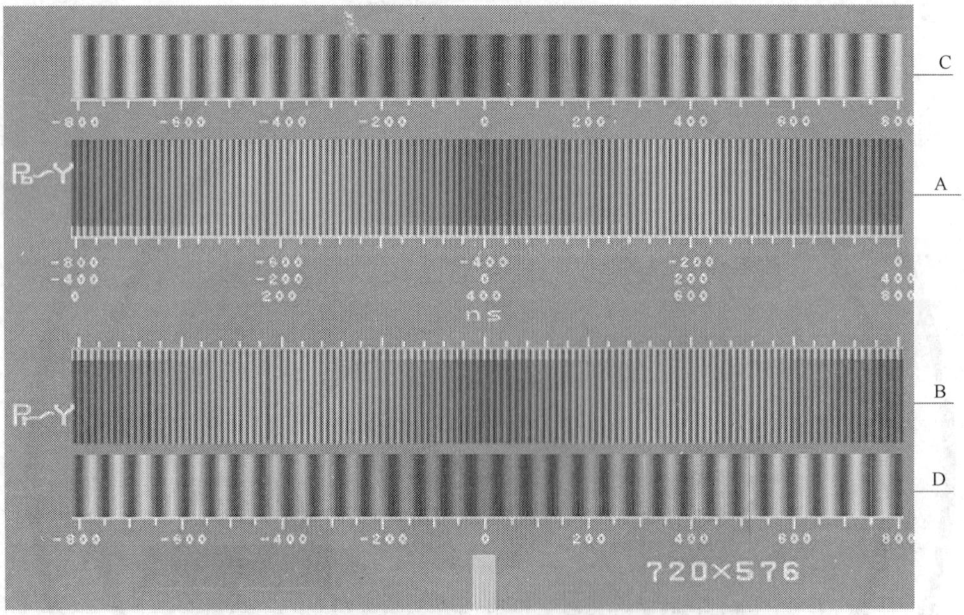

图 B.1 720×576 SDTV 亮度与色差信号时间差测试图形

C 区图形中，Y 为频率 $f_1=(1+1/30)\times 5/8$ MHz 的余弦波，P_b 为频率 $f_2=5/8$ MHz 的余弦波，Y 和 P_b 信号组合构成了色调变化的垂直彩色花纹。D 区，Y 同样为频率 $f_1=(1+1/30)\times 5/8$ MHz 的余弦波，而 P_r 为频率 $f_4=5/8$ MHz 的余弦波，Y 和 P_r 信号相组合构成了另种色调变化的垂直彩色花纹。由于 $f_1-f_2=f_2/30=1/48$ MHz，色调变化周期为 48 μs，且每 1 ns 的时间差将使彩色花纹在水平方向平移 30 ns，相当在时间轴上放大了 30 倍。左移表示色差信号相对于亮度信号落后，时间差取负值，反之时间差取正值。于是±24 μs 的宽度对应于亮度与色差信号时间差±800 ns 的量程，而且只要亮色时间差在±800 ns 之内，就可得到唯一的粗测读数。图形下方画出了是坐标轴和±800、±600、±400、±200 和 0 的读数刻度标志及间隔 50 ns 的刻度线。

A 区的图形中，Y 为频率 $f_3=(1+1/60)\times 2.5$ MHz 的余弦波，P_b 为频率 $f_4=2.5$ MHz 的余弦波。B 区的图形中，Y 同为频率 $f_3=(1+1/60)\times 2.5$ MHz 的余弦波，而 P_r 为频率 $f_4=2.5$ MHz 的余弦波。$f_3-f_4=f_4/60=1/24$ MHz，色调变化周期为 24 μs，且在时间轴上放大了 60 倍。±24 μs 的区间对应于±400 ns 的时间差，坐标刻度间隔也可降为 20 ns，同时色调变化变陡，较易精确判定读数位置，使读数精度大大提高。

需要指出，由于色调变化周期为 24 μs，±24 μs 的范围内色调变化 2 个周期，读数就不是唯一的，这些可能读数值之间有 $1/f_4=400$ ns 的不确定间隔。于是在±800 ns 的量程内，有 3 种可能的刻度范围：－800 ns、－400 ns、0 ns；－400 ns、0 ns、400 ns 及 0 ns、400 ns、800 ns。图 B.1 中部的坐标轴标出了 3 种读数刻度。测量时，由 C、D 图形读取时间差的粗略值，根据此值，选定 A、B 图形应取的刻度范围，再根据 A、B 区中彩色花纹中心(一般有两个)位置的偏移，读取时间差的精确值，其中与粗测读数接近的值为测量结果。

在图形的最下部，还给一个亮的竖条，用来为示波器显示波形的参考点提供标识。

附 录 C
（资料性附录）
根据示波器显示波形读取亮度与色差信号时间差的实例

图 C.1 和图 C.2 是一次 HDTV 接收器电信号输出亮度与色差信号时间差实际测量中记录的示波器波形图的照片，以此实例更详细地说明由显示波形读取时间差测量结果的具体方法。

a) 粗测量：

如图 C.1 所示，波形 11 是 Y 的低频成分，波形 12 是 P_b（或 P_r）的低频成分，上下调节它们的相对位置，使波形 11 的波峰和波形 12 的波谷相接，图中显示，有 3 对波峰波谷上下对得较齐，相比之下又以中间 1 对波峰波谷上下对得更齐，这对波峰波谷就是特征点 14。同时注意到，此对波峰波谷中的波峰下面有一稍亮的平台 3，是参考点 13 的位置所在，即特征点 14 相对于参考点 13 的位移为 0 个波形，0×12.9 ns＝0 ns，粗测读数为 0 ns；

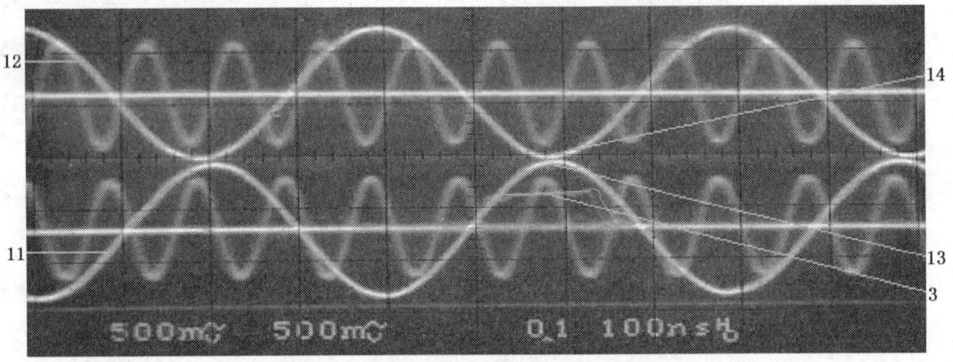

图 C.1 粗测量时示波器波形图的实例

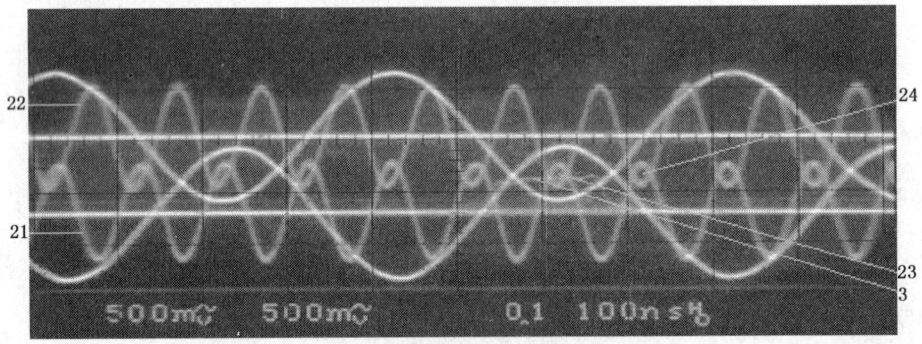

图 C.2 精测量时示波器波形图的实例

b) 精测量：

如图 C.2 所示，波形 21 是 Y 高频成分，波形 22 是 P_b（或 P_r）的高频成分，调节波形上下位置，使波形 21 和波形 22 正好相接并稍有重叠。通过比较这些重叠波形的对称程度，可确定特征点 24（重叠波形最对称且离参考点 23 最近）的位置。图 C.2 显示特征点 24 相对于参考点 23 右移 1 个波形，精测读数＝＋(1×1.64 ns)，在(＋1.64＋N×100)ns (N＝－2、－1、0、1、2)中，N＝0 时与粗测读数的 0 ns 最为接近，因此，P_b（或 P_r）相对 Y 时间差的最终测量结果为＋1.64 ns。其实本例中特征点 24 也可认为右移 2 个波形，此时判作右移 1.5 个波形，测量结果则为＋2.46 ns，无论最终测量结果取何值，相对于实际值的误差有望小于 1 ns。

ICS 33.160.25
M 74

中华人民共和国国家标准

GB/T 26272—2010

地面数字电视调谐器基本性能要求和测量方法

Basic performance requirements and test method of terristrial digital television tuner

2011-01-14 发布　　2011-06-01 实施

中华人民共和国国家质量监督检验检疫总局
中国国家标准化管理委员会　发布

前　言

本标准的附录A为资料性附录。

本标准由中华人民共和国工业和信息产业部提出。

本标准由全国音频、视频及多媒体系统与设备标准化技术委员会归口。

本标准主要起草单位:中国电子技术标准化研究所、成都旭光科技有限公司、重庆庆佳电子有限公司、苏州胜利科技有限公司、无锡科尔华电子有限公司、江苏银河电子股份有限公司、清华大学、松下电器研究开发(中国)有限公司。

本标准主要起草人:张素兵、陈仁伟、胡鹏、梁小兵、卜炳策、常赵军、顾红春、上官庆元、潘长勇、安安。

地面数字电视调谐器
基本性能要求和测量方法

1 范围

本标准规定了地面数字电视接收设备用特高频/超高频(VHF/UHF)电子式调谐器基本性能要求和测量方法。

本标准适用于地面数字电视接收设备用具有中频输出的特高频/超高频(VHF/UHF)电子式调谐器。

2 规范性引用文件

下列文件中的条款通过本标准的引用而成为本标准的条款。凡是注日期的引用文件,其随后所有的修改单(不包括勘误的内容)或修订版均不适用于本标准,然而,鼓励根据本标准达成协议的各方研究是否可使用这些文件的最新版本。凡是不注日期的引用文件,其最新版本适用于本标准。

GB 20600—2006 数字电视地面广播传输系统帧结构、信道编码和调制

SJ/T 11324—2006 数字电视接收设备术语

SJ/T 11327—2006 数字电视接收设备接口规范 第1部分:射频信号接口

3 术语和定义、缩略语

3.1 术语和定义

SJ/T 11324—2006 界定的术语和定义适用于本标准。

3.2 缩略语

AGC——自动增益控制(Automatic Gain Control)

IF——中频(Intermediate Frequency)

IF. AGC——中频自动增益控制端(Intermediate Frequency Automatic Gain Control)

IF. OUT——中频输出端(Intermediate Frequency Output)

RF——射频(Radio Frequency)

RF. AGC——射频自动增益控制端(Radio Frequency Automatic Gain Control)

RF. IN——射频输入端(Radio Frequency Input)

RF. LOOP——射频环路输出端(Radio Frequency Loop Output)

UHF——超高频(Ultra High Frequency)

VHF——特高频(Very High Frequency)

4 技术要求

4.1 外观结构要求

调谐器外观应整洁,表面不应有凹凸痕、划伤、裂缝、毛刺、霉斑等缺陷,表面涂镀层不应起泡、龟裂、脱落等。

调谐器的金属零件应紧固无松动,不应有锈蚀及其他机械损伤,灌注物不应外溢。

说明功能的文字和图形符号的标志应正确、清晰、端正、牢固,指示应正确。

4.2 工作环境要求

环境温度:0 ℃～40 ℃;

相对湿度：25%～90%；

大气压：86 kPa～106 kPa；

电源电压：由产品规范规定。

4.3 基本设计要求

调谐器基本设计参数见表 1。

表 1

序号	项　　目	要　　求
1	RF 输入接口	必备，符合 SJ/T 11327—2006 要求
2	RF 环路输出接口	可选，符合 SJ/T 11327—2006 要求
3	IF 输出接口	必备，符合产品规范
4	IF 频率	优选 36.167 MHz
5	控制接口	I^2C
6	IF AGC 控制	必备

4.4 性能要求

4.4.1 RF 接收性能

调谐器接收 RF 信号时应满足表 2 所示性能要求。

表 2

序号	项　　目			单 位	性 能 参 数	
					VHF	UHF
1	接收频率范围			MHz	覆盖附录 A 的 1～57 频道	
2	覆盖裕量			MHz	≥2	
3	幅频特性	带外衰减[a]	+4 MHz、−4 MHz	dB	≥3	
			+4.5 MHz、−4.5 MHz	dB	≥15	
			+5 MHz、−5 MHz	dB	≥32	
		带内(±3.78 MHz)不平坦度		dB	≤2	
4	总功率增益			dB	≥85	
5	功率增益差			dB	≤8	
6	RF AGC 控制范围			dB	≥45	≥40
7	IF AGC 控制范围			dB	≥45	
8	噪声系数			dB	≤5.5	≤7
9	最大输入信号电平			dBμV	≥84	
10	镜像抑制比			dB	≥60	≥55
11	1%交扰调抑制比	N±1		dBμV	≥75	
		N±2		dBμV	≥80	
12	相位噪声	1 kHz		dBc	≤−70	
		10 kHz		dBc	≤−85	
		100 kHz		dBc	≤−95	
13	输入端反射损耗			dB	≥8	

[a] 以中心频率点的频率为频率基准点，电平为电平基准点。模板如图 1。

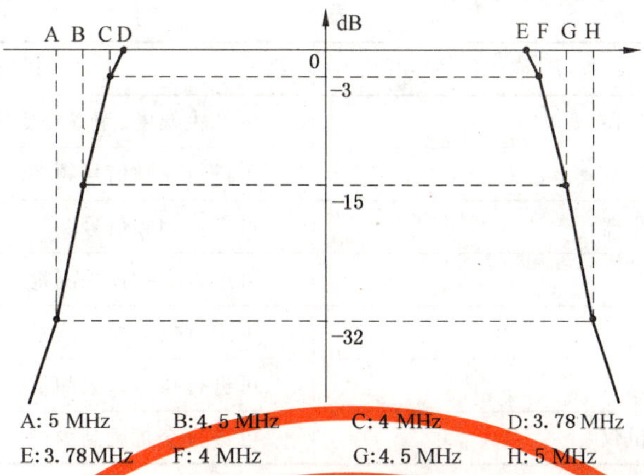

图 1

4.4.2 RF 环路输出性能

当调谐器具有 RF 环路输出接口时，环通性能则应满足表 3 所示性能要求。

表 3

序　　号	项　　目	单　　位	性能参数
1	环通增益	dB	−1～+3
2	环通噪声系数	dB	≤8
3	反射损耗	dB	≥8
4	二阶互调	dB	≥50
5	三阶互调	dB	≥55

5 测量方法

5.1 一般说明

5.1.1 试验场地

测量应在不受来自外界的射频和低频电磁场干扰的室内进行，若外界电磁干扰影响测量结果，则测量应在屏蔽室里进行。

5.1.2 测量环境条件

环境温度：15 ℃～35 ℃；

相对湿度：60％～70％；

气压：86 kPa～106 kPa；

工作电压：产品规范规定标称值±5％。

5.1.3 稳定时间

为了确保在测量开始后调谐器的特性不随时间而明显变化，调谐器在测量环境条件下稳定工作至少 15 min。

5.1.4 测量频道

VHF 频段：取两端频道。

UHF 频段：取两端和中间频道。

5.1.5 测量仪器

具体功能要求见表 4。

表 4

序号	设 备 名 称	功 能 要 求
1	标准信号发生器	可产生幅度、频率可变的单频信号
2	频率计	可进行单频信号频率测量
3	扫频信号发生器	可产生扫频信号
4	网络分析仪	可进行反射损耗测量
5	频谱分析仪	可进行信号频谱测量
6	噪声系数测试仪	可进行噪声系数测量
7	交扰调制测试仪	可进行交扰调制测量

5.1.6 标准射频信号电平

加到接收器的射频输入信号用测量频道中心频点的电平表示。

标准射频信号电平：60 dBμV。

5.1.7 调谐器框图

调谐器框图如图 2。

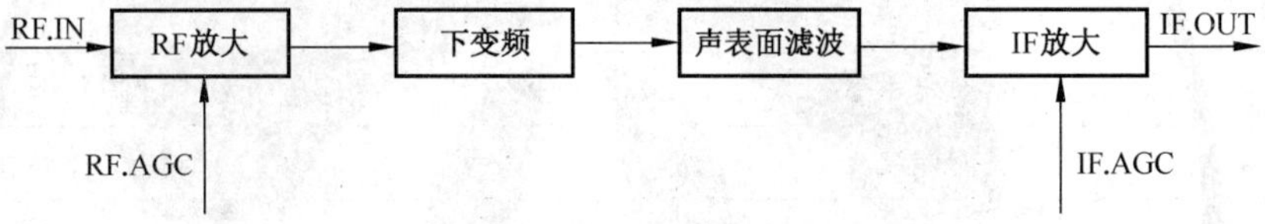

图 2

5.1.8 其他

当调谐器 IF. OUT 为差分输出时，应将差分输出转为单端输出再进行测试。

5.2 接收频率范围

5.2.1 特征说明

调谐器可接收的频率范围。

5.2.2 测量框图

测量框图如图 3。

图 3

5.2.3 测量步骤

a) 按图 3 连接测量系统；

b) 调节标准信号发生器输出频率为工作频段频率最低频道的中心频率，输出电平为标准射频信号电平；

c) 正确调整调谐器；

d) 调整调谐器的调谐控制使频率计显示出中频频率；

e) 调节标准信号发生器输出频率为工作频段频率最高频道的中心频率，输出电平为标准射频信号电平；

f) 在调谐器工作频段频率最高频道上重复步骤 c)、d)。

5.3 覆盖裕量

5.3.1 特征说明

本振频率的可调范围。

5.3.2 测量框图

测量框图如图3。

5.3.3 测量步骤

a) 按图3连接测量系统；

b) 调节标准信号发生器输出频率为工作频段频率最低频道的中心频率低2 MHz,输出电平为标准射频信号电平；

c) 正确调整调谐器；

d) 调整调谐器的调谐控制使频率计显示出中频频率；

e) 调节标准信号发生器输出频率为工作频段频率最高频道的中心频率高2 MHz,输出电平为标准射频信号电平；

f) 调整调谐器的调谐控制使频率计显示出中频频率。

5.4 幅频特性

5.4.1 特征说明

信号从调谐器RF输入端输入时,在调谐器IF输出端测得的中频信号幅度与频率的对应关系,以被测频率点的分贝(dB)表示。

5.4.2 测量框图

测量框图如图4。

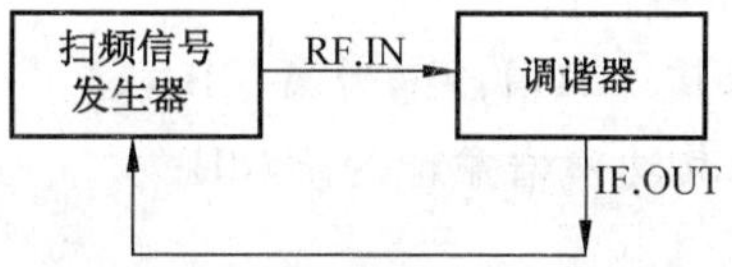

图 4

5.4.3 带外衰减测量步骤

a) 按图4连接测量系统；

b) 调节扫频信号发生器发出射频扫频信号,中心频率为被测频道的中心频率；

c) 调整调谐器工作在被测频道上,正确调整调谐器；

d) 调节扫频信号发生器的扫描宽度与输出幅度,使显示器上显示的波形适当；

e) 以中频中心频率点的电平为0 dB,记录下被测点的电平的分贝数。

5.4.4 带内不平坦测量步骤

a) 按图4连接测量系统；

b) 调节扫频信号发生器发出射频扫频信号,中心频率为被测频道的中心频率,电平为标准射频信号电平；

c) 调谐器设置在被测频道上,正确调整调谐器；

d) 调节扫频信号发生器扫描宽度,使显示器上显示的波形适当；

e) 找出中频信号的中心频率为中频频率,±3.78 MHz带宽的频带内幅度最高点的电平A/dBμV,最低点电平B/dBμV；

f) 带内不平坦度:$C=A-B$。

5.5 总功率增益

5.5.1 特征说明

信号从调谐器的RF输入端输入时,调谐器中频输出端输出功率与输入功率之比。

5.5.2 测试框图

测量框图如图 5。

图 5

5.5.3 测量步骤

a) 按图 5 连接测试系统;

b) 调节标准信号发生器输出频率为被测频道的中心频率,输出电平为标准射频信号电平;

c) 调整调谐器工作在被测频道上,RF. AGC 与 IF. AGC 都置于产品规范规定的标称值;

d) 逐步减小标准信号发生器输出电平,直到调谐器输出电平 B/dBμV 与发生器电平 A/dBμV 以 1 dB 为步长同步减小;

e) 该频道总功率增益:$C=B-A$。

5.6 功率增益差

5.6.1 特征说明

调谐器在其全部接收频道范围内,功率增益最高的频道的功率与功率增益最低的频道的功率之间差值。

5.6.2 测量框图

测量框图如图 5。

5.6.3 测量步骤

a) 按 5.5 测量全部接收频道范围内的功率增益;

b) 找出功率增益最高的频道,其功率增益记为 A/dB;

c) 找出功率增益最低的频道,其功率增益记为 B/dB;

d) 功率增益差:$C=A-B$。

5.7 RF. AGC 控制范围

5.7.1 特征说明

信号从 RF 输入端输入时,调谐器中频输出端信号,在 RF. AGC 电压有效范围内的最高电平与最小电平差。

5.7.2 测量框图

测量框图如图 5。

5.7.3 测量步骤

a) 按图 5 连接测量系统;

b) 调节标准信号发生器输出频率为被测频道的中心频率,输出电平为标准射频信号电平,固定 IF. AGC;

c) 将 RF. AGC 电压置产品规范规定的最大值;

d) 调整调谐器工作在被测频道上;

e) 逐步减小标准信号发生器输出电平,直到调谐器输出电平 B/dBμV 与发生器电平 A/dBμV 以 1 dB 为步长同步减小;

f) 再将 RF. AGC 电压调至产品规范规定的最小值,记录中频输出电平为 C/dBμV;

g) RF. AGC 控制范围:$D=B-C$。

5.8 IF. AGC 控制范围

5.8.1 特征说明

信号从 RF 输入端输入时,调谐器中频输出端信号在 IF. AGC 电压有效范围内的最高电平与最小电平差。

5.8.2　**测量框图**

测量框图如图6。

图6

5.8.3　**测量步骤**

a)　按图6连接测量系统；

b)　调节标准信号发生器输出频率为被测频道的中心频率，输出电平为标准射频信号电平，固定RF.AGC；

c)　将IF.AGC电压置产品规范规定的最大值；

d)　调整调谐器工作在被测频道上；

e)　逐步减小标准信号发生器输出电平，直到调谐器输出电平 B/dBμV 与发生器电平 A/dBμV 以1 dB为步长同步减小；

f)　再将IF.AGC电压调至产品规范规定的最小值，记录中频输出电平为 C/dBμV；

g)　IF.AGC控制范围：$D=B-C$。

5.9　**噪声系数**

5.9.1　**特征说明**

调谐器输入端信噪比与中频输出端信噪比的比值，用分贝(dB)表示。

5.9.2　**测量框图**

测量框图如图7。

图7

5.9.3　**测量步骤**

a)　按图7连接测量系统；

b)　调整调谐器工作在被测频道上，RF.AGC与IF.AGC都置于产品规范规定的标称值；

c)　在噪声系数测试仪上读取噪声系数。

5.10　**最大输入信号电平**

5.10.1　**特征说明**

指调谐器能保持输出与输入具有一定线性关系的最大输入信号电平。

5.10.2　**测量框图**

测量框图如图6。

5.10.3　**测量步骤**

a)　按图6连接测量系统；

b)　调节标准信号发生器输出频率为被测频道的中心频率，输出电平为标准射频信号电平；

c)　调整调谐器工作在被测频道上；

d)　增加标准信号发生器的输出，并调整RF.AGC与IF.AGC控制电压，当调谐器输入电平增加2 dB，而输出电平仅增加1.5 dB时，调谐器的输入信号电平即为最大输入信号电平。

5.11 镜像抑制比

5.11.1 特征说明

调谐器对镜像频率干扰信号的抑制能力。

5.11.2 测量框图

测量框图如图8。

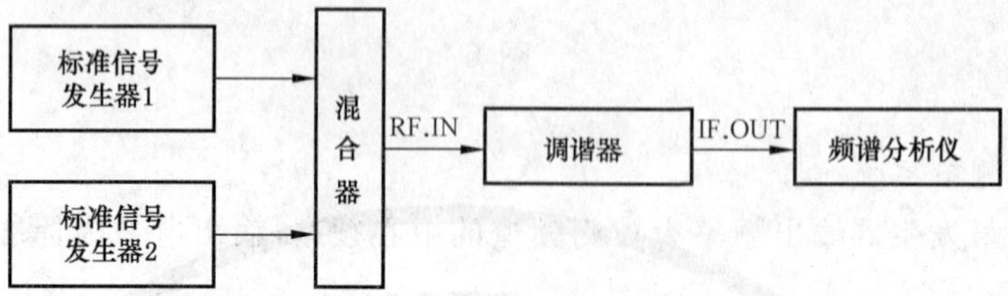

图 8

5.11.3 测量步骤

a) 按图8连接测量系统；

b) 调节标准信号发生器1输出频率为被测频道的中心频率 f_{c_1}，输出电平为标准射频信号电平，标准信号发生器2关闭；

c) 设置调谐器工作在被测频道上，正确调谐调谐器；

d) 记下此时调谐器输入端有用信号电平 A/dBμV 和有用信号电平在频谱分析仪屏幕上的幅值 B/dBμV；

e) 打开标准信号发生器2，并调节标准信号发生器2输出频率为镜像频道中心频率 $f_{c_2}=(f_{c_1}+2\times \mathrm{IF})$；

f) 改变标准信号发生器输出电平使调谐器输入端电平 $D=90$ dBμV，记下频谱分析仪屏幕上被测频道内的信号电平 C/dBμV；

g) 该频道的镜像抑制比：$E=(D-A)+(B-C)$。

5.12 交扰调制抑制比

5.12.1 特征说明

调谐器接收载频信号时，对从相邻频道或相隔频道一调幅的载频信号中转移过来的调制信号所产生干扰的抑制能力。此抑制能力为1%干扰抑制能力，用干扰频道载频信号电平值来表示。

5.12.2 测量框图

测量框图如图9。

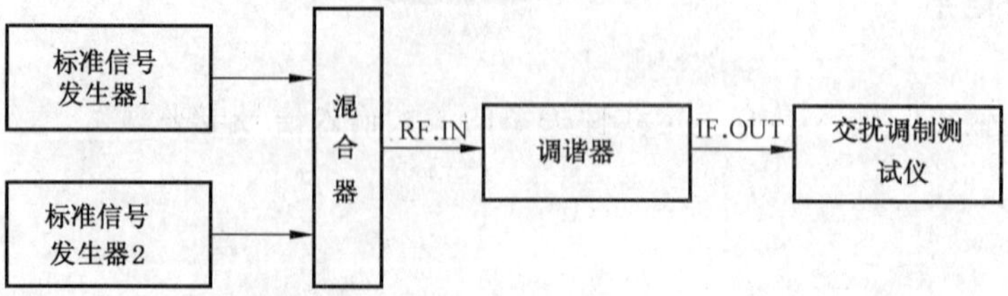

图 9

5.12.3 测量步骤

a) 按图9连接测量系统；

b) 设置调谐器置于被测频道，正确调整调谐器；

c) 将标准信号发生器1置于被测频道载频频率(f_c)，并用1 kHz的正弦波进行30%的调幅，调整标准信号发生器 1 的输出，使其加至调谐器输入端的电平为标准输入电平。此时，应将标准信号发生器 2 关机；

d) 将交扰调制测试仪测定开关置于有用信号侧，调整交扰调制测试仪，使其检波输出为设定值 $A=0$ dB；

e) 使标准信号发生器 1 去调制。将标准信号发生器 2 置于干扰频率（$f_c\pm8$ MHz 或 $f_c\pm16$ MHz）上，并用 1 kHz 的正弦波进行 30%的调幅；

f) 将交扰调制测试仪测定开关置于交扰调制侧，调整标准信号发生器 2 的输出，使交扰调制测试仪的检波输出仍为设定值 $A=0$ dB；

g) 此时，标准信号发生器 2 加至调谐器输入端的电平即为 1%交扰调制干扰电平。

5.13 相位噪声

5.13.1 特征说明

调谐器振荡器产生的本机振荡信号，相对于振荡器单边带相位噪声在 1 kHz、10 kHz 和 100 kHz 频偏处的 1 Hz 带宽内，载频电平与相位噪声能量的比值。

5.13.2 测量框图

测量框图如图 6。

5.13.3 测量步骤

a) 调节标准信号发生器输出频率为被测频道的中心频率，输出电平为标准射频信号电平；

b) 设置调谐器工作在被测频道上，正确调整调谐器；

c) 记下此时频谱分析仪中频信号电平 AdBμV 和在 1 kHz 频偏下的噪声电平 BdBμV；

d) 相位噪声：$C=B-A-10\lg(RBW)$；

注：RBW 为频谱分析仪分辨率带宽，单位为赫兹（Hz）。

e) 重复 c)、d)测量 10 kHz，100 kHz 频偏处的相位噪声。

5.14 输入端反射损耗

5.14.1 特征说明

调谐器输入阻抗与天线馈线特性阻抗不匹配而引起的反射性能。

5.14.2 测量框图

测量框图如图 10。

图 10

5.14.3 测量步骤

a) 调整网络分析仪，设置网络分析仪扫描频段为 40 MHz～1 GHz，选择反射损耗测试；

b) 调整调谐器工作在被测频道上；

c) 按图 10 连接系统，将网络分析仪接到被测设备测试端；

d) 记录整个工作频段中反射最强点的数值。

5.15 环通二阶互调特性

5.15.1 特征说明

调谐器环通放大器对二阶互调的抑制能力。

5.15.2 测量框图

测量框图如图 11。

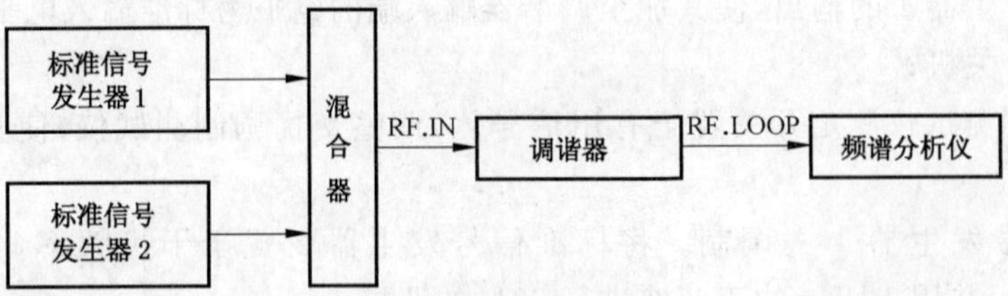

图 11

5.15.3 测量步骤

a) 按图 11 连接测量系统；

b) 调节标准信号发生器 1 输出频率为 $f_1=200$ MHz,输出电平为 80 dBμV；

c) 调节标准信号发生器 2 输出频率为 $f_2=300$ MHz,输出电平为 80 dBμV；

d) 用频谱仪测量调谐器环通输出端 $f_3=f_2+f_1=500$ MHz 处的信号的电平 AdBμV；

e) 环通二阶互调特性即为：$IM_2=80-A$。

5.16 环通三阶互调特性

5.16.1 特征说明

调谐器环通放大器对三阶互调的抑制能力。

5.16.2 测量框图

测量框图如图 11。

5.16.3 测量步骤

a) 按图 11 连接测量系统；

b) 调节标准信号发生器 1 输出频率为 $f_1=200$ MHz,输出电平为 80 dBμV；

c) 调节标准信号发生器 2 输出频率为 $f_2=300$ MHz,输出电平为 80 dBμV；

d) 用频谱仪测量调谐器环通输出端 $f_3=2\times f_2+f_1=700$ MHz 处的信号的电平 AdBμV；

e) 环通三阶互调特性即为：$IM_3=80-A$。

附　录　A
（资料性附录）
电视频道频率划分表

A.1　电视频道频率划分表

电视频道频率划分表见表 A.1。

表 A.1

波　　段	频道	频率范围 MHz	中心频率 MHz
Ⅰ	1	48.5～56.5	52.5
	2	56.5～64.5	60.5
	3	64.5～72.5	68.5
	4	76～84	80
	5	84～92	88
Ⅲ	6	167～175	171
	7	175～183	179
	8	183～191	187
	9	191～199	195
	10	199～207	203
	11	207～215	211
	12	215～223	219
Ⅳ	13	470～478	474
	14	478～486	482
	15	486～494	490
	16	494～502	498
	17	502～510	506
	18	510～518	514
	19	518～526	522
	20	526～534	530
	21	534～542	538
	22	542～550	546
	23	550～558	554
	24	558～566	562
Ⅴ	25	606～614	610
	26	614～622	618
	27	622～630	626
	28	630～638	634
	29	638～646	642
	30	646～654	650
	31	654～662	658
	32	662～670	666
	33	670～678	674
	34	678～686	682
	35	686～694	690

表 A.1（续）

波　段	频道	频率范围 MHz	中心频率 MHz
V	36	694～702	698
	37	702～710	706
	38	710～718	714
	39	718～726	722
	40	726～734	730
	41	734～742	738
	42	742～750	746
	43	750～758	754
	44	758～766	762
	45	766～774	770
	46	774～782	778
	47	782～790	786
	48	790～798	794
	49	798～806	802
	50	806～814	810
	51	814～822	818
	52	822～830	826
	53	830～838	834
	54	838～846	842
	55	846～854	850
	56	854～862	858
	57	862～870	866
	58	870～878	874
	59	878～886	882
	60	886～894	890
	61	894～902	898
	62	902～910	906
	63	910～918	914
	64	918～926	922
	65	926～934	930
	66	934～942	938
	67	942～950	946
	68	950～958	954

ICS 33.160.25
M 74

中华人民共和国国家标准

GB/T 26273—2010

地面数字电视接收设备音视频同步性技术要求及测量方法

Technology requirements and measurement methods for audio and video synchronization of terrestrial digital TV receiver equipment

2011-01-14 发布 2011-06-01 实施

中华人民共和国国家质量监督检验检疫总局
中国国家标准化管理委员会 发布

前　言

本标准的附录A、附录B为规范性附录。

本标准由中华人民共和国工业和信息化部提出。

本标准由全国音频、视频及多媒体系统与设备标准化技术委员会归口。

本标准参加起草单位：北京牡丹视源电子有限责任公司、中国电子技术标准化研究所、中国电子科技集团第三研究所、天津大学。

本标准主要起草人：徐康兴、张素兵、刘全恩、李桂苓、武晓光、田晨燕、汪莉。

引　　言

本标准的发布机构提请注意如下事实，声明符合本标准时，可以使用涉及大部分条款中有关内容的如下专利。

本标准的发布机构对于专利的范围、有效性和验证资料不提出任何看法。

专利持有人已向本标准的发布机构保证，他愿意同任何申请人在合理和非歧视的条款和条件下，就使用授权许可证进行谈判。在这方面，该专利持有人的声明已在本标准的发布机构备案。有关资料可从以下地址获得：

专利名称：数字电视音视频同步性测试信号及其测量方法；

专利权人：北京牡丹视源电子有限责任公司；

联系人：陈玉萍；

地址：北京市海淀区花园路2号牡丹创业楼510室；

电话：010-82237680。

请注意除上述已经识别出的专利外，本标准的某些内容有可能涉及其他专利。本标准的发布机构不应承担识别这些专利的责任。

地面数字电视接收设备音视频同步性技术要求及测量方法

1 范围

本标准规定了地面数字电视接收设备需满足的视频节目和音频节目的同步性要求及测量方法。

本标准适用于地面数字电视接收设备，卫星数字电视接收设备和有线数字电视接收设备可参照使用。

2 规范性引用文件

下列文件中的条款通过本标准的引用而成为本标准的条款。凡是注日期的引用文件，其随后所有的修改单（不包括勘误的内容）或修订版均不适用于本标准，然而，鼓励根据本标准达成协议的各方研究是否可使用这些文件的最新版本。凡是不注日期的引用文件，其最新版本适用于本标准。

GB/T 14857 演播室数字电视编码参数规范

GB/T 17975.1 信息技术 运动图像及其伴音信息的通用编码 第1部分：系统（GB/T 17975.1—2010，ISO/IEC 13818-1：2007，MOD）

GB/T 17975.2 信息技术 运动图像及其伴音信号的通用编码 第2部分：视频（GB/T 17975.2—2000，ITU-T H.262：1995，IDT）

GB 20600—2006 数字电视地面广播传输系统帧结构、信道编码和调制

SJ/T 11324—2006 数字电视接收设备术语

SJ/T 11327—2006 数字电视接收设备接口规范 第1部分：射频信号接口

SJ/T 11328—2006 数字电视接收设备接口规范 第2部分：传送流接口

SJ/T 11331—2006 数字电视接收设备接口规范 第5部分：模拟音频信号接口

SJ/T 11333—2006 数字电视接收设备接口规范 第7部分：YP_BP_R 模拟分量视频信号接口

GY/T 155—2000 高清晰度电视节目制作及交换用视频参数值

ITU-R BT 1359-1 电视广播中声音与图像的相对时间关系（Relative Timing of Sound and Vision for Broadcasting）

3 术语和定义

SJ/T 11324—2006 界定的以及下列术语和定义适用于本标准。

3.1

音视频信号同步性 audio and video synchronization

同步采集的声音和图像信号在再现过程中保持同步的程度，以它们出现的时间差表示，声音信号提前为正，滞后为负。

注：单位为毫秒（ms）。

3.2

波形测试信号 testing signal for wave

满足测量电信号输出音视频信号时间差特定要求的音视频组合信号。

3.3

声像测试信号 testing signal for sound and picture

满足测量声像输出音视频信号时间差特定要求的音视频组合信号。

4 系统模型

系统模型框图如图1所示,图中:

a) 测试发射机端TS流生成的输出点a,其音视频信号时间差用T_a表示;

b) 信道编码调制输出点b,其音视频信号时间差T_b与T_a相等;

c) 数字电视接收端的信源解码输出点c,其音视频信号时间差用T_c表示;

d) 显示终端d,其音视频信号时间差用T_d表示。

本标准中,默认发射端的音视频时间差T_a、T_b为0,只规定接收端所产生的音视频时间差T_c、T_d的要求及测量方法。

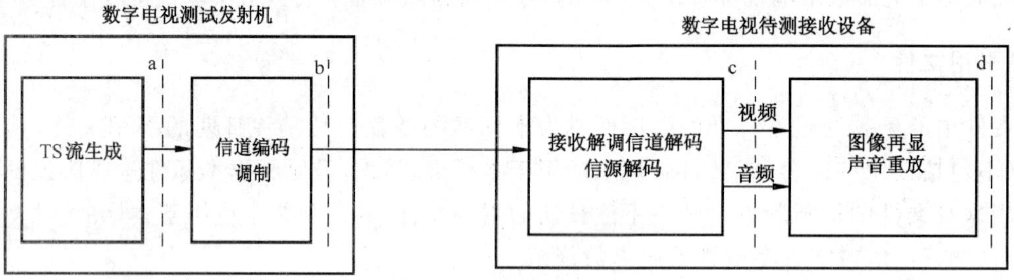

图1 系统模型框图

5 技术要求

依据ITU-R BT 1359-1给出的音视频信号时间差感知阈值曲线并考虑到指标的合理分配,音视频信号时间差的技术要求为:

数字电视接收器:−40 ms~20 ms;

数字电视显示器:−120 ms~45 ms;

数字电视接收机:−160 ms~65 ms。

6 测试信号

6.1 波形测试信号

用于测量电信号输出音视频时间差的波形测试信号见附录A。

6.2 声像测试信号

用于测量声像输出音视频时间差的声像测试信号见附录B。

7 测试仪器

测试仪器要求见表1。

表1 测试仪器列表

序号	设备名称	指标	说明
1	测试TS流发生器	a) TS流输出的音视频信号时间差为0 ms±2 ms; b) 输出接口符合SJ/T 11328—2006; c) HDTV码率:≥18 Mbps; SDTV码率:≥5 Mbps; d) 如系循环码流,其循环周期应不小于60 s,接缝处应无码流差错且保持声音和图像连续	依据GB/T 17975.1和GB/T 17975.2的相关规定采用软件编码的方法将本标准第6章规定的测试信号制作成TS流

表 1（续）

序号	设备名称	指　　标	说　　明
2	测试信道编码调制器	a）输入接口符合 SJ/T 11328—2006 的相关规定； b）输出接口符合 SJ/T 11327—2006 的相关规定	符合 GB 20600—2006
3	双踪存储示波器	具备水平展宽功能；两通道的同时性优于 1 ms	也可用性能相当的专用检测计替代双踪示波器，直接数字显示测量结果
4	测试信号发生器	a）输出接口符合 SJ/T 11331—2006 和 SJ/T 11333—2006 的相关规定； b）输出测试信号的音视频信号时间差为0 ms±2 ms	符合 GY/T 155—2000 及 GB/T 14857 中关于图像格式、扫描时序的要求

8　测量方法

8.1　测量条件

8.1.1　标准测量条件

环境温度：15 ℃～35 ℃；

相对湿度：25%～75%；

大气压：86 kPa～106 kPa；

电源：198 V～242 V，50×(1±2%)Hz。

8.1.2　仲裁条件

环境温度：20 ℃±2 ℃；

相对湿度：60%～70%；

大气压：86 kPa～106 kPa；

电源：209 V～232 V，50×(1±2%)Hz。

8.1.3　稳定时间

为了确保在测量开始后接收设备的特性不随时间而明显变化，接收设备在标准测量条件下稳定工作至少 15 min。

8.2　电信号输出的音视频信号时间差测试方法

8.2.1　测试框图

测试框图如图 2 所示。

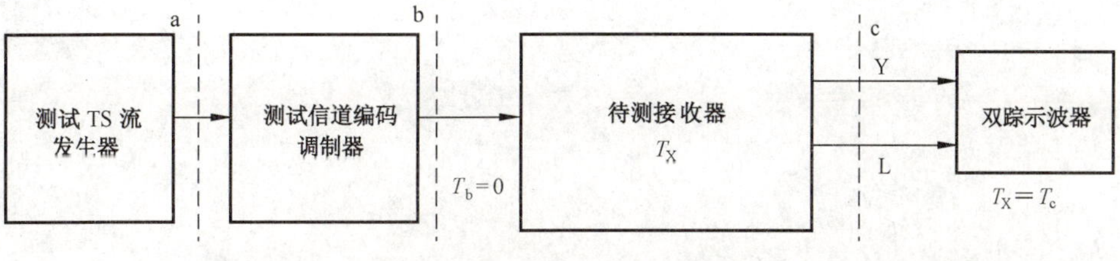

图 2　地面数字电视接收器电信号输出音视频信号时间差测量框图

8.2.2　测试步骤

a）　按图 2 连接测量电路，根据被测设备的性能选择 HDTV 或 SDTV 波形测试信号；

b）　Y 输出接示波器的 A 通道(75 Ω 端接)，并以 A 通道作为扫描的同步；

c) L声道输出接示波器的B通道，调节显示幅度和位置，以便同时看到两通道的波形；

d) 确定Y信号波形中高亮度帧群的前沿映射到音频信号波形上的位置X，借助于音频信号波形幅度形成的十进刻度，数出从X到0参考点(幅度最高的位置)之间的波峰个数N。X在0点的左边为负，反之为正，带符号的N ms即为测量结果。

8.3 声像输出的音视频信号时间差测试方法

8.3.1 测试框图

测试框图如图3和图4所示：

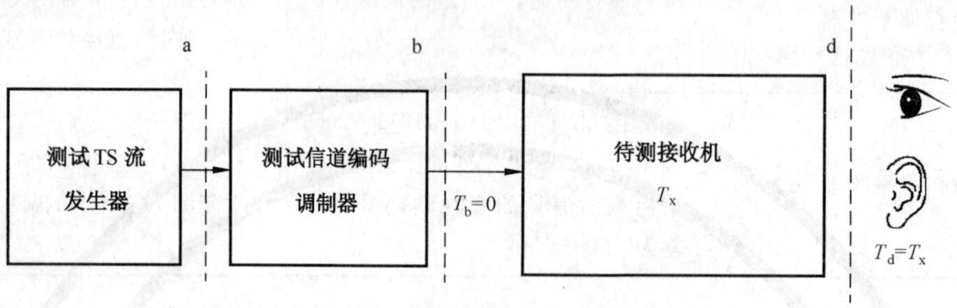

图3 地面数字电视接收机声像输出音视频信号时间差测量框图

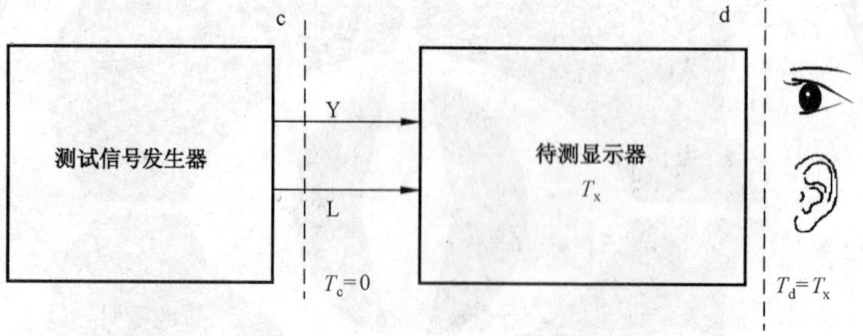

图4 数字电视显示器声像输出音视频信号时间差测量框图

8.3.2 连接与调整

根据待测设备，从图3或图4中确定一种测量电路的连接方案。根据被测设备的性能选择HDTV或SDTV声像测试信号。

8.3.3 测试步骤

注视显示图像中音视频信号时间差测试区域的图形，目光跟随移动标记移动，同时聆听声音，确定声音刚开始变调那瞬间移动标记的位置，根据上刻度线判定合格与否，根据下刻度线判读时间差的数值，偏左为正，偏右为负。

附　录　A
（规范性附录）
音视频信号时间差波形测试信号

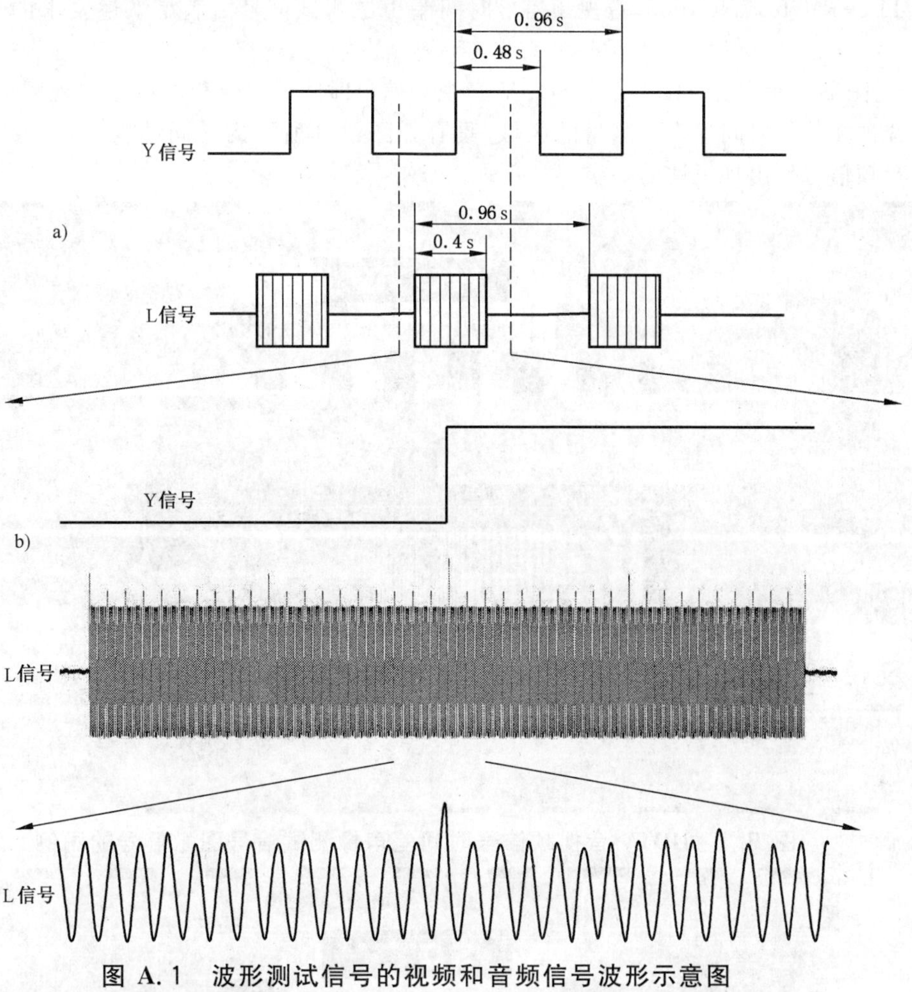

图 A.1　波形测试信号的视频和音频信号波形示意图

音视频信号时间差波形测试信号由视频和音频信号组成。如图 A.1 的 a)区波形所示，视频信号(Y)由 12 帧全白场、12 帧全黑场周期循环形成，循环周期为 0.96 s；左声道(L)为 1 kHz 间歇信号，持续期为 0.4 s，间断期为 0.56 s，重复周期与视频信号严格相同；同时图中 Y 信号波形与 L 信号波形相对位置表明，Y 信号高亮度帧群前沿前与 L 信号波形的中点对齐。图 A.1 的 b)区波形是 a)区波形的展宽，更清晰地展示了 Y 信号高亮度帧群前沿前与 L 信号波形中点对齐的时间关系；同时也表明 L 信号波形的幅度构成了时间间隔的十进制标尺，其具体做法是：音频信号的基本振幅为满刻度的 1/10(−20 dBFS)，音频持续期的中点为读数的参考原点，对应半周的振幅为基本振幅的 1.75 倍，向左右两端每 10 个周期振幅变为基本振幅的 1.25 倍，每 100 个周期振幅变为基本振幅的 1.50 倍，由于频率为 1 kHz，最小刻度间隔的时间单位为 1 ms，这些不同幅度的标尺给出了 −200 ms～200 ms 的范围内，每间隔 100 ms、10 ms、1 ms 的位置。当测试信号通过被测设备而引入音视频信号时间差后，视频信号高亮度帧群的前沿与音频信号的参考原点不再对齐，由它们之间的偏移并借助于十进制表尺即可直接读取以毫秒(ms)为单位的音视频信号时间差。

由于 HDTV 和 SDTV 图像格式不同，音视频时间差波形测试信号分成 HDTV 和 SDTV 两种，它们所含音频信号则是相同的，在双声道场合，右声道置无声，也可是用于其他目的之特定信号。

附 录 B
（规范性附录）
音视频信号时间差声像测试信号

参考 ITU-R BT 1729:2005，音视频信号时间差声像测试信号由满足下述要求的视频和音频信号组成。

图 B.1、图 B.2 分别是 HDTV 和 SDTV 音视频信号时间差声像测试信号中视频信号的显示图例。它们用于音视频信号时间差声像测量的区域，具有如图 B.3 所示的相同结构，本附录对此区域的视频信号以及音频信号作出规范性的要求。

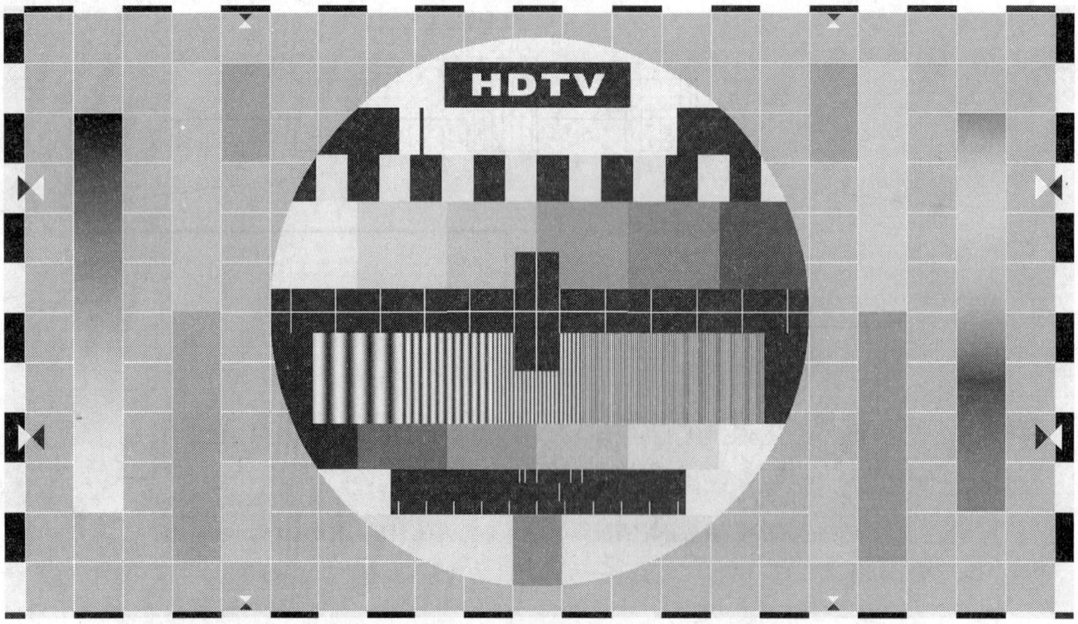

图 B.1 HDTV 音视频信号时间差声像测试信号图像信号的图例

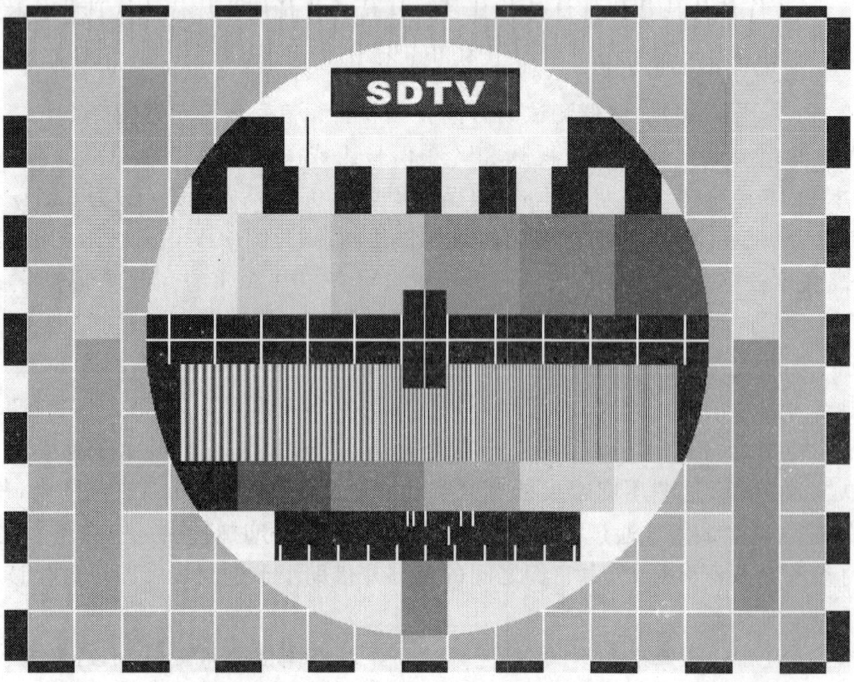

图 B.2 SDTV 音视频信号时间差声像测试信号图像信号的图例

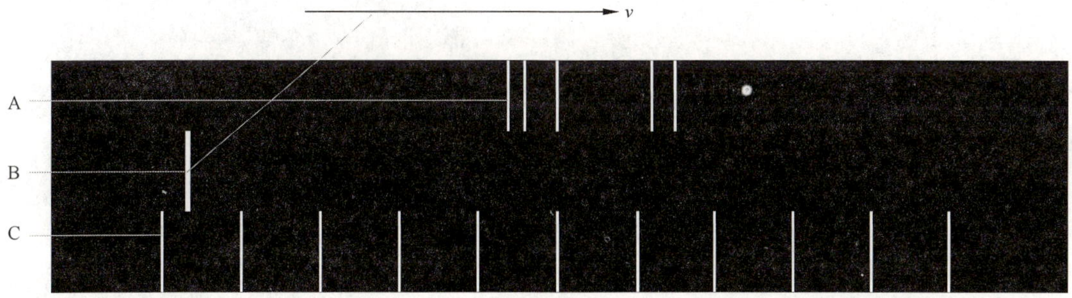

图 B.3 图 B.1、图 B.2 中与音视频信号时间差测量相关的图形

如图 B.3 所示，音视频信号时间差测试区由背景为黑色的横条上若干垂直白线所组成。这些白线分成在 A、B、C 三组。A 组的中央竖线为参考点，中间向左第一竖线给出显示器声音比图像超前的指标限额位置，中间向左第二竖线给出接收机声音比图像超前的指标限额位置；中间向右第一竖线给出显示器声音比图像落后的指标限额位置，中间向右第二竖线给出接收机声音比图像落后的指标限额位置。C 组的中央竖线同样是参考点，其水平位置与 A 组参考点相同，11 条竖线从左至右分别指示音视信号时间差为 500 ms、400 ms、300 ms、200 ms、100 ms、0 ms、－100 ms、－200 ms、－300 ms、－400 ms、－500 ms 的位置。B 组仅 1 条竖线，它从左向右以速度 v 作循环的匀速移动，称为移动标记，每 0.96 s 循环 1 次。

HDTV 和 SDTV 音视频信号时间差声像测试信号中的音频信号是相同的，左声道为连续的 400 Hz 单频信号，右声道为每 0.96 s 间断 25 ms 的 600 Hz 单频信号。

将音视频信号合并形成声像测试信号时，应使右声道间断的前沿与视频信号中移动标记正好到达参考点的时刻相同，此为音视频信号同步的基准。

参 考 文 献

ITU-R BT 1729:2005　16比9及4比3数字电视图像通用测试图形(Commom 16×9/4×3 aspect ratio digital television reference test pattern)。

ICS 17.220.20
L 85

中华人民共和国国家标准

GB/T 26274—2010

数字电视码流分析仪通用规范

General specification for transport stream analyzer of digital television

2011-01-14 发布

2011-06-01 实施

中华人民共和国国家质量监督检验检疫总局
中国国家标准化管理委员会 发布

前　言

本标准由中华人民共和国工业和信息化部提出。

本标准由全国电子测量仪器标准化技术委员会和全国音频、视频及多媒体系统与设备标准化技术委员会共同归口。

本标准主要起草单位：中国电子科技集团公司第四十一研究所、中国电子技术标准化研究所。

本标准主要起草人：胡林军、张素兵、黄英华、包思云、袁海军。

数字电视码流分析仪通用规范

1 范围

本标准规定了数字电视码流分析仪(以下简称码流分析仪)的技术要求、试验方法、检验规则及标志、包装、运输、贮存等。

本标准适用于能够对符合GB/T 17975.1规定的传送流进行监测和分析的数字电视码流分析仪，可用于中国有线、卫星、地面数字电视系统测试。

2 规范性引用文件

下列文件中的条款通过本标准的引用而成为本标准的条款。凡是注日期的引用文件，其随后所有的修改单(不包括勘误的内容)或修订版均不适用于本标准。然而，鼓励根据本标准达成协议的各方研究是否可使用这些文件的最新版本。凡是不注日期的引用文件，其最新版本适用于本标准。

GB/T 191 包装储运图示标志

GB/T 6587.1—1986 电子测量仪器 环境试验总纲

GB/T 6587.2—1986 电子测量仪器 温度试验

GB/T 6587.3—1986 电子测量仪器 湿度试验

GB/T 6587.4—1986 电子测量仪器 振动试验

GB/T 6587.5—1986 电子测量仪器 冲击试验

GB/T 6587.8—1986 电子测量仪器 电源频率与电压试验

GB/T 6593—1996 电子测量仪器质量检验规则

GB/T 11463—1989 电子测量仪器可靠性试验

GB/T 17975.1 信息技术 运动图像及伴音信息的通用编码 第1部分:系统(GB/T 17975.1—2010,ISO/IEC 13818-1:2007,MOD)

GB/T 18268—2000 测量、控制和实验室用的电设备 电磁兼容性要求

GY/T 170—2001 有线数字电视广播信道编码与调制规范

GY/T 230—2008 数字电视广播业务信息规范

SJ/T 11324 数字电视接收设备术语

ETSI TR101 290 V1.2.1 DVB系统测试指南(DVB Measurement guidelines for DVB systems)

3 术语和定义、缩略语

3.1 术语和定义

SJ/T 11324确立的以及下列术语和定义适用于本标准。

3.1.1

原始网络标识符 original_network_id

一个原始网络的唯一标识符。

3.1.2

业务群 bouquet

同一实体在市场中提供的业务集合。

3.1.3

事件 event

一组给定了起始时间和结束时间、属于同一业务的基本广播数据流。例如:一场足球比赛的半场、新闻快报或娱乐表演的第一部分。

3.1.4

节目 programme

由广播者提供的一个或多个连续的事件。例如:新闻广播、娱乐广播。

3.1.5

段 section

一个语法结构,用于将所有业务信息映射成 GB/T 17975.1 的传送流包。

3.2 缩略语

ASI 异步串行接口(Asynchronous Serial Interface)

BAT 业务群关联表(Bouquet Association Table)

CAT 条件接收表(Conditional Access Table)

DIT 间断信息表(Discontinuity Information Table)

DVB 数字视频广播(Digital Video Broadcasting)

EIT 事件信息表(Event Information Table)

ETSI 欧洲电信标准委员会(European Telecommunication Standards Institute)

ID 标识符(Identifier)

IEC 国际电工委员会(International Electrotechnical Commission)

ISO 国际标准化组织(International Organization for Standardization)

MPEG 运动图像专家组(Moving Picture Experts Group)

NIT 网络信息表(Network Information Table)

PAT 节目关联表(Program Association Table)

PCR 节目时钟参考(Program Clock Reference)

PES 打包基本流(Packetized Elementary Stream)

PID 包标识符(Packet Identifier)

PMT 节目映射表(Program Map Table)

PSI 节目专用信息(Program Specific Information)

RST 运行状态表(Running Status Table)

SDT 业务描述表(Service Description Table)

SI 业务信息(Service Information)

SIT 选择信息表(Selection Information Table)

TDT 时间和日期表(Time and Date Table)

TOT 时间偏移表(Time Offset Table)

TS 传送流(Transport Stream)

TSDT 传送流描述表(Transport Stream Description Table)

4 技术要求

4.1 外观和结构

产品表面不应有明显的凹陷、划伤、裂缝、变形和污染等。表面涂镀层应均匀,不应起泡、龟裂、脱落和磨损。金属零部件不应有锈蚀及其他机械损伤。产品的零部件应紧固无松动,面板上按钮、开关、插座和连接器等应牢固、端正、操作灵活。

4.2 性能特性要求

4.2.1 概述

除下述条款规定的性能要求外，其他性能要求由产品规范规定。

4.2.2 输入接口

ASI接口：符合GY/T 170—2001中附录A规定，输入阻抗75 Ω，BNC型连接器。

ASI接口具有两种传送包方式，如图1和图2所示。为保证互连，应支持这两种方式。

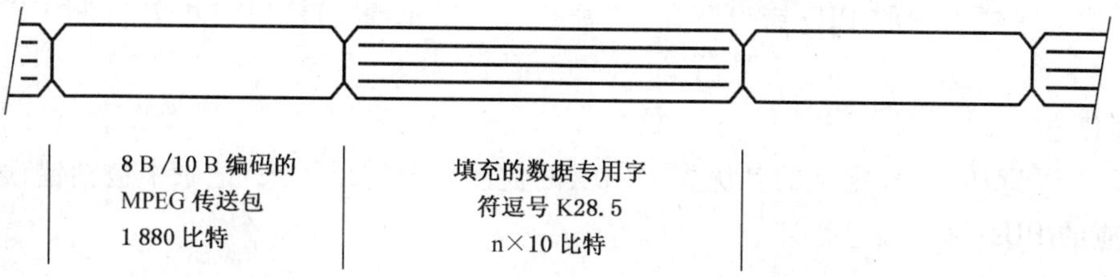

图1 带数据包的传输格式(以188字节为例)

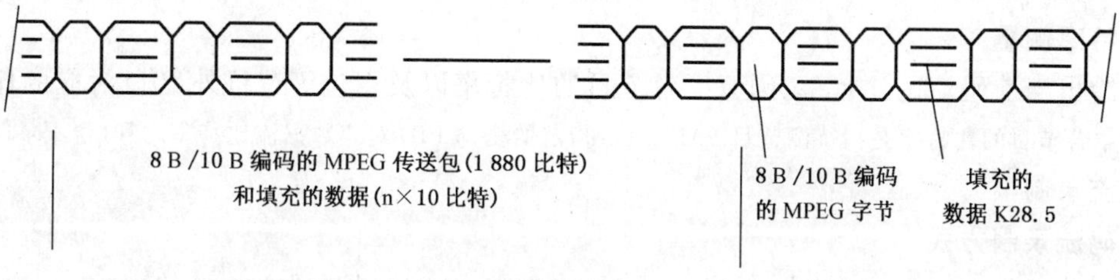

图2 带突发数据的传输格式(以188字节为例)

4.2.3 在线分析及离线分析

最大输入码流速率：≥55 Mb/s。

码流分析仪应同时具有在线分析和离线分析功能：

a) 在线分析应实时监测分析当前通过ASI接口输入的码流。

b) 离线分析应能够对存放在存储介质中的码流文件进行读取并分析。

4.2.4 码流状态监测

以显著方式给出码流的当前状态，这些状态包括码流的通断及其品质状况。

4.2.5 码流结构分析

显示当前码流的结构，包括各节目的节目号、节目名称、节目所含基本流所在传送流包的PID、基本流的类型以及除此之外其他所有出现在当前传送流中的PID及其类型。

4.2.6 码流基本信息分析

基本信息包括：TS ID、网络ID、网络名称、原始网络ID、PID数、节目数、TS传输比特率。

4.2.7 节目信息分析

包括当前码流中所有节目的节目信息及各节目对应的事件信息。

节目信息包括：节目ID、节目名称、提供商、是否加密、运行状况、节目类型。

事件信息包括：事件标识(event_id)、是否加密、开始时间、持续时间、运行状态、事件名称、事件描述。

4.2.8 PES基本信息分析

包括当前码流中所有PES所在传送流包的PID、对应类型、所属节目以及PES包长度。

4.2.9 PSI/SI分析

给出当前码流中所有PSI/SI表的详细内容，包括各个表中各个字段的名称及对应值，这些表有：PAT、PMT、CAT、TSDT、SDT、BAT、EIT、NIT、RST、DIT、SIT、TDT以及TOT。上述这些表的语法结构应符合GB/T 17975.1及GY/T 230—2008中的规定。

4.2.10 描述符分析

在 PSI/SI 分析中，对于在各表中出现的相应描述符，应给出其详细内容，即各个字段的名称及相应的值。

4.2.11 **ETSI TR101 290 三级错误监测**

ETSI TR101 290 标准定义的错误分为 3 个优先级，码流分析仪应能同时监测当前码流中各优先级错误的情况，并以显著方式呈现当前所处的错误状态，错误的判据应符合 ETSI TR101 290 中 5.2 的定义。对于第一优先级错误中的 PID 错误测试，应能由用户来设置当前码流中各待测 PID 的最大时间间隔。

4.2.12 错误日志

应能将 ETSI TR101 290 定义的各优先级错误的监测情况记录下来，记录中包括错误发生的时间、所在节目、对应的 PID、错误信息描述。

4.2.13 **PCR 抖动测量**

显示 PCR 抖动测量结果。PCR 抖动测量遵循的类应符合 ETSI TR101 290 中 5.3 的要求。

4.2.14 比特率测量

应能够给出当前码流的比特率、码流中各节目的比特率以及空包等节目外 PID 对应的比特率。

注：码流中各节目的比特率是指待测节目 PMT 表所指定的全部 PID 对应数据流比特率之和(含 PMT 表)。

4.2.15 码流录制

4.2.15.1 码流录制方式

码流录制应提供定时方式和(或)触发方式，具体要求由产品规范规定。

定时方式应能提供延迟记录开始时间设置。触发方式可选择 ETSI TR101 290 三级错误中任意一项错误或多项错误的组合作为触发条件，并提供超前录制功能以便使所关注错误的发生位置位于录制文件的中间某处。

4.2.15.2 码流录制格式

应能提供两种录制格式：带时间标记录制和不带时间标记录制，同时可由用户设置录制码流的长度。

4.2.16 码流回放

可单次回放，也可循环回放。

4.2.17 **TS 包捕获**

对当前码流中任意 PID 所对应的 TS 包进行捕获并显示其内容。

4.3 电源

对于交流供电的码流分析仪，应能在 220×(1±10%)V，50×(1±5%)Hz 条件下正常工作。

对于直流供电的码流分析仪，应能在直流电压标称值±5%的条件下正常工作。

由产品规范规定产品的最大功率。

4.4 安全性

除非另有规定，产品的安全性应符合 GB 4793.1 的要求，由产品规范规定产品的安全类别。

4.5 电磁兼容性

产品的电磁兼容性要求应符合 GB/T 18268—2000 中的 4.9 规定，由产品规范规定具体要求。

4.6 环境适应性

产品的工作温度、贮存温度、相对湿度、振动、冲击等要求应符合 GB/T 6587.1 的规定，由产品规范规定选用组别及对应的限值。

4.7 可靠性

由产品规范规定平均故障间隔时间(MTBF)下限值 m_1。

5 测试方法

5.1 测试环境条件

测试应在测试用的标准大气条件下进行：

温度：15 ℃～35 ℃；

相对湿度：20％～75％；

气压：86 kPa～106 kPa。

5.2 性能特性测试方法

5.2.1 在线分析和码流状态监测

如图 3 连接码流播放器和待测码流分析仪。

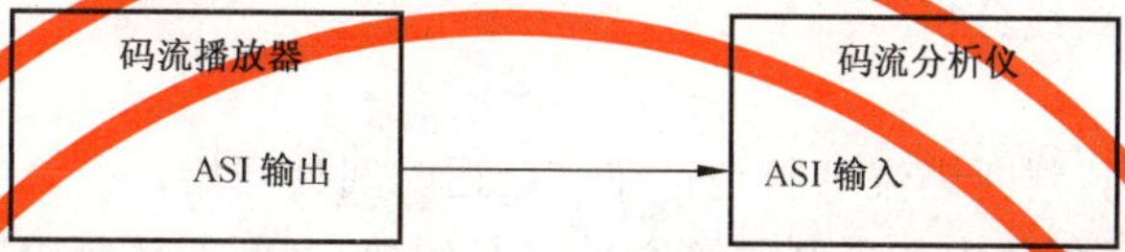

图 3 测试连接

启动码流播放器的 TS 流播放功能，码流分析仪应能快速检测出有码流输入并开启码流分析功能，呈现当前码流的品质状况，并能够实时监测分析从 ASI 输入的码流。中止码流播放或去除码流分析仪 ASI 输入连接，码流分析仪应能迅速判断出当前码流已断并给出提示。

5.2.2 输入接口

改变码流播放器输出 TS 流的速率，在 4.2.3 的范围内应能正确接收和分析。

5.2.3 码流结构分析

码流播放器播放一已知码流结构的码流，对照码流分析仪所测出的码流结构，判定两者是否一致。

5.2.4 码流基本信息分析

码流播放器播放一已知其基本信息的码流，对照码流分析仪的分析结果，判定两者是否一致。

5.2.5 节目信息分析

码流播放器播放一已知节目信息(具有完整 SDT 及 EIT)的码流，对照码流分析仪的分析结果，判定两者是否一致。

5.2.6 PES 基本信息分析

码流播放器播放一已知 PES 基本信息的码流，对照码流分析仪的分析结果，判定两者是否一致。

5.2.7 PSI/SI 及相应描述符分析

测试步骤如下：

a) 播放一已知 PAT 内容的码流，对照码流分析仪给出的 PAT 各字段名称及对应值，判定两者是否一致；

b) 对于 RST、DIT、TDT 按照与 a)中类似的方法进行试验；

c) 播放一已知 PMT 内容并且该 PMT 中包含了可能出现的所有描述符的码流，对照码流分析仪给出的分析结果，判定两者是否一致；

d) CAT、TSDT、SDT、BAT、EIT、NIT、SIT、TOT 按照与 c)中类似的方法进行试验，特别指出，对于不同类型的 NIT 表、EIT 表以及 SDT 表，其对应的各个类型均要按 c)中类似的方法进行试验。

5.2.8 ETSI TR101 290 三级错误监测

测试步骤如下：

a) 播放一已知同步错误出现次数的码流，对照码流分析仪同步错误监测结果，判定两者是否一致；

b） 对于三级错误中其他各项的错误监测试验按照与a)中类似的方法进行；

c） 对于PID错误，播放一已知PID间隔的码流，并改变码流分析仪中PID的最大时间间隔设置，验证监测结果，判定两者是否一致。

5.2.9 错误日志

经过5.2.8错误监测试验后，察看错误日志，其各项记录应该准确。

5.2.10 PCR抖动测量

在一已知PCR抖动情况的码流中加入PCR抖动，观察码流分析仪测出的PCR抖动测量结果。

5.2.11 比特率测量

播放一已知码流比特率、码流中各节目比特率以及节目外各PID对应比特率的码流，对照码流分析仪测出相应结果，判定两者是否一致。

5.2.12 码流录制、回放和离线分析

测试步骤如下：

a） 设置一定延迟时间，判断码流录制是否在该延迟时间处开始；

b） 选择存储在码流分析仪中的录制码流文件进行回放，判断回放是否正确；

c） 设置触发码流录制的事件，设置超前录制位置，启动码流录制，播放一段具有该触发事件的码流，判断码流分析仪是否能正确完成录制；

d） 将c)中所录制的码流文件进行回放，判断码流分析仪所测试的结果中是否能观察到触发事件。

5.2.13 TS包捕获

设置需要捕获的传送流包，启动捕获，查看并分析捕获到的包，判定两者是否一致。

5.3 外观和结构

用目测法和有关检测工具进行外观和结构检查。

5.4 安全性

应按产品规范中规定的试验方法进行。

5.5 电磁兼容性

按GB/T 18268—2000的规定进行。

5.6 电源

按GB/T 6587.8的规定进行。

5.7 环境

温度试验、湿度试验、振动试验和冲击试验分别按GB/T 6587.2、GB/T 6587.3、GB/T 6587.4、GB/T 6587.5的规定进行。

5.8 可靠性

按GB/T 11463的规定进行。

5.9 标志、包装

目测检查产品标志及包装应符合第7章的有关规定。

6 检验规则

6.1 一般规定

6.1.1 检验分类

检验分为鉴定检验和质量一致性检验。鉴定检验和质量一致性检验项目按表1和表2规定项目进行，若产品规范中有补充的检验项目时，则应将其加入至表1和表2的相应位置。

6.1.2 检验设备

所使用的试验与检验设备，应在检定周期内。

6.2 鉴定检验

6.2.1 检验项目

按表 1 规定的项目和要求。

6.2.2 抽样方案

应符合 GB/T 6593 的规定。

6.2.3 合格判定

应符合 GB/T 6593 的规定。

6.3 质量一致性检验

6.3.1 检验项目

按表 2 规定的项目和要求。

6.3.2 抽样

按 GB/T 6593 的规定进行。

6.3.3 合格判定

依据 GB/T 6593 的要求,由产品规范详细规定。

表 1 鉴定检验项目

序号	检验项目	检验分组										要求章条号	试验方法章条号
		A	C						D	E	F		
		常温	温度	湿度	振动	冲击	运输	电源	电磁兼容性		可靠性		
1	外观与结构	●	●	●	●	●	●	—	—	—	—	4.1	5.3
2	安全性	●	—	●	—	—	—	—	—	—	—	4.4	5.4
3	输入接口	●	●	●	●	●	●	●	—	—	●	4.2.2	5.2.2
4	在线分析	●	●	●	●	●	●	●	—	—	●	4.2.3	5.2.1
5	离线分析	●	—	—	—	—	—	—	●	—	—	4.2.3	5.2.12
6	码流状态监测	●	●	●	●	●	●	●	—	—	●	4.2.4	5.2.1
7	码流结构分析	●	—	—	—	—	—	—	—	—	—	4.2.5	5.2.3
8	码流基本信息分析	●	—	—	—	—	—	—	—	—	—	4.2.6	5.2.4
9	节目信息分析	●	—	—	—	—	—	—	—	—	—	4.2.7	5.2.5
10	PES 基本信息分析	●	—	—	—	—	—	—	—	—	—	4.2.8	5.2.6
11	PSI/SI 分析	●	—	—	—	—	—	—	—	—	—	4.2.9	5.2.7
12	描述符分析	●	—	—	—	—	—	—	—	—	—	4.2.10	5.2.7
13	ETSI TR101 290 三级错误监测	●	—	—	—	—	—	—	—	—	—	4.2.11	5.2.8
14	错误日志	●	—	—	—	—	—	—	—	—	—	4.2.12	5.2.9
15	PCR 抖动测量	●	—	—	—	—	—	—	—	—	—	4.2.13	5.2.10
16	比特率测量	●	—	—	—							4.2.14	5.2.11
17	码流录制	●	—	—	—	—	—	—	—	—	—	4.2.15	5.2.12
18	码流回放	●	—	—	—	—	—	—	—	—	—	4.2.16	5.2.12
19	TS 包捕获	●	—	—	—	—	—	—	—	—	—	4.2.17	5.2.13
20	标志、包装	—	—	—	—	—	—	—	—	●	—	7	5.9
注:"●"表示必做项目;"—"表示不做项目。													

表 2　质量一致性检验项目

序号	检验项目	检验分组										要求章条号	试验方法章条号
		A	C						D	E	F		
		常温	温度	湿度	振动	冲击	运输	电源	电磁兼容性		可靠性		
1	外观与结构	●	●	●	●	●	●	—	—	—	—	4.1	5.3
2	安全性	●	—	●	—	—	—	—	—	—	—	4.4	5.4
3	输入接口	●	●	●	●	●	●	●	—	—	●	4.2.2	5.2.2
4	在线分析	●	●	●	●	●	●	●	—	—	●	4.2.3	5.2.1
5	离线分析	●	—	—	—	—	—	—	—	—	—	4.2.3	5.2.12
6	码流状态监测	●	●	●	●	●	●	●	—	—	●	4.2.4	5.2.1
7	码流结构分析	●	—	—	—	—	—	—	—	—	—	4.2.5	5.2.3
8	码流基本信息分析	●	—	—	—	—	—	—	—	—	—	4.2.6	5.2.4
9	节目信息分析	●	—	—	—	—	—	—	—	—	—	4.2.7	5.2.5
10	PES 基本信息分析	—	—	—	—	—	—	—	—	—	—	4.2.8	5.2.6
11	PSI/SI 分析	—	—	—	—	—	—	—	—	—	—	4.2.9	5.2.7
12	描述符分析	—	—	—	—	—	—	—	—	—	—	4.2.10	5.2.7
13	ETSI TR101 290 三级错误监测	—	—	—	—	—	—	—	—	—	—	4.2.11	5.2.8
14	错误日志	—	—	—	—	—	—	—	—	—	—	4.2.12	5.2.9
15	PCR 抖动测量	●	—	—	—	—	—	—	—	—	—	4.2.13	5.2.10
16	比特率测量	●	—	—	—	—	—	—	—	—	—	4.2.14	5.2.11
17	码流录制	●	—	—	—	—	—	—	—	—	—	4.2.15	5.2.12
18	码流回放	●	—	—	—	—	—	—	—	—	—	4.2.16	5.2.12
19	TS 包捕获	—	—	—	—	—	—	—	—	—	—	4.2.17	5.2.13
20	标志、包装	—	—	—	—	—	—	—	—	●	—	7	5.9

注："●"表示必做项目；"—"表示不做项目。

7　标志、包装、运输、贮存

7.1　标志

运输包装箱图示标志中的"易碎物品"、"堆码高度"等标志应符合 GB/T 191 规定，外包装箱上应有注册商标、生产厂家、厂址、制造日期和编号。

产品面板上应注有产品名称及产品型号，产品铭牌上注有生产厂家、厂址、制造日期和编号。

7.2　包装

包装箱应符合防潮、防尘、防震的要求，包装箱内应有装箱明细表、检验合格证、备附件及有关的随机文件。

7.3 运输和贮存

装在包装箱内的仪器可用通常使用的交通工具运输，严禁雨淋、日晒和摔掷，避免倒放、重压及剧烈震动。

存放产品的库房应保持通风干燥，室内无酸、碱及其他腐蚀性气体，无日光直射，温度为－20 ℃～60 ℃，相对湿度小于或等于 90%(40 ℃，不结露)。包装箱离地面及墙壁的距离大于或等于 30 cm。库存产品在库存 6 个月后应通电检查是否正常工作，然后再重新包装贮存。

ICS 33.160.25
M 74

中华人民共和国国家标准

GB/T 26275.1—2010

数字电视接收设备机道分离 DTV-CSI 接口规范 第1部分：技术规范

DTV-CSI interface specification for channel separation of digital television receiver—Part 1：Technical specification

2011-01-14 发布 2011-06-01 实施

中华人民共和国国家质量监督检验检疫总局
中国国家标准化管理委员会 发布

前　言

GB/T 26275《数字电视接收设备机道分离 DTV-CSI 接口规范》由 2 个部分组成：

——第 1 部分：技术规范；

——第 2 部分：测试规范。

本部分为 GB/T 26275 的第 1 部分。

本部分由中华人民共和国工业和信息化部提出。

本部分由全国音频、视频及多媒体系统与设备标准化技术委员会归口。

本部分起草单位：上海广电(集团)有限公司中央研究院、工业和信息化部标准化研究所、深圳国微技术有限公司。

本部分主要起草人：王国中、蒋兆林、侯钢、羊国龙、仲登祥、张纪平、龙跃、宫俊、刘华预。

引　言

顺应我国数字电视发展的需要，特别是为了解决信道接收系统的差异化问题，将信道接收等功能模块从数字电视接收设备中分离出来，有利于数字电视接收设备的产业化，适应市场和技术交流的需要，特制定本标准。本部分与 SJ/T 11336—2006《数字电视接收设备条件接收接口规范　第 1-1 部分：DTV-CI 技术规范》配套使用。

本部分的发布机构提请注意如下事实，使用者声明符合本规范时，可以使用涉及本部分第 5 章～第 9章中有关内容的相关授权的和正在申请的专利。

本部分的发布机构对于专利的范围、有效性和验证资料不提出任何看法。

专利持有人已向本部分的发布机构保证，他愿意同任何申请人在合理和无歧视的条款和条件下，就使用授权许证可进行谈判。该专利持有人的声明已向本部分的发布机构备案。有关资料可以从以下地址获得。

以下列出有关专利权利人的信息：

专利持有人：上海广电(集团)有限公司

联 系 人：王国中

通讯地址：上海市宜山路 757 号二楼

邮政编码：200233

电子邮件：wang_gz@sva.com.cn

电　　话：021-54979698

传　　真：021-54975058

网　　址：http://www.sva.com.cn

请注意除上述已经识别出的专利外，本部分的某些内容有可能涉及专利。本部分的发布机构不应承担识别这些专利的责任。

数字电视接收设备机道分离 DTV-CSI 接口规范　第1部分:技术规范

1 范围

GB/T 26275 的本部分规定了数字电视接收设备基于 DTV-CI 接口实现机道分离的技术要求。

本部分适用于机道分离和机卡分离相结合的“单分离”方式和“双分离”方式的数字电视接收设备。

2 规范性引用文件

下列文件中的条款通过 GB/T 26275 的本部分的引用而成为本部分的条款。凡是注日期的引用文件,其随后所有的修改单(不包括勘误的内容)或修订版均不适用于本部分,然而,鼓励根据本部分达成协议的各方研究是否可使用这些文件的最新版本。凡是不注日期的引用文件,其最新版本适用于本部分。

GB/T 16262.1—2006　信息技术　抽象语法记法一(ASN.1)　第1部分:基本记法规范(idt ISO 8824:1990)

GB/T 16263.1—2006　信息技术　ASN.1 编码规则　第1部分:基本编码规则(BER)、正则编码规则(CER)和非典型编码规则(DER)规范(idt ISO 8825:1990)

GB/T 17700—1999　卫星数字电视广播信道编码和调制标准

GB 20600—2006　数字电视地面广播传输系统帧结构、信道编码和调制

SJ/T 11324—2006　数字电视接收设备术语

SJ/T 11336—2006　数字电视接收设备条件接收接口规范　第1-1部分:DTV-CI 技术规范

GD/JN 01—2007　先进卫星广播系统——帧结构、信道编码与调制

GY/T 170—2001　有线数字电视广播信道编码及调制规格

3 术语和定义

SJ/T 11336—2006 确立的以及下列术语和定义适用于本部分。

3.1

机道分离　channel separation

基于统一的硬件接口和软件协议,将数字电视接收设备中的信道接收功能模块从主机中分离出来,使得同一台数字电视接收设备通过不同信道传输标准的机道分离模块,适应多种信道传输标准的灵活接收。

3.2

机道分离接口　channel separation interface

符合基于 DTV-CI 接口实现机道分离的技术要求的接口。

3.3

单分离 single separation

信道接收功能和条件接收功能都在同一个模块中实现的机道分离方式。

3.4

双分离 dual separation

信道接收功能和条件接收功能分别在信道接收模块和条件接收模块中实现的机道分离方式。

4 缩略语

APDU	应用协议数据单元	(Application Protocol Data Unit)
CA	条件接收	(Conditional Access)
CI	公共接口	(Common Interface)
CIS	卡信息结构	(Card Information Structure)
CPU	中央处理器	(Central Processor Unit)
CRM	信道接收模块	(Channel Receiving Module)
CS	机道分离	(Channel Separation)
CSI	机道分离接口	(Channel Separation Interface)
TS	传送流	(Transport Stream)

5 框架描述

5.1 主机与模块之间的关系示意图

主机与模块之间的关系如图1和图2所示。主机和模块之间通过命令/数据接口和TS流接口进行通信,图1为“单分离”方式,模块实现信道接收和条件接收功能。图2为“双分离”方式,CRM实现信道接收功能,CA模块实现条件接收功能。

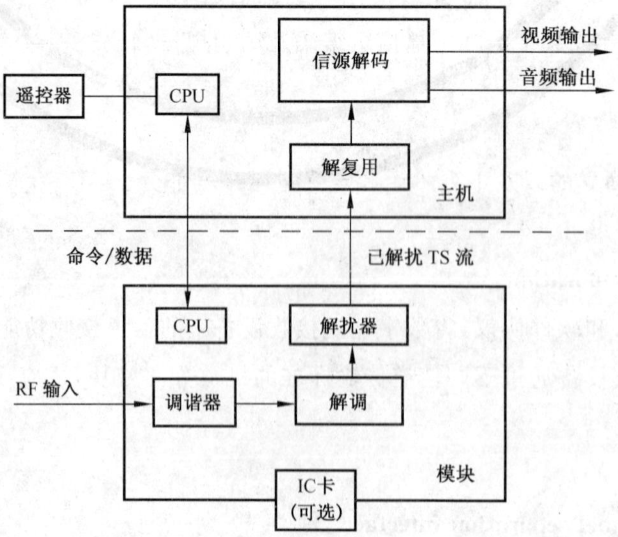

图1 主机与模块之间的关系示意图——“单分离”方式

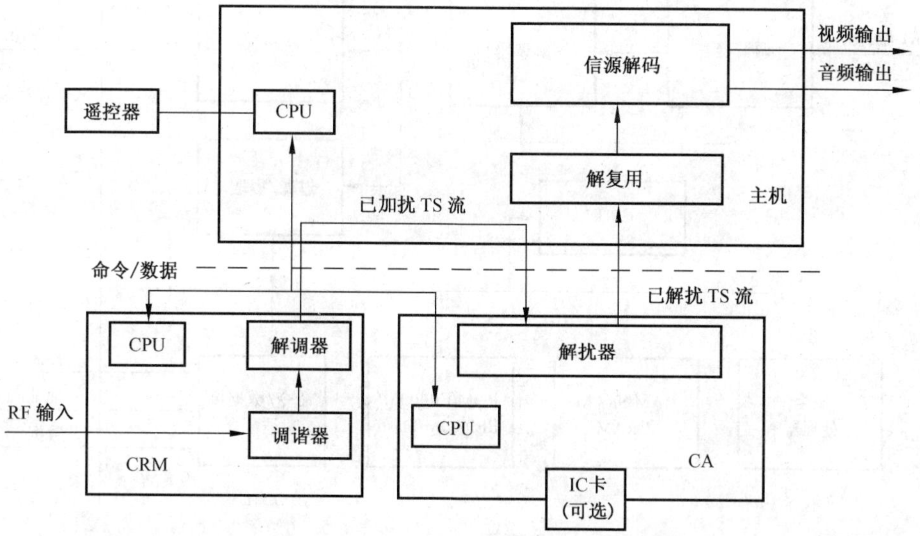

图2 主机与模块之间的关系示意图——“双分离”方式

5.2 DTV-CSI 接口

DTV-CSI 接口包括两个部分：命令/数据接口和 TS 流接口。两个接口都采用层次化结构。本规范中物理层应符合 SJ/T 11336—2006 的规定(其中功率要求见 6.2,元数据格式见 6.3)。

5.3 多模块

当主机连接多个模块时,TS 流接口应采用星形连接,如图 3 所示。主机负责维护接口连接,并仲裁哪个模块的总线或 TS 流可以获得通信资源。去除一个模块不应对命令/数据接口传输层和其他模块的连接产生影响。

当主机同时连接多个模块时,主机可以根据选定的业务类型来选择相关的 CRM 和 CA 模块。

主机支持的多模块连接最多不超过 256,应支持“单分离”方式和“双分离”方式及其混合。

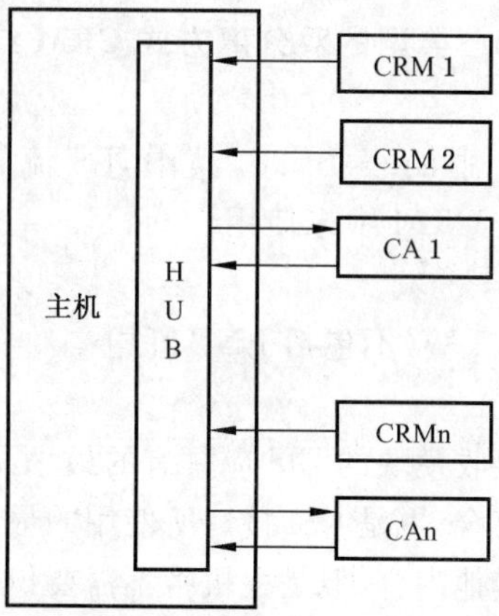

图3 多模块的连接——双分离方式

6 信道模块的物理层实现

6.1 概述

本规范涉及的物理规范、电气规范、接口规范,除下文描述之外,其他部分应符合 SJ/T 11336—2006 的规定。图 4 给出了典型的单分离方式模块结构,图 5 给出了典型的双分离方式信道接收模块结构。

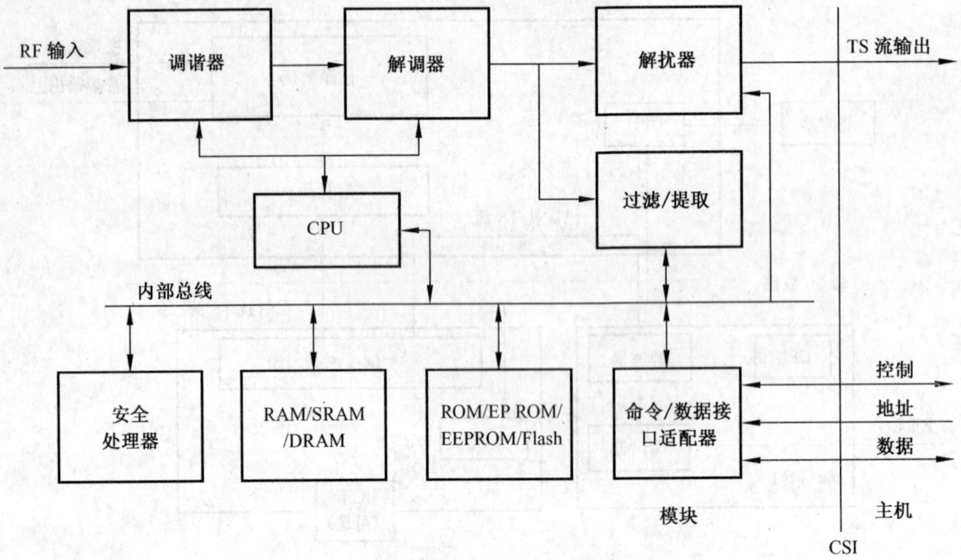

图 4　典型的单分离方式模块结构

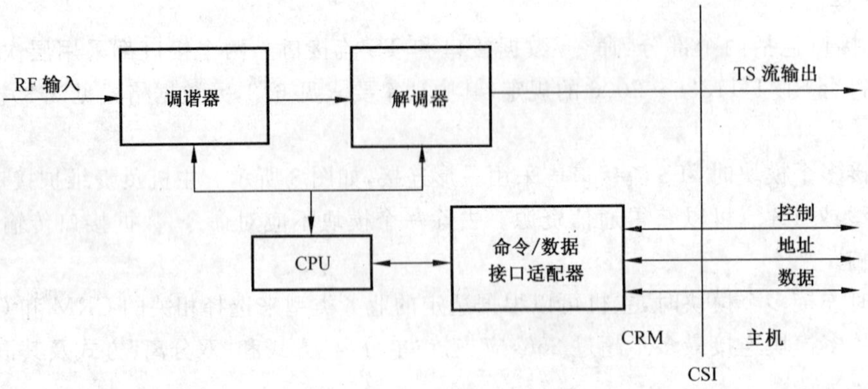

图 5　典型的双分离方式 CRM 结构

6.2　引脚分配

引脚分配见 SJ/T 11336—2006 中的表 B.20，其中 TS 流输入总线中的 MDI0-7 数据线以及 MCLKI、MISTRT、MIVAL 控制线在 CRM 中未使用。

6.3　功率要求

每个 CRM 所耗的功率不应超出 3 W(不包括 LNB 耗电)。

6.4　元数据格式

本条定义了 DTV-CSI 接口信道接收模块的 CIS 应具有的最小元组集合(主机需要用于识别的最小集合)。下面的元组是主机识别所需的集合，也是 CSI 接口所使用的最小集合。由元组构成的元组链应位于属性内存的第一个，虽然其后可以有其他内容，但是主机将不需要识别后续内容。主机必须考虑到元组链后跟着其他元组的情况。元组链一般以 CISTPL_ NOLINK 元组结尾。元组链由下列元组构成：

a)　CISTPL_DEVICE_OA：编码方式见 SJ/T 11336—2006 中 B.5.5a)。

b)　CISTPL_DEVICE_OC：编码方式见 SJ/T 11336—2006 中 B.5.5b)。

c)　CISTPL_VERS_1：编码方式见 SJ/T 11336—2006 中 B.5.5c)。

d)　CISTPL_MANFID：编码方式见 SJ/T 11336—2006 中 B.5.5d)。

e)　CISTPL_CONFIG：编码方式见 SJ/T 11336—2006 中 B.5.5e)。配置寄存器基地址不应比 FEEh 大。在 TPCC_SBTPL 域中应包含一个子元组。在子元组中，STCI_IFN 包括这种类型的卡发出的 0441H 作为标志 ID，STCI_STR 应包含字符串“DTV_CSI_V1.00”。STCI_IFN

的值表明这是一个 DTV CSI 接口兼容的模块。STCI_STR 字符串表示版本号。字符串的最后 5 个字符应是“Vx.xx”,这里 x 是个数字,表示模块遵守的规范版本号。

f) CISTPL_CFTABLE_ENTRY:编码方式见 SJ/T 11336—2006 中 B.5.5f)。

g) STCE_EV:编码方式见 SJ/T 11336—2006 中 B.5.5g)。

h) STCE_PD:编码方式见 SJ/T 11336—2006 中 B.5.5h)。只给出物理设备名称,若采用单分离方式,则名称为“DTV_CI_MODULE”;若采用双分离方式,则名称为“DTV_CSI_MODULE”。

i) CISTPL_CHANNEL_INFO:机道分离功能的信道信息单元,定义为第二层元组,定义码为 24H。其结构见表 1。

表 1 机道分离功能的信道信息单元结构

字 节	比 特							
	7(MSB)	6	5	4	3	2	1	0(LSB)
0	TPL_CODE CISTPL_CHANNEL_INFO(24H)							
1	TPL_LINK 链接到下一单元(至少 m-1)							
2	CHANNEL_TYPE 信道类别(见表 2)							
M	CHANNEL_STR 信道描述字符串,以 00H 结束							

表 2 CHANNEL_TYPE 信道类别定义

代码(Hex)	标 识	说 明
00	空信道	空信道
01	DTMB	GB 20600—2006
02	DTV-C	GY/T 170—2001
03	DTV-S	GB/T 17700—1999
04	ABS-S	GD/JN 01—2007
21	DVB-T	欧洲数字电视地面广播系统
22	DVB-T2	欧洲第二代数字电视地面广播系统
23	DVB-C	欧洲数字电视有线广播系统
24	DVB-C2	欧洲第二代数字电视有线广播系统
25	DVB-S	欧洲数字电视卫星广播系统
26	DVB-S2	欧洲第二代数字电视卫星广播系统
31	ATSC-T	美国大联盟数字电视地面广播系统
32	ATSC-C	美国大联盟数字电视有线广播系统
33	ISDB-T	日本数字电视广播地面传输标准
41	T-DMB	韩国地面数字移动多媒体广播标准
其他代码	保留	留作将来其他标准用

j) CISTPL_END:值为 FFh。如果信道模块包括除了上述定义的元组以外的部分,则在这些元组后应跟上 CISTPL_END。

7 TS 流接口

7.1 物理、链路层

信道接收模块支持模块向主机单向发送 TS 流数据,这是从一组 8 位数据总线 MDO0-MDO7 输出,并有三个控制信号 MOSTRT、MOVAL、MCLKO。信号描述符合 SJ/T 11336—2006 中 B.5.4.5 的规定。

7.2 传输层

符合 SJ/T 11336—2006 中 5.3 的规定。

8 命令/数据接口

8.1 概述

命令/数据接口的物理层除下文描述的内容之外，其他内容以及链路层、传输层、会话层符合 SJ/T 11336—2006 的规定。

8.2 初始化

模块支持的最小缓冲区大小至少应为 64 字节。最大值由空间大小寄存器确定(65535 字节)。初始化过程符合 SJ/T 11336—2006 中 B.2.3.1.2 的规定。

8.3 模块向主机的传输

在模块向主机的传输操作中，建议支持模块对主机的中断。另外，主机也可以通过周期性地测试状态寄存器中的 DA、FR 位来决定是否需要通信，见 SJ/T 11336—2006 的 B.2.3.1.4。

9 命令/数据接口—应用层

9.1 概述

应用层实现一整套基于资源(resource)的协议。每个资源支持一套使用资源的对象(object)、以及对象交换的协议。资源之间的通信是通过和这个资源相关的会话(session)实现的。本章将描述所有主机必须具有的最小的资源集合。

9.2 资源

9.2.1 简介

资源可以由主机直接提供，也可以驻留在其他模块中。资源由资源标识(resource identifier)来识别，资源标识包括：资源类(resource class)、资源类型(resource type)、资源版本号(resource version)。资源类定义了一套对象以及使用这些对象的协议。资源类型在一个类中定义了明确的资源单元。同一类所有的资源类型使用相同的对象、协议，但提供不同的服务，或者属于同一服务的不同实例(instance)。资源版本允许主机在多于一个版本的情况下识别最新的版本，而且这些版本的类、类型相同。这允许使用最新的或增强的资源来取代主机或另一模块上的资源。版本较高的资源应和先前的版本兼容，这样采用先前版本的应用仍然可以有预期的行为。

应用(application)通过建立会话来使用资源。由资源管理器执行初始化过程，主机将识别所有的可用资源，并把会话和合适的资源相关联，而不管这些资源是自己提供的还是其他模块提供的。一旦会话连接建立，应用可以根据定义的协议通过对象之间的交换使用相应资源。

9.2.2 资源标识

资源标识的编码规则见 SJ/T 11336—2006 中的 8.2.2。表 3 定义了本规范中的公共资源的标识。在单分离方式中，模块所用到的其他资源，如条件接收支持等资源的标识见 SJ/T 11336—2006。

表 3 资源标识编码

资源	类	类型	版本	编码值
资源管理器	1	1	1	00010041
应用信息	2	1	1	00020041
模块控制	6	1	1	00060041
主机控制	32	1	1	00200041
预留	其他值	其他值	其他值	其他值

9.3 应用协议数据单元(APDU)

按 SJ/T 11336—2006 中 8.3 的规定。

9.4 系统管理资源

按 SJ/T 11336—2006 中 8.4 的规定。

9.4.1 模块控制资源

本资源提供一套对象以支持信道接收模块信息查询和解调参数设置。它由主机提供并没有会话的限制。应用一旦结束了初始化的轮廓(profile)查询过程，它将建立和该资源之间的会话连接。主机然后向应用发送模块信息查询对象，应用以模块信息对象应答，并返回适当的信息。

该会话始终保持，以便主机与模块可以随时使用解调参数设置对象和解调参数设置应答对象交换数据。

9.4.1.1 模块信息查询

模块信息查询对象的数据结构见表 4。

表 4 模块信息查询对象编码

语　　法	比特数	类　型
module_info_enq () {		
module_info_enq_tag	24	uimsbf
length_field()＝0		
}		

表 4 及下文的表 5、表 7 和表 13 中的长度域(length_field)的定义，见 SJ/T 11336—2006 中的 7.1。

9.4.1.2 模块信息

模块信息对象的数据结构见表 5。主要的信息包括：

a) 模块制造商；

b) 生产日期；

c) 模块支持的信道类型；

d) 调制方式。

表 5 模块信息对象编码

语　　法	比特数	类　型
module_info () {		
module_info_tag	24	uimsbf
length_field()		
manufacturer_name		
manufacturing_date	64	uimsbf
for (I＝0; I＜N; I＋＋) {	48	uimsbf
channel_type	8	uimsbf
modulation_type	8	uimsbf
}		
}		

表 5 中 channel_ type 如表 2 所示；modulation_type 的取值如表 6 所示。

表 6 modulation type 的取值描述

取　　值	描　　述
00	自动
01	BPSK
02	DPSK
03	QPSK

表 6（续）

取　　值	描　　述
04	4QAM
05	4QAM-NR
06	8PSK
07	16QAM
08	32QAM
09	64QAM
0A	128QAM
0B	256QAM
0C	8VSB
0D	16VSB
其他	保留

9.4.1.3 解调参数设置

本条包含了信道接收所需的控制信息，包括信道类型及调制方式、信道的主要参数和范围。如：频率、符号率、内码码率、带宽、保护间隔等。数据结构见表 7。

表 7　解调参数设置对象编码

语　　法	比特数	类　型
tuner_set () {		
tuner_set_tag	24	uimsbf
length_field()		
channel_ type	8	uimsbf
if (channel_type == ‘ ’) { /* 有线 */		
frequency	32	uimsbf
bandwidth	24	uimsbf
symbolrate	32	uimsbf
modulation_type	8	uimsbf
FEC_inner	8	uimsbf
Spec_invert	8	uimsbf
reserved	24	bslbf
}		
if (channel_type == ‘ ’) { /* 卫星 */		
frequency	32	uimsbf
orbital_position	16	uimsbf
west_east_flag	1	bslbf
polarization	2	uimsbf
modulation_type	5	uimsbf
symbolrate	32	uimsbf
FEC_inner	8	uimsbf
Spec_invert	8	uimsbf
reserved	32	bslbf
}		

表 7（续）

语　　法	比特数	类　型
if (channel_type == ' ') { /* 地面 */		
frequency	32	uimsbf
bandwidth	24	uimsbf
symbolrate	32	uimsbf
modulation_type	5	uimsbf
mode	3	uimsbf
FEC_inner	8	uimsbf
guard_interval	8	uimsbf
Spec_invert	8	uimsbf
reserved	16	bslbf
}		
}		

表 7 中 channel_ type 如表 2 所示。Frequency、bandwidth 的单位为赫兹(Hz)，symbolrate 的单位为比特每秒(bit/s)，orbital_position 的单位为度(°)。FEC_inner 的取值如表 8 所示，west_east_flag 的取值如表 9 所示，polarization 的取值如表 10 所示，mode 的取值如表 11 所示，guard_interval 的取值如表 12 所示。

表 8　FEC_inner 的取值

取　值	描　述	取　值	描　述
00	自动	06	4/5(0.8)
01	1/2	07	5/6
02	2/5(0.4)	08	6/7
03	3/5(0.6)	09	13/15
04	2/3	0A	7/8
05	3/4	0B	9/10
其他值保留			

表 9　west_east_flag 的取值

取　值	描　述
0	West
1	East

表 10　polarization 的取值

取　值	描　述
00	Horizontal
01	Vertical
10	Left
11	Right

表 11 mode 的取值

取值	DTMB	DVB-T	ISDB-T
000	自动	自动	自动
001	C=1 PN=595	2K	模式 1
010	C=3780 PN=945	8K	模式 2
011	C=3780 PN=420		模式 3
其他	保留	保留	保留

表 12 guard_interval 的取值

取　值	描　述
00	自动
04	1/4
08	1/8
09	1/9
10	1/16
20	1/32
其他	保留

9.4.1.4 解调参数设置应答

解调参数设置应答对象的数据结构见表 13，主要包括射频信号的锁定状态、信号强度和信号质量。

表 13 解调参数设置应答对象编码

语　法	比特数	类　型
tuner_set_reply () {		
tuner_set_reply_tag	24	uimsbf
lenth_field () = 3		
lock	8	uimsbf
strength	8	uimsbf
quality	8	uimsbf
}		

表 13 中 lock=1 为锁定状态；lock=0 为未锁定状态。strength、quality 以百分比表示。

9.4.2 应用对象标签

应用对象标签(Apdu_tag)的编码遵循 ASN. 1(GB/T 16262—1996)规则。每个 apdu_tag 采用3 个字节编码。在每个 apdu_tag 的 24 位编码中，10 位由 ASN. 1 规定并按照表 14 编码，且只对原始的标签进行编码。

表 14 原始标签编码

Byte 1 b24　b17	Byte 2 b16　b9	Byte 3 b8　b1
1 0 0 1 1 1 1 1	1 x x x x x x x	0 x x x x x x x

Apdu_tag 的取值见表 15。

表 15　应用对象标签取值表

apdu_tag	标记值(HEX)	资源	方向(主机<-->应用)
T profile_enq	9F 80 10	资源管理	<--->
T profile	9F 80 11	资源管理	<--->
T profile_change	9F 80 12	资源管理	<--->
T application_info_enq	9F 80 20	应用信息	--->
T application_info	9F 80 21	应用信息	<---
module_info_enq_tag	9F 90 00	模块控制	--->
module_info_tag	9F 90 01	模块控制	<---
tuner_set_tag	9F 90 02	模块控制	--->
tuner_set_reply_tag	9F 90 03	模块控制	<---

ICS 33.160.25
M 74

中华人民共和国国家标准

GB/T 26275.2—2010

数字电视接收设备机道分离 DTV-CSI 接口规范 第2部分:测试规范

DTV-CSI interface specification for channel separation of digital television receiver—Part 2:Test specification

2011-01-14 发布 2011-06-01 实施

中华人民共和国国家质量监督检验检疫总局
中国国家标准化管理委员会 发布

前　言

GB/T 26275《数字电视接收设备机道分离 DTV-CSI 接口规范》由两个部分组成：

——第1部分：技术规范；

——第2部分：测试规范。

本部分为 GB/T 26275 的第2部分。

本部分由中华人民共和国工业和信息化部提出。

本部分由全国音频、视频及多媒体系统与设备标准化技术委员会归口。

本部分起草单位：上海广电(集团)有限公司中央研究院、工业和信息化部标准化研究所、深圳国微技术有限公司。

本部分主要起草人：王国中、蒋兆林、侯钢、羊国龙、仲登祥、张纪平、龙跃、宫俊、刘华预。

引　　言

顺应我国数字电视发展的需要，特别是为了解决信道接收系统的差异化问题，将信道接收等功能模块从数字电视接收设备中分离出来，有利于数字电视接收设备的产业化，适应市场和技术交流的需要，特制定 GB/T 26275 的本部分。本部分与 SJ/T 11337—2006《数字电视接收设备条件接收接口规范　第 1-2 部分：DTV-CI 测试规范》配套使用。

数字电视接收设备机道分离 DTV-CSI 接口规范　第 2 部分：测试规范

1　范围

GB/T 26275 的本部分规定了数字电视接收设备机道分离 DTV-CSI 接口的测试条件、测试项目和测试方法。

本部分适用于机道分离和机卡分离相结合的“单分离”方式或“双分离”方式的数字电视接收设备。

2　规范性引用文件

下列文件中的条款通过 GB/T 26275 的本部分的引用而成为本部分的条款。凡是注日期的引用文件，其随后所有的修改单（不包括勘误的内容）或修订版均不适用于本部分，然而，鼓励根据本部分达成协议的各方研究是否可使用这些文件的最新版本。凡是不注日期的引用文件，其最新版本适用于本部分。

GB/T 7676.1—1998　直接作用模拟指示电测量仪表及其附件　第 1 部分：定义和通用要求（idt IEC 60051-1:1984）

GB/T 7676.2—1998　直接作用模拟指示电测量仪表及其附件　第 2 部分：电流表和电压表的特殊要求（idt IEC 60051-2:1984）

GB/T 26275.1—2010　数字电视接收设备机道分离 DTV-CSI 接口规范　第 1 部分：技术规范

SJ/T 11336—2006　数字电视接收设备条件接收接口规范　第 1-1 部分：DTV-CI 技术规范

SJ/T 11337—2006　数字电视接收设备条件接收接口规范　第 1-2 部分：DTV-CI 测试规范

3　术语和定义

SJ/T 11336—2006 确立的以及下列术语和定义适用于本部分。

3.1

机道分离　channel separation

基于统一的硬件接口和软件协议，将数字电视接收设备中的信道接收功能模块从主机中分离出来，使得同一台数字电视接收设备通过不同信道传输标准的机道分离模块，适应多种不同信道传输标准的灵活接收。

3.2

机道分离接口　channel separation interface

符合基于 DTV-CI 接口实现机道分离的技术要求的接口。

3.3

单分离　single separation

信道接收功能和条件接收功能都在同一个模块中实现的机道分离方式。

3.4

双分离　dual separation

信道接收功能和条件接收功能分别在信道接收模块和条件接收模块中实现的机道分离方式。

4　缩略语

APDU	应用协议数据单元	(Application Protocol Data Unit)

CA	条件接收	(Conditional Access)
CI	通用接口	(Common Interface)
CIS	卡信息结构	(Card Information Structure)
CS	机道分离	(Channel Separation)
CSI	机道分离接口	(Channel Separation Interface)
CS-TU	机道分离专用测试系统	(Channel Separation-Test Unit)
CRM	信道接收模块	(Channel Receiving Module)

5 CSI 功能

5.1 概述

GB/T 26275.1—2010 对主机与 CRM 之间相互通信所采用的 CSI 接口进行了规定，CRM 和 CA 模块与主机分离可以采用“单分离”或“双分离”方式。

CSI 包括两个部分：TS 流接口和命令接口。两个接口都采用层次化结构，以使得整体接口设计、实现更加容易。层次化结构中，高层实现相同，但是低层实现可以不同。

5.2 TS 流接口

在“单分离”方式中，模块接收并处理主机选定的业务，输出解扰后的 TS 流，其他未选定的流不变，如果模块不具备解扰主机选定业务的能力，则将 TS 流直接输出给主机。在“双分离”方式中，CRM 直接输出加扰 TS 流到主机。

5.3 命令接口

命令接口负责模块和主机之间的通信。功能包括：支持同一个主机处理多模块的能力、支持主机和模块之间会话、支持对象扩展。

6 测试仪器与测量条件

6.1 电流表

符合 GB/T 7676.1—1998 和 GB/T 7676.2—1998 中的要求。

6.2 电压表

符合 GB/T 7676.1—1998 和 GB/T 7676.2—1998 中的要求。

6.3 示波器

示波器带宽应覆盖 TS 流频率范围。

6.4 逻辑分析仪

逻辑分析仪带宽应覆盖 TS 流频率范围。

6.5 直流电源

+5 V 可调电源，输出电流大于 1 A。

6.6 电子负载

6.7 播发系统

播发系统可采用带调制器的码流播放器，载波频率和幅度可调；I、Q 分量的相位和幅度不平衡可调。

6.8 CS-TU

机道分离专用测试系统。

6.9 测量条件

温度：15 ℃～35 ℃；

相对湿度：25％～75％；

大气压力：86 kPa～106 kPa。

6.10 仲裁条件

温度:20 ℃±2 ℃;

相对湿度:60%~70%;

大气压力:86 kPa~106 kPa。

7 CRM的测试

7.1 接口物理测试

按SJ/T 11337—2006中7.1的规定。

7.2 电压测试

7.2.1 测试目的

本测试的目的是检查CRM在5×(1±5%)V电压下的工作状态。

测试项目见表1。

表1 CRM的供电测试覆盖测试项目

项目	特性
MPower.2	CRM应支持5 V工作电压,工作范围为4.75 V~5.25 V

7.2.2 测试设备

播发系统,直流电压表,5 V可调电源,CS-TU,CS主机。

7.2.3 设备连接

测试设备连接见图1。

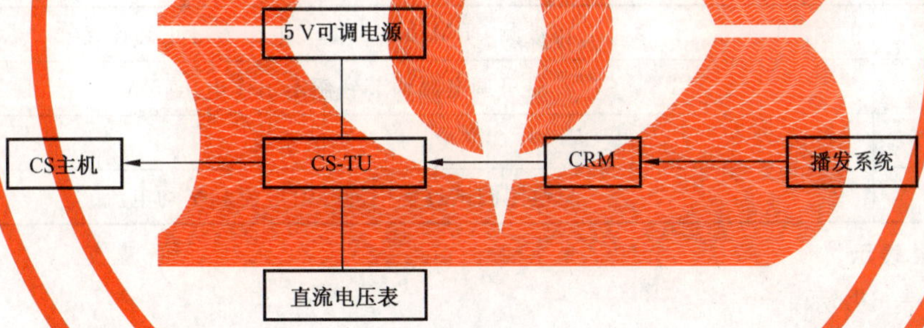

图1 CRM电压测试设备连接图

7.2.4 测试步骤

测试步骤如表2所示。

表2 CRM的供电测试步骤

步骤	操作
1	将各种仪器按照上图所示正确连接
2	将可调电源调节到额定工作电压(5 V)
3	检验被测CRM是否正常工作(如果接收设备能够正常显示图像即为正常工作)
4	将可调电源调节到工作电源电压的下限(4.75 V)
5	检验被测CRM是否正常工作
6	将可调电源调节到工作电源电压的上限(5.25 V)
7	检验被测CRM是否正常工作

7.2.5 测试结果表示

测试结果如表3所示。

表 3 CRM 的供电测试结果

测试项目	可接受的结果	合格	不合格
额定工作电压测试	正常工作	□	□
下限工作电压测试	正常工作	□	□
上限工作电压测试	正常工作	□	□
注：测试项目合格打“√”，不合格打“×”。			

7.3 电流测试

7.3.1 测试目的

本测试的目的是检查 CRM 的工作电流，本测试覆盖的测试项目如表 4 所示。

表 4 CRM 的电流测试覆盖测试项目

项　目	特　性
MPower. 1	(V_{CC})平均电流不应超出 600 mA，峰值电流不应超出 1A

7.3.2 测试设备

电流表、播发系统、5 V 可调电源、CS-TU、CS 主机。

7.3.3 测试步骤

测试步骤如表 5 所示。

表 5 CRM 的电流测试步骤

步　骤	操　作
1	将被测 CRM 和 CS-TU、电流表等正确连接
2	将可调电源调节到额定工作电压(5 V)
3	启动测试系统
4	检测测试过程中的峰值电流和平均电流

7.3.4 测试结果表示

测试结果如表 6 所示。

表 6 CRM 的电流测试结果

测试项目	可接受的结果	合格	不合格
峰值电流测试	峰值电流不应超出 1 A	□	□
平均电流测试	平均电流不应超出 600 mA	□	□
注：测试项目合格打“√”，不合格打“×”。			

7.4 初始化测试

7.4.1 测试目的

本测试的目的是检验 CRM 的初始化过程。本程序覆盖的测试项目如表 7 所示。

表 7 CRM 的初始化测试覆盖测试项目

项　目	特　性
MInit. 1	CRM 应清除它的数据传输缓存区中的数据
MInit. 2	CRM 应配置接口来执行缓存区大小协商协议
MInit. 3	一旦复位操作完成后，CRM 应设置命令/状态寄存器的 FR 位为 1
MInit. 4	CRM 应设置状态寄存器的 DA 位为 1，并使主机所读的缓存区大小可用

表 7（续）

项　目	特　性
MInit. 5	CRM 应使用协商后的最大缓存区大小
MInit. 6	CRM 不使用接口来传输数据，直到缓存区协商完成
MInit. 7	CRM 的缓存区最小为 64 字节
MInit. 8	在 CRM 子元组中，STCI_IFN 包括这种类型的 PC 卡发出的 0441h 作为标志 ID
MInit. 9	CRM 应实现具有“DTV_CSI_V1.00”的 STCI_STR。STCI_STR 字符串表示版本号
MInit. 10	CRM 将实现 STCE_EV，只有名字为“DTV_HOST”的系统才可能存在
MInit. 11	CRM 将实现 STCE_PD。若采用单分离方式，则只有名字为“DTV_CI_MODULE”的物理设备才可能存在；若采用双分离方式，则只有名字为“DTV_CSI_MODULE”的物理设备才可能存在
MInit. 12	CRM 将实现 CISTPL_VERS_1：TPLLV1_MAJOR = 05h；TPLLV1_MINOR = 00h；其他域由模块厂商根据 SJ/T 11336—2006 中 A.3.3 的定义
MInit. 13	下面的元组是主机识别所需的集合，也是 CRM 所使用的最小集合： a） CISTPL_DEVICE_OA b） CISTPL_DEVICE_OC c） CISTPL_VERS_1 d） CISTPL_MANFID e） CISTPL_CONFIG f） CISTPL_CFTABLE_ENTRY g） STCE_EV h） STCE_PD i） CISTPL_CHANNEL_INFO j） CISTPL_END
MInit. 14	模块包括以下可用到的 4 种寄存器：字节偏移量为 0，为从模块读取或写入数据的数据寄存器。字节偏移量为 1，为控制寄存器和状态寄存器。偏移量为 2，为空间大小标识寄存器低位字节 LS。偏移量为 3，为空间大小标识寄存器高位字节 MS
MInit. 15	CRM 命令寄存器包括：RS(复位)，SR(读取大小)，SW(写入大小)，HC(主机控制)
MInit. 16	CRM 状态寄存器包括：WE(写错误)，RE(读错误)，DA(数据可用)，FR(空闲)
MInit. 17	当 CRM 有数据要发送给主机时，设置 DA(数据可用)为 1

7.4.2 测试设备

CS-TU。

7.4.3 测试步骤

测试步骤如表 8 所示。

表 8　CRM 初始化测试步骤

步　骤	操　作
1	专用测试系统 CS-TU 通电
2	连接 CRM 到 CS-TU
3	在 CS-TU 操作界面中启动初始化测试
4	检测 CRM 当在 CS-TU 设置 RESET 信号为逻辑 1 后把 READY 信号置为逻辑 0

表 8（续）

步　骤	操　作
5	检测 CRM 在 CS-TU 设置 RESET 信号为逻辑 0 后的规定时间内完成复位并将 READY 信号置为逻辑 1
6	检测被测 CRM 能正确提供 CIS 信息。CS-TU 分析并显示从被测 CRM 读取的 CIS 信息。如果正确则设置 COR 寄存器,如果有误则指出具体错误
7	检测 CRM 当在 CS-TU 置命令寄存器中的 RS 位为逻辑 1 后将状态寄存器中的 FR 位置逻辑 1
8	检测 CRM 能根据协议完成与 CS-TU 间的缓冲区大小协商
9	检测 CRM 能提供不小于 64 字节的缓冲区

7.4.4 测试结果

测试结果如表 9 所示。

表 9　CRM 初始化测试结果

测试项目	可接受的结果	合格	不合格
CRM 的 READY 信号测试	正确响应 RESET 信号	□	□
读取 CIS 信息	成功读取且无错	□	□
CRM 的 FR 位	正确响应 RS 的设置	□	□
缓冲区大小协商	应不小于 64 字节并成功设置	□	□
注：测试项目合格打“√”,不合格打“×”。			

7.5 命令接口的多层协议测试

按 SJ/T 11337—2006 中 7.5 的规定。

7.6 模块控制资源测试

7.6.1 测试目的

本测试的目的是检验 CRM 能成功地在命令接口上打开模块控制会话,并对 CS-TU 发送的 module_info_enq 命令能正确响应,只有在查询主机的可用资源后,才可开始此项目测试。本程序覆盖的测试项目如表 10 所示。

表 10　CRM 的模块控制资源测试覆盖测试项目

项　目	特　性
ApMd.1	CRM 应实现与模块控制资源 ID 为 00060041h(类型 6,级别 1,版本 1)的会话连接
ApMd.2	CRM 发出 module_info()作为对 module_info_enq 的应答,module_info()的结构定义见 GB/T 26275.1—2010 中表 5
ApMd.3	当 CRM 接收到特定的 tuner_set 后,可以完成高频头和解调器的设置
ApMd.4	在 CRM 应答的 tuner_set_reply()中,lock =1 表示信号已经锁定,反之未锁定

7.6.2 测试设备

CS-TU,初始化脚本文件。

7.6.3 测试步骤

测试步骤如表 11 所示。

表 11 CRM 的模块控制资源测试步骤

步骤	操作
1	使被测 CRM 和 CS-TU 组合到稳定的工作状态
2	在 CS-TU 的操作界面上启动模块控制测试
3	CRM 建立与资源管理器的会话
4	检测被测 CRM 应该在 3 s 内打开模块控制会话
5	CS-TU 用 open_session_response_tag＝92h，resource_identifier＝00060041h 和 session_nb＝YYYY 进行响应。例如： ->[S]open_session_response，Status＝00h，SessionNb＝6 92 07 00 00 06 00 41 00 06
6	CS-TU 用 module_info_enq_tag＝9F9000h 命令向 CRM 发送模块信息查询
7	检测被测 CRM 在 CS-TU 发出 module_info_enq_tag＝9F9000h 的模块信息查询对象后发出 module_info_tag＝9F9001h 的对象，给出被测 CRM 提供的制造商信息、信道类型、调制方式等
8	CS-TU 用 tuner_set_tag＝9F9002h 命令向 CRM 发送解调参数设置
9	检测被测 CRM 在 CS-TU 发出 tuner_set_tag＝9F9002h 的解调参数设置对象后发出 tuner_set_reply_tag＝9F9003h 的对象，给出被测 CRM 的锁定状态、信号质量等信息

7.6.4 测试结果

测试结果如表 12 所示。

表 12 CRM 的模块控制资源测试结果

测试项目	可接受的结果	合格	不合格
检验被测 CRM 能打开模块控制会话	CS-TU 读出	□	□
检验被测 CRM 能对 CS-TU 发送过来的 module_info_enq 对象响应，发出 module_info 对象	CS-TU 读出	□	□
检验被测 CRM 能对 CS-TU 发送过来的 tuner_set 对象响应，发出 tuner_set_reply 对象	CS-TU 读出	□	□
注：测试项目合格打“√”，不合格打“×”。			

7.7 热插拔信号测试

按 SJ/T 11337—2006 中 7.9 的规定。

7.8 TS 流的测试

7.8.1 测试目的

本测试的目的是检测 CRM 的 TS 流接口的数据传输通道。

7.8.2 测试设备

测试码流、码流播放器、调制器、示波器、逻辑分析仪、CS-TU。

7.8.3 测试步骤

测试步骤如表 13 所示。

表 13 CRM的TS流测试步骤

步骤	操作
1	使被测 CRM 和 CS-TU 组合到稳定的工作状态
2	用示波器检测 TS 流接口信号、时序符合标准要求
3	用逻辑分析仪检测 TS 流接口信号时序、逻辑符合标准要求

7.8.4 测试结果

测试结果如表 14 所示。

表 14 CRM的TS流测试结果

测试项目	可接受的结果	合格	不合格
卡 TS 流接口电平	符合 GB/T 26275.1—2010 规定	□	□
卡 TS 流时序关系	符合 GB/T 26275.1—2010 规定	□	□
注：测试项目合格打“√”，不合格打“×”。			

8 CRM测试列表汇总

8.1 简介

CRM 应该遵循下列一致性测试项目列表。此测试项目列表表明协议的哪些能力和可选项已经被实现。

8.1.1 测试项目列表的一般结构

测试项目列表以问答表的形式完成，分成几个主要的章条，每一章条包含不同的测试项目。

第一栏是测试项目，用一个参考符号表示。第二栏是特征，用来描述测试内容。第三栏引用章条，指出该测试项目在相关标准中所在的相应章条号。第四栏是状态，表示测试要求，比如是必达的(mandatory)、可选的(optional)、还是信息型的(informational)，相应用 M，O，I 表示。

8.1.2 可选和条件项目

一致性测试项目列表可以包含可选项，在状态栏中用 O 表示。如果实现了可选项，可能导致条件项。条件项也可以具有必达或可选状态，用 C-M 或 C-O 表示。

8.2 测试项目

8.2.1 电源管理

对 CRM 的电源管理测试所覆盖项目如表 15 所示。

表 15 CRM的电源管理测试项目

项目	特性	章条号	状态
MPower. 1	(V_{CC})平均电流不应超出 600 mA，峰值电流不应超出 1 A	GB/T 26275.1—2010 中 6.3	M
MPower. 2	CRM 应支持 5 V 工作电压，工作范围为 4.75 V～5.25 V	SJ/T 11336—2006 中 B.5.4.2	M

8.2.2 物理特性

按 SJ/T 11337—2006 中 8.2.2 的规定。

8.2.3 初始化测试

对 CRM 的初始化测试所覆盖项目如表 16 所示。

表 16 CRM 的初始化测试项目

项目	特性	章条号	状态
MInit. 1	CRM 应清除它的数据传输缓存区中的数据	GB/T 26275.1—2010 中 8.2	M
MInit. 2	CRM 应配置接口来执行缓存区大小协商协议	GB/T 26275.1—2010 中 8.2	M
MInit. 3	一旦复位操作完成后,CRM 应设置命令/状态寄存器的 FR 位为 1	GB/T 26275.1—2010 中 8.2	M
MInit. 4	CRM 应设置状态寄存器的 DA 位为 1,并使主机所读的缓存区大小可用	GB/T 26275.1—2010 中 8.2	M
MInit. 5	CRM 应使用协商后的最大缓存区大小	GB/T 26275.1—2010 中 8.2	I
MInit. 6	CRM 不使用接口来传输数据,直到缓存区协商完成	GB/T 26275.1—2010 中 8.2	I
MInit. 7	CRM 的缓存区最小为 64 字节	GB/T 26275.1—2010 中 8.2	M
MInit. 8	在 CRM 子元组中,STCI_IFN 包括这种类型的 PC 卡发出的 0441h 作为标志 ID	GB/T 26275.1—2010 中 6.4	M
MInit. 9	CRM 应实现具有"DTV_CSI_V1.00"的 STCI_STR。STCI_STR 字符串表示版本号	GB/T 26275.1—2010 中 6.4	M
MInit. 10	CRM 将实现 STCE_EV。只有名字为"DTV_HOST"的系统才可能存在	GB/T 26275.1—2010 中 6.4	M
MInit. 11	CRM 将实现 STCE_PD。若采用单分离方式,则只有名字为"DTV_CI_MODULE"的物理设备才可能存在;若采用双分离方式,则只有名字为"DTV_CSI_MODULE"的物理设备才可能存在	GB/T 26275.1—2010 中 6.4	M
MInit. 12	模块将实现 CISTPL_VERS_1:TPLLV1_MAJOR=05h;TPLLV1_ MINOR = 00h;其他域由模块厂商根据 SJ/T 11336—2006 中A.3.3 的定义	GB/T 26275.1—2010 中 6.4	M
MInit. 13	下面的元组是主机识别所需的集合,也是 CRM 所使用的最小集合: a) CISTPL_DEVICE_OA b) CISTPL_DEVICE_OC c) CISTPL_VERS_1 d) CISTPL_MANFID e) CISTPL_CONFIG f) CISTPL_CFTABLE_ENTRY g) STCE_EV h) STCE_PD i) CISTPL_CHANNEL_INFO j) CISTPL_END	GB/T 26275.1—2010 中 6.4	M
MInit. 14	模块包括以下可用到的 4 种寄存器:字节偏移量为 0,为从模块读取或写入数据的数据寄存器。字节偏移量为 1,为控制寄存器和状态寄存器。偏移量为 2,为空间大小标识寄存器低位字节 LS。偏移量为 3,为空间大小标识寄存器高位字节 MS	SJ/T 11336—2006 中 B.2.3.1	I

表 16（续）

项　目	特　　性	章条号	状态
MInit. 15	模块命令寄存器包括：RS(复位)，SR(读取大小)，SW(写入大小)，HC(主机控制)	SJ/T 11336—2006 中 B. 2. 3. 1	I
MInit. 16	模块状态寄存器包括：WE(写错误)，RE(读错误)，DA(数据可用)，FR(空闲)	SJ/T 11336—2006 中 B. 2. 3. 1	I
MInit. 17	当模块有数据要发送给主机时，设置 DA(数据可用)为 1	SJ/T 11336—2006 中 B. 2. 3. 1	M

8.2.4　错误处理

按 SJ/T 11337—2006 中 8.2.4 的规定。

8.2.5　命令接口—物理层、链路层、传输层、会话层

按 SJ/T 11337—2006 中 8.2.5 的规定。

8.2.6　命令接口—应用层

对 CRM 的命令接口应用层测试所覆盖项目如表 17 所示。

表 17　CRM 的命令接口应用层测试项目

项　　目	特　　性	章条号	状态
CIApRm. 1	CS 主机实现资源管理器，资源 ID 为 00010041h(类型 1，级别 1，版本 1)	GB/T 26275. 1—2010 中 9. 2. 2	M
CIApAi. 1	应用一旦结束了初始化的 Profile 查询过程，它将建立和应用信息资源之间的会话连接	SJ/T 11336—2006 中 8. 4. 2	M
CIApAi. 2	CRM 发送 application_info()作为对 application_info_req()的应答，application_info()结构定义见 SJ/T 11336—2006 中表 21	SJ/T 11336—2006 中 8. 4. 2	M
CIApAi. 3	单分离方式下(CRM+CAM)支持的应用类型： a)　CA； b)　EPG； c)　版权保护； d)　预留(03—FF)。 双分离方式下 CRM 不支持 CA 和 EPG 等应用类型	SJ/T 11336—2006 中 8. 4. 2	 M O C-O O
ApMd. 1	CRM 应实现与模块控制资源 ID 为 00060041h(类型 6，级别 1，版本 1)的会话连接	GB/T 26275. 1—2010 中 9. 2. 2	M
ApMd. 2	CRM 发出 module_info()作为对 module_info_enq 的应答，module_info()的结构定义见 GB/T 26275. 1—2010 中表 5	GB/T 26275. 1—2010 中 9. 4. 1. 2	M
ApMd. 3	当 CRM 接收到特定的 tuner_set 后，可以完成高频头和解调器的设置	GB/T 26275. 1—2010 中 9. 4. 1. 3	M
ApMd. 4	在 CRM 应答的 tuner_set_reply()中，lock＝1 表示信号已经锁定，反之未锁定	GB/T 26275. 1—2010 中 9. 4. 1. 4	M

9　CS 主机测试

9.1　主机接口物理测试

按 SJ/T 11337—2006 中 9.1 的规定。

9.2 供电测试

9.2.1 测试目的

本测试的目的是检测待测主机 CSI 接口的供电能力。本程序覆盖的测试项目如表 18 所示。

表 18 主机的供电测试覆盖测试项目

项目	特性
Power.1	对单个模块的平均供电电流不应超出 600 mA，峰值电流不应超出 1 A
Power.2	应支持 5 V 电压工作
Power.3	主机应支持 5 V 电源的热插拔

9.2.2 测试设备

直流电压表、直流电流表、电子负载、CS-TU。

9.2.3 设置

连接 CSI 适配卡到待测主机，将直流电阻负载接入适配卡负载插座，将直流电压表接入适配卡仪表插座。

9.2.4 测试步骤

测试步骤如表 19 所示。

表 19 主机的供电测试步骤

步骤	操作
1	将被测主机和 CS-TU 正确连接
2	设置电子负载，使其吸入 600 mA 电流，测量 V_{CC} 和 GND 之间的电压值，记录结果

9.2.5 测试结果

测试结果如表 20 所示。

表 20 主机的供电测试结果

测试项目	可接受的结果	合格	不合格
平均工作电流下供电状况	V_{CC} 在 4.75～5.25 V 间	□	□
注：测试项目合格打"√"，不合格打"×"。			

9.3 初始化测试

按 SJ/T 11337—2006 中 9.3 的规定。

9.4 命令接口的多层协议测试

按 SJ/T 11337—2006 中 9.4 的规定。

9.5 模块控制资源测试

9.5.1 测试目的

本测试检验主机所提供的模块控制资源以及主机与 CRM 的模块控制资源对象交互过程。本程序覆盖的测试项目如表 21 所示。

表 21 主机的模块控制资源测试覆盖测试项目

项目	特性
ApMd.1	主机实现模块控制资源 ID 为 00060041h(类型 6，级别 1，版本 1)
ApMd.2	一旦会话被打开后，主机将向 CRM 发送 module_info_enq()信息，module_info_enq()结构定义见 GB/T 26275.1—2010 中表 4
ApMd.3	主机应向所连接的模块控制应用发送 tuner_set()，tuner_set()结构定义见 GB/T 26275.1—2010 中表 7

9.5.2 测试设备

被测主机,CS-TU,初始化脚本文件。

9.5.3 测试步骤

测试步骤如表22所示。

表22 主机的模块控制资源测试步骤

步骤	操作
1	使被测主机和CS-TU组合到稳定的工作状态
2	在CS-TU的操作界面上启动模块控制测试
3	CS-TU建立与资源管理器的会话
4	CS-TU请求打开与模块控制资源的会话,发送open_session_request_tag=91h和resource_identifier = 00060041h的打开模块控制会话请求对象
5	检测被测主机发送open_session_response_tag=92h,resource_identifier=00060041h对象进行响应。例如: ->[S]open_session_response, Status=00h,SessionNb=6 92 07 00 00 06 00 41 00 06
6	检测被测主机在打开模块控制资源会话成功后发送module_info_enq_tag=9F9000h的对象给CS-TU进行模块信息查询
7	检测被测主机在CS-TU回送module_info_tag = 9F9001h的模块信息对象后没有作出错误响应
8	检测被测主机在一定时间内发送tuner_set_tag=9F9002h的对象给CS-TU

9.5.4 测试结果

测试结果如表23所示。

表23 主机的模块控制资源测试结果

测试项目	可接受的结果	合格	不合格
检验被测主机提供模块控制资源并能由CS-TU打开资源会话	打开资源会话成功	□	□
检验被测主机能对CS-TU发送module_info_enq对象	CS-TU收到此对象	□	□
检验被测主机能对CS-TU发送tuner_set对象	CS-TU收到此对象	□	□
注:测试项目合格打"√",不合格打"×"。			

9.6 热插拔信号测试

按SJ/T 11337—2006中9.8的规定。

10 交互测试

10.1 测试目的

本测试检测主机和CRM的互换性,每张被测CRM都要通过同各种主机的互换性测试,每台被测主机都要通过同各种CRM的互换性测试。

10.2 **测试设备**

设备:CRM,测试码流,主机,码流播放器,调制器,显示设备。

设备连接图如图 2 所示。

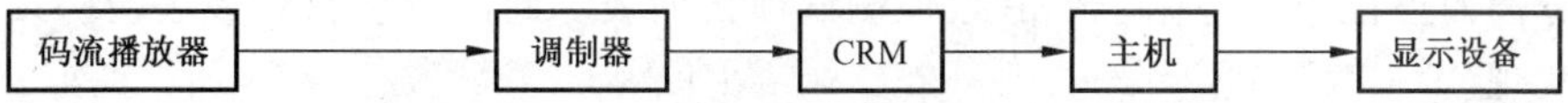

图 2 主观测试设备连接图

10.3 **交互测试中 CRM 的互换性测试**

10.3.1 **交互测试中 CRM 的互换性测试步骤**

测试步骤如表 24 所示。

表 24 交互测试中 CRM 的互换性测试步骤

步 骤	操 作
1	按照图 2 设备连接图连接设备,并达到稳定的工作状态
2	把被测 CRM 插入标准主机中
3	在规定时间内观测节目,记录测试结果
4	换另外一台主机,并重复本表中 2、3 步骤,直至完成在所有标准主机上的测试

10.3.2 **交互测试中 CRM 的互换性测试结果**

测试结果如表 25 所示。

表 25 交互测试中 CRM 的互换性测试结果

测试项目	可接受的结果	合格	不合格
卡的互换性测试	被测卡与各种主机能正常工作,并在规定时间内输出无明显缺陷	□	□
注:测试项目合格打“√”,不合格打“×”。			

10.4 **交互测试中主机的互换性测试**

10.4.1 **交互测试中主机的互换性测试步骤**

测试步骤如表 26 所示。

表 26 交互测试中主机的互换性测试步骤

步 骤	操 作
1	按照设备连接图连接设备,并达到稳定的工作状态
2	把标准 CRM 插入被测主机中
3	在规定时间内观测节目。记录测试结果
4	换另外一张卡,并重复本表中 2、3 步骤,直至完成针对所有标准 CRM 的测试

10.4.2 **交互测试中主机的互换性测试结果**

测试结果如表 27 所示。

表 27 交互测试中主机的互换性测试结果

测试项目	可接受的结果	合格	不合格
主机的互换性测试	被测主机与各种 CRM 能正常工作,并在规定时间内输出无明显缺陷	□	□
注:测试项目合格打“√”,不合格打“×”。			

11 满足机道分离的CS主机的一致性测试列表

11.1 简介

满足机道分离的主机应该遵循下列一致性测试项目列表。此测试项目列表表明协议的哪些能力和可选项已经被实现。

11.1.1 测试项目列表的一般结构

测试项目列表以问答表的形式完成，分成几个主要的章条，每一章条包含不同的测试项目。

第一栏是测试项目，用一个参考符号表示来表示。第二栏是特征，用来描述测试内容。第三栏是引用章条，指出测试项目在相关标准中的相应章条号。第四栏是状态，表示测试要求，比如是必达的(mandatory)、可选的(optional)，还是信息型的(Informational)，相应用M，O，I表示。

11.2 测试项目

11.2.1 电源管理

电源管理测试项目如表28所示。

表28 主机电源管理测试项目

项目	特性	章条号	状态
Power.1	对单个模块的供电电流(V_{CC})平均值不应超过600 mA	GB/T 26275.1—2010中6.3	M
Power.2	应支持5 V电压工作	SJ/T 11336—2006中B.5.4.2	M
Power.3	主机应支持5 V电源的热插拔	SJ/T 11336—2006中B.5.4.2	M

11.2.2 初始化

按SJ/T 11337—2006中11.2.2的规定。

11.2.3 PCMCIA特性

按SJ/T 11337—2006中11.2.3的规定。

11.2.4 命令接口—物理、链路、传输、会话层

按SJ/T 11337—2006中11.2.4的规定。

11.2.5 命令接口——应用层

应用层测试项目如表29所示。

表29 主机命令接口应用层测试项目

项目	特性	章条号	状态
CIApGn.1	主机应支持resource_identifier()结构	SJ/T 11336—2006中8.2.2	M
CIApGn.2	对应用层的所有协议，主机应使用APDU在模块和主机以及模块之间发送应用数据。APDU结构定义见SJ/T 11336—2006中图11	SJ/T 11336—2006中8.3.1	M
CIApGn.3	在接收到最后一块后，主机应把收到的所有数据块串接起来	SJ/T 11336—2006中8.3.2	M
CIApRm.1	主机应提供资源管理器资源	GB/T 26275.1—2010中9.2.2	M
CIApRm.2	主机应支持资源管理器ID为00010041h(级别1，类型1，版本1)	GB/T 26275.1—2010中9.2.2	M
CIApRm.3	当一个模块插入主机或主机上电时，主机至少建立一条传输连接	SJ/T 11336—2006中8.4.1.2	M
CIApRm.4	当打开资源管理器资源后，此资源管理器(主机)发送profile_enq()给应用或者资源提供者。profile_enq()结构定义见SJ/T 11336—2006中表17	SJ/T 11336—2006中8.4.1.3	M

表 29（续）

项　目	特　性	章条号	状态
CIApRm.5	一旦主机建立了自己的资源列表，它就向所有的当前资源管理器会话发送 profile_changed 对象，其结构定义见 SJ/T 11336—2006 中表 19	SJ/T 11336—2006 中 8.4.1.5	M
CIApRm.6	当被模块请求时，主机将发送带有可用资源列表的 profile_reply 对象	SJ/T 11336—2006 中 8.4.1.4	M
CIApAi.1	应用信息资源只能由主机提供	SJ/T 11336—2006 中 8.4.2	M
CIApAi.2	应用信息资源 ID00020041h(级别 2，类型 1，版本 1)	SJ/T 11336—2006 中 8.7.1	M
CIApAi.3	在正常运行期间，主机应保持会话打开	SJ/T 11336—2006 中 8.4.1	M
CIApAi.4	一旦会话被打开，主机应向模块发送 application_info_enq() APDU，其结构定义见 SJ/T 11336—2006 中表 20	SJ/T 11336—2006 中 8.4.2	M
CIApAi.5	主机应该能够接收 application_info，结构定义见 SJ/T 11336—2006 中表 21	SJ/T 11336—2006 中 8.4.2	M
ApMd.1	主机实现模块控制资源 ID 为 00060041h(类型 6，级别 1，版本 1)	GB/T 26275.1—2010 中 9.2.2	M
ApMd.2	一旦会话被打开后，主机将向 CRM 发送 module_info_enq()信息，module_info_enq()结构定义见 GB/T 26275.1—2010 中表 4	GB/T 26275.1—2010 中 9.4.1.1	M
ApMd.3	主机应向所连接的模块控制应用发送 tuner_set()	GB/T 26275.1—2010 中 9.4.1.3	M

ICS 83.160.99
G 41

中华人民共和国国家标准

GB/T 26276—2010

工程机械子午线轮胎无损检验方法 X射线法

Test method of non-destructive inspection for earth-mover radial tyres—X-ray method

2011-01-14 发布 2011-11-01 实施

中华人民共和国国家质量监督检验检疫总局
中国国家标准化管理委员会 发布

前　言

本标准按照 GB/T 1.1—2009 给出的规则起草。

本标准由中国石油和化学工业联合会提出。

本标准由全国轮胎轮辋标准化技术委员会(SAC/TC 19)归口。

本标准主要起草单位：中国化工橡胶桂林有限公司、三角轮胎股份有限公司、山东玲珑轮胎有限公司、赛轮股份有限公司、风神轮胎股份有限公司、双钱集团股份有限公司、杭州中策橡胶有限公司、北京橡胶工业研究设计院。

本标准主要起草人：蒙毅钊、梁金招、陈少梅、李振刚、安登峰、包静萍、陈国华、何晓玫、徐丽红、滕利然。

工程机械子午线轮胎无损检验方法 X射线法

1 范围

本标准规定了工程机械子午线轮胎X射线无损检验的术语和定义、原理、试样、检验设备、检验程序、检验结果的判定和检验记录。

本标准适用于工程机械子午线轮胎的X射线无损检验。

2 规范性引用文件

下列文件对于本文件的应用是必不可少的。凡是注日期的引用文件，仅注日期的版本适用于本文件。凡是不注日期的引用文件，其最新版本(包括所有的修改单)适用于本文件。

GB/T 6326 轮胎术语及其定义

3 术语和定义

GB/T 6326界定的术语和定义适用于本文件。

4 原理

本方法是利用X射线穿透不同物质时呈现出不同程度的衰减作用，在实时成像装置中显示出明暗度的差异，通过观察视频图像中的子午线轮胎钢丝帘线的排布情况、胶料明暗度，推断子午线轮胎缺陷性质和缺陷位置。

5 试样

试样宜为硫化后在环境温度下停放8 h以上、经表面质量检查合格且表面干净的轮胎。

6 检验设备

6.1 X射线发生装置

发射X射线的角度应确保轮胎在连续检验的情况下不存在探测死角。

发射的X射线应有足够的强度，以确保对不同厚度的轮胎部件进行照射时能呈现清晰的图像。

6.2 图像处理系统

包括图像接收器、X射线采集和成像软件、图像系统软件等，应具有进行电子偏差和增益校准的功能，确保获得稳定的清晰图像，使轮胎的内部结构图像在显示器上滚动显示。

6.3 机械运动系统

6.3.1 轮胎输送系统

应能将轮胎吊装或安装到转动辊处,并驱动轮胎完成整个检验过程。

6.3.2 轮胎转动系统

应能对轮胎进行准确定位,并保证轮胎能够匀速圆周运动。

6.3.3 X射线发生装置驱动系统

应能使X射线发生装置准确定位。

6.3.4 图像接收器驱动系统

应可实现图像接收器前后、左右、上下移动,并应能使图像接收器准确定位,实现从一侧胎圈到另一侧胎圈的检验。

6.4 X射线屏蔽铅房

在X射线发射时,铅房不仅应能屏蔽辐射,并应能阻挡人员进入检验场所内部。

6.5 检验灵敏度

指X射线在透照部位能够检验到的轮胎内部最小缺陷尺寸的能力,可用式(1)计算:

$$K=\frac{d}{h}\times 100\% \qquad \cdots\cdots(1)$$

式中:

K ——检验灵敏度;

d ——X射线透照部位所能发现的轮胎内部最小缺陷的尺寸,单位为毫米(mm);

h ——X射线检验发现的最小缺陷处的轮胎厚度,单位为毫米(mm)。

检验灵敏度应不大于2%。检验灵敏度应定期标定。

7 检验程序

7.1 由轮胎输送系统将轮胎安装至转动辊,输入轮胎规格及相应的参数。

7.2 选择检验部位,X射线发生装置驱动系统和图像接受器驱动系统准确定位,轮胎转动系统驱动轮胎匀速旋转,按图1所示方式,对工程机械子午线轮胎胎冠、胎肩、胎侧和胎圈等部位分别进行X射线检验。

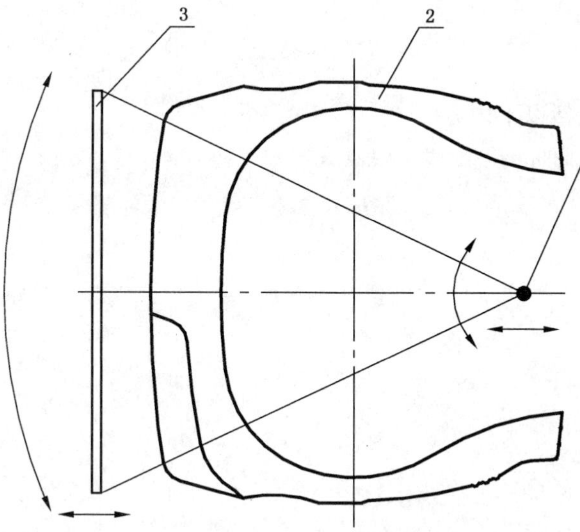

说明：

1——X 射线源；

2——轮胎；

3——图像接收器。

图 1

7.3 根据轮胎检验部位不同的厚度，选择不同的射线管电压、电流，以获得最清晰的图像。

7.4 轮胎在检验过程中，根据轮胎各部位尺寸与图像接收器长度的不同，需要进行多个周期的旋转检验，要求各检验部位无遗漏。

7.5 检验完毕后，X 射线发生装置驱动系统和图像接受器驱动系统复位，轮胎停止旋转，由轮胎输送系统将轮胎从转动辊卸下，输送出去。

8 检验结果的判定

8.1 判定方法

对轮胎进行 X 射线检验时，采用目视判定。

8.2 缺陷的分类

工程机械子午线轮胎的内部缺陷分为结构类、杂物类和气泡类三种缺陷。

8.2.1 结构类缺陷

结构类缺陷指轮胎的胎体、带束层、胎圈等部位出现帘线弯曲、断裂、稀线、重叠等结构异常的现象（见附录 A 的 A.1）。

8.2.2 杂物类缺陷

显示图像中出现明暗度异常的现象（见附录 A 的 A.2）。

8.2.3 气泡类缺陷

显示图像中出现边缘清晰、形状不规则白色亮区的现象（见附录 A 的 A.3）。

9 检验记录

如有需要，检验记录宜包括以下内容：

a) 轮胎制造厂的名称、商标、规格、生产编号；

b) 检验日期；

c) 缺陷名称及部位。

附 录 A
(资料性附录)
工程机械子午线轮胎主要内部缺陷示意图

A.1 结构类缺陷图片

A.1.1 胎体帘线稀开

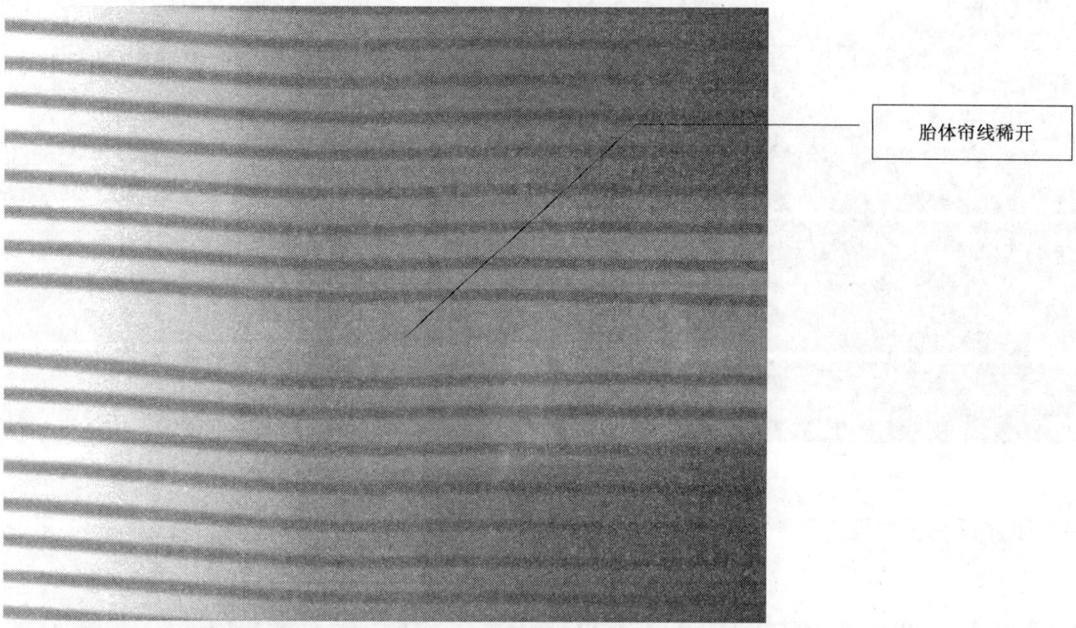

A.1.2 带束层接头裂开

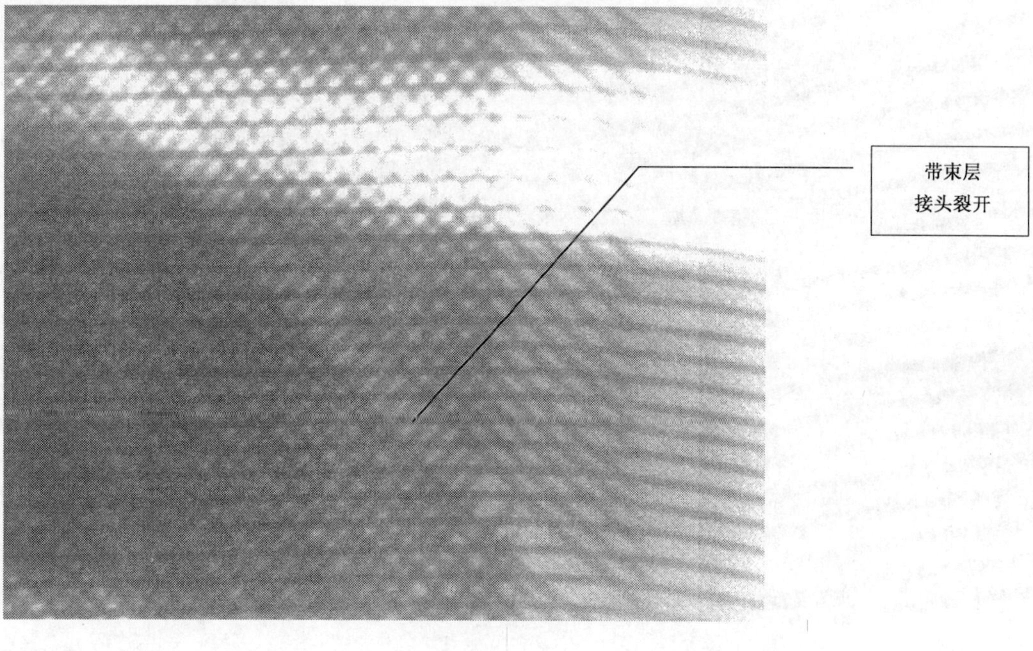

A.1.3 胎体帘线弯曲

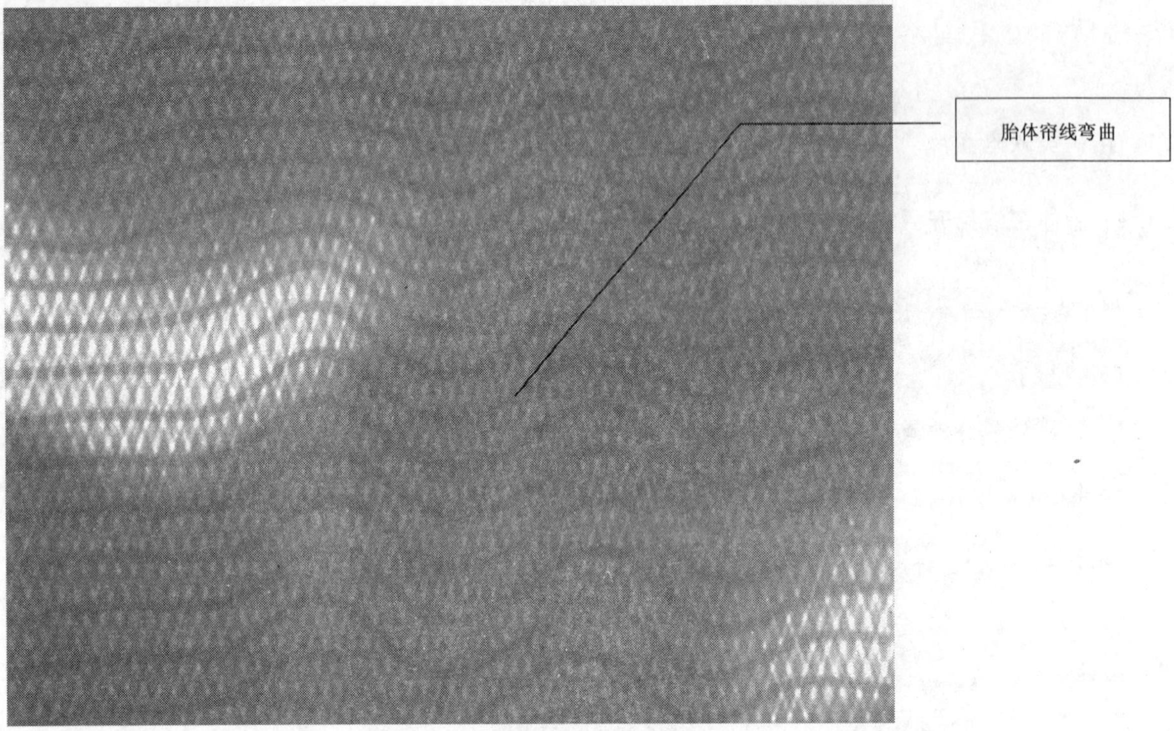

A.1.4 胎体反包帘线弯曲

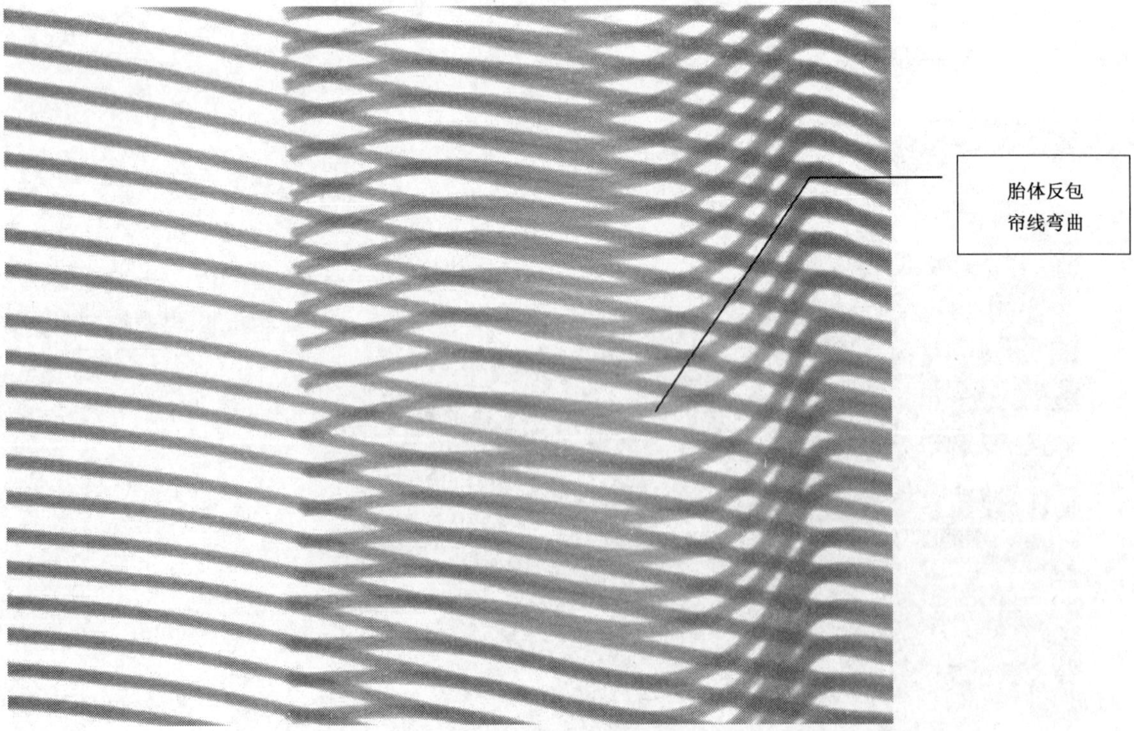

A. 1. 5　胎体帘线排列不均

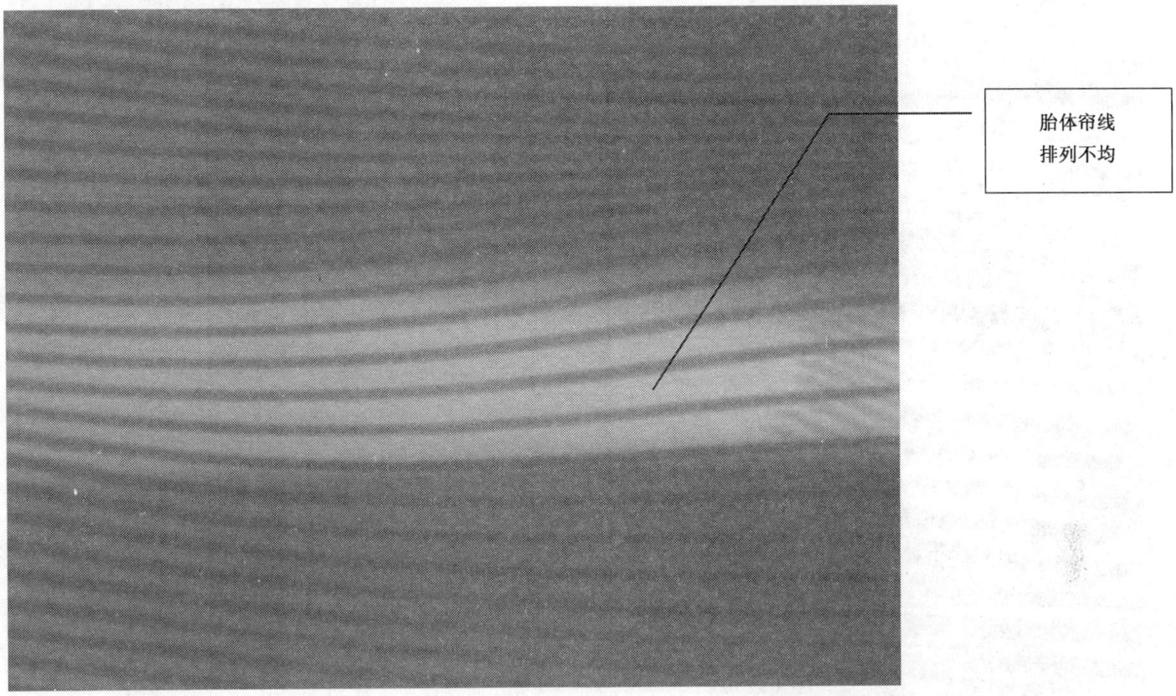

A. 1. 6　钢丝圈变形

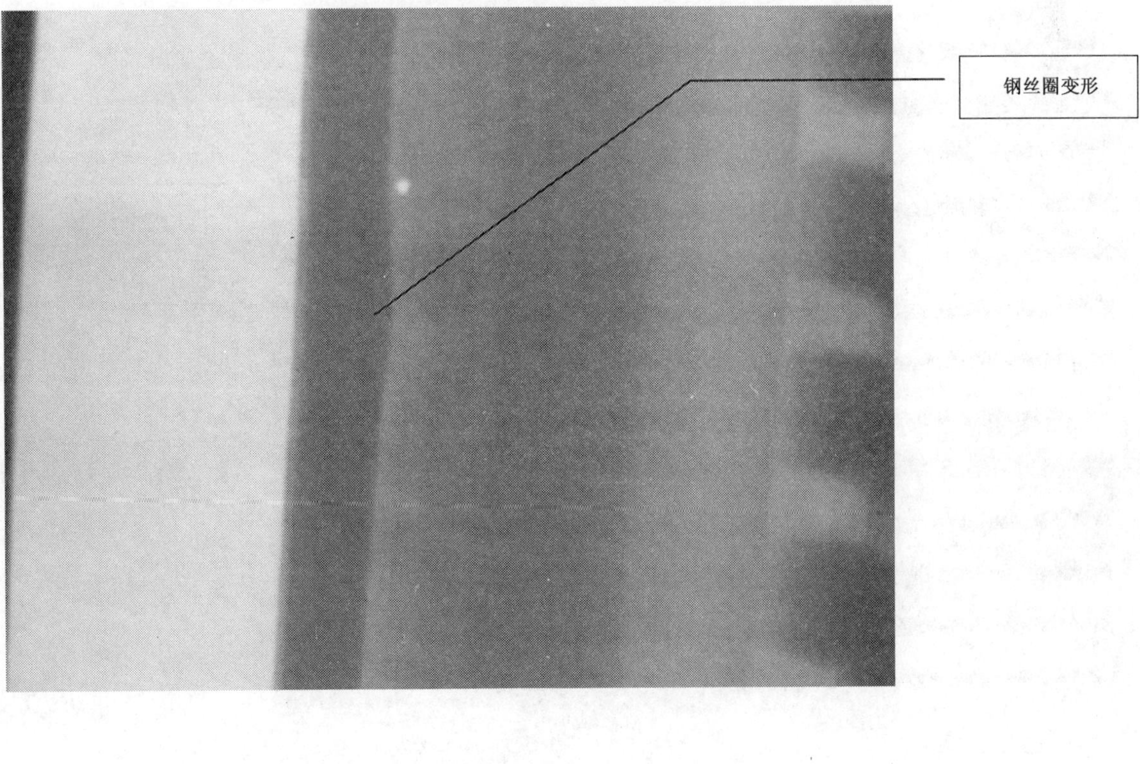

A.2 杂物类缺陷图片

A.2.1 金属杂物

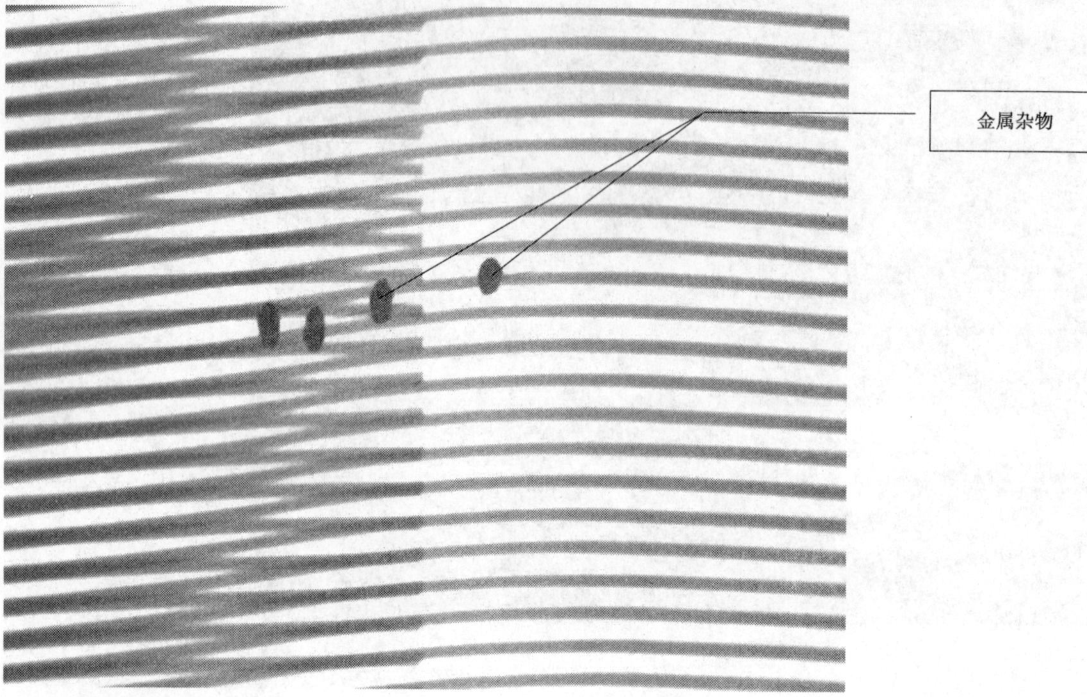

A.2.2 非金属杂物

A.3 气泡类缺陷图片

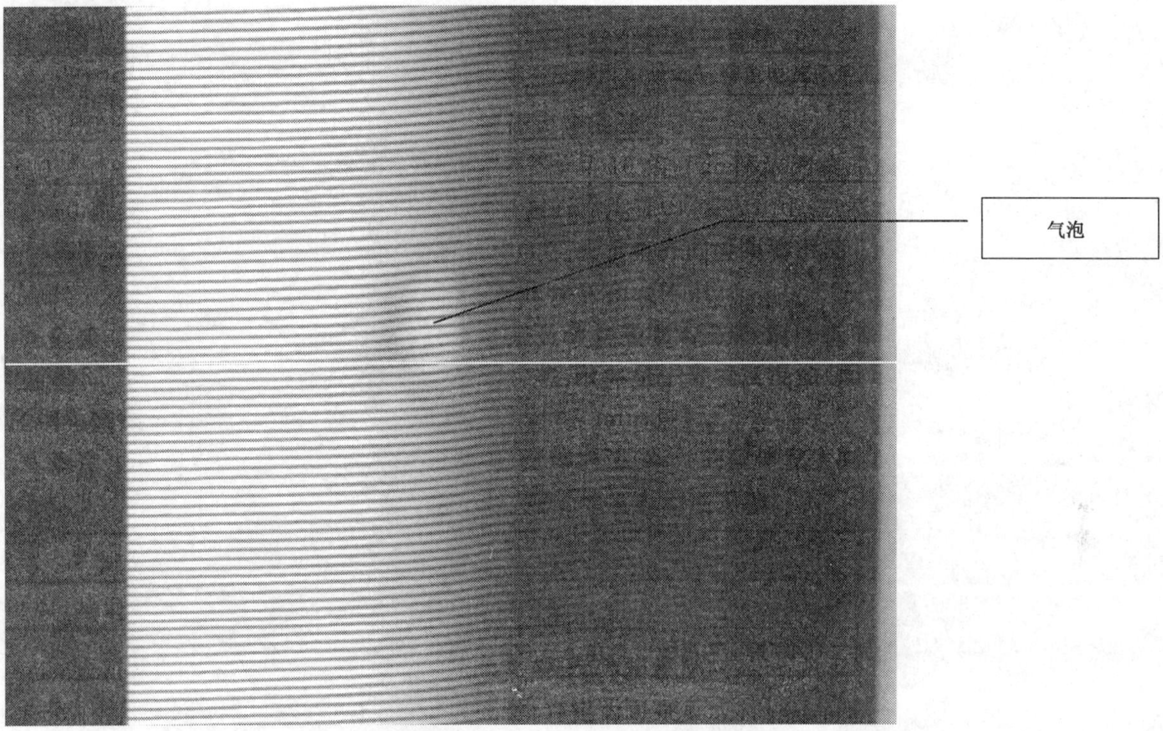

ICS 83.160.01
G 41

中华人民共和国国家标准

GB/T 26277—2010

轮胎电阻测量方法

Test method for measuring electrical resistance of tyres

(ISO 16392:2007, Tyres—Electrical resistance—Test method for measuring electrical resistance of tyres on a test rig, MOD)

2011-01-14 发布 2011-11-01 实施

中华人民共和国国家质量监督检验检疫总局
中国国家标准化管理委员会 发布

前言

本标准按照 GB/T 1.1—2009 给出的规则起草。

本标准使用重新起草法修改采用 ISO 16392：2007《轮胎　电阻　使用专用装置测量电阻的试验方法》。

本标准与 ISO 16392：2007 相比在结构上有调整，附录 A 中列出了本标准与 ISO 16392:2007 的章条编号对照一览表。

本标准与 ISO 16392：2007 相比存在技术性差异，这些差异涉及的条款已通过在其外侧页边空白位置的垂直单线(|)进行了标示，附录 B 中给出了相应技术差异及其原因的一览表。

本标准还做了下列编辑性修改：

——改变了标准名称；

——删除了参考文献。

本标准由中国石油和化学工业联合会提出。

本标准由全国轮胎轮辋标准化技术委员会(SAC/TC 19)归口。

本标准主要起草单位：广州市华南橡胶轮胎有限公司、三角轮胎股份有限公司、北京橡胶工业研究设计院、北京首创轮胎有限公司、玲珑集团有限公司、赛轮股份有限公司、固铂成山(山东)轮胎有限公司、汕头市浩大轮胎测试装备有限公司、青岛高校测控技术有限公司。

本标准主要起草人：罗吉良、卢焜、王琰、夏向秀、徐丽红、赵冬梅、董毛华、周天明、许广成、陈迅、刘宏、何晓玫。

轮胎电阻测量方法

1 范围

本标准规定了在专门的测量装置上测量负荷下的充气轮胎和实心轮胎电阻的方法。车辆上的静电荷通常需要通过轮胎来释放，轮胎的电阻反过来衡量轮胎释放车辆静电荷的能力。

本标准规定了测量装置和测量条件、测量方法，以便能精确地测定不超过 10^{12} Ω 的轮胎电阻。

附录C提出了关于轮胎电阻限值的参考规范。附录D规定了车辆上的轮胎电阻的直接测量方法。附录E规定了一个适用于生产质量监控的轮胎电阻的简化测量方法。

本标准适用于充气轮胎和实心轮胎电阻的测量。

2 规范性引用文件

下列文件对于本文件的应用是必不可少的。凡是注日期的引用文件，仅注日期的版本适用于本文件。凡是不注日期的引用文件，其最新版本(包括所有的修改单)适用于本文件。

GB/T 6326 轮胎术语及其定义(GB/T 6326—2005，ISO 4223-1:2002，Definitions of some terms used in tyre industry—Part 1:Pneumatic tyres，NEQ)

3 术语和定义

GB/T 6326 界定的以及下列术语和定义适用于本文件。

3.1

连接点 connecting point

电阻测量仪的导线连接至轮辋或金属承载板上的任一点。

3.2

试验负荷 test load

通过轮辋施加到轮胎上的力，该力与置于轮胎下面的金属承载板垂直。

3.3

轮胎电阻 tyre electrical resistance

放置于金属承载板上的充气轮胎轮辋总成在规定的测量负荷下测得的轮辋与金属承载板之间的电阻值。轮胎电阻的单位为欧姆(Ω)。

4 测量装置

4.1 测量装置结构和设置

整套轮胎电阻测量装置的结构和设置应如图1所示。其中加载装置应能垂直于金属承载板对轮胎轮辋总成施以5.3规定的试验负荷，精度为满量程的±1%。

单位为毫米

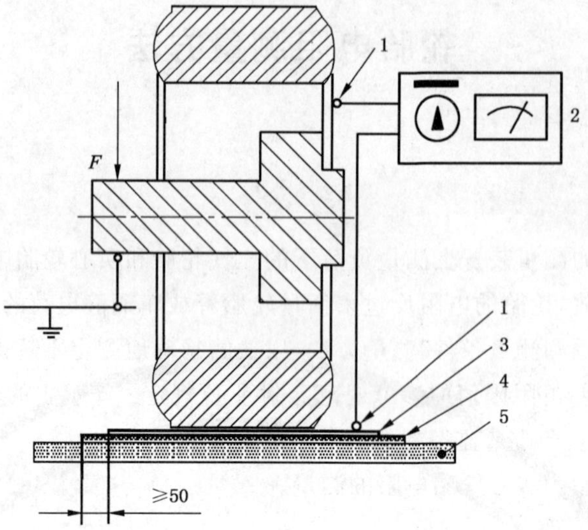

说明：

1——连接点；

2——电阻测量仪；

3——金属承载板；

4——绝缘板；

5——承载基础；

F——试验负荷。

图1 轮胎电阻测量装置

4.2 电阻测量仪

用于测量轮胎电阻的电阻测量仪应具备至少 1 000 V 的电源电压，最大量程应至少 10^{12} Ω，精度为±10%，输入阻抗应至少 10^{14} Ω。在待测轮胎上的电能损耗应不大于 3 W。当待测轮胎电阻低于 10^{10} Ω 时，测试电流应不低于 10^{-7} A，测量电压应不高于 1 000 V。

4.3 金属承载板

金属承载板应是平整的，并应具备足够大的尺寸以便能完全包容试验负荷下的待测试轮胎的全部接地面，以及足够的厚度以便能承受 5.3 规定加载的试验负荷而不会产生明显可见的形变。金属承载板应由可导电的耐腐蚀金属材料制备(如黄铜或不锈钢)，表面无涂层且无明显的氧化或腐蚀之类的污染；不应使用表面极易发生氧化的材料(如铝材等)，以免影响测试结果的精确性。

4.4 绝缘板

绝缘板应由聚乙烯、聚四氟乙烯(PTFE)或等效的绝缘材料制备，并应具有足够的强度以便能支持 5.3 规定的试验负荷而不会产生明显可见的形变。绝缘板的每一个边缘相对于金属承载板宜宽至少 50 mm。绝缘板应放置于金属承载板和承载基础之间。金属承载板和承载基础之间的电阻不宜低于 10^{14} Ω，且在任何情况下，应大于待测轮胎电阻范围至少 2 个数量级。

5 测量条件

5.1 实验室环境温度 23 ℃±5 ℃，相对湿度不大于 60%。

5.2 轮胎在测量前应先安装好，按5.4规定充气，并在5.1规定的实验室环境下停放时间：

——轿车轮胎、轻型载重车轮胎和摩托车轮胎至少8 h；

——其他类型的轮胎(载重汽车轮胎、工业车辆轮胎、农业轮胎及工程机械轮胎等)至少24 h。

5.3 试验负荷为轮胎胎侧标志的单胎负荷能力的(80±5)%。

5.4 试验气压为轮胎负荷能力对应充气压力的(80±5)%。

5.5 试验电压的设定应符合表1的规定。

表1 待测轮胎电阻范围及其对应的测量电压

轮胎电阻范围 Ω	测量电压 V
$10^3 \sim 10^4$	1
$10^4 \sim 10^5$	10
$10^5 \sim 10^6$	100
$10^6 \sim 10^{12}$	1 000

6 测量方法

6.1 测量轮辋(首选钢质)的胎圈座和连接点部位的粘附物应清除干净；待测轮胎上所有如脱模剂、涂料等可能影响测试结果的材料也应清除干净，不应使用易破坏橡胶的有机溶剂。

6.2 装配轮胎应尽量不使用任何润滑剂；遇安装困难时，为了避免损坏待测轮胎，可以使用水溶性装胎润滑剂，但装配完成后应对胎侧和胎面进行清洁；测量前应确保待测轮胎干燥。

6.3 在轮胎胎侧上确定至少3个沿圆周方向大致等间距分布的测量点，并用绝缘材料做标识。

6.4 测量装置的设置和安装如图1所示。应在测量前用酒精或类似材料清洁金属承载板并待至干燥。连接电阻测量仪导线到金属承载板和轮辋。

6.5 在第一个测量点位置给轮胎和轮辋总成施以5.3规定的试验负荷，保持1 min之后卸载。接着重复一次上述的施载和卸载过程。

6.6 给待测轮胎第三次施加试验负荷，接着立即施以表1规定的测量电压。如果事先不知道待测轮胎的电阻范围，则先施加1 V电压，测量其电阻值，此时测得的电阻值如果大于10^4 Ω，则按表1递增测量电压测量轮胎电阻。施加测量电压后3 min±10 s记录测得的轮胎电阻值；在测量过程中，测量电压和试验负荷应持续施加直至记录下最终的轮胎电阻值；测量完成后给轮胎卸载。

6.7 重复6.5和6.6的操作，依次对其余测量点进行电阻测量。

6.8 记录在所有测量点测得的电阻值，其中的最大值作为该轮胎电阻值。

7 检测报告

检测报告宜包括以下内容：

a) 轮胎制造厂名称、商标、规格、生产编号；

b) 轮胎负荷指数或层级、负荷能力、速度符号等；

c) 轮辋规格、轮辋材质；

d) 实验室环境温度(℃)和相对湿度(%)；

e) 试验方法标准代号、试验日期；

f) 试验气压、试验负荷；

g) 试验电压(V)；

h) 轮胎及轮辋的清洁用材料；

i) 测量点的位置；

j) 每个测量点的电阻值(Ω)；

k) 轮胎电阻值(即最大值)(Ω)。

附 录 A
（资料性附录）
本标准与 ISO 16392:2007 章条编号对照

表 A.1 给出了本标准与 ISO 16392:2007 章条编号对照一览表。

表 A.1 本标准与 ISO 16392:2007 章条编号对照

本标准章条编号	ISO 16392:2007 章条编号
1	1
2	2
3	3
3.1	3.1
3.2	3.2
3.3	3.3
4	4
—	4.1
4.1	4.2 第三段
图 1	图 1
4.2	4.2 第一段第 1、3、4 句，4.4 第五段第 1 句
4.3	4.2 第二段
4.4	4.2 第四段
5	4.3
5.1	4.4 第一段第 3、4 句
5.2	4.3
5.3	4.4 第一段第 1 句
5.4	4.4 第一段第 2 句
5.5	4.2 第一段第 2 句
表 1	表 1
6	4.4
6.1	4.4 第二段第 1 句，第三段第 3、4 句
6.2	第二段第 2、3、4、5 句
6.3	第二段第 6 句
6.4	4.4 第三段第 1、2、5 句
6.5	4.4 第四段
6.6	4.4 第五段第 2、3、4、5 句
6.7	4.4 第五段第 6 句
6.8	5
7	6、6.1、6.2
附录 C	附录 A
附录 D	附录 B
附录 E	附录 C

附 录 B
（资料性附录）
本标准与 ISO 16392:2007 的技术性差异及其原因

表 B.1 给出了本标准与 ISO 16392:2007 技术性差异及其原因的一览表。

表 B.1 本标准与 ISO 16392:2007 技术性差异及其原因

本标准章条编号	技术性差异	原因
1	增加了一项说明:“附录 C 提出了关于轮胎电阻限值的参考规范”	明确“附录 C”提出的轮胎电阻限值仅作为行业参考而非强制标准
2	改为引用“GB/T 6326 轮胎术语及其定义”的内容	根据标准编写的有关规定,引用了与国际标准相应的国家标准
4.1	取消了图 1 中的“脚注”	图中的信息更有利于理解
4.2	电阻测量仪的“输入阻抗应至少 10^{14} Ω”,原文的“推荐”改为强制性的“应”	设备精度要求明确利于试验结果的准确性
4.4	金属承载板和承载基础之间的电阻应不低于 10^{14} Ω,原文的“推荐不低于”改为“不宜低于”	设备精度要求明确利于试验结果的准确性
5.2	增加了关于“载重汽车轮胎”的停放时间规定	轮胎类型的规定更加完整
5.2	增加了“轮胎测试前应先安装好”的规定	停放时间的规定更加清晰
5.3	改为“试验负荷为轮胎胎侧标示的单胎负荷能力的(80±5)%”,原文为“试验负荷为轮胎最大负荷能力的(80±5)%”	轮胎试验负荷的规定应完整清晰
6.3	取消了专门标识“参考点”的规定	本标准同 ISO 一致,规定 3 个或以上的测量点中的最大值即为最终的轮胎电阻值,故“参考点”无意义
7	补充完善了检测报告的项目和内容要求	符合轮胎行业的试验规范
附录 C 的 C.1	增加说明“沿圆周方向大致等间距分布的测量点”	与前文的规定相对应,使试验方法更严谨

附　录　C
（规范性附录）
轮胎电阻限值

C.1　总则

轮胎的最终电阻值应是在沿圆周方向大致等间距分布的所有测量点测得的电阻最大值。

C.2　轮胎电阻限值

C.2.1　一般应用

所有类型的轮胎（除了以下C.2.2中提及的）按本标准规定的测量方法测得的电阻值不超过10^{10} Ω，则可判定为能够安全地释放电荷。

C.2.2　有爆炸危险地方的应用

在诸如包含易燃气体、水蒸气、灰尘或粉末需配备防爆燃设施或装置的室内空间等环境中使用的轮胎，按本标准规定的测量方法测得的电阻值不超过10^{6} Ω的轮胎可判定为在上述环境中能够安全地释放电荷。

附 录 D
（资料性附录）
车辆上的轮胎电阻测量方法

D.1 总则

本附录规定了装配于车辆上同时在承载工况下的充气轮胎或实心轮胎的电阻测量方法。

D.2 测量方法

D.2.1 定义

装配在车辆上的充气轮胎或实心轮胎的电阻是在车身与置于轮胎下的金属承载板之间测得的电阻值。

D.2.2 测量装置

上下叠放并有规定差级的绝缘板和金属承载板应置于车辆上的待测轮胎下面，金属板上应铺设一张湿润的吸墨纸以尽量减少由于污染引起的测量误差（如图 D.1 所示）。车身连接点区域应清洁干净。

单位为毫米

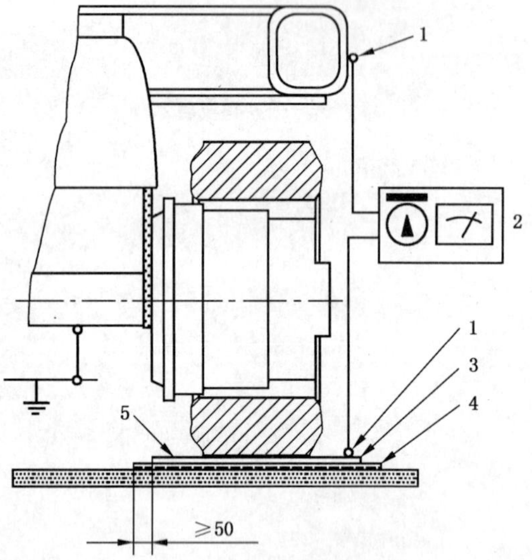

说明：

1——车身连接点；

2——电阻测量仪；

3——金属承载板；

4——绝缘板（聚乙烯、PTFE 或其他等效的绝缘材料）；

5——吸墨纸。

图 D.1 车辆上的轮胎电阻测量装置

附　录　E
（资料性附录）
用于生产质量监控的轮胎电阻测量方法

E.1　总则

本附录给出了用于生产控制的测量轮胎电阻的试验方法。

E.2　测量方法

E.2.1　说明

轮胎电阻是在两块导电板之间测量的。

E.2.2　测量装置

金属板的安装位置应如图 E.1 所示。

单位为毫米

图 E.1　用于生产质量监控的轮胎电阻测量装置

ICS 83.160.01
G 41

中华人民共和国国家标准

GB/T 26278—2010

轮胎规格替换指南

Tyre size substitution guide

2011-01-14 发布　　　　2011-11-01 实施

中华人民共和国国家质量监督检验检疫总局
中国国家标准化管理委员会　发布

前　言

本标准按照 GB/T 1.1—2009 给出的规则起草。

本标准由中国石油和化学工业联合会提出。

本标准由全国轮胎轮辋标准化技术委员会(SAC/TC 19)归口。

本标准起草单位：双星集团有限责任公司、广州市华南橡胶轮胎有限公司、三角轮胎股份有限公司、杭州中策橡胶有限公司、山东玲珑轮胎有限公司、双钱集团股份有限公司、风神轮胎股份有限公司、贵州轮胎股份有限公司、青岛黄海橡胶股份有限公司、朝阳浪马轮胎有限公司、北京首创轮胎有限责任公司、北京橡胶工业研究设计院、米其林(中国)投资有限公司、普利司通(中国)投资有限公司、佳通轮胎(中国)研发中心、固铂成山(山东)轮胎有限公司。

本标准主要起草人：李勇、陈红文、马洁、罗吉良、邓世涛、陈国华、陈少梅、许连玉、谢丽波、尚永宁、杨世春、孔令夫、于海莉、曹建国、赵冬梅、王克先、徐丽红、陆奕、傅广平、梁俐、许广成、张余林。

轮胎规格替换指南

1 范围

本标准规定了轮胎规格替换的要求。

本标准适用于轿车轮胎、载重汽车轮胎。

2 规范性引用文件

下列文件对于本文件的应用是必不可少的。凡是注日期的引用文件,仅注日期的版本适用于本文件。凡是不注日期的引用文件,其最新版本(包括所有的修改单)适用于本文件。

GB/T 6326 轮胎术语及其定义

GB 9743 轿车轮胎

GB 9744 载重汽车轮胎

GB/T 9768 轮胎使用与保养规程

3 术语和定义

GB/T 6326 界定的以及下列术语和定义适用于本文件。

3.1

原配轮胎 OEM tyre

车辆出厂时装配的轮胎规格。

3.2

替换轮胎 substitution tyre

可代替原配轮胎的轮胎规格。

4 要求

4.1 替换轮胎应符合 GB 9743、GB 9744 的规定。

4.2 轮胎替换时轮胎的装配应符合 GB/T 9768 的规定。

4.3 轮胎替换时宜为子午线轮胎替换斜交轮胎,无内胎轮胎替换有内胎轮胎,名义高宽比低的轮胎替换名义高宽比高的轮胎。

4.4 轮胎替换应确保车辆正常使用。

4.5 替换时轮胎应与轮辋相匹配。

4.6 替换轮胎规格外直径取值范围宜为原配轮胎外直径的(1±1.2%),断面宽度宜为不大于原配轮胎的最大使用总宽度。

4.7 替换轮胎规格的负荷指数和速度级别不低于原配轮胎规格。

4.8 轿车轮胎替换时宜为名义高宽比向上连续升级不超过原配轮胎规格 3 个系列。

4.9 替换轮胎双胎并装时要符合有关最小双胎间距的规定。

4.10 轮胎安装应由专业人员进行。

5 轮胎替换规格举例

轮胎替换规格举例参见附录 A，具体轮胎替换规格请与车辆制造商协商。

附 录 A
(资料性附录)
轮胎替换举例

轮胎替换规格举例见表 A.1～表 A.3。

表 A.1 轿车轮胎替换规格表

原配规格	替换规格	原配规格	替换规格
135/80R12	135/70R13	215/70R14	215/65R15
205/80R14	205/75R15	215/70R15	215/65R16
215/80R14	215/75R15	225/70R14	225/65R15
215/80R15	215/75R16	225/70R15	225/60R17
185/75R14	185/70R15	235/70R15	235/65R16
195/75R14	195/70R15	245/70R16	245/65R17
205/75R14	205/70R15	255/70R15	255/65R16
225/75R15	225/70R16	265/70R16	265/65R17
225/75R16	225/70R17	275/70R16	275/65R17
235/75R15	235/70R16	205/65R14	205/60R15
255/75R15	255/70R16	215/65R14	215/60R15
265/75R15	265/70R16、265/65R17	205/60R14	205/55R15
175/70R12	175/65R13	195/55R14	195/50R15
175/70R14	175/65R15	205/55R14	205/50R15
185/70R13	185/65R14	215/55R15	215/50R16
185/70R14	185/65R15	225/55R14	225/50R15
195/70R13	195/65R14	225/55R15	225/50R16
195/70R14	195/65R15	235/55R15	235/50R16
205/70R13	205/65R14	—	—

表 A.2 轻型载重汽车轮胎替换规格表

原配规格	替换规格	原配规格	替换规格
6.00-15LT	6.00R15LT	9.00-16LT	9.00R16LT
6.50-15LT	6.50R15LT		10R17.5
7.00-15LT	7.00R15LT	7.50R15LT	215/85R16LT
7.50-15LT	7.50R15LT	7.50R16LT	8R17.5
6.50-16LT	6.50R16LT	8.25R16LT	9R17.5
7.00-16LT	7.00R16LT	9.00R16LT	10R17.5
7.50-16LT	7.50R16LT	235/85R16LT	225/70R19.5
	8R17.5	255/85R16LT	245/70R19.5
8.25-16LT	8.25R16LT	215/75R14LT	215/70R15LT
	9R17.5	—	—

表 A.3 载重汽车轮胎替换规格表

原配规格	替 换 规 格			
7.00-20	7.00R20	—	—	—
7.50-20	7.50R20	8R22.5	—	—
8.25-20	8.25R20	9R22.5	—	—
9.00-20	9.00R20	10R22.5	275/80R22.5	—
10.00-20	10.00R20	11R22.5	295/80R22.5	285/75R24.5
11.00-20	11.00R20	12R22.5	315/80R22.5	315/75R24.5
12.00-20	12.00R20	13R22.5	—	—
12.00-24	12.00R24	—	—	—
13.00-20	13.00R20	—	—	—
14.00-20	14.00R20	—	—	—
7.50R20	8R22.5	—	—	—
8.25R20	9R22.5	—	—	—
9.00R20	10R22.5	275/80R22.5	—	—
10.00R20	11R22.5	295/80R22.5	285/75R24.5	—
11.00R20	12R22.5	315/80R22.5	315/75R24.5	—
12.00R20	13R22.5	—	—	—
11R22.5	295/80R22.5	285/75R24.5	—	—
12R22.5	315/80R22.5	315/75R24.5	—	—

ICS 77.180
Q 51

中华人民共和国国家标准

GB/T 26279—2010

石墨坩埚

Graphite crucible

2011-01-14 发布 2011-11-01 实施

中华人民共和国国家质量监督检验检疫总局
中国国家标准化管理委员会 发布

前　言

本标准的附录 A、附录 B 为资料性附录。

本标准由中国钢铁工业协会提出。

本标准由全国钢标准化技术委员会炭素材料分技术委员会归口。

本标准由成都市天府石墨坩埚有限公司负责起草。

本标准主要起草人:郭刚、陈建、张荣、张明胜、敖华丽。

石 墨 坩 埚

1 范围

本标准规定了石墨坩埚(以下简称“坩埚”)的定义、分类、规格型号、技术要求、试验方法、检验规则、包装、标志、运输、储运和质量证书等。

本标准适用于有色金属及其合金进行熔解、精炼和保温用的坩埚(具体适用范围及使用寿命参见附录A)。人造石墨坩埚、高纯石墨坩埚、炭素制品加工的坩埚其型号可参照本标准。

2 规范性引用文件

下列文件对于本文件的应用是必不可少的。凡是注日期的引用文件,仅注日期的版本适用于本文件。凡是不注日期的引用文件,其最新版本(包括所有的修改单)适用于本文件。

GB/T 2997—2000 致密定形耐火制品 体积密度、显气孔率和真气孔率试验方法

GB/T 5072.2—2004 致密定形耐火制品 常温耐压强度试验方法 第2部分:衬垫试验法

GB/T 7322—2007 耐火材料 耐火度试验方法

GB/T 8170 数值修约规则与极限数值的表示和判定

GB/T 16555—2008 含碳、碳化硅、氮化物耐火材料化学分析方法

3 术语和定义

下列术语和定义适用于本标准。

3.1

石墨坩埚 graphite crucible

石墨坩埚是以天然鳞片石墨为主要原料,配合耐火脊料和结合剂(黏土或树脂、沥青等),经过塑性成型或等静压成型,并经高温烧结而成,用于熔解和精炼有色金属的高温耐热容器。

3.2

人造石墨坩埚 artificial graphite crucible

用人造石墨电极坯料,经机械加工而成的人造石墨坩埚。

3.3

高纯石墨坩埚 high purity graphite crucible

用纯度为99.9%以上的高纯石墨坯料,经机械加工而成的高纯石墨坩埚。

3.4

炭素坩埚 carbon crucible

以炭素原料为主,经加工而成的炭素坩埚。

3.5

塑性成型 plastic molding

利用模具或刀具等运动所造成的压力、剪力、挤压等外力对具有可塑性的坯料进行加工,迫使坯料在外力作用下发生可塑性变形而制成坯的成型方法。

3.6

等静压成型　isostatic pressing molding

把粉料装进弹性模具内密封好，放到等静压缸中加压，使粉料压制成致密坯体的成型方法。

3.7

满型号　full modeling

表示坩埚盛满熔融状态下黄铜的容量，即坩埚溢满水的容量乘以8.3的结果来表示。

注：水的体积密度为1.0 g/cm³，黄铜在熔融状态下的体积密度为8.3 g/cm³。

3.8

使用容量系数　use the capacity factor

坩埚在使用时应预留足够的安全容量余量，经实际使用计算和比对测试，坩埚满型号的0.64倍作为安全操作的容量范围。这里把0.64指定为标准坩埚的使用容量系数，其偏差为+0.05，−0.04。异型坩埚的使用容量系数由供需双方协议确定。

3.9

***K*值系数　*K*-Value**

某种有色金属在熔融状态下的密度与黄铜在熔融状态下的密度的比值，称为该种金属的*K*值系数。引入*K*值系数，便于计算同型号坩埚熔解不同金属的重量。

4　坩埚的分类

4.1　根据坩埚成型方式的不同分为：塑性成型(在号数前加S)、等静压成型(在号数前加D)。

4.2　坩埚根据熔炼的有色金属的不同分为：Ⅰ类坩埚：熔铜、贵金属及稀土合金类坩埚；Ⅱ类坩埚：熔铝及低熔点金属类坩埚。在坩埚的内壁标识(见8.2.1)、合格证和外包装上都有明确的标志以示区别。

4.3　根据坩埚外形形状又分为：标准型坩埚、异型坩埚(在号数前加Y)两类。

4.4　坩埚台座参见附录B。

5　坩埚的型号、数量、形状、重量

5.1　坩埚的型号

5.1.1　坩埚大小的表示

坩埚的大小以容量数字和号的组合表示，简称“号”(可用数字加上“#”表示)，能够盛装1 kg熔融状态下黄铜的坩埚容量称为1号(1#)。

5.1.2　坩埚型号的确定

5.1.2.1　标准型石墨坩埚型号，用石墨坩埚的满型号乘以使用容量系数的结果表示，其中50#以下采用个位取整数表示；50#(含)以上1 000#号以下采用10的整倍数表示；1 000#(含)以上采用50的整倍数表示。

5.1.2.2　异型坩埚的型号确定按供需双方协议确定。

5.1.3　坩埚的使用容量系数

为满足坩埚使用及实际安全操作需要，标准坩埚的使用容量系数为0.64，其偏差为+0.05，−0.04；异型坩埚的使用容量系数由供需双方协议确定。

5.1.4 坩埚盛装不同有色金属重量的计算

坩埚盛装不同有色金属重量用石墨坩埚型号乘以所盛装有色金属的 K 值系数，再乘以每号坩埚盛装熔融状态下黄铜的重量所得结果来表示。常用有色金属 K 值系数见表 1。

表 1 常用有色金属的 K 值系数

金属	黄铜	铝	锌	锡	银	铅	金
K 值	1.00	0.32	0.82	0.89	1.32	1.38	2.27

5.2 坩埚的数量单位表示

坩埚的数量单位用“支”表示。

5.3 坩埚的形状、尺寸

5.3.1 标准坩埚形状如图 1，尺寸见表 4。

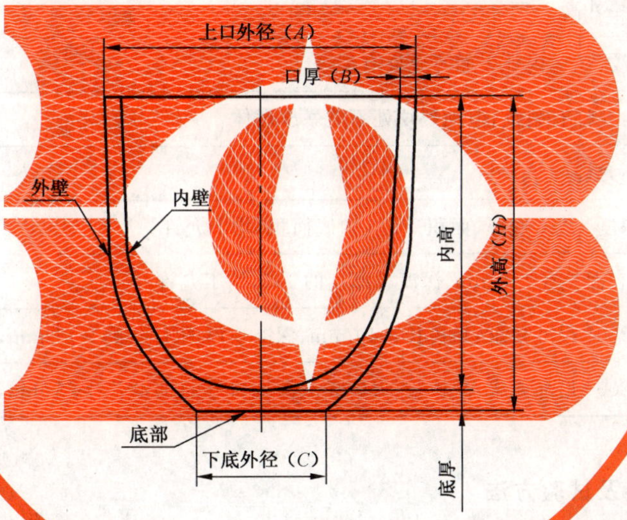

口厚——从坩埚口平面向下 10 mm 为口厚测量处（水平测量）；
底厚——外高减内高为底厚（测量时应垂直测量）；
外壁——除上口面、下底面为外壁面；
内壁——除内底面为内壁面；
底部——指坩埚下底外表面。

图 1 标准坩埚示意图

5.3.2 异型坩埚的形状和尺寸根据图样要求加工。

5.4 坩埚的重量

坩埚的重量，根据成型方式及坩埚种类不同其每单号重量不同，塑性成型每单位号重量在 100 g～200 g 范围内，等静压成型每单位号重量在 150 g～220 g 范围内。坩埚重量等于型号乘以单位号重量。

6 技术要求

6.1 坩埚的外观质量和尺寸

坩埚的外观质量应符合表2的要求，尺寸应符合表4的要求。

表2 坩埚外观质量要求

检验项目	质量要求
内外壁标识	齐全、清晰、准确
口部圆度	上口圆度≤2.0%
凹凸深度	内外壁凹凸深度≤外高1.0%
	外底凹凸深度≤下底外径3.0%
	上口凹凸深度≤上口外径1.5%
口平度	口平度≤外高1.5%
裂纹	坯体裂纹：坯体内外表面不允许有裂纹
	釉裂纹：允许有裂纹，但釉裂纹处不能暴露坯体
夹层	埚壁：不允许
	底部：深度＞1/6底厚、面积＞1/3内底面积，均不允许
熔洞	熔洞的表面直径＞6 mm、深度＞厚度的1/5，均不允许
缺棱	坩埚≤200# 尺寸要求：缺棱长＞40 mm、深＞口厚的1/4、高＞15 mm，均不允许
	坩埚＞200# 尺寸要求：缺棱长＞50 mm、深＞口厚的1/4、高＞25 mm，均不允许

6.2 坩埚的理化性能及试验方法

坩埚的理化性能指标应符合表3的要求。

表3 坩埚的理化性能指标

项目	Ⅰ类（熔铜、贵金属及稀土合金坩埚）		Ⅱ类（熔铝及低熔点金属类坩埚）		试验方法
成型方式	塑性(S)	等静压(D)	塑性(S)	等静压(D)	
碳含量/%	≥38	≥45	≥38	≥45	GB/T 16555—2008
体积密度/(g/cm³)	≥1.70	≥1.85	≥1.70	≥1.85	GB/T 2997—2000
显气孔率/%	≤29	≤21	≤29	≤21	GB/T 2997—2000
常温耐压强度/MPa	≥20	≥25	≥20	≥25	GB/T 5072.2—2004
耐火度/℃	≥1 500	≥1 500	≥1 400	≥1 400	GB/T 7322—2007；外涂抗氧化釉层

7 尺寸、外观检验方法

7.1 尺寸检测

尺寸的检测用精度等级为0.01 mm的游标卡尺、深度游标卡尺和精度等级为1.0 mm的钢卷尺、钢平尺检测。

7.2 外观质量检验

7.2.1 裂纹、内外壁标识的检验

用裸眼目测坩埚内外壁的标识和有无裂纹情况。

7.2.2 口部圆度的检测

用精度等级为1.0 mm的钢卷尺测量,其圆度表示为:最大上口外径与最小上口外径之差除以上口外径×100%。

7.2.3 凹度或凸度、口平度的检测

7.2.3.1 测凹面时,在检测面摆放钢平尺,在钢平尺与检测面缝隙最大处,用精度等级为0.01 mm的游标卡尺测量其最大数值。

7.2.3.2 测凸面时,在钢平尺两端的下面各塞一个楔形规,钢平尺与楔形规成直角,直至两端的刻度相等,使钢平尺与凸起部分的最高点保持接触,记录楔形规测得的数值。

7.2.3.3 口平度检查时,将制品立放在平板上,用精度等级为1.0 mm钢卷尺垂直测量高度差,确定其口平度。

7.2.4 夹层的检验

用约150 g木质小榔头轻敲,根据坩埚坯体的回音判断是否有夹层。若内底有夹层,将夹层处敲开,用精度等级为0.01 mm的深度游标卡尺测量其深度,用卷尺测量其长宽,并计算夹层的面积。

7.2.5 熔洞的检验

7.2.5.1 检查时,应对因氧化铁或其他低熔点物质所致的变色处进行检查,在可能有熔洞的部位,用约100 g重的钢锤的平头端轻轻敲打变色部分(2~3)次,看是否存在有潜藏的熔洞。对任何暴露的熔洞要加以测量并记录。

7.2.5.2 用精度等级为0.01 mm的游标卡尺测量熔洞口径的最大尺寸和最小尺寸,熔洞的表面直径为二者之和的平均值。

7.2.5.3 用精度等级为0.01 mm的深度游标卡尺测量熔洞的深度。

7.2.6 缺棱的检验

用精度等级为0.01 mm的游标卡尺测量其高度、长度、深度。

8 检验规则

8.1 组批

以同批原料、同一工艺、同一配方、每配料一次生产的产品为一批。

8.2 试样的采取和制备

8.2.1 理化性能指标每批产品随机抽取5支作为检验样品;

8.2.2 取样位置:200# 及其以下坩埚中部取样,200# 以上坩埚口部往下 100 mm 处开始,轴向向下取样;

8.2.3 体积密度、显气孔率、常温耐压强度试样尺寸为 20 mm×20 mm×20 mm 的立方体,除去试样内外表面保护层。

8.3 检验分类

检验分出厂检验和型式检验。

8.3.1 出厂检验

8.3.1.1 每批产品由质检部门对每支坩埚按表4检验型号尺寸及6.1规定的各项指标进行检验。

8.3.1.2 每批产品由质检部门按6.2中的体积密度、显气孔率、常温耐压强度指标进行检验。

8.3.1.3 以上两项检验合格后,方可出厂。

8.3.2 型式检验

产品在正常情况下每半年至少进行一次型式检验,若出现下列情况则必需按6.1、6.2规定进行检验。

8.3.2.1 原材料变更、设备调整、生产工艺发生较大变化时;

8.3.2.2 停产3个月以上,恢复生产时;

8.3.2.3 出厂检验时各项指标与型式检验差异超出±5%。

8.4 判定与复验

8.4.1 出厂检验时应对每支坩埚进行外观质量检验,如某一项指标不合格则该坩埚应视为不合格品。

8.4.2 复验时理化指标有任一项指标不合格,则在原批产品中重新双倍抽样对不合格项复验,复验仍不合格,则判该批产品不合格。

8.4.3 数值修约按 GB/T 8170 进行。

8.5 用户对产品质量有异议时应在货到之日起 15 d 内提出。

9 包装、标志、运输、储存和质量证明书

9.1 包装

9.1.1 纸箱包装箱内应用软物填充,并使用打包带在箱上横竖各捆扎两遍。

9.1.2 草绳包装时应先用草垫将坩埚包裹,再用草绳捆扎牢固,埚体不得外露。

9.1.3 木箱包装时,木箱应用结实的木条钉牢固,包装箱内坩埚周围空隙用软物填充或用木条稳固,防止坩埚移动磨损,再用木层板或竹胶板包装。

9.2 标志

9.2.1 在坩埚其显著位置应有牢固的产品类型、型号、厂家等标识。100# 以下坩埚不作要求。

9.2.2 在坩埚包装上拴挂合格证,合格证上应注明制造厂家及厂址,产品名称、型号、产品类型、生产日期、出厂日期等,并加盖产品合格证专用章。

9.2.3 纸箱和木箱包装应在包装箱上标注制造厂家、商标、"易碎"、"防潮"、"防振动"等标志。

9.3 贮存

9.3.1 坩埚应放在通风良好、干燥的地方。

9.3.2 坩埚堆码层数不得超过8层且总高度不能超过 3 m。

9.4 运输

9.4.1 产品运输时,应防雨、防潮,避免碰撞、磨损、重压破裂。

9.4.2 坩埚在运输时堆放高度不得超过5层。

9.5 每批产品应附有质量证明书,其内容包括:制造厂家、产品名称、批号、型号、数量、检验员代号、生产日期、性能指标、本标准编号等。

表4 标准坩埚主要尺寸

单位为毫米

型号	上口外径(A) ±2%	口厚(B)	下底外径(C) ±2%	高度(H) ±2%
1#	67	8±1.0	35	65
1.5#	78	10±1.0	60	80
2#	88	10±1.0	62	100
3#	100	12±1.0	75	115
4#	115	12±1.0	85	115
5#	122	13±1.0	85	138
6#	125	14±1.0	85	155
41#	215	$20^{+1.5}_{-1.0}$	150	290
45#	250	$20^{+1.5}_{-1.0}$	180	295
70#	285	$20^{+1.5}_{-1.0}$	215	245
80#	310	$21^{+1.5}_{-1.0}$	210	370
90#	320	$22^{+1.5}_{-1.0}$	230	385
100#	314	$22^{+1.5}_{-1.0}$	220	408
200#	400	$24^{+1.5}_{-1.0}$	290	475
260#	416	$25^{+1.5}_{-1.0}$	250	585
300#	452	$27^{+2.0}_{-1.0}$	310	580
360#	462	$29^{+2.0}_{-1.0}$	342	674
390#	530	$29^{+2.0}_{-1.0}$	410	560
400#	515	$30^{+2.0}_{-1.0}$	340	600
420#	515	$30^{+2.0}_{-1.0}$	330	673
440#	620	$30^{+2.0}_{-1.0}$	340	500
450#	516	$33^{+2.0}_{-1.0}$	340	710
530#	580	$32^{+2.0}_{-1.0}$	330	635
560#	590	$34^{+2.0}_{-1.0}$	330	690
570#	620	$34^{+2.0}_{-1.0}$	335	570
580#	545	$34^{+2.0}_{-1.0}$	317	750
610#	607	$35^{+3.0}_{-1.0}$	350	630
680#	585	$35^{+3.0}_{-1.0}$	330	760
690#	600	$35^{+3.0}_{-1.0}$	330	805

表 4（续）

单位为毫米

型　号	上口外径(A) ±2%	口厚(B)	下底外径(C) ±2%	高度(H) ±2%
700#	615	$35^{+3.0}_{-1.0}$	350	758
840#	700	$36^{+3.0}_{-1.0}$	470	675
950#	720	$38^{+3.0}_{-1.0}$	300	740
970#	720	$35^{+3.0}_{-1.0}$	470	730
1 100#	715	$36^{+3.0}_{-1.0}$	478	846
1 150#	855	$43^{+3.0}_{-1.0}$	340	677
1 200#	780	$37^{+3.0}_{-1.0}$	450	752
1 250#	725	$37^{+3.0}_{-1.0}$	470	905
1 500#	784	$38^{+3.0}_{-1.0}$	450	890
1 700#	778	$41^{+3.0}_{-1.0}$	442	1 050
2 500#	880	$45^{+3.0}_{-1.0}$	350	1 150

附 录 A
（资料性附录）
石墨坩埚适用范围及使用寿命参考

A.1 Ⅰ类坩埚

用于熔铜、贵金属和稀土合金的坩埚以使用炉次表示单支坩埚的使用寿命，计量单位为次，见表A.1。

A.2 Ⅱ类坩埚

用于熔铝及低熔点金属的坩埚以使用时间表示单支坩埚的使用寿命，计量单位为月，见表A.1。

A.3 使用条件

A.3.1 坩埚与之配套的坩埚炉结构要相符。
A.3.2 坩埚与坩埚炉的匹配要合理，间隙尺寸要合理，安装要正确。
A.3.3 使用前或间断后使用，严格按照升温曲线对坩埚进行干燥。
A.3.4 操作人员操作正确，熟练。
A.3.5 添加熔剂时应按熔剂使用说明书规定量添加。
A.3.6 不满足以上使用条件会造成坩埚的使用寿命缩短。

表A.1 石墨坩埚适用范围及使用寿命

型 号	适用范围	成型方法	使用寿命
Ⅰ类坩埚	熔铜、贵金属和稀土合金类坩埚	塑性	约40次
		等静压	约120次
Ⅱ类坩埚	熔铝及低熔点金属类坩埚	塑性	约1.5个月
		等静压	约5个月

附　录　B
（资料性附录）
坩　埚　台　座

B.1　坩埚台座工作面的凹凸深度≤工作面直径1.5%。

B.2　坩埚台座的材质应与坩埚材质相同。

B.3　坩埚台座的外径与坩埚下底外径匹配。

ICS 77.140.60
H 44

中华人民共和国国家标准

GB/T 26280—2010

凿岩用硬质合金整体钎

Integral drill steels for rock drilling

（ISO 721:1991，NEQ）

2011-01-14 发布

2011-11-01 实施

中华人民共和国国家质量监督检验检疫总局
中国国家标准化管理委员会
发布

前　言

本标准与 ISO 721:1991《整体钎》(英文版)的一致性程度为非等效。

本标准与 ISO 721:1991 的主要差异如下:

——增加了整体钎的“规格代号”;

——增加了“订货内容”相关条款;

——增加了整体钎的“各部名称及分类代号”内容;

——增加了尺寸外形及允许偏差;

——整体钎头部几何结构参数除一字形外,增加了三刃、十字、球齿与复合形等 4 个系列;

——整体钎头部直径扩大到 51 mm;

——整体钎尾柄规格,增加了 R25-H25、R28-H25、R28-H28、R32-H28 等波形螺纹尾柄;

——增加了整体钎“技术要求”相关条款。

本标准由中国钢铁工业协会提出。

本标准由全国钢标准化技术委员会归口。

本标准主要起草单位:贵州三占集团股份有限公司、冶金工业信息标准研究院、钢铁研究总院。

本标准主要起草人:张国榉、汪国轩、何江华、刘宝石、董鑫业、刘勇。

凿岩用硬质合金整体钎

1 范围

本标准规定了凿岩用硬质合金整体钎的规格代号、订货内容、分类代号、尺寸、外形及允许偏差、技术要求、试验方法、检验规则、包装、标志和质量证明书。

本标准适用于凿岩用硬质合金整体钎(以下简称整体钎)。

2 规范性引用文件

下列文件中的条款通过本标准的引用而成为本标准的条款。凡是注日期的引用文件,其随后所有的修改单(不包括勘误的内容)或修订版均不适用于本标准,然而,鼓励根据本标准达成协议的各方研究是否可使用这些文件的最新版本。凡是不注日期的引用文件,其最新版本适用于本标准。

GB/T 230.1 金属材料 洛氏硬度试验 第1部分:试验方法(A、B、C、D、E、F、G、H、K、N、T标尺)

GB/T 1301 凿岩钎杆用中空钢

GB/T 2101 型钢验收、包装、标志及质量证明书的一般规定

GB/T 2527 矿山、油田钻头用硬质合金齿

GB/T 6481 凿岩用锥形连接中空六角形钎杆

GB/T 6482 凿岩用螺纹连接钎杆

YS/T 296 凿岩工具用硬质合金制品

3 规格代号

整体钎的规格代号由六角形中空钢材代号H、整体钎锻造钎肩尾柄对边公称尺寸、波形螺纹尾柄代号R与外螺纹名义直径和钎头直径D组成。规格代号见表1。

表1

单位为毫米

整体钎规格代号	锻造钎肩尾柄对边尺寸	波形螺纹尾柄外螺纹名义直径
H19×D	19	—
H22×D	22	—
H25×D	25	—
R25-H25×D	—	25
R28-H25×D、R28-H28×D	—	28
R32-H28×D	—	32

示例1:H22×D表示尾柄与杆体同为22 mm六角形、钎头直径D(mm)的锻造尾柄整体钎。

示例2:R28-H25×D表示尾柄螺纹公称直径为28 mm、杆体为25 mm六角形、钎头直径D(mm)的波形螺纹尾柄整体钎。

4 订货内容

按本标准订货的合同或订单应包括下列内容:

a) 产品名称;

b) 本标准号;

c) 规格代号;

d) 分类代号;

e） 交货长度；

f） 重量；

g） 需方提出的其他要求。

5 各部名称及分类代号

5.1 整体钎各部名称见图1。

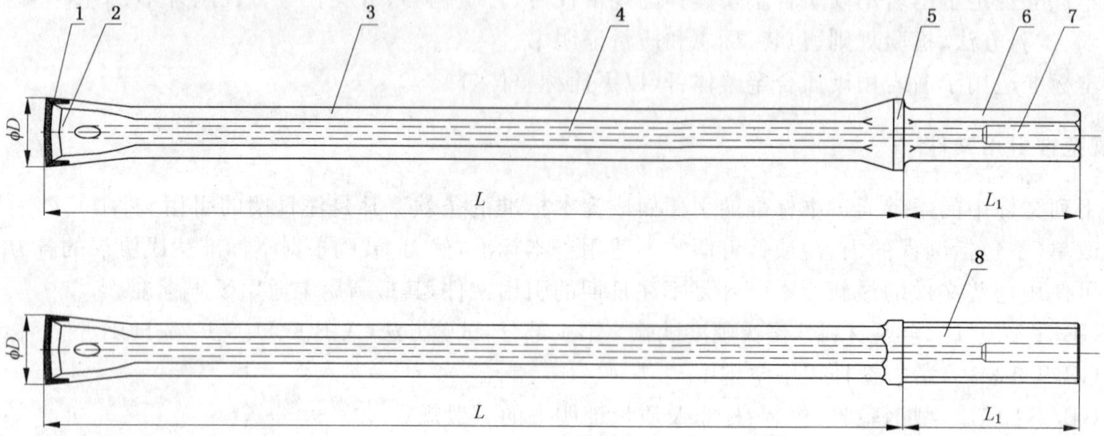

1——钎刃；
2——钎头；
3——杆体；
4——冲洗孔；
5——钎肩；
6——锻造钎肩尾柄；
7——水针孔；
8——波形螺纹尾柄。
L_1——尾柄长度；
L——整体钎有效长度；
D——整体钎钎头直径。

图1 整体钎各部名称

5.2 整体钎常用钎头类型分为一字形、三刃形、十字形、球齿形和复合片齿形等，常用钎头合金分布示意图见图2。

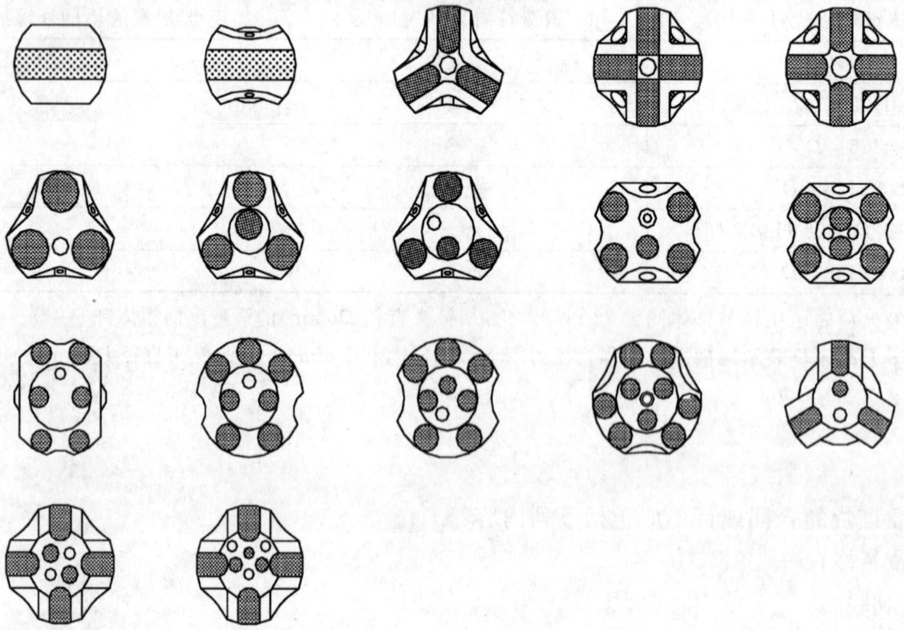

图2

5.3 分类代号

整体钎分类代号用下述方法表示：

△-H △△×△△△×△△△△

- 杆体有效长度（△△△△）
- 尾柄形状及长度（△△△）
- 杆体对边尺寸（△△）
- 六角形中空钢（H）
- 整体钎钎头类型（△）

示例：三刃形-H22×108×4 000

表示杆体为六角形，杆体对边尺寸为 22 mm，锻造钎肩尾柄长度为 108 mm（若为螺纹尾柄，用波形螺纹代号 R 与公称直径表示），杆体有效长度为 4 000 mm 的三刃形硬质合金整体钎。

6 尺寸、外形及允许偏差

6.1 整体钎头部直径 D 与有效长度 L 的优选。

6.1.1 H19 杆体锻造钎肩尾柄整体钎应符合图 3 和表 2 的要求。

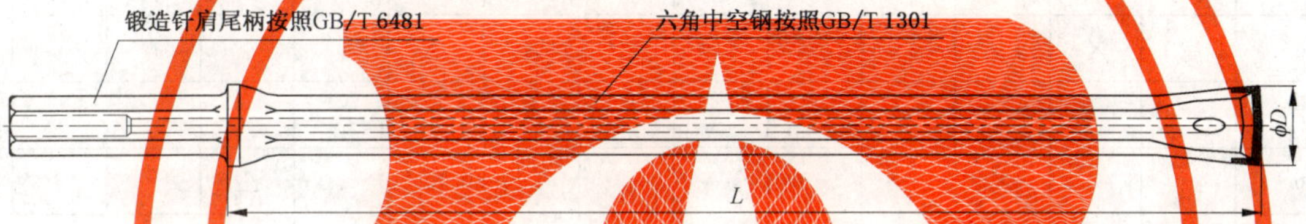

图 3

表 2

L/m	$D^{+0.5}_{-0.1}$/mm											
	36	35	34	33	32	30	29	28	27	26	25	24
0.4		△					×					
0.6									△			
0.8			△					×				
1.2						△				△		
1.6				△					×			
1.8											△	
2.4					△		△			×		
3.2											×	△
3.6								△				
4.0												
4.8									△			
6.0										△		
7.2											△	
9.6												△

注 1：“×”表示整体钎头部直径 D 和钎杆有效长度 L 组合的优先系列；“△”表示整体钎头部直径 D 和钎杆有效长度 L 组合需进一步标准化的系列。

注 2：在无法使用所推荐的整体钎头部直径 D 和钎杆有效长度 L 组合时，也可使用表中不同的头部直径 D 和钎杆有效长度 L 组合。

6.1.2 H22 杆体锻造钎肩尾柄整体钎应符合图 4 和表 3 的要求。

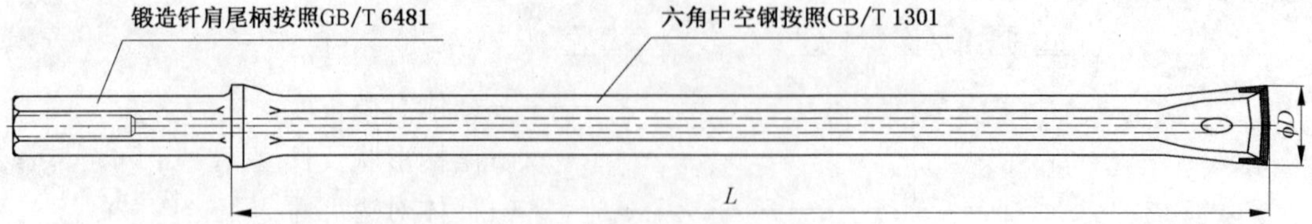

图 4

表 3

L/m	$D^{+0.5}_{-0.1}$/mm													
	41	40	39	38	37	36	35	34	33	32	31	30	29	28
0.4								△						
0.5														
0.6							△							
0.8		×						×	△					
1.2								△		△				
1.6			×						×		△			
1.8									△					
2.0												△		
2.4				×						×				
3.2					×						×			
4.0						×						×		
4.8							×						×	
5.6								×						
6.4									×					

注 1:“×”表示整体钎头部直径 D 和钎杆有效长度 L 组合的优先系列;“△”表示整体钎头部直径 D 和钎杆有效长度 L 组合需进一步标准化的系列。

注 2:在无法使用所推荐的整体钎头部直径 D 和钎杆有效长度 L 组合时,也可使用表中不同的头部直径 D 和钎杆有效长度 L 组合。

6.1.3 H25 杆体锻造钎肩尾柄整体钎应符合图 5 和表 4 的要求。

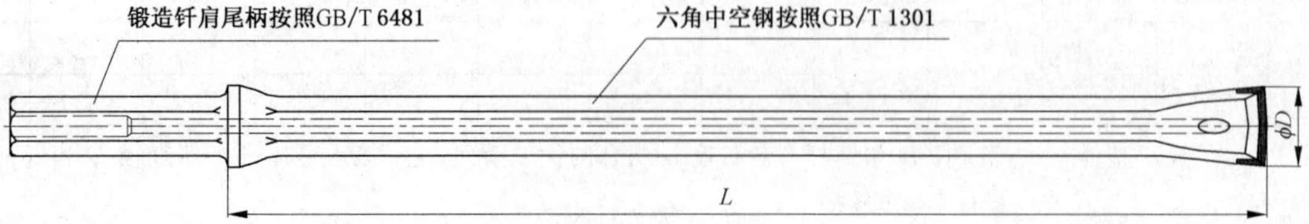

图 5

表 4

L/m	$D_{-0.1}^{+0.5}$/mm									
	42	41	40	39	38	37	36	35	34	33
0.8	×						×			
1.6		×						×		
2.4			×						×	
3.2				×						×
4.0					×					
4.8						×				
5.6							×			
6.4								×		

注 1：“×”表示整体钎头部直径 D 和钎杆有效长度 L 组合的优先系列。

注 2：在无法使用所推荐的整体钎头部直径 D 和钎杆有效长度 L 组合时，也可使用表中不同的头部直径 D 和钎杆有效长度 L 组合。

6.1.4 H25 杆体 R25、R28 螺纹尾柄式整体钎应符合图 6 和表 5 的要求。

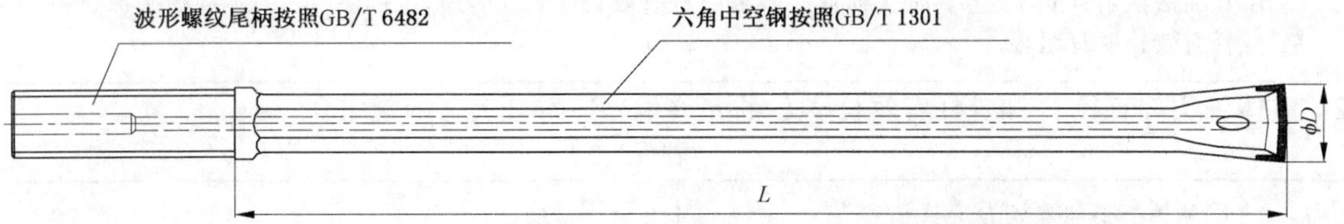

图 6

表 5

L/m	$D_{-0.1}^{+0.5}$/mm												
	45	44	43	42	41	40	39	38	37	36	35	34	33
1.2	△					△							
1.8		△					△						
2.4			△					△					
3.2				△					△				
4.0					△					△			
4.8						△					△		
5.6												△	
6.4													△

注 1：“△”表示整体钎头部直径 D 和钎杆有效长度 L 组合需进一步标准化的系列。

注 2：在无法使用所推荐的整体钎头部直径 D 和钎杆有效长度 L 组合时，也可使用表中不同的头部直径 D 和钎杆有效长度 L 组合。

6.1.5 H28 杆体 R28、R32 螺纹尾柄式整体钎应符合图 7 和表 6 的要求。

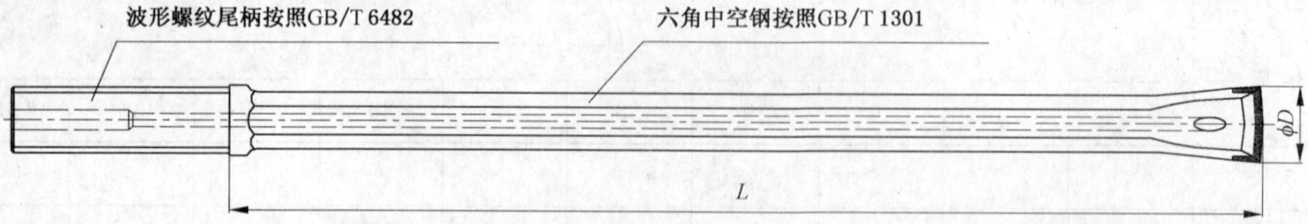

图 7

表 6

L/m	$D^{+0.5}_{-0.1}$/mm												
	51	48	45	42	41	40	39	38	37	36	35	34	33
1.2		△											
1.8				△		△			△				△
2.4							△			△			△
3.2	△		△					△			△		△
4.0					△				△				
4.8										△		△	
5.6		△		△		△							
6.4													

注 1:"△"表示整体钎头部直径 D 和钎杆有效长度 L 组合需进一步标准化的系列。

注 2:在无法使用所推荐的整体钎头部直径 D 和钎杆有效长度 L 组合时,也可使用表中不同的头部直径 D 和钎杆有效长度 L 组合。

6.2 整体钎头部直径 D 和钎杆有效长度 L 的允许偏差应符合表 7 的规定。

表 7

单位为毫米

整体钎头部直径 D 允许偏差	$^{+0.5}_{-0.1}$
整体钎有效长度 L 允许偏差	±15

6.3 整体钎锻造尾柄、钎肩的尺寸及形位公差应符合图 8 和表 8 的规定。

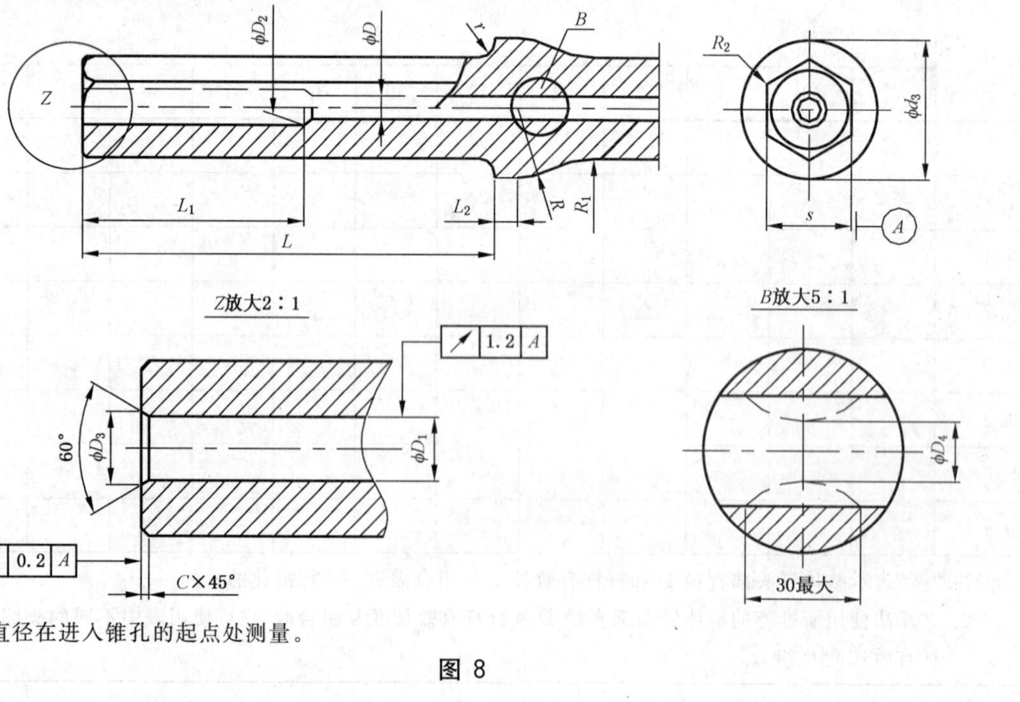

注:D_2 直径在进入锥孔的起点处测量。

图 8

表 8

单位为毫米

规格代号	s 公称尺寸	s 允许偏差	$L\pm$ 1.0	L_1 不小于	L_2 不大于	d_3 ±1.0	D 不小于	D_1 ±0.3	D_2 不小于	D_3 ±0.4	D_4 不小于	r 不大于	R	R_1	R_2	C ±0.2
H19×D	19.2	0 −0.4	108.0	50	6.5	33.0	5.0	7.0	6.4	8.4	3.0	4.5	10～20	15～30	2.0	1.0
H22×D	22.4	0 −0.4	108.0	50	6.5	35.0	5.5	8.0	7.4	9.4	3.0	4.5	10～20	15～30	2.0	1.0
H25×D	25.6	0 −0.6	108.0	50	6.5	38.0	6.5	9.0	8.4	10.4	4.0	4.5	10～20	15～30	2.0	1.0
H25×D	25.6	0 −0.6	159.0	80	6.5	38.0	6.5	9.0	8.4	10.4	4.0	4.5	10～20	15～30	2.0	1.0

6.4 整体钎波形螺纹尾柄的尺寸及公差应符合图 9、图 10 及表 9 的规定。

L_1——外螺纹有效长度；

L_2——螺纹凸台长度；

d_2——外螺纹凸台直径；

d——螺纹公称直径。

图 9 波形螺纹尾柄整体钎的尾柄尺寸

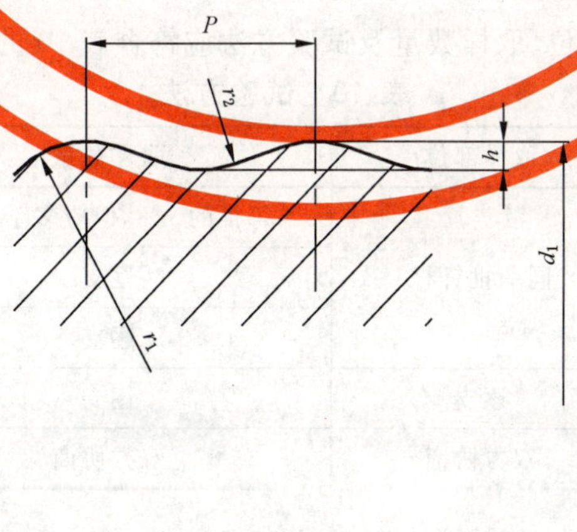

d_1——外螺纹直径；

h——螺纹高度；

r_1、r_2——波形螺纹圆弧半径；

P——螺距。

图 10 波形外螺纹放大

表 9

单位为毫米

规格代号	d 公称直径	d_1 基本尺寸	d_1 允许偏差	h 基本尺寸	h 允许偏差	r_1 基本尺寸	r_1 允许偏差	r_2 基本尺寸	r_2 允许偏差	L_1 ≥	L_2	d_2	P	旋向
R25-H25×D	25	24.74	$^{0}_{-0.20}$	1.5	$^{+0.2}_{0}$	5.5	±0.4	6.0	±0.4	80	5	20.1	12.7 (12)	左旋
R28-H25×D	28	27.95										22.8		
R28-H28×D	28													
R32-H28×D	32	31.34										26.3		

6.5　整体钎用中空钢尺寸与公差应符合 GB/T 1301 规定。

6.6　经供需双方协商确定，可提供其他钎头形状及合金布齿的整体钎。

7　技术要求

7.1　整体钎用中空钢材应符合 GB/T 1301 的规定。

7.2　整体钎的锻造钎肩尾柄应符合 GB/T 6481 的规定，波形螺纹尾柄应符合 GB/T 6482 的规定。

7.3　整体钎钎头钢体表面硬度应≥28 HRC。

7.4　整体钎钎头与杆体的同轴度≤2 mm。

7.5　整体钎杆体的直线度≤1.5 mm/m。

7.6　整体钎钎头用硬质合金应符合 YS/T 296 或 GB/T 2527 的规定，宜采用经加压烧结的优质硬质合金。

7.7　整体钎钎头焊缝每处允许缺焊小于 3 mm，累计缺焊应小于焊缝总长度的 5%。

7.8　整体钎钎头不允许有裂纹、毛刺和掉角。

7.9　整体钎水孔应通畅。

7.10　整体钎应进行表面强化及防腐处理。

7.11　整体钎尾柄和头部锻造成形，宜采用中频感应加热。

7.12　头部合金片焊缝的静剪切强度应进行检验，具体指标与试验方法供需双方协商。

8　试验方法

整体钎的检验项目、取样部位、取样数量及试验方法应符合表 10 的规定。

表 10　试验方法

序号	检验项目	取样部位	取样数量	试验方法
1	硬　度	同一批钎杆	每批的 1%，但应多于 3 支	按 GB/T 230.1 规定
2	焊　缝		逐支	目测、量具
3	尺　寸		逐支	量具、样板
4	表面质量	逐支	逐支	目测
5	焊缝静剪切强度	双方协商	双方协商	双方协商

9　检验规则

9.1　检查和验收

整体钎的检查和验收由供方质量技术监督部门进行。需方有权进行检验。

9.2　组批规则

整体钎应成批验收，每批由同一牌号、同一规格代号、同一热处理制度的硬质合金整体钎组成。

9.3 取样数量

整体钎取样部位和取样数量应按表 10 的规定执行。

9.4 复验与判定

整体钎的复验与判定应按 GB/T 2101 的规定。

10 包装、标志和质量证明书

10.1 同一规格型号、同一材料的整体钎才能包装在一起。每(4～6)支包装成一小捆，再由同一规格、同一长度的小捆组成大捆，每大捆的重量不超过 2 t。外销产品的包装，按需方要求执行。

10.2 每捆整体钎应有标牌，其内容应符合以下规定：供方厂名、产品名称、产品代号、长度规格、生产批号、产品数量。

10.3 每批整体钎应附有供方质量证明书，应包括以下内容：供方名称或商标、标准号、产品规格型号、产品代号、产品数量、检验日期、供方技术监督部门的合格印章。

10.4 整体钎在贮存过程中应防潮，不得随意拆散包装。

10.5 整体钎在运输过程中要注意防止弯曲和雨水锈蚀。

10.6 除本标准规定的整体钎包装、标志和质量证明书之外，其余应符合 GB/T 2101 的规定。

ICS 91.100.10
Q 92

中华人民共和国国家标准

GB/T 26281—2010

水泥回转窑热平衡、热效率、综合能耗计算方法

Calculating methods for heat balance, heat efficiency and comprehensive energy consumption of cement rotary kiln

2011-01-14 发布　　　　2011-11-01 实施

中华人民共和国国家质量监督检验检疫总局
中国国家标准化管理委员会　发布

前 言

本标准按照 GB/T 1.1—2009 给出的规则起草。

本标准由中国建筑材料联合会提出。

本标准由全国水泥标准化技术委员会(SAC/TC 184)归口。

本标准起草单位:天津水泥工业设计研究院有限公司。

本标准主要起草人:刘继开、陶从喜、肖秋菊、倪祥平、王仲春、彭学平。

水泥回转窑热平衡、热效率、综合能耗计算方法

1 范围

本标准规定了生产硅酸盐水泥熟料的各类型回转窑(包括预热、烧成及冷却系统)的术语和定义、计算依据和计算基准、回转窑系统平衡计算、冷却机的热平衡与热效率计算等内容。

本标准适用于生产硅酸盐水泥熟料的各类型回转窑(包括预热、烧成及冷却系统)的热平衡、热效率及熟料烧成综合能耗的计算。采用废弃物作为替代原料和替代燃料时热平衡、热效率及熟料烧成综合能耗计算方法可参考本标准进行。

2 规范性引用文件

下列文件对于本文件的应用是必不可少的。凡是注日期的引用文件,仅所注日期的版本适用于本文件。凡是不注日期的引用文件,其最新版本(包括所有的修改单)适用于本文件。

GB/T 2587 用能设备能量平衡通则

GB/T 2589 综合能耗计算通则

GB/T 26282—2010 水泥回转窑热平衡测定方法

3 术语和定义

下列术语和定义适用于本文件。

3.1

熟料烧成综合能耗 comprehensive energy consumption of clinker burning

熟料烧成综合能耗指烧成系统在标定期间内,生产每吨熟料实际消耗的各种能源实物量按规定的计算方法和单位分别折算成标准煤量的总和,单位为千克(kg)。

3.2

熟料烧成热耗 heat consumption of clinker burning

熟料烧成热耗指单位熟料产量下消耗的燃料燃烧热,单位为千焦每千克(kJ/kg)。

3.3

回转窑系统热效率 heat efficiency of rotary kiln system

回转窑系统热效率指单位质量熟料的形成热与燃料(包括生料中可燃物质)燃烧放出热量的比值,以百分数表示(%)。

4 计算依据和计算基准

4.1 计算依据

根据热平衡参数测定结果计算,热平衡参数的测试按 GB/T 26282—2010 规定的方法进行。窑系统的主要设备情况及热平衡测定结果记录表参见附录 A。

4.2 计算基准

温度基准:0 ℃;质量基准:1 kg 熟料。

5 回转窑系统平衡计算

5.1 物料平衡

5.1.1 物料平衡范围

物料平衡计算的范围是从冷却机熟料出口到预热器废气出口(即包括冷却机、回转窑、分解炉和预热器系统)并考虑了窑灰回窑操作的情况。物料平衡范围见图 1。对不带预热器、分解炉、没有窑中喂料的情况,则计算项目中相关参数视为零。对带余热锅炉的窑,余热锅炉部分的热平衡计算不列在本标准中,可参阅锅炉的有关标准计算。

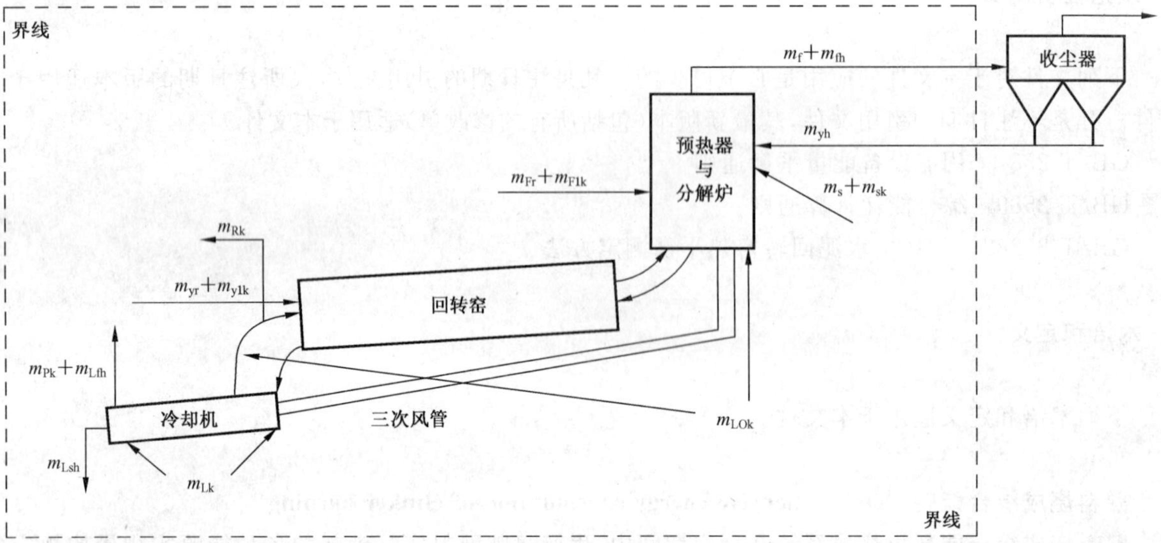

图 1 物料平衡范围试验图

5.1.2 收入物料

5.1.2.1 燃料消耗量

5.1.2.1.1 固体或液体燃料消耗量

固体或液体燃料消耗量计算公式见式(1):

$$m_r = \frac{M_{yr} + M_{Fr}}{M_{sh}} \quad \cdots\cdots(1)$$

式中:

m_r ——每千克熟料燃料消耗量,单位为千克每千克(kg/kg);

M_{yr}——每小时入窑燃料量,单位为千克每小时(kg/h);

M_{Fr}——每小时入分解炉燃料量,单位为千克每小时(kg/h);

M_{sh}——每小时熟料产量,单位为千克每小时(kg/h)。

5.1.2.1.2 **气体燃料消耗量**

气体燃料消耗量计算公式见式(2),气体燃料的标况密度计算公式见式(3):

$$m_r=\frac{V_r}{M_{sh}}\times\rho_r \qquad \cdots\cdots(2)$$

式中:

V_r ——每小时气体燃料消耗体积[1],单位为标准立方米每小时(m^3/h);

ρ_r ——气体燃料的标况密度,单位为千克每标准立方米(kg/m^3)。

$$\rho_r=\frac{CO_2\times\rho_{CO_2}+CO\times\rho_{CO}+O_2\times\rho_{O_2}+C_mH_n\times\rho_{C_mH_n}+H_2\times\rho_{H_2}+N_2\times\rho_{N_2}+H_2O\times\rho_{H_2O}}{100} \qquad \cdots\cdots(3)$$

式中:

CO_2、CO、O_2、C_mH_n、H_2、N_2、H_2O ——气体燃料中各成分的体积分数,以百分数表示(%);

ρ_{CO_2}、ρ_{CO}、ρ_{O_2}、$\rho_{C_mH_n}$、ρ_{H_2}、ρ_{N_2}、ρ_{H_2O} ——各成分的标况密度,单位为千克每标准立方米(kg/m^3),参见附录B。

5.1.2.2 **生料消耗量**

生料消耗量计算公式见式(4):

$$m_s=\frac{M_s}{M_{sh}} \qquad \cdots\cdots(4)$$

式中:

m_s ——每千克熟料生料消耗量,单位为千克每千克(kg/kg);

M_s ——每小时生料喂料量,单位为千克每小时(kg/h)。

5.1.2.3 **入窑回灰量**

入窑回灰量计算公式见式(5):

$$m_{yh}=\frac{M_{yh}}{M_{sh}} \qquad \cdots\cdots(5)$$

式中:

m_{yh}——每千克熟料入窑回灰量,单位为千克每千克(kg/kg);

M_{yh}——每小时入窑回灰量,单位为千克每小时(kg/h)。

5.1.2.4 **空气消耗量**

5.1.2.4.1 **进入系统一次空气量**

进入系统一次空气量计算公式见式(6),一次空气的标况密度计算公式见式(7)。

$$m_{1k}=\frac{V_{y1k}+V_{F1k}}{M_{sh}}\times\rho_{1k} \qquad \cdots\cdots(6)$$

式中:

m_{1k}——每千克熟料进入系统一次空气量,单位为千克每千克(kg/kg);

V_{y1k}——每小时入窑一次空气体积,单位为标准立方米每小时(m^3/h);

V_{F1k}——每小时入分解炉一次空气体积,单位为标准立方米每小时(m^3/h);

1) 本标准中不加说明时,气体体积均指温度为0 ℃,压力为101 325 Pa时的体积,单位为立方米(m^3),简称“标准立方米”。

ρ_{1k} ——一次空气的标况密度，单位为千克每标准立方米（kg/m³）。

$$\rho_{1k}=\frac{CO_2^{1k}\times\rho_{CO_2}+CO^{1k}\times\rho_{CO}+O_2^{1k}\times\rho_{O_2}+N_2^{1k}\times\rho_{N_2}+H_2O^{1k}\times\rho_{H_2O}}{100} \qquad (7)$$

式中：

CO_2^{1k}、CO^{1k}、O_2^{1k}、N_2^{1k}、H_2O^{1k}——一次空气中各成分的体积分数，以百分数表示（%）。

5.1.2.4.2 进入冷却机空气量

进入冷却机空气量计算公式见式(8)：

$$m_{Lk}=\frac{V_{Lk}}{M_{sh}}\times\rho_k \qquad (8)$$

式中：

m_{Lk}——每千克熟料入冷却机的空气量，单位为千克每千克（kg/kg）；

V_{Lk}——每小时入冷却机的空气体积，单位为标准立方米每小时（m³/h）；

ρ_k ——空气的标况密度，单位为千克每标准立方米（kg/m³）。

5.1.2.4.3 生料带入空气量

生料带入空气量计算公式见式(9)：

$$m_{sk}=\frac{V_{sk}}{M_{sh}}\times\rho_k \qquad (9)$$

式中：

m_{sk}——每千克熟料生料带入空气量，单位为千克每千克（kg/kg）；

V_{sk}——每小时生料带入空气体积，单位为标准立方米每小时（m³/h）。

5.1.2.4.4 窑系统漏入空气量

窑系统漏入空气量计算公式见式(10)：

$$m_{LOk}=\frac{V_{LOk}}{M_{sh}}\times\rho_k \qquad (10)$$

式中：

m_{LOk}——每千克熟料系统漏入空气量，单位为千克每千克（kg/kg）；

V_{LOk}——每小时系统漏入空气体积，单位为标准立方米每小时（m³/h）。

5.1.2.5 物料总收入

物料总收入计算公式见式(11)：

$$m_{zs}=m_r+m_s+m_{yh}+m_{1k}+m_{Lk}+m_{sk}+m_{LOk} \qquad (11)$$

式中：

m_{zs}——每千克熟料物料总收入，单位为千克每千克（kg/kg）。

5.1.3 支出物料

5.1.3.1 出冷却机熟料量

出冷却机熟料量计算公式见式(12)：

$$m_{Lsh}=1-m_{Lfh} \qquad (12)$$

式中：

m_{Lsh}——每千克熟料出冷却机熟料量，单位为千克每千克（kg/kg）；

m_{Lfh}——每千克熟料冷却机出口飞灰量，单位为千克每千克(kg/kg)。

5.1.3.2 预热器出口废气量

预热器出口废气量计算公式见式(13)，预热器出口废气的标况密度计算公式见式(14)：

$$m_f = \frac{V_f}{M_{sh}} \times \rho_f \quad \cdots\cdots(13)$$

式中：

m_f ——每千克熟料预热器出口废气量，单位为千克每千克(kg/kg)；

V_f ——每小时预热器出口废气体积，单位为标准立方米每小时(m^3/h)；

ρ_f ——预热器出口废气的标况密度，单位为千克每标准立方米(kg/m^3)。

$$\rho_f = \frac{CO_2^f \times \rho_{CO_2} + CO^f \times \rho_{CO} + O_2^f \times \rho_{O_2} + N_2^f \times \rho_{N_2} + H_2O^f \times \rho_{H_2O}}{100} \quad \cdots\cdots(14)$$

式中：

CO_2^f、CO^f、O_2^f、N_2^f、H_2O^f——预热器出口废气中各成分的体积分数，以百分数表示(%)。

5.1.3.3 预热器出口飞灰量

预热器出口飞灰量计算公式见式(15)：

$$m_{fh} = \frac{V_f \times K_{fh}}{M_{sh}} \quad \cdots\cdots(15)$$

式中：

m_{fh}——每千克熟料预热器出口飞灰量，单位为千克每千克(kg/kg)；

K_{fh}——预热器出口废气中飞灰的浓度，单位为千克每标准立方米(kg/m^3)。

5.1.3.4 冷却机排出空气量

冷却机排出空气量计算公式见式(16)：

$$m_{pk} = \frac{V_{pk}}{M_{sh}} \times \rho_k \quad \cdots\cdots(16)$$

式中：

m_{pk}——每千克熟料冷却机排出空气量，单位为千克每千克(kg/kg)；

V_{pk}——每小时冷却机排出空气体积，单位为标准立方米每小时(m^3/h)。

5.1.3.5 煤磨抽冷却机空气量

煤磨抽冷却机空气量计算公式见式(17)：

$$m_{Rk} = \frac{V_{Rk}}{M_{sh}} \times \rho_k \quad \cdots\cdots(17)$$

式中：

m_{Rk}——每千克熟料煤磨抽冷却机空气量，单位为千克每千克(kg/kg)；

V_{Rk}——每小时煤磨抽冷却机空气体积，单位为标准立方米每小时(m^3/h)。

5.1.3.6 冷却机出口飞灰量

冷却机出口飞灰量计算公式见式(18)：

$$m_{Lfh} = \frac{V_{pk} \times K_{Lfh}}{M_{sh}} \quad \cdots\cdots(18)$$

式中：

K_{Lfh}——冷却机出口废气中飞灰的浓度，单位为千克每标准立方米(kg/m^3)。

5.1.3.7 其他支出

m_{qt}，单位为千克每千克(kg/kg)。

5.1.3.8 物料总支出

物料总支出计算公式见式(19)：

$$m_{ZC}=m_{Lsh}+m_f+m_{fh}+m_{pk}+m_{Rk}+m_{Lfh}+m_{qt} \quad \cdots\cdots(19)$$

式中：

m_{ZC}——每千克熟料物料总支出，单位为千克每千克(kg/kg)。

5.1.4 物料平衡计算结果

物料平衡计算结果见表1。

表1 物料平衡计算结果

收入物料				支出物料			
项目	符号	kg/kg	%	项目	符号	kg/kg	%
燃料消耗量	m_r			出冷却机熟料量	m_{Lsh}		
生料消耗量	m_s			预热器出口废气量	m_f		
入窑回灰量	m_{yh}			预热器出口飞灰量	m_{fh}		
一次空气量	m_{1k}			冷却机排出空气量	m_{pk}		
入冷却机冷空气量	m_{Lk}			煤磨从系统抽出热空气量	m_{Rk}		
生料带入空气量	m_{sk}			冷却机出口飞灰量	m_{Lfh}		
系统漏入空气量	m_{LOk}			其他支出	m_{qt}		
合计				合计			

5.2 热平衡

5.2.1 热平衡范围

热平衡范围见图2。热平衡按GB/T 2587规定的方法进行计算。

5.2.2 收入热量

5.2.2.1 燃料燃烧热

燃料燃烧热计算公式见式(20)：

$$Q_{rR}=m_r \times Q_{net,ar} \quad \cdots\cdots(20)$$

式中：

Q_{rR}——每千克熟料燃料燃烧热，单位为千焦每千克(kJ/kg)；

$Q_{net,ar}$——入窑和入分解炉燃料收到基低位发热量，单位为千焦每千克(kJ/kg)。采用煤作为燃料时，$Q_{net,ar}$为入窑煤粉收到基低位发热量，不能与原煤收到基发热量混淆。

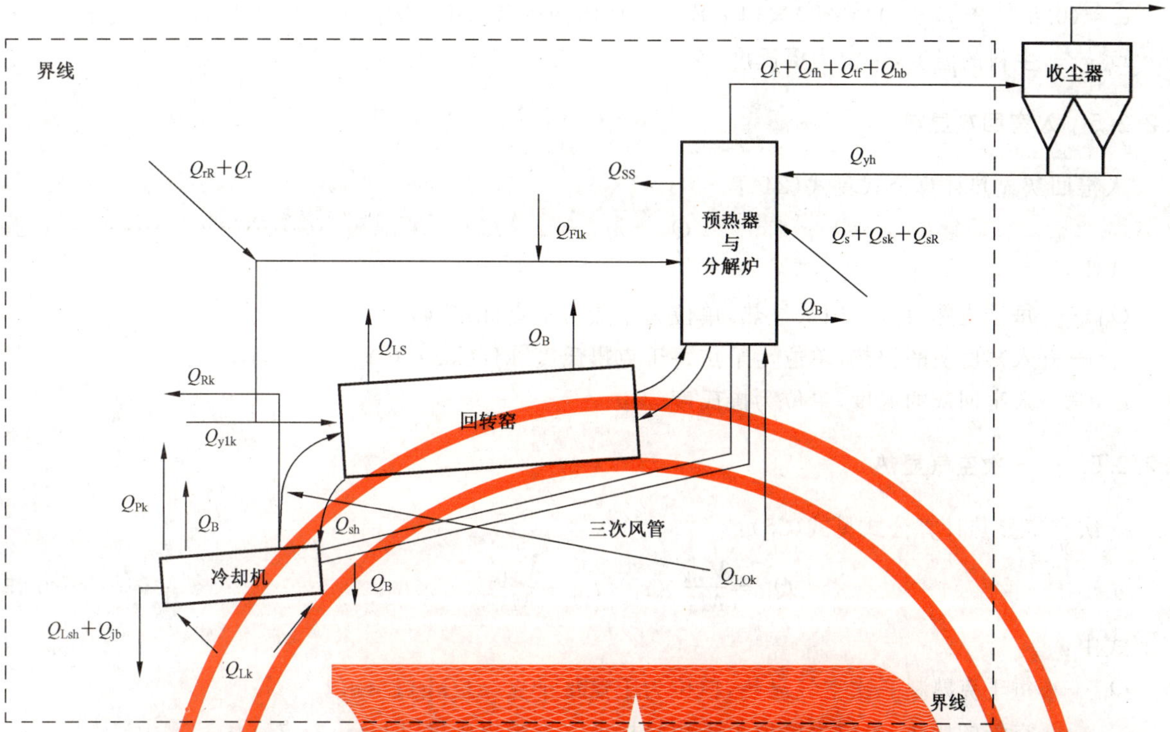

图 2 热平衡范围示意图

5.2.2.2 燃料显热

燃料显热计算公式见式(21):

$$Q_r = m_r \times c_r \times t_r \quad \cdots\cdots(21)$$

式中:

Q_r ——每千克熟料燃料带入显热,单位为千焦每千克(kJ/kg);

c_r ——燃料比热,单位为千焦每千克摄氏度[kJ/(kg·℃)];

t_r ——燃料温度,单位为摄氏度(℃)。

5.2.2.3 生料中可燃物质燃烧热

生料中可燃物质燃烧热计算公式见式(22):

$$Q_{sR} = m_{sr} \times Q_{net,sr} \quad \cdots\cdots(22)$$

式中:

Q_{sR} ——每千克熟料生料中可燃物质的燃烧热,单位为千焦每千克(kJ/kg);

m_{sr} ——生料中可燃物质含量,单位为千克每千克(kg/kg);

$Q_{net,sr}$——生料中可燃物质收到基低位发热量,单位为千焦每千克(kJ/kg)。

5.2.2.4 生料显热

生料显热计算公式见式(23):

$$Q_s = m_s \times c_s \times t_s \quad \cdots\cdots(23)$$

式中:

Q_s ——每千克熟料生料带入显热,单位为千焦每千克(kJ/kg);

c_s ——生料的比热,单位为千焦每千克摄氏度[kJ/(kg·℃)];

$c_s=(0.88+2.93\times10^{-4}\times t_s)\times(1-W^s)+4.1816\times W^s$，$W^s$ 为生料的水分，以百分数表示(%)；

t_s ——生料的温度，单位为摄氏度(℃)。

5.2.2.5 入窑回灰显热

入窑回灰显热计算公式见式(24)：

$$Q_{yh}=m_{yh}\times c_{yh}\times t_{yh} \qquad \cdots\cdots(24)$$

式中：

Q_{yh}——每千克熟料入窑回灰显热，单位为千焦每千克(kJ/kg)；

c_{yh} ——入窑回灰的比热，单位为千焦每千克摄氏度[kJ/(kg·℃)]；

t_{yh} ——入窑回灰的温度，单位为摄氏度(℃)。

5.2.2.5.1 一次空气显热

一次空气显热计算公式见式(25)：

$$Q_{1k}=\frac{V_{y1k}}{M_{sh}}\times c_k\times t_{y1k}+\frac{V_{F1k}}{M_{sh}}\times c_k\times t_{F1k} \qquad \cdots\cdots(25)$$

式中：

Q_{1k}——每千克熟料一次空气显热，单位为千焦每千克(kJ/kg)；

c_k ——空气的比热，单位为单位为千焦每标准立方米摄氏度[kJ/(m³·℃)]；

t_{y1k}——入窑一次空气的温度，单位为摄氏度(℃)；

t_{F1k}——入分解炉一次空气的温度，单位为摄氏度(℃)。

入窑一次空气采用煤磨放风时其比热计算公式见式(26)：

$$c_{k(入窑)}=\frac{CO_2^{1k}\times c_{CO_2}+CO^{1k}\times c_{CO}+O_2^{1k}\times c_{O_2}+N_2^{1k}\times c_{N_2}+H_2O^{1k}\times c_{H_2O}}{100} \qquad \cdots\cdots(26)$$

式中：

$c_{k(入窑)}$ ——入窑一次空气采用煤磨放风时的比热，单位为千焦每标准立方米摄氏度(kJ/(m³·℃))；

c_{CO_2}、c_{CO}、c_{O_2}、c_{N_2}、c_{H_2O}——在 0 ℃～t_{1k}℃内，各气体定压平均体积比热，单位为千焦每标准立方米摄氏度[kJ/(m³·℃)]。

5.2.2.5.2 入冷却机空气显热

入冷却机空气显热计算公式见式(27)：

$$Q_{Lk}=\frac{V_{Lk}}{M_{sh}}\times c_k\times t_{Lk} \qquad \cdots\cdots(27)$$

式中：

Q_{Lk}——每千克熟料入冷却机的空气显热，单位为千焦每千克(kJ/kg)；

t_{Lk} ——入冷却机的空气温度，单位为摄氏度(℃)。

5.2.2.5.3 生料带入空气显热

生料带入空气显热计算公式见式(28)：

$$Q_{sk}=\frac{V_{sk}}{M_{sh}}\times c_k\times t_s \qquad \cdots\cdots(28)$$

式中：

Q_{sk}——每千克熟料生料带入空气显热，单位为千焦每千克(kJ/kg)。

5.2.2.5.4 系统漏入空气显热

系统漏入空气显热计算公式见式(29)：

$$Q_{LOk}=\frac{V_{LOk}}{M_{sh}}\times c_k\times t_k \qquad (29)$$

式中：

Q_{LOk}——每千克熟料系统漏入空气显热，单位为千焦每千克(kJ/kg)；

t_k ——环境空气的温度，单位为摄氏度(℃)。

5.2.2.5.5 热量总收入

热量总收入计算公式见式(30)：

$$Q_{ZS}=Q_{rR}+Q_r+Q_{sR}+Q_s+Q_{yh}+Q_{1k}+Q_{Lk}+Q_{sk}+Q_{LOk} \qquad (30)$$

式中：

Q_{ZS}——每千克熟料热量总收入，单位为千焦每千克(kJ/kg)。

5.2.3 支出热量

5.2.3.1 熟料形成热

熟料形成热的理论计算方法按照附录C的规定进行计算，也可按以下简化公式计算：

a) 不考虑硫、碱的影响时用式(31)计算：

$$Q_{sh}=17.19Al_2O_3^{sh}+27.10MgO^{sh}+32.01CaO^{sh}-21.40SiO_2^{sh}-2.47Fe_2O_3^{sh} \qquad (31)$$

b) 考虑硫、碱的影响时用式(32)计算：

$$Q'_{sh}=Q_{sh}-107.90(Na_2O^s-Na_2O^{sh})-71.09(K_2O^s-K_2O^{sh})+83.64(SO_3^s-SO_3^{sh}) \qquad (32)$$

式中：

$Al_2O_3^{sh}$、MgO^{sh}、CaO^{sh}、SiO_2^{sh}、$Fe_2O_3^{sh}$、K_2O^{sh}、Na_2O^{sh}、SO_3^{sh}——熟料中相应成分的质量分数，以百分数表示(%)；

Na_2O^s、K_2O^s、SO_3^s——生料中相应成分的灼烧基质量分数，以百分数表示(%)。

5.2.3.2 蒸发生料中水分耗热

蒸发生料中水分耗热计算公式见式(33)：

$$Q_{ss}=m_s\times\frac{W^s}{100}\times q_{qh} \qquad (33)$$

式中：

Q_{ss}——每千克熟料蒸发生料中的水分耗热，单位为千焦每千克(kJ/kg)；

q_{qh}——水的汽化热，单位为千焦每千克(kJ/kg)。

5.2.3.3 出冷却机熟料显热

出冷却机熟料显热计算公式见式(34)：

$$Q_{Lsh}=(1-m_{Lfh})\times c_{sh}\times t_{Lsh} \qquad (34)$$

式中：

Q_{Lsh}——出冷却机熟料显热，单位为千焦每千克(kJ/kg)；

c_{sh} ——熟料的比热，单位为千焦每千克摄氏度[kJ/(kg·℃)]；

t_{Lsh} ——出冷却机熟料温度，单位为摄氏度(℃)。

5.2.3.4 预热器出口废气显热

预热器出口废气显热计算公式见式(35),预热器出口废气比热计算公式见式(36):

$$Q_f=\frac{V_f}{M_{sh}}\times c_f\times t_f \quad \cdots\cdots(35)$$

式中:

Q_f ——每千克熟料预热器出口废气显热,单位为千焦每千克(kJ/kg);

c_f ——预热器出口废气比热,单位为千焦每标准立方米摄氏度[kJ/(m³·℃)];

t_f ——预热器出口废气的温度,单位为摄氏度(℃)。

$$C_f=\frac{CO_2^f\times c_{CO_2}+CO^f\times c_{CO}+O_2^f\times c_{O_2}+N_2^f\times c_{N_2}+H_2O^f\times c_{H_2O}}{100} \quad \cdots\cdots(36)$$

式中:

c_{CO_2}、c_{CO}、c_{O_2}、c_{N_2}、c_{H_2O}——在 0 ℃～t_f℃内,各气体定压平均体积比热,单位为千焦每标准立方米摄氏度[kJ/(m³·℃)]。

5.2.3.5 预热器出口飞灰显热

预热器出口飞灰显热计算公式见式(37):

$$Q_{fh}=m_{fh}\times c_{fh}\times t_f \quad \cdots\cdots(37)$$

式中:

Q_{fh}——每千克熟料预热器出口飞灰显热,单位为千焦每千克(kJ/kg);

c_{fh} ——预热器出口飞灰的比热,单位为千焦每千克摄氏度[kJ/(kg·℃)]。

5.2.3.6 飞灰脱水及碳酸盐分解耗热

飞灰脱水及碳酸盐分解耗热计算公式见式(38),生料中 CO_2 含量计算公式见式(39):

$$Q_{tf}=m_{fh}\times\frac{100-L_{fh}}{100-L_s}\times\frac{H_2O^s}{100}\times 6\,690+\left[m_{fh}\times\frac{100-L_{fh}}{100-L_s}\times\frac{CO_2^s}{100}-m_{fh}\times\frac{L_{fh}}{100}\right]\times\frac{100}{44}\times 1\,660 \quad \cdots\cdots(38)$$

式中:

Q_{tf} ——每千克熟料飞灰脱水及碳酸盐分解耗热,单位为千焦每千克(kJ/kg);

L_{fh} ——飞灰的烧失量,以百分数表示(%);

L_s ——生料的烧失量,以百分数表示(%);

H_2O^s——生料中化合水含量,以百分数表示(%);

6 690——高岭土脱水热,单位为千焦每千克(kJ/kg);

CO_2^s ——生料中 CO_2 含量,以百分数表示(%);

1 660——$CaCO_3$ 分解热,单位为千焦每千克(kJ/kg)。

$$CO_2^s=\frac{CaO^s}{100}\times\frac{44}{56}+\frac{MgO^s}{100}\times\frac{44}{40.3} \quad \cdots\cdots(39)$$

式中:

CaO^s、MgO^s——分别为生料中 CaO 和 MgO 含量,以百分数表示(%)。

5.2.3.7 冷却机排出空气显热

冷却机排出空气显热计算公式见式(40):

$$Q_{pk}=\frac{V_{pk}}{M_{sh}}\times c_k\times t_{pk} \quad \cdots\cdots(40)$$

式中：

Q_{pk}——每千克熟料冷却机排出空气显热，单位为千焦每千克(kJ/kg)；

t_{pk}——冷却机排出空气温度，单位为摄氏度(℃)。

注：当冷却机有多个废气出口时，应分别计算各废气出口排出空气显热。

5.2.3.8 冷却机出口飞灰显热

冷却机出口飞灰显热计算公式见式(41)：

$$Q_{Lfh}=m_{Lfh}\times c_{Lfh}\times t_{pk} \qquad (41)$$

式中：

Q_{Lfh}——每千克熟料冷却机出口飞灰显热，单位为千焦每千克(kJ/kg)；

c_{Lfh}——冷却机出口飞灰的比热，单位为千焦每千克摄氏度[kJ/(kg·℃)]。

5.2.3.9 煤磨抽冷却机空气显热

煤磨抽冷却机空气显热计算公式见式(42)：

$$Q_{Rk}=\frac{V_{Rk}}{M_{sh}}\times c_{k}\times t_{Rk} \qquad (42)$$

式中：

Q_{Rk}——每千克熟料煤磨抽冷却机空气显热，单位为千焦每千克(kJ/kg)；

t_{Rk}——煤磨抽冷却机空气温度，单位为摄氏度(℃)。

5.2.3.10 化学不完全燃烧的热损失

化学不完全燃烧的热损失计算公式见式(43)：

$$Q_{hb}=\frac{V_{f}}{M_{sh}}\times\frac{CO^{f}}{100}\times 12\ 630 \qquad (43)$$

式中：

Q_{hb}——每千克熟料化学不完全燃烧热损失，单位为千焦每千克(kJ/kg)；

CO^{f}——预热器出口废气中CO的体积分数，以百分数表示(%)；

12 630——CO的热值，单位为千焦每标准立方米(kJ/m³)。

5.2.3.11 机械不完全燃烧的热损失

机械不完全燃烧的热损失计算公式见式(44)：

$$Q_{jb}=\frac{L_{sh}}{100}\times 33\ 874 \qquad (44)$$

式中：

Q_{jb}——每千克熟料机械不完全燃烧热损失，单位为千焦每千克(kJ/kg)；

L_{sh}——熟料的烧失量，以百分数表示(%)；

33 874——碳的热值，单位为千焦每千克(kJ/kg)。

5.2.3.12 系统表面散热

系统表面散热计算公式见式(45)：

$$Q_{B}=\frac{\sum Q_{Bi}}{M_{sh}} \qquad (45)$$

式中：

Q_{B}——每千克熟料系统表面散热量，单位为千焦每千克(kJ/kg)；

$\sum Q_{Bi}$——每小时系统表面总散热量，单位为千焦每小时(kJ/h)。

5.2.3.13 **冷却水带出热**

冷却水带出热计算公式见式(46)：

$$Q_{Ls}=\frac{M_{Ls}\times(t_{cs}-t_{js})\times c'_s+M_{qh}\times q_{qh}}{M_{sh}} \qquad \cdots\cdots(46)$$

式中：

Q_{Ls}——每千克熟料冷却水带出热量，单位为千焦每千克(kJ/kg)；

M_{Ls}——每小时冷却水用量，单位为千克每小时(kg/h)；

t_{cs}——冷却水出水温度，单位为摄氏度(℃)；

t_{js}——冷却水进水温度，单位为摄氏度(℃)；

c'_s——水的比热，4.181 6，单位为千焦每千克摄氏度[kJ/(kg·℃)]；

M_{qh}——每小时汽化冷却水量，单位为千克每小时(kg/h)；

q_{qh}——水的汽化热，单位为千焦每千克(kJ/kg)。

5.2.3.14 **其他支出**

Q_{qt}，单位为千焦每千克(kJ/kg)。

5.2.3.15 **热量总支出**

热量总支出计算公式见式(47)：

$$Q_{ZC}=Q_{sh}+Q_{ss}+Q_{Lsh}+Q_f+Q_{fh}+Q_{tf}+Q_{pk}+Q_{Lfh}+Q_{Rk}+Q_{hb}+Q_{jb}+Q_B+Q_{Ls}+Q_{qt} \qquad \cdots\cdots(47)$$

式中：

Q_{ZC}——每千克熟料热量总支出，单位为千焦每千克(kJ/kg)。

5.2.3.16 **热平衡计算结果**

热平衡计算结果见表2。

表2 热平衡计算结果

收入热量				支出热量			
项目	符号	kJ/kg	%	项目	符号	kJ/kg	%
燃料燃烧热	Q_{rR}			熟料形成热	Q_{sh}		
燃料显热	Q_r			蒸发生料中水分耗热	Q_{ss}		
生料中可燃物质燃烧热	Q_{sR}			出冷却机熟料显热	Q_{Lsh}		
生料显热	Q_s			预热器出口废气显热	Q_f		
入窑回灰显热	Q_{yh}			预热器出口飞灰显热	Q_{fh}		
一次空气显热	Q_{1k}			飞灰脱水及碳酸盐分解耗热	Q_{tf}		
入冷却机冷空气显热	Q_{Lk}			冷却机排出空气显热	Q_{pk}		
生料带入空气显热	Q_{sk}			冷却机出口飞灰显热	Q_{Lfh}		
系统漏入空气显热	Q_{LOk}			煤磨抽冷却机热空气显热	Q_{Rk}		
				化学不完全燃烧热损失	Q_{hb}		

表 2（续）

收入热量				支出热量			
项目	符号	kJ/kg	%	项目	符号	kJ/kg	%
				机械不完全燃烧热损失	Q_{jb}		
				系统表面散热	Q_B		
				冷却水带出热	Q_{Ls}		
				其他支出	Q_{qt}		
合计				合计			

5.2.4 回转窑系统的热效率计算

回转窑系统的热效率计算公式见式(48)：

$$\eta_y = \frac{Q_{sh}}{Q_{rR} + Q_{sR}} \qquad (48)$$

式中：

η_y——回转窑系统的热效率，以百分数表示(%)。

6 冷却机的热平衡与热效率计算

6.1 热平衡

6.1.1 收入热量

6.1.1.1 出窑熟料显热

出窑熟料显热计算公式见式(49)：

$$Q_{ysh} = 1 \times c_{sh} \times t_{ysh} \qquad (49)$$

式中：

Q_{ysh}——出窑熟料显热，单位为千焦每千克(kJ/kg)；

t_{ysh}——出窑熟料温度，单位为摄氏度(℃)。

6.1.1.2 入冷却机空气显热

入冷却机空气显热计算公式见式(50)：

$$Q'_{Lk} = \frac{V_{Lk}}{M_{sh}} \times c_k \times t_{Lk} + \frac{V_{LOk(冷却机)}}{M_{sh}} \times c_k \times t_k \qquad (50)$$

式中：

Q'_{Lk}——每千克熟料入冷却机总空气显热，单位为千焦每千克(kJ/kg)；

$V_{LOk(冷却机)}$——每小时冷却机漏入空气体积，单位为标准立方米每小时(m^3/h)。

6.1.1.3 热量总收入

热量总收入计算公式见式(51)：

$$Q_{LZS} = Q_{ysh} + Q'_{Lk} \qquad (51)$$

式中：

Q_{LZS}——冷却机热量总收入，单位为千焦每千克(kJ/kg)。

6.1.2 支出热量

6.1.2.1 出冷却机熟料显热

按式(34)计算。

6.1.2.2 入窑二次空气显热

入窑二次空气显热计算公式见式(52)，每小时入窑二次空气体积计算公式见式(53)：

$$Q_{y2k}=\frac{V_{y2k}}{M_{sh}}\times c_k\times t_{y2k} \qquad \cdots\cdots(52)$$

式中：

Q_{y2k}——每千克熟料入窑二次空气显热，单位为千焦每千克(kJ/kg)；

V_{y2k}——每小时入窑二次空气体积，单位为标准立方米每小时(m^3/h)；

t_{y2k}——入窑二次空气的温度，单位为摄氏度(℃)。

$$V_{y2k}=V'_k\times\alpha_y\times M_{yr}\times(1-\phi_{yT})-V_{y1k} \qquad \cdots\cdots(53)$$

式中：

α_y——窑尾过剩空气系数；

ϕ_{yT}——窑头漏风系数，视窑头密闭情况而定，一般选 $\phi_{yT}=2\%\sim10\%$；

V'_k——燃料完全燃烧时理论空气需要量，对固体及液体燃料，单位为标准立方米每千克(m^3/kg)，对气体燃料，单位为标准立方米每标准立方米(m^3/m^3)。

6.1.2.2.1 根据燃料元素分析(或成分分析)结果计算 V'_k

a) 固体及液体燃料

固体及液体燃料完全燃烧时理论空气需要量计算公式见式(54)：

$$V'_k=0.089C_{ar}+0.267H_{ar}+0.033(S_{ar}-O_{ar}) \qquad \cdots\cdots(54)$$

式中：

C_{ar}、H_{ar}、S_{ar}、O_{ar}——燃料中各元素质量百分含量，以百分数表示(%)。

b) 气体燃料

气体燃料完全燃烧时理论空气需要量计算公式见式(55)：

$$V'_k=0.0476\times(0.5CO+0.5H_2+2CH_4+3C_2H_4+1.5H_2S-O_2) \qquad \cdots\cdots(55)$$

式中：

CO、H_2、CH_4、C_2H_4、H_2S、O_2——气体燃料中各成分体积分数，以百分数表示(%)。

6.1.2.2.2 根据燃料收到基低位发热量近似计算 V'_k

a) 固体燃料

固体燃料完全燃烧时理论空气需要量计算公式见式(56)：

$$V'_k=\frac{0.241Q_{net,ar}}{1000}+0.5 \qquad \cdots\cdots(56)$$

b) 液体燃料

液体燃料完全燃烧时理论空气需要量计算公式见式(57)：

$$V'_k=\frac{0.203Q_{net,ar}}{1\ 000}+2.0 \qquad (57)$$

c) 气体燃料

对于 $Q_{net,ar}<12\ 560\ kJ/m^3$ 的煤气完全燃烧时理论空气需要量计算公式见式(58)：

$$V'_k=\frac{0.209Q_{net,ar}}{1\ 000} \qquad (58)$$

对于 $Q_{net,ar}>12\ 560\ kJ/m^3$ 的煤气完全燃烧时理论空气需要量计算公式见式(59)：

$$V'_k=\frac{0.26Q_{net,ar}}{1\ 000}-0.25 \qquad (59)$$

对于天然气完全燃烧时理论空气需要量计算公式见式(60)：

$$V'_k=\frac{0.264Q_{net,ar}}{1\ 000}+0.02 \qquad (60)$$

6.1.2.2.3 入分解炉三次空气显热

入分解炉三次空气显热计算公式见式(61)：

$$Q_{F3k}=\frac{V_{F3k}}{M_{sh}}\times c_k\times t_{F3k} \qquad (61)$$

式中：

Q_{F3k}——每千克熟料入分解炉三次空气显热，单位为千焦每千克(kJ/kg)；

t_{F3k}——入分解炉三次空气的温度，单位为摄氏度(℃)。

6.1.2.2.4 煤磨抽冷却机空气显热

按式(42)计算。

6.1.2.2.5 冷却机排出空气显热

按式(40)计算。

6.1.2.2.6 冷却机出口飞灰显热

按式(41)计算。

6.1.2.2.7 冷却机表面散热

冷却机表面散热计算公式见式(62)：

$$Q_{LB}=\frac{\sum Q_{LBi}}{M_{sh}} \qquad (62)$$

式中：

Q_{LB}——每千克熟料冷却机表面散热量，单位为千焦每千克(kJ/kg)；

$\sum Q_{LBi}$——每小时冷却机表面总散热量，单位为千焦每小时(kJ/h)。

6.1.2.2.8 冷却水带走热

冷却水带走热计算公式见式(63)：

$$Q_{LLs}=\frac{M_{LLs}\times(t_{Lcs}-t_{Ljs})\times c'_s+M_{Lqh}\times q_{qh}}{M_{sh}} \qquad (63)$$

式中：

Q_{LLs}——每千克熟料冷却机冷却水带走热，单位为千焦每千克(kJ/kg)；

M_{LLs} ——每小时冷却机冷却水用量，单位为千克每小时(kg/h)；

t_{Lcs}，t_{Ljs}——分别为冷却机冷却水出水和进水温度，单位为摄氏度(℃)；

M_{Lqh} ——每小时冷却机汽化冷却水量，单位为千克每小时(kg/h)。

6.1.2.2.9 **冷却机其他支出**

Q_{Lqt}，冷却机其他支出，单位为千焦每千克(kJ/kg)。

6.1.2.2.10 **热量总支出**

热量总支出计算公式见式(64)：

$$Q_{LZC}=Q_{Lsh}+Q_{y2k}+Q_{F3k}+Q_{Rk}+Q_{pk}+Q_{Lfh}+Q_{LB}+Q_{LLs}+Q_{Lqt} \qquad (64)$$

式中：

Q_{LZC}——冷却机热量总支出，单位为千焦每千克(kJ/kg)。

6.1.2.3 **冷却机热平衡计算结果**

冷却机热平衡计算结果见表3。

表3 冷却机热平衡计算结果

收入热量				支出热量			
项目	符号	kJ/kg	%	项目	符号	kJ/kg	%
入冷却机熟料显热	Q_{ysh}			出冷却机熟料显热	Q_{Lsh}		
入冷却机冷空气显热	Q'_{Lk}			入窑二次空气显热	Q_{y2k}		
				入炉三次空气显热	Q_{F3k}		
				煤磨抽热风显热	Q_{Rk}		
				冷却机排风显热	Q_{pk}		
				冷却机出口飞灰显热	Q_{Lfh}		
				冷却机表面散热	Q_{LB}		
				冷却水带走热	Q_{LLs}		
				其他支出	Q_{Lqt}		
合计				合计			

6.1.3 **冷却机的热效率计算**

冷却机的热效率计算公式见式(65)：

$$\eta_L=\frac{Q_{y2k}+Q_{F3k}}{Q_{ysh}} \qquad (65)$$

式中：

η_L——冷却机的热效率，以百分数表示(%)。

6.2 **熟料烧成综合能耗计算**

6.2.1 **熟料烧成综合能耗计算的范围**

6.2.1.1 熟料烧成实际消耗的各种能源，包括一次能源(原油、原煤、天然气等)、二次能源(电力、热力、焦炭等国家统计制度所规定的各种能源统计品种)及耗能工质(水、压缩空气等)所消耗的能源。各种能源不得重记和漏计。

6.2.1.2 熟料烧成实际消耗的各种能源,系指用于生产目的所消耗的各种能源。包括主要生产系统、辅助生产系统和附属生产系统用能,主要生产系统指生料输送、生料预热(和分解)和熟料烧成与冷却系统等,辅助生产系统指排风及收尘系统等,附属生产系统指控制检测系统等。不包括用于生活目的和基建项目用能。

6.2.1.3 在实际消耗的各种能源中,作为原料用途的能源应包括在内;带余热发电的回转窑,若余热锅炉在热平衡范围内,余热发电消耗和回收的能源应包括在内,若余热锅炉在热平衡范围外,余热发电消耗和回收的能源应不包括在内。

6.2.1.4 各种能源统计范围如下:从生料出库(或料浆池)到熟料入库;从燃料出煤粉仓(或工作油罐)到废气出大烟囱。具体包括:生料输送,生料预热(和分解),熟料烧成与冷却,熟料输送,排风及收尘,控制检测等项,而不包括生料和燃料制备。

6.2.2 各种能源综合计算原则

6.2.2.1 各种能源消耗量,均指实际测得的消耗量。

6.2.2.2 各种能源均应折算成标准煤耗。

1 kg 标准煤的热值见 GB/T 2589。

6.2.2.3 熟料烧成消耗的一次能源及生料中可燃物质,均折算为标准煤量。

6.2.2.4 熟料烧成消耗的二次能源及耗能工质消耗的能源均应折算成一次能源,其中耗能工质按 GB/T 2589 的规定折算成一次能源。电力能源按国家统计局规定折算成标准煤量。

6.2.3 熟料单位产量综合能耗计算

熟料单位产量综合能耗按式(66)计算:

$$E_{cl}=\frac{e_{cl}}{P} \qquad \cdots\cdots(66)$$

式中:

E_{cl}——熟料单位产量综合能耗,单位为 kgce/t;

e_{cl}——熟料烧成综合能耗,单位为 kgce;

P——标定期间熟料产量,单位为 t。

附 录 A
（资料性附录）
窑的主要设备情况及热平衡参数测定结果记录表

A.1 窑的主要设备情况及热平衡参数测定结果

窑的主要设备情况及热平衡参数测定结果记录见表 A.1～表 A.9。

表 A.1 主要设备情况

工厂名称					
工厂厂址					
窑的编号					
烧成方法					
名 称			单位	规格参数	备注
回转窑		规格	m		
		胴体内容积	m^3		
		平均有效直径	m		
		有效长度	m		
		有效内表面积	m^2		
		有效内容积	m^3		
		斜度	%		
		窑速	r/min		
		电机型号			
		电机功率	kW		
分解炉		型式			
		规格	m		
预热器	型式				
	规格	C1	m		
		C2	m		
		C3	m		
		C4	m		
		C5	m		
余热发电	锅炉	型号			
		规格	m		
	发电机组	型号			
		规格	m		
		能力	kW		

表 A.1（续）

名称				单位	规格参数	备注
燃烧喷嘴	窑头		型式			
			规格	mm		
	分解炉		型式			
			规格	mm		
一次风机	窑头		型号			
			风压	Pa		
			铭牌风量	m^3/min		
			电机功率	kW		
	窑尾		型号			
			风压	Pa		
			铭牌风量	m^3/min		
			电机功率	kW		
喂煤设备	窑头		型号			
			能力	t/h		
		罗茨风机	型号			
			铭牌风量	m^3/min		
			风压	kPa		
			电机功率	kW		
	分解炉		型号			
			能力	t/h		
		罗茨风机	型号			
			铭牌风量	m^3/min		
			风压	kPa		
			电机功率	kW		
喂料设备	斗式提升机		型号			
			能力	t/h		
			输送高度	m		
增湿塔			规格	mm		
			工况处理风量	m^3/h		
收尘设备	窑尾		型式			
			工况处理风量	m^3/h		
	冷却机		型式			
			工况处理风量	m^3/h		
冷却机系统	冷却机		型式			
			型号			
			篦床面积			
	一室风机A		型号			
			风压			
			铭牌风量			
			电机功率			

表 A.1（续）

名　　称			单位	规格参数	备注
冷却机系统	一室风机 B	型号			
		风压	Pa		
		铭牌风量	m^3/h		
		电机功率	kW		
	平衡风机	型号			
		风压	Pa		
		铭牌风量	m^3/h		
		电机功率	kW		
	二室风机	型号			
		风压	Pa		
		铭牌风量	m^3/h		
		电机功率	kW		
	三室风机	型号			
		风压	Pa		
		铭牌风量	m^3/h		
		电机功率	kW		
	四室风机	型号			
		风压	Pa		
		铭牌风量	m^3/h		
		电机功率	kW		
	五室风机	型号			
		风压	Pa		
		铭牌风量	m^3/h		
		电机功率	kW		
	六室风机	型号			
		风压	Pa		
		铭牌风量	m^3/h		
		电机功率	kW		
冷却机余风风机		型号			
		风压	Pa		
		铭牌风量	m^3/h		
		介质温度	℃		
		电机功率	kW		

表 A.1（续）

名　　称		单位	规格参数	备注
窑尾高温风机	型号			
	风压	Pa		
	铭牌风量	m^3/h		
	介质温度	℃		
	电机功率	kW		
窑尾排风机	型号			
	风压	Pa		
	铭牌风量	m^3/h		
	介质温度	℃		
	电机功率	kW		

表 A.2　热平衡参数测定记录

测定时间	年　　月　　日					
测定人员						
天气情况	大气压力/Pa			气温/℃	风速(m/s)	空气湿度/%
测定项目			单位	测定数据	备　　注	
熟料	产量		kg/h			t/d
	温度	窑出口	℃			
		冷却机出口	℃			
入窑生料	喂料量		kg/h		折合比	
	水分		%			
	温度		℃			
	可燃物质的含量		kg/kg			
窑灰	增湿塔收回窑灰量		kg/h			
	收尘器收回窑灰量		kg/h			
	入窑回灰	灰量	kg/h			
		温度	℃			
		水分	%			
入窑燃料	喂料量	窑头	kg/h			
		分解炉	kg/h			
		合计	kg/h			
	温度	窑用	℃			
		炉用	℃			
	煤灰掺入率		%			
	种类					
	产地					

表 A.3　气体体积与含尘量测定结果

测定项目			风量		温度	压力	含尘浓度	飞灰量	飞灰水分	飞灰烧失量	备注
			工况/(m^3/h)	标况/(m^3/h)	℃	Pa	kg/m^3	kg/h	%	%	
一次空气	入窑	送煤风									
		净风									
	入分解炉	送煤风									
		净风									
生料带入空气											
入冷却机的冷空气	平衡风机										
	一室风机 A1										
	一室风机 A2										
	一室风机 B1										
	一室风机 B2										
	二室风机										
	三室风机										
	四室风机										
	五室风机										
	六室风机										
	总空气量										
预热器出口废气											
入窑二次空气											
冷却机排风											
煤磨抽冷却机热风											
入分解炉三次空气											

表 A.4　化学分析结果

项目	烧失量/%	SiO_2/%	Al_2O_3/%	Fe_2O_3/%	CaO/%	MgO/%	K_2O/%	Na_2O/%	SO_3/%	Cl^-/%	总和/%	f-CaO/%	KH	SM	IM
熟料															
生料															
煤灰															
飞灰															

表 A.5　固体燃料和液体燃料分析结果

燃料种类	水分/%	元素分析					工业分析					低位热值 $Q_{net,ad}$/(kJ/kg)	低位热值 $Q_{net,ar}$/(kJ/kg)
		C_{ar}/%	H_{ar}/%	S_{ar}/%	N_{ar}/%	O_{ar}/%	M_{ad}/%	V_{ad}/%	A_{ad}/%	FC_{ad}/%	焦渣特性 #		
固体燃料													
可燃物质													
液体燃料													

表 A.6　气体燃料分析结果

气体燃料	W/%	H_2/%	CO/%	CO_2/%	N_2/%	O_2/%	C_mH_n/%	SO_2/%	H_2S/%	低位热值 $Q_{net,ar}$/(kJ/kg)

表 A.7　气体成分与含湿量测定结果

测　点	气体成分/%				过剩空气系数 α	含湿量/%
	CO_2	O_2	CO	N_2		
窑尾烟室						
分解炉出口						
预热器出口						
C5 出口						
烟囱						
一次空气						

表 A.8　表面散热测定结果

测定项目	每小时散热量/(kJ/h)	每千克熟料散热量/(kJ/kg)
回转窑		
预热器		
分解炉		
三次风管		
冷却机		
合计		

表 A.9　冷却水测定结果

测定项目	冷却水量/(kg/h)	进水温度/℃	出水温度/℃	汽化耗水量/(kg/h)	耗热量/(kJ/h)
回转窑					
冷却机					
合计					

附 录 B
（资料性附录）
各类数据表

B.1 各类数据

各种气体的常数见表B.1，各种气体的平均比热见表B.2，水在不同温度下的汽化热见表B.3，燃料的平均比热见表B.4，物料成分的平均比热见表B.5，熟料矿物成分的平均比热见表B.6，熟料与窑灰的平均比热见表B.7。

表B.1 各种气体的常数

名称	分子式	分子量	密度/(kg/m³)		气体热值			
					kJ/m³		kJ/kg	
			计算值	实测值	Q_{gr}	Q_{net}	Q_{gr}	Q_{net}
空气		29	1.292 2	1.292 8				
氧	O_2	32	1.427 6	1.428 95				
氢	H_2	2	0.089 94	0.089 94	12 755.1	10 789.6	141 719.6	119 897.9
氮	N_2	28	1.249 9	1.250 5				
一氧化碳	CO	28	1.249 5	1.250 0	12 629.6	12 629.6	10 099.5	10 099.5
二氧化碳	CO_2	44	1.963 4	1.976 8				
二氧化硫	SO_2	64	2.858 1	2.926 5				
三氧化硫	SO_3	80	—	(3.575)				
硫化氢	H_2S	34	—	1.539 2	25 108.7	23 143.2	16 075.6	15 205.8
一氧化氮	NO	30	1.338 8	1.340 2				
氧化二氮	N_2O	44	1.963 7	1.987 8				
水蒸气	H_2O	18	—	0.804				
甲烷	CH_4	16	0.715 2	0.716 3	39 729.0	35 802.1	55 474.2	49 991.6
乙烷	C_2H_6	30	1.340 6	1.356 0	69 605.2	63 712.8	51 852.6	47 465.7
丙烷	C_3H_8	44	—	2.003 7	99 063.2	91 205.2	50 326.2	46 332.4
丁烷	C_4H_{10}	58	—	2.703	128 441.8	118 250.2	49 385.2	45 600.5
戊烷	C_5H_{12}	72	—	3.457	157 786.9	146 006.2	48 992.1	45 332.9
乙炔	C_2H_2	26	1.160 7	1.170 9	57 991.8	56 026.3	49 891.3	48 201.7
乙烯	C_2H_4	28	1.250 6	1.260 4	62 960.0	59 033.1	50 276.0	47 139.5
丙稀	C_3H_6	42	—	1.915	91 853.4	85 961.0	48 895.9	45 759.4
丁烯	C_4H_8	56	—	2.50	121 307.3	113 453.5	48 431.7	45 295.2
戊烯	C_5H_{10}	70			150 635.6	140 816.3	48 113.9	44 977.4
苯	C_6H_6	78		3.3	147 311.0	141 426.9	42 246.6	40 557.0
碳	C	12	2.26(固)				33 874.2	33 874
硫	S	32	1.96(单斜) 2.07(斜方)				10 455.0	10 455.0

表 B.2　各种气体的平均比热　　单位为千焦每立方米摄氏度

温度/℃	CO_2	H_2O	空气	CO	空气中 N_2	O_2	H_2	SO_2	H_2S	CH_4	C_2H_2	C_2H_4	C_2H_6	C_3H_8
0	1.606	1.489	1.296	1.296	1.296	1.305	1.280	1.736	1.464	1.539	1.869	1.869	2.196	3.065
100	1.736	1.497	1.301	1.301	1.301	1.313	1.292	1.819	1.510	1.614	2.045	2.104	2.501	3.530
200	1.802	1.514	1.309	1.305	1.305	1.334	1.296	1.894	1.552	1.752	2.183	2.325	2.794	3.973
300	1.878	1.535	1.317	1.317	1.313	1.355	1.301	1.961	1.598	1.886	2.288	2.530	3.074	4.395
400	1.940	1.556	1.330	1.330	1.322	1.376	1.301	2.024	1.644	2.007	2.367	2.718	3.333	4.793
500	2.007	1.581	1.342	1.342	1.334	1.397	1.305	2.074	1.681	2.129	2.438	2.890	3.576	5.144
600	2.058	1.606	1.355	1.355	1.347	1.414	1.309	2.116	1.719	2.246	2.505	3.049	3.801	5.449
700	2.104	1.631	1.372	1.372	1.355	1.434	1.313	2.154	1.756	2.354	2.572	3.187	4.011	5.763
800	2.145	1.660	1.384	1.388	1.368	1.451	1.317	2.187	1.794	2.459	2.626	3.341	4.203	6.047
900	2.183	1.685	1.397	1.401	1.384	1.464	1.322	2.216	1.828	2.551	2.681	3.446	4.374	6.298
1 000	2.216	1.715	1.409	1.414	1.397	1.476	1.330	2.242	1.861	2.643	2.731	3.559	4.537	6.516
1 100	2.233	1.748	1.422	1.426	1.405	1.489	1.334	2.258						
1 200	2.258	1.777	1.434	1.439	1.418	1.501	1.338	2.279						
1 300	2.292	1.802	1.443	1.451	1.430	1.510	1.347							
1 400	2.313	1.823	1.455	1.460	1.439	1.518	1.355							
1 500	2.334	1.848	1.464	1.468	1.447	1.531	1.363							

表 B.3　水在不同温度下的汽化热　　单位为千焦每千克

温度/℃	汽化热	温度/℃	汽化热	温度/℃	汽化热	温度/℃	汽化热
0	2 497.5	40	2 403.4	80	2 305.5	120	2 198.5
5	2 485.8	45	2 391.3	85	2 292.6	125	2 184.7
10	2 474.1	50	2 380.0	90	2 279.6	130	2 170.0
15	2 462.4	55	2 367.4	95	2 266.6	135	2 155.0
20	2 450.7	60	2 355.7	100	2 253.7	140	2 140.8
25	2 438.9	65	2 343.2	105	2 239.9	145	2 125.3
30	2 427.2	70	2 331.0	110	2 226.5	150	2 110.2
35	2 415.1	75	2 318.5	115	2 212.7	200	1 957.2

表 B.4 燃料的平均比热

单位为千焦每千克摄氏度

温度/℃	煤的比热 煤的挥发分/%						燃油的比热 油的容重/(kg/L)		
	10	15	20	25	30	35	0.8	0.9	1.0
0	0.953	0.987	1.025	1.058	1.096	1.129	1.882	1.756	1.673
10	0.966	0.999	1.037	1.075	1.112	1.146	1.899	1.773	1.690
20	0.979	1.016	1.054	1.092	1.125	1.163	1.915	1.790	1.706
30	0.991	1.033	1.071	1.108	1.142	1.179	1.932	1.807	1.723
40	1.008	1.046	1.083	1.121	1.158	1.196	1.949	1.823	1.740
50	1.025	1.062	1.100	1.138	1.175	1.213	1.966	1.840	1.756
60	1.037	1.079	1.112	1.154	1.192	1.230	1.982	1.857	1.773
70	1.050	1.087	1.129	1.167	1.209	1.246	1.999	1.874	1.790
80	1.066	1.104	1.146	1.184	1.225	1.267	2.016	1.890	1.807
90	1.079	1.121	1.158	1.200	1.242	1.284	2.032	1.907	1.823
100	1.092	1.133	1.175	1.217	1.259	1.301	2.049	1.924	1.840
110	1.108	1.150	1.192	1.234	1.276	1.317	2.066	1.940	1.857
120	1.121	1.163	1.209	1.250	1.288	1.334	2.083	1.957	1.874
130	1.138	1.179	1.225	1.267	1.305	1.351	2.099	1.974	1.890
140	1.154	1.196	1.242	1.284	1.322	1.368	2.116	1.991	1.907
150	1.167	1.209	1.255	1.296	1.338	1.384	2.133	2.007	1.924
160	1.184	1.225	1.271	1.313	1.355	1.401			
170	1.196	1.242	1.284	1.330	1.372	1.418			

表 B.5 物料成分的平均比热

单位为千焦每千克摄氏度

温度/℃	SiO_2	CaO	$CaCO_3$	MgO	$MgCO_3$	高岭土	脱高岭	矿渣
100	0.799	0.786	0.874	0.979	1.075	0.991	0.841	
200	0.824	0.820	0.928	1.004	1.154	1.066	0.899	
300	0.920	0.841	0.979	1.029	1.217	1.121	0.941	0.903
400	0.970	0.853	1.020	1.054	1.267	1.158	0.979	0.933
500	1.025	0.861	1.050	1.079	1.313	1.184	1.008	0.945
600	1.066	0.870	1.079	1.100	1.347		1.029	0.962
700	1.083	0.878	1.096	1.121	1.368		1.046	0.991

表 B.5（续）

单位为千焦每千克摄氏度

温度/℃	SiO_2	CaO	$CaCO_3$	MgO	$MgCO_3$	高岭土	脱高岭	矿渣
800	1.092	0.887	1.104	1.142	1.380		1.062	1.008
900	1.100	0.891	1.112	1.158			1.079	1.016
1 000	1.108	0.895		1.171			1.092	1.029
1 100	1.112	0.899					1.108	1.046
1 200	1.117	0.903					1.117	1.075
1 300	1.129	0.907					1.121	1.158
1 400	1.133	0.912					1.129	
1 500	1.138	0.916						

表 B.6 熟料矿物成分的平均比热

单位为千焦每千克摄氏度

温度/℃	C_3S	β-C_2S	γ-C_2S	C_3A
100			0.790	
200				
300	0.866		0.866	0.887
400	0.891		0.891	
450	0.903		0.903	
500	0.912	0.933	0.916	0.924
600	0.933	0.949	0.933	
675	0.945	0.966	0.949	
700	0.949	0.974		0.945
800	0.966	0.995		
900	0.979	1.012		0.958
1 000	0.995	1.025		
1 100	1.008	1.041		0.970
1 200	1.012	1.054		
1 300	1.020	1.062		0.983
1 400	1.029			
1 500	1.037			

表 B.7 熟料与窑灰的平均比热

单位为千焦每千克摄氏度

温度/℃	比热		温度/℃	比热	
	熟料	窑灰		熟料	窑灰
0	0.736		900	0.979	1.046
20	0.736		1 000	0.991	1.046
100	0.782	0.836	1 100	1.008	
200	0.824	0.878	1 200	1.033	
300	0.861	0.878	1 300	1.058	
400	0.895	0.920	1 400	1.092	
500	0.916	0.962	1 500	1.121	
600	0.937	0.962			
700	0.953	1.004			
800	0.970	1.004			

注 1：1 200 ℃以上的比热，已包含熔融热。

注 2：窑灰的比热，按一般成分概算。

附　录　C
（规范性附录）
熟料形成热的理论计算方法

熟料形成热是用基准温度（0 ℃）的干物料，在没有任何物料和热量损失的条件下，制成 1 kg 仍为基准温度的熟料所需的热量。

若采用普通原料（石灰石、黏土和铁粉）配料，以煤粉为燃料，可用如下方法计算。

C.1　生成 1 kg 熟料，干原料消耗量的计算

C.1.1　生成 1 kg 熟料，煤灰的掺入量

生成 1 kg 熟料，煤灰的掺入量计算公式见式（C.1）：

$$m_A = m_r \times A_{ar} \times \alpha \times \frac{1}{10\ 000} \qquad \cdots\cdots\cdots\cdots(C.1)$$

式中：

m_A——生产每千克熟料煤灰的掺入量，单位为千克每千克（kg/kg）；

m_r——每千克熟料燃料消耗量，单位为千克每千克（kg/kg）；

A_{ar}——煤粉收到基灰分，以百分数表示（%）；

α——煤灰掺入率，以百分数表示（%）。

C.1.2　生成 1 kg 熟料，生料中碳酸钙消耗量

生成 1 kg 熟料，生料中碳酸钙消耗量计算公式见式（C.2）：

$$m_{CaCO_3} = \frac{CaO^{sh} - CaO^{A} \times m_A}{100} \times \frac{100}{56} \qquad \cdots\cdots\cdots\cdots(C.2)$$

式中：

m_{CaCO_3}——生产每千克熟料生料中碳酸钙消耗量，单位为千克每千克（kg/kg）；

CaO^{sh}——熟料中 CaO 含量，以百分数表示（%）；

CaO^{A}——煤灰中 CaO 含量，以百分数表示（%）。

C.1.3　生成 1 kg 熟料，生料中碳酸镁消耗量

生成 1 kg 熟料，生料中碳酸镁消耗量计算公式见式（C.3）：

$$m_{MgCO_3} = \frac{MgO^{sh} - MgO^{A} \times m_A}{100} \times \frac{84.3}{40.3} \qquad \cdots\cdots\cdots\cdots(C.3)$$

式中：

m_{MgCO_3}——生产每千克熟料生料中碳酸镁消耗量，单位为千克每千克（kg/kg）；

MgO^{sh}——熟料中 MgO 含量，以百分数表示（%）；

MgO^{A}——煤灰中 MgO 含量，以百分数表示（%）。

C.1.4　生成 1 kg 熟料，生料中高岭土消耗量

生成 1 kg 熟料，生料中高岭土消耗量计算公式见式（C.4）

$$m_{AS_2H_2}=\frac{Al_2O_3{}^{sh}-Al_2O_3{}^{A}\times m_A}{100}\times\frac{258}{102}\qquad\cdots\cdots(C.4)$$

式中：

$m_{AS_2H_2}$ ——生产每千克熟料生料中碳酸镁消耗量，单位为千克每千克(kg/kg)；

$Al_2O_3{}^{sh}$ ——熟料中 Al_2O_3 含量，以百分数表示(%)；

$Al_2O_3{}^{A}$ ——煤灰中 Al_2O_3 含量，以百分数表示(%)。

C.1.5 生成 1 kg 熟料，生料中的 CO_2 消耗量

生成 1 kg 熟料，生料中的 CO_2 消耗量计算公式见式(C.5)：

$$m_{CO_2}=\frac{CaO^{sh}-CaO^{A}\times m_A}{100}\times\frac{44}{56}+\frac{MgO^{sh}-MgO^{A}\times m_A}{100}\times\frac{44}{40.3}\qquad\cdots\cdots(C.5)$$

式中：

m_{CO_2}——生产每千克熟料生料中 CO_2 消耗量，单位为千焦每千克(kJ/kg)。

C.1.6 生成 1 kg 熟料，生料中的化合水消耗量

生成 1 kg 熟料，生料中的化合水消耗量计算公式见式(C.6)

$$m_{H_2O}=\frac{Al_2O_3{}^{sh}-Al_2O_3{}^{A}\times m_A}{100}\times\frac{36}{102}\qquad\cdots\cdots(C.6)$$

式中：

m_{H_2O}——生产每千克熟料生料中的化合水消耗量，单位为千焦每千克(kJ/kg)。

C.1.7 生成 1 kg 熟料，干原料的消耗量

生成 1 kg 熟料，干原料的消耗量计算公式见式(C.7)：

$$m_{gy}=1+m_{CO_2}+m_{H_2O}\qquad\cdots\cdots(C.7)$$

式中：

m_{gy}——生产每千克熟料，干原料的消耗量，单位为千焦每千克(kJ/kg)。

注 1：使用部分矿渣配料时，应扣除来自矿渣中各成分的含量计算。

注 2：使用液体或气体燃料时，公式中的 m^A 为零。

C.2 吸收热量的计算

C.2.1 干物料从 0 ℃加热到 450 ℃吸收热量

干物料从 0 ℃加热到 450 ℃吸收热量计算公式见式(C.8)：

$$q_1=m_{gy}\times1.058\times(450-0)\qquad\cdots\cdots(C.8)$$

式中：

q_1 ——干物料从 0 ℃加热到 450 ℃吸收热量，单位为千焦每千克(kJ/kg)；

1.058——干物料在 0 ℃～450 ℃时的平均比热，单位为千焦每千克摄氏度[kJ/(kg·℃)]。

C.2.2 高岭土吸收热量计算

高岭土吸收热量计算公式见式(C.9)：

$$q_2=m_{H_2O}\times6\,690\qquad\cdots\cdots(C.9)$$

式中：

q_2 ——高岭土吸收热量，单位为千焦每千克(kJ/kg)；

6 690 ——高岭土脱水热,单位为千焦每千克(kJ/kg)。

注:一般生产水泥用的黏土主要成分是高岭土,因此,黏土脱水实际是高岭土脱水。

C.2.3 脱水后物料由 450 ℃加热到 900 ℃吸收热量

脱水后物料由 450 ℃加热到 900 ℃吸收热量计算公式见式(C.10):

$$q_3=(m_{gy}-m_{H_2O})\times 1.184\times(900-450) \qquad \cdots\cdots(C.10)$$

式中:

q_3 ——脱水后物料由 450 ℃加热到 900 ℃吸收热量,单位为千焦每千克(kJ/kg);

1.184——脱水后的物料在 450 ℃～900 ℃时的平均比热,单位为千焦每千克摄氏度[kJ/(kg·℃)]。

C.2.4 碳酸盐分解吸收热量

碳酸盐分解吸收热量计算公式见式(C.11):

$$q_4=m_{CaCO_3}\times 1\,660+m_{MgCO_3}\times 1\,420 \qquad \cdots\cdots(C.11)$$

式中:

q_4 ——碳酸盐分解吸收热量,单位为千焦每千克(kJ/kg);

1 660 ——900 ℃时碳酸钙分解吸收热量,单位为千焦每千克(kJ/kg);

1 420 ——600 ℃时碳酸镁分解吸收热量,单位为千焦每千克(kJ/kg)。

C.2.5 物料由 900 ℃加热到 1 400 ℃吸收热量

物料由 900 ℃加热到 1 400 ℃吸收热量计算公式见式(C.12):

$$q_5=(m_{gy}-m_{H_2O}-m_{CO_2})\times 1.033\times(1\,400-900) \qquad \cdots\cdots(C.12)$$

式中:

q_5 ——物料由 900 ℃加热到 1 400 ℃吸收热量,单位为千焦每千克(kJ/kg);

1.033——碳酸盐分解后的物料在 900 ℃～1 400 ℃时的平均比热,单位为千焦每千克摄氏度[kJ/(kg·℃)]。

C.2.6 在 1 400 ℃时,液相形成吸收热量

在 1 400℃时,液相形成吸收热量见下式:

$$q_6\approx 109\ \text{kJ/kg}$$

式中:

q_6——在 1 400 ℃时,液相形成吸收热量,单位为千焦每千克(kJ/kg)。

C.3 放出热量的计算

C.3.1 在 1 000 ℃～1 400 ℃范围内,由熟料矿物形成放出热量

在 1 000 ℃～1 400 ℃范围内,由熟料矿物形成放出热量计算公式见式(C.13):

$$q_7=\frac{1}{100}(C_3S\times 465+C_2S\times 610+C_3A\times 88+C_4AF\times 105) \qquad \cdots\cdots(C.13)$$

式中:

q_7 ——在 1 000 ℃～1 400 ℃范围内,由熟料矿物形成放出热量,单位为千焦每千克(kJ/kg);

465 ——C_3S 形成热,单位为千焦每千克(kJ/kg);

610 ——C_2S 形成热,单位为千焦每千克(kJ/kg);

88 ——C_3A 形成热，单位为千焦每千克(kJ/kg)；

105 ——C_4AF 形成热，单位为千焦每千克(kJ/kg)。

熟料矿物形成放热与熟料中各矿物的含量有关，根据熟料的化学成分按式(C.14)、式(C.15)、式(C.16)、式(C.17)计算各矿物的含量：

$$C_3S = 4.07CaO^{sh} - 7.60SiO_2^{sh} - 6.72Al_2O_3^{sh} - 1.43Fe_2O_3^{sh} \quad \cdots\cdots\cdots\cdots(C.14)$$

$$C_2S = 8.60SiO_2^{sh} - 3.07CaO^{sh} + 5.10Al_2O_3^{sh} + 1.07Fe_2O_3^{sh} \quad \cdots\cdots\cdots\cdots(C.15)$$

$$C_3A = 2.65Al_2O_3^{sh} - 1.69Fe_2O_3^{sh} \quad \cdots\cdots\cdots\cdots(C.16)$$

$$C_4AF = 3.04Fe_2O_3^{sh} \quad \cdots\cdots\cdots\cdots(C.17)$$

式中：

C_3S、C_2S、C_3A、C_4AF——分别为熟料中各矿物的含量，以百分数表示(%)。

C.3.2 黏土中无定形物质结晶放出热量

黏土中无定形物质结晶放出热量计算公式见式(C.18)：

$$q_8 = m_{AS_2H_2} \times 0.86 \times 301 \quad \cdots\cdots\cdots\cdots(C.18)$$

式中：

q_8 ——黏土中无定形物质结晶放出热量，单位为千焦每千克(kJ/kg)；

0.86 ——偏高岭土($Al_2O_3 \cdot 2SiO_2$)与高岭土($Al_2O_3 \cdot 2SiO_2 \cdot 2H_2O$)分子量之比；

301 ——脱水高岭土结晶热，单位为千焦每千克(kJ/kg)。

C.3.3 熟料由 1 400 ℃冷却到 0 ℃时放出热量

熟料由 1 400 ℃冷却到 0 ℃时放出热量计算公式见式(C.19)：

$$q_9 = 1 \times 1.092 \times (1\,400 - 0) \quad \cdots\cdots\cdots\cdots(C.19)$$

式中：

q_9 ——熟料由 1 400 ℃冷却到 0 ℃时放出热量 q_9，单位为千焦每千克(kJ/kg)；

1.092 ——熟料在 0 ℃～1 400 ℃时的平均比热，单位为千焦每千克摄氏度[kJ/(kg·℃)]。

C.3.4 碳酸盐分解出的 CO_2 由 900 ℃冷却到 0 ℃时放出热量

碳酸盐分解出的 CO_2 由 900 ℃冷却到 0 ℃时放出热量计算公式见式(C.20)：

$$q_{10} = m_{CO_2} \times 1.104 \times (900 - 0) \quad \cdots\cdots\cdots\cdots(C.20)$$

式中：

q_{10} ——碳酸盐分解出的 CO_2 由 900 ℃冷却到 0 ℃时放出热量，单位为千焦每千克(kJ/kg)；

1.104 ——CO_2 在 0 ℃～900 ℃时的平均比热，单位为千焦每千克摄氏度[kJ/(kg·℃)]。

C.3.5 生料中化合水由 450 ℃冷却到 0 ℃时放出热量

生料中化合水由 450 ℃冷却到 0 ℃时，放出热量计算公式见式(C.21)：

$$q_{11} = m_{H_2O} \times [1.966 \times (450 - 0) + 2\,496] \quad \cdots\cdots\cdots\cdots(C.21)$$

式中：

q_{11} ——生料中化合水，由 450 ℃冷却到 0 ℃时，放出热量，单位为千焦每千克(kJ/kg)；

1.966 ——水蒸汽在 0 ℃～450 ℃时的平均比热，单位为千焦每千克摄氏度[kJ/(kg·℃)]；

2 496 ——0 ℃时水的汽化潜热，单位为千焦每千克摄氏度[kJ/(kg·℃)]。

C.4 熟料形成热

熟料形成热计算公式见式(C.22)：

$$Q_{sh}=(q_1+q_2+q_3+q_4+q_5+q_6)-(q_7+q_8+q_9+q_{10}+q_{11}) \quad \cdots\cdots\cdots\cdots(C.22)$$

式中：

Q_{sh}——熟料形成热，单位为千焦每千克(kJ/kg)。

ICS 91.100.10
Q 92

中华人民共和国国家标准

GB/T 26282—2010

水泥回转窑热平衡测定方法

Measuring methods of heat balance of cement rotary kiln

2011-01-14 发布　　　　2011-11-01 实施

中华人民共和国国家质量监督检验检疫总局
中国国家标准化管理委员会　发布

前言

本标准按照 GB/T 1.1—2009 给出的规则起草。

本标准由中国建筑材料联合会提出。

本标准由全国水泥标准化技术委员会(SAC/TC 184)归口。

本标准起草单位:天津水泥工业设计研究院有限公司。

本标准主要起草人:刘继开、陶从喜、肖秋菊、倪祥平、王仲春、彭学平。

水泥回转窑热平衡测定方法

1 范围

本标准规定了生产硅酸盐水泥熟料的各类型水泥回转窑热平衡参数测定前的准备及要求、物料量的测定、物料成分及燃料发热量的测定、物料温度的测定、气体温度的测定、气体压力的测定、气体成分的测定、气体含湿量的测定、气体流量的测定、气体含尘浓度的测定、表面散热量的测定、用水量的测定等参数的测定方法。

本标准适用于生产硅酸盐水泥熟料的各类型水泥回转窑热平衡参数的测定。

2 规范性引用文件

下列文件对于本文件的应用是必不可少的。凡是注日期的引用文件，仅所注日期的版本适用于本文件。凡是不注日期的引用文件，其最新版本(包括所有的修改单)适用于本文件。

GB/T 176 水泥化学分析方法

GB/T 211 煤中全水分的测定方法

GB/T 212 煤的工业分析方法

GB/T 213 煤的发热量测定方法

GB/T 214 煤中全硫的测定方法

GB/T 260 石油产品水分测定法

GB/T 268 石油产品残碳测定法

GB/T 384 石油产品热值测定法

GB/T 388 石油产品硫含量测定法

GB/T 476 煤中碳和氢的测定方法

GB/T 508 石油产品灰分测定法

GB/T 1598 铂铑 13-铂热电偶丝

GB/T 2614 镍铬-镍硅热电偶丝

GB/T 2902 铂铑 30-铂铑 6 热电偶丝

GB/T 2903 铜-铜镍(康铜)热电偶丝

GB/T 3772 铂铑 10-铂热电偶丝

GB/T 16157—1996 固定污染源排气中颗粒物测定与气态污染物采样方法

GB/T 16839.2—1997 热电偶 第 2 部分:允差

GB/T 17674 原油及其产品中氮含量的测定 化学发光法

GB/T 26281—2010 水泥回转窑热平衡、热效率、综合能耗计算方法

3 测定前的准备及要求

3.1 根据工厂具体情况，制订测定方案。

3.2 所用各类仪器仪表及计量设备，均应定期检定或校准。

3.3 根据测定要求，开好测孔，测孔大小应保证测试仪器配置的采样设备能伸入测孔内。同时应搭建

必要的测试平台，准备好必要的工具和劳动保护用品。

3.4 准备好各测定项目的数据记录表格。

3.5 按要求逐项填写并及时整理测定记录，发现问题尽早重测或补测。

3.6 各项测定工作，应在窑系统处于连续、正常、稳定运行的时间不小于 72 h 的生产条件下进行。需要检测的项目，应同时进行尽可能，以保证测定结果的准确性。

4 物料量的测定

4.1 测定项目

熟料(包括出冷却机拉链机、冷却机收尘器及三次风管收下的熟料)、入窑系统生料、入窑和入分解炉燃料、入窑回灰、预热器和收尘器的飞灰、增湿塔和收尘器收灰的质量。

4.2 测点位置

与测定项目对应，分别在冷却机熟料出口、预热器(或窑)生料入口、窑和分解炉燃料入口、入窑回灰进料口，预热器和收尘器气流出口、增湿塔与收尘器的收灰出料口。

4.3 测定仪器

适合粉状、粒状物料的计量装置，精度等级一般不低于 2.5%。

4.4 测定方法

4.4.1 对熟料、生料、燃料、窑灰、增湿塔和收尘器收灰，均宜分别安装计量设备单独计量，未安装计量设备的可进行定时检测或连续称量，需至少抽测三次以上，按其平均值计算物料质量。熟料产量无法通过实物计量时，可根据生料喂料量折算。

4.4.2 出冷却机的熟料质量，应包括冷却机拉链机和收尘器及三次风管收下的熟料质量。

4.4.3 预热器和收尘器飞灰量

预热器和收尘器飞灰量根据各测点气体含尘浓度测定结果分别按公式(1)、公式(2)计算，精确至小数点后一位。

预热器飞灰量：

$$M_{fh} = V_f \times K_{fh} \qquad \cdots\cdots (1)$$

收尘器飞灰量：

$$M_{FH} = V_F \times K_{FH} \qquad \cdots\cdots (2)$$

式中：

M_{fh}、M_{FH}——分别为预热器与收尘器出口的飞灰量，单位为千克每小时(kg/h)；

V_f、V_F——分别为预热器与收尘器出口的废气体积[1)]，单位为标准立方米每小时(m^3/h)；

K_{fh}、K_{FH}——分别为预热器与收尘器出口废气的含尘浓度，单位为千克每标准立方米(kg/m^3)。

5 物料成分及燃料发热量的测定

5.1 测定项目

熟料、生料、窑灰、飞灰和燃料的成分及燃料发热量。

1) 本标准中不加说明时，气体体积均指温度为 0 ℃，压力为 101 325 Pa 时的体积，单位为立方米(m^3)，简称“标准立方米”。

5.2 测点位置

同4.2。

5.3 测定方法

5.3.1 熟料、生料、窑灰和飞灰成分

熟料、生料、窑灰和飞灰中的烧失量、SiO_2、Al_2O_3、Fe_2O_3、CaO、MgO、K_2O、Na_2O、SO_3、Cl^- 和 f-Cao,按GB/T 176规定的方法分析。

5.3.2 燃料

5.3.2.1 燃料成分应注明相应基准,各基准之间的换算系数,见附录A。

5.3.2.2 固体燃料:按GB/T 212规定的方法分析,其项目有:Mad,Vad,Aad,FCad。固体燃料中的C、H、O、N也可按GB/T 476规定的方法分析;S按GB/T 214规定的方法分析;全水分按GB/T 211规定的方法分析。

5.3.2.3 液体燃料:全水分按GB/T 260规定的方法分析;灰分按GB/T 508规定的方法分析;残碳含量按GB/T 268规定的方法分析;硫含量按GB/T 388规定的方法分析;氮含量按GB/T 17674规定的方法分析。

5.3.2.4 气体燃料:采用色谱仪进行成分分析,其项目有:CO、H_2、C_mH_n、H_2S、O_2、N_2、CO_2、SO_2、H_2O。

5.3.3 燃料发热量

5.3.3.1 固体燃料发热量按GB/T 213规定的方法测定。

5.3.3.2 液体燃料发热量按GB/T 384规定的方法测定。

5.3.3.3 无法直接测定燃料发热量时,可根据元素分析或工业分析结果计算发热量,见附录A。

6 物料温度的测定

6.1 测定项目

生料、燃料、窑灰、飞灰、收灰和出窑熟料和出冷却机熟料的温度。

6.2 测定位置

同4.2。

6.3 测定仪器

玻璃温度计、半导体点温计、光学高温计、红外测温仪和铠装热电偶与温度显示仪表组合的热电偶测温仪。玻璃温度计精度等级应不低于2.5%,最小分度值应不大于2℃;半导体点温计和热电偶测温仪显示误差值应不大于±3℃;光学高温计精度等级应不低于2.5%;红外测温仪的精度等级应不低于2%或±2℃。

使用时,应注意下列事项:

——用玻璃温度计、半导体点温计和铠装热电偶与温度显示仪表组合的热电偶测温仪测量时,应将其感温部分插入被测物料或介质中,深度不应小于50 mm。

——用光学高温计时,辐射体与高温计之间的距离,应不小于0.7 m并不大于3.0 m;光学高温计

的物镜，应不受其他光源的影响；避免中间介质（如测量孔的玻璃、粉尘、煤粒、烟粒等）对测量精度的影响。

铠装热电偶可用镍铬-镍硅铠装热电偶、铂铑30-铂铑6铠装热电偶、铂铑-铂铠装热电偶或铜-康铜铠装热电偶。热电偶应分别符合GB/T 2614、GB/T 2902、GB/T 1598、GB/T 3772和GB/T 2903规定的技术要求，热电偶的允差符合GB/T 16839.2—1997的规定。常用热电偶适用的温度测量范围参见附录B。

6.4 测定方法

6.4.1 生料、燃料、窑灰、收灰的温度，可用玻璃温度计测定。

6.4.2 飞灰的温度，视与各测点废气温度一致。

6.4.3 出窑熟料温度，可用光学高温计、红外测温仪、铂铑-铂铠装热电偶或铂铑30-铂铑6铠装热电偶测定。

6.4.4 出冷却机熟料温度，用水量热法测定。方法如下：用一只带盖密封保温容器，称取一定量（一般不应少于20 kg）的冷水，用玻璃温度计测定容器内冷水的温度，从冷却机出口取出一定量（一般不应少于10 kg）具有代表性的熟料，迅速倒入容器内并盖严。称量后计算出倒入容器内熟料的质量，并用玻璃温度计测出冷水和熟料混合后的热水温度，根据熟料和水的质量、温度和比热，计算出冷却机熟料的温度，见公式(3)。重复测量三次以上，以平均值作为测量结果，精确至0.1 ℃。

$$t_{sh}=\frac{M_{LS}(t_{RS}-t_{LS})\times C_w+M_{sh}\times C_{sh2}\times t_{RS}}{M_{sh}\times C_{sh}} \quad \cdots\cdots(3)$$

式中：

t_{sh} ——出冷却机熟料温度，单位为摄氏度(℃)；

M_{LS}——冷水质量，单位为千克(kg)；

t_{RS} ——热水温度，单位为摄氏度(℃)；

t_{LS} ——冷水温度，单位为摄氏度(℃)；

C_w ——水的比热，单位为千焦每千克摄氏度[kJ/(kg·℃)]；

C_{sh} ——熟料在t_{sh}时的比热，单位为千焦每千克摄氏度[kJ/(kg·℃)]；

C_{sh2}——熟料在t_{RS}时的比热，单位为千焦每千克摄氏度[kJ/(kg·℃)]；

M_{sh}——熟料质量，单位为千克(kg)。

7 气体温度的测定

7.1 测定项目

窑和分解炉的一次空气、二次空气、三次空气，冷却机的各风机鼓入的空气，生料带入的空气，窑尾、分解炉、增湿塔及各级预热器的进、出口烟气，排风机及收尘器进、出口废气的温度。

7.2 测点位置

各自进、出口风管和设备内部。环境空气温度应在不受热设备辐射影响处测定。

7.3 测定仪器

7.3.1 玻璃温度计，其精度要求见6.3。

7.3.2 铠装热电偶与温度显示仪表组合的热电偶测温仪，其精度要求见6.3。

7.3.3 抽气热电偶，其显示误差值应不大于±3 ℃。

7.4 测定方法

7.4.1 气体温度低于500 ℃时,可用玻璃温度计或铠装热电偶与温度显示仪表组合的热电偶测温仪测定。

7.4.2 对高温气体的测定用铠装热电偶与温度显示仪表组合的热电偶测温仪。测定中应根据测定的大致温度、烟道或炉壁的厚度以及插入的深度(设备条件允许时,一般应插入300 mm～500 mm),选用不同型号和长度的热电偶。

7.4.3 热电偶的感温元件应插入流动气流中间,不得插在死角区域,并要有足够的深度,尽量减少外露部分,以避免热损失。

7.4.4 抽气热电偶专门用于入窑二次空气温度的测定,使用前,需对抽气速度做空白试验。使用时需根据隔热罩的层数及抽气速度,对所测的温度进行校正,参见附录B。

8 气体压力的测定

8.1 测定项目

窑和分解炉的一次空气、二次空气、三次空气,冷却机的各风机鼓入的空气,生料带入的空气,窑尾、分解炉、增湿塔及各级预热器的进、出口烟气,排风机及收尘器进、出口废气的压力。

8.2 测点位置

与7.2相同。

8.3 测定仪器

U型管压力计、倾斜式微压计或数字压力计与测压管。U型管压力计的最小分度值应不大于10 Pa;倾斜式微压计精度等级应不低于2%,最小分度值应不大于2 Pa;数字压力计精度等级应不低于1%。

8.4 测定方法

测定时测压管与气流方向要保持垂直,并避开涡流和漏风的影响。

9 气体成分的测定

9.1 测定项目

窑尾烟气,预热器和分解炉进、出口气体,增湿塔及收尘器的进、出口废气以及入窑一次空气(当一次空气使用煤磨的放风时)的气体成分,主要项目有O_2、CO、CO_2。对于窑尾烟气,预热器和分解炉进、出口气体及窑尾收尘器出口废气,宜增加SO_2和NO_x。

9.2 测点位置

各相应管道。

9.3 测定仪器

9.3.1 取气管

一般选用耐热不锈钢管,测定新型干法生产线窑尾烟室时不锈钢管应耐温1 100 ℃以上。

9.3.2 吸气球

一般采用双联球吸气器。

9.3.3 贮气球胆

用篮、排球的内胆。

9.3.4 气体分析仪

测定 O_2、CO、CO_2 采用奥氏气体分析仪或其他等效仪器。对测试的结果有异议时，以奥氏气体分析仪的分析结果为准。

测定 NO_x 成分时，宜采用根据定电位电解法或非分散红外法原理进行测试的便携式气体分析仪。对测试的结果有异议时，以紫外分光光度法的分析结果为准。

测定 SO_2 成分时，宜采用根据电导率法、定电位电解法和非分散红外法原理进行测试的便携式气体分析仪。对测试的结果有异议时，以定电位电解法的分析结果为准。

10 气体含湿量的测定

10.1 测定项目

一次空气、预热器、增湿塔和收尘器出口废气的含湿量。

10.2 测点位置

各相应管道。

10.3 测定方法

根据管道内气体含湿量大小不同，可以采用干湿球法、冷凝法或重量法中的一种进行测定。具体测试方法按 GB/T 16157—1996 进行测定。

对测定结果有疑问或无法测定时，可根据物料平衡进行计算。

11 气体流量的测定

11.1 测定项目

窑和分解炉的一次空气、二次空气、三次空气，冷却机的各风机鼓入的空气，生料带入的空气，窑尾、分解炉、增湿塔及各级预热器的进、出口烟气，排风机及收尘器进、出口废气的流量。

11.2 测点位置

各相应管道，并符合下列要求：

a) 气体管道上的测孔，应尽量避免选在靠弯曲、变形和有闸门的地方，避开涡流和漏风的影响；

b) 测孔位置的选择原则：测孔上游直线管道长大于 $6D$，测孔下游直线管道长大于 $3D$（D 为管道直径）。

11.3 测定仪器

标准型皮托管或 S 型皮托管，倾斜式微压计、U 型管压力计或数字压力计，大气压力计；热球式电风速计、叶轮式或转杯风速计。标准型皮托管和S型皮托管应符合GB/T 16157—1996的规定;倾斜式微压计、U型管压力计和数字压力计的精度要求见8.3;大气压力计最小分度值应不大于0.1 kPa;热球式电风速计的精度等级应不低于5%;叶轮式风速计的精度等级应不低于3%;转杯式风速计的精度应不大于0.3 m/s。

11.4 测定方法

11.4.1 除入窑二次空气及系统漏入空气外,其他气体流量均通过仪器测定。

11.4.2 用标准型皮托管或S型皮托管与倾斜式微压计、U型管压力计或数字压力计组合测定气体管道横断面的气流平均速度,然后,根据测点处管道断面面积计算气体流量。

11.4.3 测量管道内气体平均流速时,应按不同管道断面形状和流动状态确定测点位置和测点数。

11.4.3.1 圆形管道

将管道分成适当数量的等面积同心环,各测点选在各环等面积中心线与呈垂直相交的两条直径线的交点上。直径小于0.3 m,流速分布比较均匀、对称并符合11.2要求的小圆形管道,可取管道中心作为测点。

不同直径的圆形管道的等面积环数、测量直径数及测点数见表1,一般一根管道上测点不超过20个。测点距管道内壁距离见表2。

表1 圆形管道分环及测点数的确定

管道直径/m	等面积环数	测点直径数	测点数
<0.3			1
0.3~0.6	1~2	1~2	2~8
0.6~1.0	2~3	1~2	4~12
1.0~2.0	3~4	1~2	6~16
2.0~4.0	4~5	1~2	8~20
>4.0	5	1~2	10~20

表2 测点与管道内壁距离(管道直径的分数)

测点号	环数				
	1	2	3	4	5
1	0.146	0.067	0.044	0.033	0.026
2	0.854	0.250	0.146	0.105	0.082
3		0.750	0.296	0.194	0.146
4		0.933	0.704	0.323	0.226
5			0.854	0.677	0.342
6			0.956	0.806	0.658
7				0.895	0.774
8				0.967	0.854
9					0.918
10					0.974

11.4.3.2 矩形管道

将管道断面分成适当数量面积相等的小矩形，各小矩形的中心为测点。小矩形的数量按表 3 规定选取。一般一根管道上测点数不超过 20 个。

表 3 矩形管道小矩形划分及测点数的确定

管道面积/m^2	等面积小矩形长边长度/m	测点总数
<0.1	<0.32	1
0.1～0.5	<0.35	1～4
0.5～1.0	<0.50	4～6
1.0～4.0	<0.67	6～9
4.0～9.0	<0.75	9～16
>9.0	≤1.0	≤20

管道断面面积小于 0.1 m^2，流速分布比较均匀、对称并符合 11.2 要求的小矩形管道，可取管道中心作为测点。

用标准型皮托管或 S 型皮托管测定气流速度时，应使标准型皮托管或 S 型皮托管的测量部分与管道中气体流向平行，最大允许偏差角不得大于 10°。管道内被测气流速度应在 5.0 m/s～50.0 m/s 之内。

11.5 计算方法

11.5.1 用管道气体平均速度计算气体流量，按公式(4)和公式(5)计算。

$$V = 3\ 600 \times F \times \omega_{PJ} = 3\ 600 \times F \times K_d \times \sqrt{\frac{2 \times \Delta p_{PJ}}{\rho_t}} \quad \cdots\cdots(4)$$

式中：

V ——工作状态下气体流量，单位为立方米每小时(m^3/h)；

F ——管道断面面积，单位为平方米(m^2)；

ω_{PJ} ——管道断面气流平均速度，单位为米每秒(m/s)；

K_d ——皮托管的系数；

Δp_{PJ} ——管道断面上动压平均值，单位为帕(Pa)；

ρ_t ——被测气体工作状态下的密度，单位为千克每立方米(kg/m^3)。

$$\sqrt{\Delta p_{PJ}} = \frac{\sqrt{\Delta p_1} + \sqrt{\Delta p_2} + \cdots\cdots + \sqrt{\Delta p_n}}{n} \quad \cdots\cdots(5)$$

式中：

Δp_1、Δp_2……Δp_n ——分别为管道断面上各测点的动压值，单位为帕(Pa)；

N ——测点数量。

11.5.2 入窑二次空气量，用计算方法求得，见 GB/T 26281—2010 中 6.1.2.2。

11.5.3 系统漏入空气量无法测定，可以通过气体成分平衡计算。

12 气体含尘浓度的测定

12.1 测定项目

预热器出口气体，增湿塔进、出口气体，收尘器进、出口气体，篦冷机烟囱和一次空气(当采用煤磨放风时)的含尘浓度。

12.2 测点位置

各自相应管道。

12.3 测定仪器

烟气测定仪、烟尘浓度测定仪。烟气测定仪、烟尘浓度测定仪的烟尘采样管应符合 GB/T 16157—1996 的规定。

12.4 测定方法

将烟尘采样管从采样孔插入管道中,使采样嘴置于测点上,正对气流,按颗粒物等速采样原理,即采样嘴的抽气速度与测点处气流速度相等,抽取一定量的含尘气体,根据采样管滤筒内收集到的颗粒物质量和抽取的气体量计算气体的含尘浓度。含尘浓度的测定应符合如下要求:

a) 测量仪器各部分之间的连接应密闭,防止漏气,正式测定前应做抽气空白试验,检查有无漏气。

b) 含尘浓度的测孔应选择在气流稳定的部位,尽量避免涡流影响(见 11.2),测孔尽可能开在垂直管道上。

c) 取样嘴应放在平均风速点的位置上,并要与气流方向相对。

d) 测定中要保持等速采样,即保证取样管与气流管道中的流速相等。

e) 回转窑废气是高温气体,露点温度高,取样管应采取保温措施(或采用管道内滤尘法),以防止水汽冷凝。

f) 在不稳定气流中测定含尘浓度时,测量系统中需串联一个容积式流量计,累计气体流量。

13 表面散热量的测定

13.1 测定项目

回转窑系统热平衡范围(见 GB/T 26281—2010)内的所有热设备,如回转窑、分解炉、预热器、冷却机和三次风管及其彼此之间连接的管道的表面散热量。

13.2 测点位置

各热设备表面。

13.3 测定仪器

热流计;红外测温仪;表面热电偶温度计;辐射温度计和半导体点温计以及玻璃温度计;热球式电风速仪、叶轮式或转杯式风速计。热流计精度等级应不低于 5%,红外测温仪、半导体点温计和玻璃温度计的精度要求见 6.3;表面热电偶温度计显示误差值应不大于±3 ℃;辐射温度计的精度等级应不低于 2.5%;热球式电风速仪、叶轮式和转杯式风速计的精度要求见 11.3。

13.4 测定方法

13.4.1 用玻璃温度计测定环境空气温度(见 7.2)。

13.4.2 用热球式电风速计、叶轮式或转杯式风速计测定环境风速并确定空气冲击角。

13.4.3 用热流计测出各热设备的表面散热量。

13.4.4 无热流计时,用红外测温仪、表面热电偶温度计和半导体点温计等测定热设备的表面温度,计算散热量。

将各种需要测定的热设备，按其本身的结构特点和表面温度的不同，划分成若干个区域，计算出每一区域表面积的大小；分别在每一区域里测出若干点的表面温度，同时测出周围环境温度、环境风速和空气冲击角；根据测定结果在相应表中查出散热系数，按公式(6)计算每一区域的表面散热量。

$$Q_{Bi}=\alpha_{Bi}(t_{Bi}-t_k)\times F_{Bi} \quad \cdots\cdots(6)$$

式中：

Q_{Bi}——各区域表面散热量，单位为千焦每小时(kJ/h)；

α_{Bi}——表面散热系数，单位为千焦每平方米小时摄氏度[kJ/(m²·h·℃)]，它与温差($t_{Bi}-t_k$)和环境风速及空气冲击角有关(见附录C)；

t_{Bi}——被测某区域的表面温度平均值，单位为摄氏度(℃)；

t_k——环境空气温度，单位为摄氏度(℃)；

F_{Bi}——各区域的表面积，单位为平方米(m^2)。

13.4.5 热设备的表面散热量等于各区域散表面热量之和，按公式(7)计算。

$$Q_B=\sum Q_{Bi} \quad \cdots\cdots(7)$$

式中：

Q_B——设备表面散热量，单位为千焦每小时(kJ/h)。

14 用水量的测定

14.1 测定项目

窑系统各水冷却部位如一次风管；窑头、尾密封圈；烧成带胴体；冷却机胴体；冷却机熟料出口；增湿塔和托轮轴承等处的用水量。

14.2 测点位置

各进水管和出水口。

14.3 测定仪器

水流量计(水表)或盛水容器和磅秤；玻璃温度计。水流量计(水表)的精度等级应不低于1%；磅秤的最小感量应不大于100 g；玻璃温度计的精度要求见6.3。

14.4 测定方法

用玻璃温度计分别测定进、出水的温度。采用水冷却的地方，应测出冷却水量，包括变成水蒸汽的汽化水量，和水温升高后排出的水量。对进水量的测定，应在进水管上安装水表计量，若无水表的测点，可与出水同样的方法测定，即在一定时间里用容器接水称量。需至少抽测三次以上，按其平均值计算进、出水量，二者之差即为蒸发汽化水量。

附　录　A
（规范性附录）
燃料的基准换算和发热量计算方法

A.1　燃料成分基准之间的换算

燃料成分应有明确的基准，对固体及液体燃料有收到基"ar"，空气干燥基"ad"，干燥基 "d"，干燥无灰基"daf"，将角标写在主题符号的右下角。各基准之间的换算关系见表 A.1。

表 A.1　各基准之间的换算系数

已知的燃料成分	换算的燃料成分 收到基(ar)	空气干燥基(ad)	干燥基(d)	干燥无灰基(daf)
收到基(ar)	1	$\frac{100-M_{ad}}{100-M_{ar}}$	$\frac{100}{100-M_{ar}}$	$\frac{100}{100-M_{ar}-A_{ar}}$
空气干燥基(ad)	$\frac{100-M_{ar}}{100-M_{ad}}$	1	$\frac{100}{100-M_{ad}}$	$\frac{100}{100-M_{ad}-A_{ad}}$
干燥基(d)	$\frac{100-M_{ar}}{100}$	$\frac{100-M_{ad}}{100}$	1	$\frac{100}{100-M_{d}}$
干燥无灰基(daf)	$\frac{100-M_{ar}-A_{ar}}{100}$	$\frac{100-M_{ad}-A_{ad}}{100}$	$\frac{100-A_{d}}{100}$	1

A.2　燃料发热量的计算

A.2.1　氧弹量热法测定和计算燃料发热量

按 GB/T 213 规定的方法进行。

A.2.2　烟煤、无烟煤和褐煤低位发热量

A.2.2.1　烟煤低位发热量按公式(A.1)计算。

$$Q_{net,ad}=35\ 860-73.7V_{ad}-395.7A_{ad}-702.0M_{ad}+173.6CRC \quad \cdots\cdots\cdots\cdots(A.1)$$

式中：

$Q_{net,ad}$——空气干燥基煤样低位发热量，单位为千焦每千克(kJ/kg)；

V_{ad}——空气干燥基煤样挥发分，以百分数表示(%)；

A_{ad}——空气干燥基煤样灰分，以百分数表示(%)；

M_{ad}——空气干燥基煤样水分，以百分数表示(%)；

CRC——焦渣特性。

A.2.2.2　无烟煤低位发热量按公式(A.2)计算。

$$Q_{net,ad}=34\ 814-24.7V_{ad}-382.2A_{ad}-563.0M_{ad} \quad \cdots\cdots\cdots\cdots(A.2)$$

A.2.2.3　褐煤低位发热量按公式(A.3)计算。

$$Q_{net,ad}=31\ 733-70.5V_{ad}-321.6A_{ad}-388.4M_{ad} \quad \cdots\cdots\cdots\cdots(A.3)$$

A.2.3 煤低位发热量的计算

A.2.3.1 需要采用全硫计算煤的低位发热量，见公式(A.4)。

$$Q_{net,ad} = 6\,984 + 275.0C_{ad} + 805.7H_{ad} + 60.7S_{t,ad} - 142.9O_{ad} - 74.4A_{ad} - 129.2M_{ad} \quad \cdots\cdots(A.4)$$

式中：

C_{ad}、H_{ad}、$S_{t,ad}$、O_{ad}——分别为空气干燥基煤样碳、氢、全硫、氧的质量分数，以百分数表示(%)。

A.2.3.2 不需要采用全硫计算煤的低位发热量，见公式(A.5)。

$$Q_{net,ad} = 12\,807.6 + 216.6C_{ad} + 734.2H_{ad} - 199.7O_{ad} - 132.8A_{ad} - 188.3M_{ad} \quad \cdots\cdots(A.5)$$

A.2.4 煤的收到基低位发热量

根据煤的空气干燥基低位发热量，按公式(A.6)计算煤的收到基低位发热量。

$$Q_{net,ar} = (Q_{net,ad} + 23M_{ad})\frac{100 - M_{ar}}{100 - M_{ad}} - 23M_{ar} \quad \cdots\cdots(A.6)$$

A.2.5 液体和气体燃料发热量

A.2.5.1 液体燃料发热量按公式(A.7)进行。

$$Q_{net,ar} = 339C_{ar} + 1\,030H_{ar} - 109(O_{ar} - S_{ar}) - 25M_{ar} \quad \cdots\cdots(A.7)$$

式中：

C_{ar}、H_{ar}、$S_{t,ar}$、O_{ar}——分别为液体燃料中碳、氢、全硫、氧的质量分数，以百分数表示(%)。

A.2.5.2 气体燃料发热量按公式(A.8)进行。

$$Q_{net,ar} = 126.3CO + 107.9H_2 + 358.0CH_4 + 590.5C_2H_4 + 231.3H_2S \quad \cdots\cdots(A.8)$$

式中：

CO、H_2、CH_4、C_2H_4、H_2S——分别为气体燃料中各成分的体积分数，以百分数表示(%)。

附 录 B
（资料性附录）
常用热电偶的允差等级及抽气热电偶温度校正

B.1 常用热电偶适用的温度测量范围见表B.1。

表 B.1 常用热电偶适用的温度测量范围

热电偶类型	分度号	测温范围/℃	推荐使用的最高测温范围/℃	
			长期	短期
铜-康铜	T	−200～350	350	400
镍铬-镍硅	K	−200～1 300	800	1 300
铂铑 30-铂铑 6	B	0～1 800	1 700	1 800
铂铑-铂	R和S	0～1 700	1 300	1 700

B.2 使用抽气热电偶应根据隔热罩的层数及抽气速度，对所测温度进行校正，校正值见表B.2。

表 B.2 抽气热电偶温度校正

测量温度/℃	档板层数	最低抽气速度/(m/s)	最低速度时校正值/℃
400	一层	40	+10～15
500	一层	60	+17～25
600	一层	80	+25～36
600	二层	40	+10～15
700	二层	60	+10～15
800	二层	70	+10～25
900	二层	80	+30～46
1 000	二层	100	+50～70

附 录 C
（规范性附录）
表面散热系数的修正方法

C.1 表面散热系数说明

计算回转窑、单筒冷却机等转动设备的表面散热时，查表 C.1 中的数值，并对空气冲击角的影响加以校正；计算预热器、分解炉等不转动设备的表面散热时，查表 C.2 中的数值。

表 C.1 不同温差与不同风速的散热系数 α 单位为千焦每平方米小时摄氏度

温差 Δt/℃	风速/(m/s)								
	0	0.24	0.48	0.69	0.90	1.20	1.50	1.75	2.0
40	45.16	50.60	56.03	61.47	66.92	75.69	84.47	93.25	102.03
50	47.67	53.11	58.54	63.98	69.42	78.61	87.40	96.18	104.54
60	50.18	56.03	61.47	66.91	71.92	81.42	89.90	98.69	107.47
70	52.69	58.54	64.40	69.83	74.85	84.05	92.83	101.61	110.39
80	54.78	61.05	66.91	72.34	77.36	86.56	95.34	104.12	112.90
90	57.29	63.56	69.42	74.85	79.87	89.07	97.85	106.63	115.83
100	59.80	66.07	72.34	77.78	82.80	92.00	100.78	109.56	118.34
110	62.31	68.58	74.85	80.29	85.31	94.50	103.29	112.07	120.85
120	64.82	71.09	77.36	82.80	88.23	97.43	106.21	114.99	123.30
130	67.32	74.01	80.29	85.72	90.74	99.94	109.14	117.50	124.19
140	70.25	76.52	82.80	88.23	93.25	102.45	111.23	120.01	124.61
150	72.34	79.03	85.72	91.16	96.18	105.38	114.58	120.85	125.45
160	74.85	81.54	88.23	93.67	99.10	108.30	115.83	121.27	125.87
170	76.94	84.05	91.16	96.60	101.61	110.81	116.25	121.69	126.28
180	79.45	86.56	93.67	99.10	104.54	111.23	116.67	122.10	126.70
190	82.00	89.07	96.18	101.61	106.63	112.07	117.09	122.52	127.12
200	84.47	92.00	99.10	104.12	107.05	112.90	117.92	122.94	127.54
210	86.98	94.50	101.61	104.54	107.89	113.32	118.34	123.36	127.90
220	89.49	97.01	102.03	105.38	108.72	114.16	118.76	123.78	128.30
230	92.00	97.85	102.49	105.79	109.14	114.58	119.18	124.19	128.79
240	94.50	98.69	102.87	106.21	109.56	114.99	119.59	124.61	129.63
250	96.88	99.53	103.31	106.62	109.98	115.41	120.01	125.03	130.08
260	99.34	100.37	103.73	107.04	110.40	115.82	120.42	125.44	130.64
270	101.80	101.21	104.16	107.45	110.82	116.24	120.84	125.86	131.21
280	104.26	102.05	104.58	107.87	111.24	116.65	121.25	126.27	131.78
290	106.73	102.89	105.01	108.28	111.66	117.07	121.67	126.69	132.35
300	109.19	103.73	105.43	108.70	112.08	117.48	122.08	127.11	132.92

表 C.2　不同温差与不同风速的散热系数 α　　单位为千焦每平方米小时摄氏度

温差/℃	风速/(m/s)				
	0	2.0	4.0	6.0	8.0
40	35.13	75.27	96.18	113.74	129.67
50	37.63	78.20	99.10	116.67	132.98
60	40.14	81.12	102.03	119.18	135.48
70	42.65	83.63	104.96	122.52	138.83
80	45.16	86.14	108.30	125.45	142.17
90	47.67	89.49	111.23	128.79	145.10
100	50.18	92.00	114.58	132.14	148.03
110	52.69	94.92	117.92	135.07	151.79
120	55.20	97.85	120.85	138.41	155.14
130	57.71	100.78	124.19	141.34	158.06
140	60.22	103.70	127.12	144.68	160.99
150	62.72	105.79	130.47	148.03	164.76
160	65.23	109.56	133.81		
170	67.74	112.49	136.74		
180	70.25	115.41	140.08		
190	72.76	117.92	143.01		
200	75.27	120.85	146.36		
210	77.78				
220	80.29				
230	82.80				
240	85.31				
250	87.81				

C.2　冲击角的校正方法

计算表面散热，当考虑空气冲击角对单窑散热系数的影响时，应采用冲击角的校正系数。冲击角校正系数与不同冲击角散热系数的关系见公式(C.1)。

$$\varepsilon_{\phi}=\frac{\alpha_{\phi}}{\alpha_{90}} \quad \cdots\cdots(C.1)$$

式中：

ε_{ϕ} ——冲击角的校正系数；

α_{ϕ} ——冲击角为 ϕ 时的散热系数，单位为千焦每平方米小时摄氏度[kJ/(m² · h · ℃)]；

α_{90} ——冲击角为 90°时的散热系数，单位为千焦每平方米小时摄氏度[kJ/(m² · h · ℃)]。

根据试验测定结果，冲击角(ϕ)与校正系数(ε_{ϕ})的关系见表 C.3。

表 C.3 冲击角与校正系数的关系

ϕ	10°	15°	20°	25°	30°	35°	40°	45°	50°	55°～90°
ε_{ϕ}	0.75	0.80	0.83	0.86	0.90	0.93	0.96	0.97	0.98	1.00

故考虑冲击角时，单窑散热系数按公式(C.2)进行。

$$\alpha_{\phi}=\alpha\times\varepsilon_{\phi} \qquad \cdots\cdots(\text{C.2})$$

式中：

α——单窑的散热系数，单位为千焦每平方米小时摄氏度[kJ/(m² · h · ℃)]。

C.3 多窑并列时散热系数计算

多筒冷却机与窑体散热之间的相互影响，可作为多窑并列的一个特例对待，而多窑并列时的散热系数是单窑的0.8倍。多筒冷却机的散热按公式(C.3)进行计算。

$$\alpha'=0.8\times\alpha \qquad \cdots\cdots(\text{C.3})$$

式中：

α'——冲击角为ϕ时的散热系数，单位为千焦每平方米小时摄氏度[kJ/(m² · h · ℃)]。

ICS 77.150
H 63

中华人民共和国国家标准

GB/T 26283—2010

锆及锆合金无缝管材

Zirconium and zirconium alloy seamless tubes

2011-01-14 发布　　2011-11-01 实施

中华人民共和国国家质量监督检验检疫总局
中国国家标准化管理委员会　发布

前言

本标准由中国有色金属工业协会提出。

本标准由全国有色金属标准化技术委员会归口。

本标准由宝钛集团有限公司、宝鸡钛业股份有限公司负责起草。

本标准由广东东方锆业科技股份有限公司参加起草。

本标准主要起草人：黄永光、李农、王永梅、佟学文、王韦琪、孙亚光。

锆及锆合金无缝管材

1 范围

本标准规定了锆及锆合金无缝管材的要求、试验方法、检验规则、标志、包装、运输、贮存及合同(或订货单)内容。

本标准适用于冷轧(冷拔)方法生产的锆及锆合金无缝管。

本标准中的Zr-0、Zr-2和Zr-4牌号的管材适用于核工业,Zr-1、Zr-3和Zr-5牌号的管材适用于一般工业,可用于热交换器,也可用于管道。

2 规范性引用文件

下列文件中的条款通过本标准的引用而成为本标准的条款。凡是注日期的引用文件,其随后所有的修改单(不包括勘误的内容)或修订版均不适用于本标准,然而,鼓励根据本标准达成协议的各方研究是否可使用这些文件的最新版本。凡是不注日期的引用文件,其最新版本适用于本标准。

GB/T 228—2002 金属材料 室温拉伸试验方法

GB/T 241 金属管 液压试验方法

GB/T 242 金属管 扩口试验方法

GB/T 4338 金属材料 高温拉伸试验方法

GB/T 6394—2002 金属平均晶粒度测定法

GB/T 8180 钛及钛合金加工产品的包装、标志、运输和贮存

GB/T 12969.1 钛及钛合金管材超声波探伤方法

GB/T 13747(所有部分) 锆及锆合金化学分析方法

GB/T 26314 锆及锆合金牌号和化学成分

3 要求

3.1 产品分类

3.1.1 产品的牌号、状态和规格

冷轧(冷拔)锆及锆合金无缝管材的牌号、状态和规格应符合表1的规定。

表1 管材的牌号、状态和规格

单位为毫米

牌号	外径	状态	壁厚											
			0.5	0.6	0.8	1.0	1.2	1.5	2.0	2.5	3.0	3.5	4.0	4.5
Zr-0 Zr-1 Zr-2 Zr-3 Zr-4 Zr-5	6～8	退火态 M	○	○	○	○	—	—	—	—	—	—	—	—
	>8～10		○	○	○	○	○	—	—	—	—	—	—	—
	>10～15		○	○	○	○	○	○	—	—	—	—	—	—
	>15～30		—	○	○	○	○	○	○	○	—	—	—	—
	>30～50		—	—	—	○	○	○	○	○	○	○	○	—
	>50～80		—	—	—	—	—	○	○	○	○	○	○	○
	>80～90		—	—	—	—	—	—	—	—	○	○	○	○

3.1.2 标记示例

产品标记按产品名称、用途、牌号、状态、规格、标准编号的顺序表示。标记示例如下:

示例 1：

按本标准生产的换热器用 Zr-1 冷轧无缝管，退火状态，外径为 30 mm，壁厚为 2 mm，长度为 3 000 mm，标记为：

管 T Zr-1 M $\phi30\times2\times3000$ GB/T 26283—2010。

示例 2：

按本标准生产的管道用 Zr-3 冷轧无缝管，退火状态，外径为 50 mm，壁厚为 2 mm，长度为 5 000 mm，标记为：

管 P Zr-3 M $\phi50\times2\times5000$ GB/T 26283—2010。

3.2 化学成分

产品的化学成分及需方复验时的成分允许偏差应符合 GB/T 26314 的规定。

3.3 尺寸和尺寸允许偏差

3.3.1 Zr-0、Zr-2 和 Zr-4 管材的外径和壁厚允许偏差应符合表 2 的规定。对于 Zr-1、Zr-3 和 Zr-5 管材，热交换器用管材的外径和壁厚允许偏差应符合表 3 的规定，一般工业管道用管材的外径和壁厚允许偏差应符合表 4 的规定。

表 2 核工业用管材的外径和壁厚允许偏差

外径/mm	外径允许偏差/mm	壁厚允许偏差/%
6～16	±0.05	±10
>16～25	±0.06	
>25～50	±0.10	
>50～75	±0.13	
>75～90	±0.18	

表 3 一般工业热交换器用管材的外径和壁厚允许偏差

外径/mm	外径允许偏差/mm	壁厚允许偏差/%
6～10	±0.06	±10
>10～25	±0.10	
>25～40	±0.12	
>40～50	±0.15	
>50～65	±0.18	
>65～90	±0.25	

表 4 一般工业管道用管材的外径和壁厚允许偏差

外径/mm	外径允许偏差/mm	壁厚允许偏差/%
6～10	±0.15	±12.5
>10～25	±0.30	
>25～40	±0.40	
>40～50	±0.50	
>50～65	±0.65	
>65～90	±0.75	

3.3.2 管材的长度应符合表 5 的规定。

表 5 管材长度

单位为毫米

规格	管材外径		
	外径≤15	15<外径≤60	外径>60
长度	500～4 000	500～9 000	500～7 000

3.3.3 管材的定尺或倍尺长度应在其不定尺长度范围内。定尺长度<6 000 mm时，允许偏差为$^{+6}_{0}$ mm，定尺长度≥6 000 mm时，允许偏差为$^{+10}_{0}$ mm。倍尺长度还应计入管材的切口量，每一切口量为5 mm。

3.3.4 管材两端应切平整，不应有毛刺，切斜应符合表6的规定。

表6 切斜

单位为毫米

外径	切斜，不大于
6～30	2
>30～60	3
>60～90	4

3.3.5 管材的弯曲度应符合表7的规定。

表7 弯曲度

外径/mm	弯曲度/(mm/m)，不大于
≤30	3
>30～90	4

3.3.6 管材的不圆度及壁厚不均不应超出外径和壁厚的允许偏差。

3.4 力学性能

3.4.1 管材的室温力学性能应符合表8的规定。

3.4.2 需方要求并在合同中注明时，Zr-2和Zr-4管材可进行高温力学性能检验。外径不大于16 mm管材的高温力学性能应符合表9的规定。

表8 室温力学性能

合金牌号	状态	室温力学性能，不小于		
		抗拉强度 R_m/MPa	规定非比例延伸强度 $R_{p0.2}$/MPa	断后伸长率 A_{50}/%
Zr-0	退火态 M	295	140	25
Zr-1		≤380	≤305	20
Zr-2		415	240	20
Zr-3		380	205	16
Zr-4		415	240	20
Zr-5		550	380	16
注：消除应力状态管材的室温力学性能指标报实测值或由供需双方协商确定。				

表9 高温力学性能

合金牌号	试验温度/℃	状态	高温力学性能，不小于		
			抗拉强度 R_m/MPa	规定非比例延伸强度 $R_{p0.3}$/MPa	断后伸长率 A_{50}/%
Zr-2	350	退火态 M	215	120	20
Zr-4	380		195	120	25
注：消除应力状态及外径大于16 mm的再结晶退火状态管材的高温力学性能指标报实测值或由供需双方协商确定。					

3.5 工艺性能

3.5.1 扩口试验

热交换器用 Zr-1、Zr-3 和 Zr-5 管材应进行扩口试验，扩口采用顶芯锥度 60°的工具，扩口后试样内径的扩大率为 15%时，试样端部不得出现裂纹。

3.5.2 液(气)压试验

3.5.2.1 管材应进行液压或气压试验。需方选定的试验方式应在合同(或订货单)注明。合同(或订货单)中未注明时，供方可任选一种试验。

3.5.2.2 液压试验时，试验压力按以下公式计算。需方对试验压力有特殊要求时应在合同(或订货单)中注明。

$$p = \frac{2St}{D}$$

式中：

p——试验压力，单位为兆帕(MPa)；

S——允许应力，取相应规定非比例延伸强度最小值的 50%，单位为兆帕(MPa)；

D——管材名义外径，单位为毫米(mm)；

t——管材名义壁厚，单位为毫米(mm)。

当管材的名义外径不大于 76 mm 时，液压试验的最大压力不大于 17.2 MPa；当管材的名义外径大于 76 mm 时，液压试验的最大压力不大于 19.3 MPa。试验时压力保持 5 s，管材应不发生畸变或泄漏。

3.5.2.3 气压试验时，管材内部气压试验的压力为 1.0 MPa，试验时压力保持 5 s，管材应不发生泄漏。

3.6 超声波检测

管材应进行超声波探伤检验。标准伤(U 形)尺寸及探伤结果的验收按 GB/T 12969.1 的相关要求。

3.7 腐蚀性能

3.7.1 Zr-2 和 Zr-4 管材应进行腐蚀性能试验。试样在 400 ℃±5 ℃、$10.3^{+0.7}_{-0.5}$ MPa 的水蒸气中进行 72 h 或 336 h 腐蚀。经腐蚀试验后，试样内、外表面应为黑色、致密、光泽均匀的氧化膜。试样 72 h 的增重量应不大于 22 mg/dm^2。当 72 h 试验结果不合格时，可继续进行累计时间(或重新取样进行)336 h 的腐蚀试验，其增重量应不大于 38 mg/dm^2。

3.7.2 需方要求并在合同(或订货单)中注明时，一般工业用锆管材的腐蚀性能试验由供需双方协商确定。

3.8 疖状腐蚀

需方要求并在合同(或订货单)中注明时，核用包壳管可进行疖状腐蚀性能试验。疖状腐蚀试样先在 400 ℃±5 ℃、$10.3^{+0.7}_{-0.5}$ MPa 的水蒸气中进行 72 h 预生氧化膜处理，试验结果满足 3.7 要求后，接着在 500 ℃±3 ℃、$10.3^{+0.7}_{-0.5}$ MPa 的高温水蒸气中进行腐蚀试验。试验时间和试验后检测用对比标样由供需双方协商确定。

3.9 氢化物取向

需方要求并在合同(或订货单)中注明时，Zr-0、Zr-2 和 Zr-4 管材可进行氢化物取向的检验。成品管材氢化物取向因子 F_n 由双方协商确定。

3.10 金相组织

再结晶退火的 Zr-0、Zr-2 和 Zr-4 管材的平均晶粒度应不粗于 GB/T 6394—2002 中的 7 级。

3.11 外观质量

3.11.1 管材内、外表面应洁净，无裂纹、折叠、起皮、针孔等目视可见的缺陷。

3.11.2 管材表面的局部缺陷允许清除，但清除后不得使外径和壁厚超出允许偏差。

3.11.3 管材表面允许有不超出外径和壁厚允许偏差的划伤、凹坑、凸点和矫直痕迹。允许管材酸洗后存在不同的颜色。

3.12 表面状况

Zr-0、Zr-2 和 Zr-4 管材外表面粗糙度 *Ra* 不大于 1.6 μm，内表面粗糙度 *Ra* 不大于 3.2 μm。

4 试验方法

4.1 化学成分分析方法

管材的化学成分分析按 GB/T 13747 进行。

4.2 尺寸及允许偏差测量方法

管材的尺寸检验用相应精度的量具进行。

4.3 力学性能试验方法

4.3.1 管材室温拉伸试验方法按 GB/T 228 进行。对于外径不大于 35 mm 的管材采用 GB/T 228—2002 中的 S8 试样；对于外径大于 35 mm 的管材采用 S4 试样。

4.3.2 管材高温拉伸试验方法按 GB/T 4338 进行。

4.4 工艺性能试验方法

4.4.1 管材扩口试验按 GB/T 242 进行。

4.4.2 管材液压试验按 GB/T 241 进行。

4.4.3 管材气压试验按供需双方认可的方法进行。

4.5 超声波探伤检验方法

管材的超声波探伤检验按 GB/T 12969.1 的规定进行。

4.6 腐蚀性能检验方法

管材的腐蚀性能按供需双方认可的方法进行。

4.7 疖状腐蚀检验方法

管材的疖状腐蚀性能按供需双方认可的方法进行。

4.8 氢化物取向检验方法

管材的氢化物取向按供需双方认可的方法进行。

4.9 金相组织检验方法

管材的平均晶粒度测定按 GB/T 6394 的规定进行。

4.10 外观质量检验方法

管材的外观质量检查用目视检验。

4.11 表面状况检验方法

管材的表面状况采用试块对比法进行。

5 检验规则

5.1 检查和验收

5.1.1 产品由供方质量检验部门检查，保证产品质量符合本标准及合同(或订货单)的规定，并填写质量证明书。

5.1.2 需方收到的产品，可按本标准的规定进行验收，如检验结果与本标准及合同(或订货单)的规定不符时，应在收到产品之日起三个月内向供方提出，由供需双方协商解决。如需仲裁，仲裁取样在需方由供需双方共同进行。

5.2 组批

产品应成批提交验收，每批应由同一牌号、熔炼炉号、规格、制造方法、状态和同一热处理炉批的产品组成。

5.3 检验项目及取样

产品检验项目及取样应符合表10的规定。

5.4 检验结果的判定

5.4.1 化学成分、力学性能、扩口试验、腐蚀性能、疖状腐蚀、氢化物取向及金相组织检验中，如有一个试样检验结果不合格，则从该批取双倍试样对该不合格项目进行重复试验，如重复试验结果仍有一个试样不合格时，则判该批产品不合格。但允许供方逐根对不合格项目进行检验，合格者交货。

5.4.2 管材的尺寸及允许偏差、液压试验或气压试验、超声波检验、外观质量及表面状况不合格时，判单根不合格。

表10 检验项目及取样

检验项目	取样规定	要求的章条号	试验方法章条号
化学成分	每批任取一个试样进行N、H含量分析，核工业用料还应进行氧含量分析。其他成分供方可以原铸锭的分析结果报出，需方可在成品管材上取样分析	3.2	4.1
外形尺寸	逐根	3.3	4.2
力学性能	一般工业用料每批任取两根管材，核工业用料每批任取三根管材，每根各取一个试样	3.4	4.3.1 4.3.2
扩口试验	每批任取两根管材，每根各取一个试样	3.5.1	4.4.1
液压试验或气压试验	逐根	3.5.2	4.4.2 4.4.3
超声波检验	逐根	3.6	4.5
腐蚀性能	每批任取三根管材，每根各取一个试样	3.7	4.6
疖状腐蚀	每批任取三根管材，每根各取一个试样	3.8	4.7
氢化物取向	每批任取两根管材，每根各取一个试样	3.9	4.8
金相组织	每批任取两根管材，每根各取一个横向试样	3.10	4.9
外观质量	逐根。对于内径不大于20 mm的管材，允许采用每批管材任取5根，每根各取150 mm管段，沿纵向剖为两半，测量壁厚及内表面检查，代替逐根检验	3.11	4.10
表面状况	逐根	3.12	4.11

6 标志、包装、运输和贮存

6.1 标志

在检验合格的管材和包装箱上应作如下标志：

a) 产品牌号；

b) 产品名称；

c) 供应状态；

d) 批号；

e) 本标准编号。

6.2 包装、运输和贮存

产品的包装、运输和贮存按GB/T 8180的相关规定。

6.3 质量证明书

每批管材应附有质量证明书，注明如下内容：

a) 供方名称；

b) 产品名称；

c) 产品牌号、规格和状态；

d) 熔炼炉号、批号、批重和件数；

e) 分析检验结果及质量检验部门印记；

f) 本标准编号；

g) 包装日期。

7 合同(或订货单)内容

订购本标准所列材料的合同(或订货单)应包括下列内容：

a) 产品名称；

b) 牌号；

c) 状态；

d) 尺寸规格；

e) 重量或根数；

f) 本标准编号；

g) 管材用途；

h) 其他。

ICS 77.040.01
H 12

中华人民共和国国家标准

GB/T 26284—2010

变形镁合金熔剂、氧化夹杂试验方法

Experimental method for flux inclusions and oxide in wrought magnesium alloys

2011-01-14 发布　　2011-11-01 实施

中华人民共和国国家质量监督检验检疫总局
中国国家标准化管理委员会　发布

前　言

本标准由中国有色金属工业协会提出。

本标准由全国有色金属标准化技术委员会归口。

本标准负责起草单位:北京广灵精华科技有限公司。

本标准参加起草单位:国家镁合金材料工程技术研究中心、南京云海特种金属股份有限公司、维恩克(鹤壁)镁基材料有限公司、宁夏华亿镁业有限公司、太原市跃进镁业有限公司。

本标准主要起草人:肖莉、李胜凯、潘复生、陶梅、王利顺、张静、王秀荣、房中学、陶卫建。

变形镁合金熔剂、氧化夹杂试验方法

1 范围

本标准规定了变形镁合金铸锭及其加工产品中的熔剂、氧化夹杂的试验方法。

本标准适用于变形镁合金铸锭及其加工产品的熔剂与氧化夹杂检测。

2 规范性引用文件

下列文件中的条款通过本标准的引用而成为本标准的条款。凡是注日期的引用文件，其随后所有的修改单(不包括勘误的内容)或修订版均不适用于本标准，然而，鼓励根据本标准达成协议的各方研究是否可使用这些文件的最新版本。凡是不注日期的引用文件，其最新版本适用于本标准。

GB/T 6682　分析实验室用水规格和实验方法

3 试剂和设备

3.1 试剂

3.1.1　硝酸(1+4)。

3.1.2　硝酸银溶液(0.1 mol/L)。

3.1.3　水：符合 GB/T 6682 中的三级。

3.2 设备

3.2.1　恒温恒湿试验箱：温度使用范围为 0 ℃～100 ℃，湿度使用范围为 30%～98%R.H，能自动控制温度和湿度，其有效试验体积可根据被检测件的尺寸和数量来确定。

3.2.2　放大镜：带有刻度，放大倍数 10 倍以上。

4 取样

变形镁合金铸锭及产品的检验均在试片上进行。除另有规定外，在铸锭的开始、中间和结束部位切取与适当截面积尺寸的试片进行检验；当不能在中间部位截取试片时，允许只对开始和结束部位截取试片进行检验。

5 试验步骤

5.1 试验前试片的表面清理

试片在放入恒温恒湿箱前必须保证试片具有新的切面和洁净的表面。可使用对镁合金无腐蚀的除油剂、酒精或无尘布等清除试片表面的油渍、手印、镁屑和灰尘等。机加工后试片表面粗糙度 *Ra* 应小于 3.2 μm。试片从制备完成后到放入恒温恒湿箱开始试验的放置时间不应超过 24 h，并应保持在干燥气氛中。

5.2 试验

5.2.1　试验在温度为 32 ℃±2 ℃，相对湿度为 90%±2%的恒温恒湿箱中持续 8 h，试验时间也可根据客户要求协商，但不应低于 4 h；放置样品时应保持被检测面相互平行且有间隔，垂直或与水平面保持一定角度(以 60°～70°为宜)，以避免在检测面上形成水痕。

5.2.2　试验结束后，从恒温恒湿箱中取出试片，采用目视或放大倍数为 10 倍以上的放大镜观察试片表面是否有腐蚀产物。分别统计腐蚀斑点的大小和数量。如需对腐蚀产物做进一步确认，可执行 5.2.3 步骤。

5.2.3 氯离子定性试验：在腐蚀产物处(5.2.2)采用移液管滴1滴硝酸(3.1.1)，保持0.5 min～1 min后用移液管收集到玻璃试板上，再滴2滴水(3.1.3)和1滴硝酸银溶液(3.1.2)。当溶液产生絮状沉淀或轻微混浊时则判定该腐蚀产物中含有氯离子。

6 试验报告

试验报告应包含以下内容：

a) 检验人员；

b) 检验日期；

c) 检验产品牌号、规格、状态；

d) 检验结果；

e) 本标准编号。

ICS 77.150.70
H 71

中华人民共和国国家标准

GB/T 26285—2010

超细钴粉

Superfine cobalt powder

2011-01-14 发布

2011-11-01 实施

中华人民共和国国家质量监督检验检疫总局
中国国家标准化管理委员会 发布

前言

本标准由中国有色金属工业协会提出。

本标准由全国有色金属标准化技术委员会归口。

本标准由金川集团有限公司负责起草。

本标准由深圳市格林美高新技术股份有限公司参加起草。

本标准主要起草人：闫忠强、金丽红、林秀英、张明兰、王红忠、韩红涛、许开华、周继锋。

超 细 钴 粉

1 范围

本标准规定了超细钴粉的要求、检验方法、检验规则、包装、标志、运输、贮存和质量证明书及合同(或订货单)内容等。

本标准适用于生产硬质合金、金刚石工具、高温合金、磁性材料等冶金产品用超细钴粉,也适用于可充电电池、工业爆破剂、火箭燃料和医药等领域。

2 规范性引用文件

下列文件中的条款通过本标准的引用而成为本标准的条款。凡是注日期的引用文件,其随后所有的修改单(不包括勘误的内容)或修订版均不适用于本标准,然而,鼓励根据本标准达成协议的各方研究是否可使用这些文件的最新版本。凡是不注明日期的引用文件,其最新版本适用于本标准。

GB/T 1479 金属粉末松装密度的测定 第1部分:漏斗法

GB/T 3249 金属及化合物粉末费氏粒度的测定方法

GB/T 14265 金属材料中氢、氧、氮、碳、硫分析方法通则

GB/T 19077.1 粒度分析 激光衍射法 第1部分:通则

YS/T 281(所有部分) 钴化学分析方法

YS/T 633—2007 四氧化三钴

YS/T 710(所有部分) 氧化钴化学分析方法

JY/T 010 分析型扫描电子显微镜方法通则

3 要求

3.1 产品分类

超细钴粉按化学成分不同可分为FCo999、FCo997、FCo995三个牌号。按费氏粒度的不同分为8、10、15、20四个级别。

3.2 规格的表示方法

超细钴粉按牌号和粒度级别组成12种规格,表示方法为:FCo①-②

其中:F——表示产品的交货状态为粉末状态;

Co——表示产品的主要成分为钴;

①——表示产品主成分含量;

②——表示产品的粒度级别。

例:FCo999-08 表示为:主元素含量99.9%,费氏粒度小于0.8 μm的超细钴粉;

FCo999-10 表示为:主元素含量99.9%,费氏粒度在0.8 μm～1.0 μm之间的超细钴粉;

FCo997-20 表示为:主元素含量99.7%,费氏粒度在1.5 μm～2.0 μm之间的超细钴粉。

3.3 化学成分

3.3.1 超细钴粉的化学成分应符合表1的规定。

表 1　超细钴粉的化学成分

牌号	化学成分/%												
	Co	杂质元素,不大于											
	不小于	Ni	Cu	Fe	Pb	Zn	Ca	Mg	Na	Mn	Si	S	C	杂质总和
FCo999	99.9	0.005	0.005	0.005	0.003	0.003	0.005	0.005	0.005	0.005	0.008	0.005	0.05	0.1
FCo997	99.7	0.02	0.015	0.02	0.005	0.010	0.015	0.015	0.015	0.010	0.015	0.010	0.05	0.3
FCo995	99.5	0.05	0.03	0.03	0.01	0.02	0.03	0.03	0.03	0.02	0.03	0.02	0.05	0.5

注 1：钴元素为差减法计算得到,差减元素为表中所列元素；

注 2：杂质总和为表中所列杂质元素实测值之和。

3.3.2　超细钴粉的氧含量应符合表 2 的规定。

3.4　超细钴粉的物理性能

超细钴粉的费氏粒度、松装密度、激光粒度应符合表 2 的规定。

表 2　超细钴粉粒度、松装密度及含氧量的要求

级别	费氏粒度/μm	松装密度/(g/cm³)	D_{50}/μm	O/%
08	<0.8	≤0.8	≤8	≤0.7
10	≥0.8~≤1.0	0.6~1.0	≤9	≤0.6
15	>1.0~≤1.5	0.6~1.0	≤9	≤0.5
20	>1.5~≤2.0	0.8~1.5	≤10	≤0.4

3.5　微观形貌

超细钴粉微观形貌为类球形颗粒、枝状颗粒。

3.6　外观质量

超细钴粉为灰色粉末。同一批次产品的色泽须保持一致,不得有其他可见外来夹杂物。

3.7　其他

如用户有特殊要求,供需双方可另行协商解决,并在合同中注明。

3.8　安全防护

超细钴粉属粉末产品,刺激呼吸道黏膜,进行接触超细钴粉作业时,应注意防护。

4　试验方法

4.1　超细钴粉中铁、硅、镁、锌、铅、镍、铜、锰元素的测定按 YS/T 281 的规定进行。

4.2　超细钴粉中钠和钙元素的测定按 YS/T 710(所有部分)的规定进行。

4.3　超细钴粉中碳、硫的测定按 YS/T 633—2007 中附录 A 的规定进行。

4.4　超细钴粉中氧的测定按 GB/T 14265 的规定进行。

4.5　超细钴粉松装密度测定按 GB/T 1479 的规定进行。

4.6　超细钴粉费氏粒度测定按 GB/T 3249 的规定进行。

4.7　超细钴粉激光粒度的测定按 GB/T 19077.1 的规定进行。

4.8　超细钴粉微观形貌的测定按 JY/T 010 的规定进行。

4.9　超细钴粉的外观质量由目视法检查。

5　检验规则

5.1　检查与验收

5.1.1　供方质量监督部门负责对产品进行检验,保证产品符合本标准及合同(或订货单)规定,并填写

质量证明书。

5.1.2 需方可对收到的产品进行检验。如检验结果与本标准及合同(或订货单)规定不符,应在收到产品之日起30日内向供方提出,由供需双方协商解决;如需仲裁,仲裁取样在需方,由供需双方共同进行。

5.2 组批

每批产品应由同一生产周期、同一牌号和同一规格的产品组成,单批重量不大于3 t。

5.3 检验项目

每批产品应进行化学成分、物理性能和外观质量的测定。用户有要求并在合同中注明,可进行微观形貌的检测。

5.4 取样与制样

5.4.1 外观质量的检测取样逐件进行,其他检验项目取样数量按表3规定进行。

表3 取样数量

同批钴粉包装的袋数量	同批钴粉应取样的袋数量	同批钴粉包装的袋数量	同批钴粉应取样的袋数量
1～5	全部	61～99	9
6～11	5	100～149	10
12～20	6	150～199	11
21～35	7	200～299	12
36～60	8	300～399	13
注:每批钴粉包装袋数量超过399个以后,每增加100个或不到100个包装袋时,取样袋数量应增加一个。			

5.4.2 仲裁试样应用内径为ϕ15 mm±2 mm的不锈钢或钛质探针在袋内斜插取一点,取样器要插到底,所取试样经仔细混匀后,用四分法缩分至160 g,分成两份(正副样各一份),每份80 g,正样送检,副样采取抽真空密封包装留存。

5.5 检验结果的判定

5.5.1 如产品化学成分、物理性能和微观形貌不合格时,则判该批产品为不合格。

5.5.2 如产品的外观质量不合格时,则判该件产品为不合格。

6 包装、标志、运输、贮存和质量证明书

6.1 包装

6.1.1 超细钴粉为铝塑袋真空包装,每袋净重5 kg±0.01 kg;置于内衬单层塑料袋铁桶中加盖密封。

6.1.2 如用户有特殊要求时,供需双方可另行协商解决。

6.2 标志

产品外包装应印有产品名称、批号、商标、净重、本标准号、供方名称、供方地址,并有“防潮”、“轻放”、“向上”字样或标志。

6.3 运输

产品运输时应小心轻放,不得撞击、滚动和倒置,应与其他物品分开堆放。

6.4 贮存

产品应贮存于干燥、通风、无腐蚀性气体的仓库中,不得与酸、碱、油类和化学品贮存在一起,严防受潮、腐蚀。

6.5 质量证明书

每批产品应附有质量证明书,其上注明:

a) 供方名称;

b) 产品名称、批号、牌号和规格;

c） 分析检测结果及检验部门印记；

d） 本标准编号；

e） 出厂日期。

7 合同(或订货单)

本标准所列材料的合同(或订货单)内应包括下列内容：

a） 产品名称；

b） 牌号和规格；

c） 化学成分及物理规格的特殊要求；

d） 数量；

e） 本标准编号；

f） 其他。

ICS 77.150.30
H 62

中华人民共和国国家标准

GB/T 26286—2010

电解用异型导电铜板

Current-carrying copper profiled plate for electrolysis

2011-01-14 发布　　2011-11-01 实施

中华人民共和国国家质量监督检验检疫总局
中国国家标准化管理委员会　发布

前　言

本标准由中国有色金属工业协会提出。
本标准由全国有色金属标准化技术委员会归口。
本标准由中铝沈阳有色金属加工有限公司负责起草。
本标准主要起草人：刘刚、韩淑敏、王丽、王红锐、金武、寇颖。

电解用异型导电铜板

1 范围

本标准规定了电解用异型导电铜板(以下简称板材)的要求、试验方法、检验规则和标志、包装、运输、贮存、质量证明书及合同(或订货单)等内容。

本标准适用于电解行业用异型槽间及槽边导电铜板。

2 规范性引用文件

下列文件中的条款通过本标准的引用而成为本标准的条款。凡是注日期的引用文件,其随后所有的修改单(不包括勘误的内容)或修订版均不适用于本标准,然而,鼓励根据本标准达成协议的各方研究是否可使用这些文件的最新版本。凡是不注明日期的引用文件,其最新版本适用于本标准。

GB/T 228—2002 金属材料 室温拉伸试验方法

GB/T 351 金属材料电阻系数测量方法

GB/T 5121(所有部分) 铜及铜合金化学分析方法

GB/T 5231 加工铜及铜合金化学成分和产品形状

GB/T 8888 重有色金属加工产品的包装、标志、运输和贮存

GB/T 26303.3 铜及铜合金加工材外形尺寸检测方法 第3部分:板带材

3 术语和定义

下列术语和定义适合于本标准。

3.1

平行度公差 parallelism tolerance

公差带是距离为公差值 t,且平行于基准平面的两平行平面之间的区域。见图1。

[GB/T 1182—1996,定义 18.7.4]

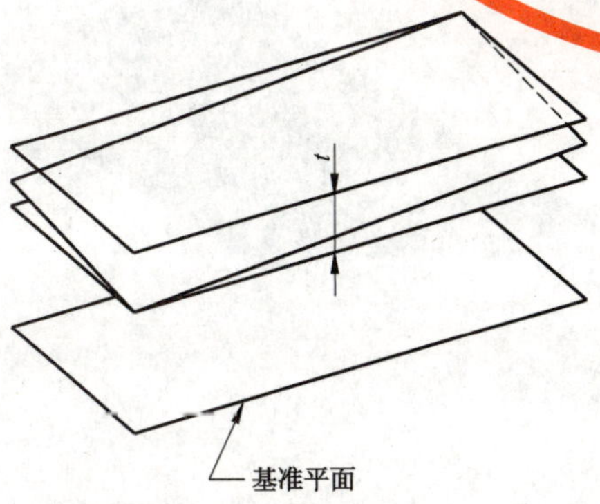

图1 平行度公差

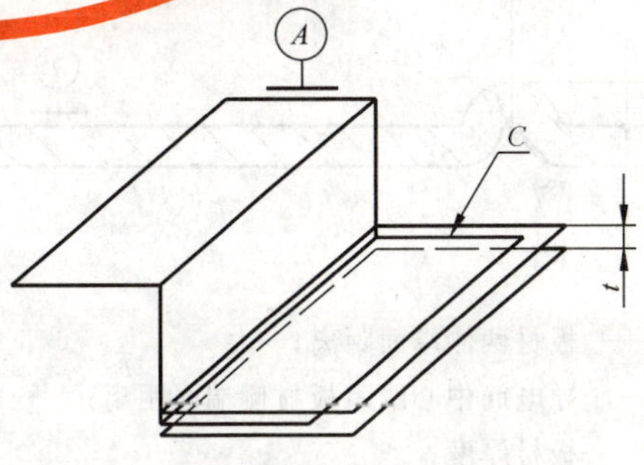

图2 应用平行度公差举例

注:本标准应用平行度公差举例:A 面与 C 面的平行度 t 值为 3 mm,表明 A 面为基准面,C 面为被测表面,C 面上所有被测点必须位于距离为公差值 3 mm 且平行 A 面的两平行平面之间,见图2。

4 要求

4.1 产品分类

4.1.1 牌号、状态和规格

板材的牌号、状态和规格应符合表1的规定。

表1 牌号、状态和规格

<table>
<tr><th rowspan="3">牌号</th><th rowspan="3">状态</th><th rowspan="3">型号</th><th colspan="4">规格/mm</th></tr>
<tr><th colspan="2">槽间导电板(见图3、图4、图6、图7)</th><th>槽边导电板(见图5、图8)</th><th rowspan="2">长度</th></tr>
<tr><th>一字型(见图3、图6)
$h/w\times w_1$</th><th>Z字型(见图4、图7)
$h\times H/w\times w_1$</th><th>$h\times w_2/w\times w_1$</th></tr>
<tr><td rowspan="2">T1
T2</td><td rowspan="2">Y_2
(半硬)</td><td>导电筋型</td><td>12/(160~300)×(190/160/120)</td><td>12×80/(200~300)×190</td><td>12×(20~50)/(150~300)×(200~600)</td><td rowspan="2">≤7 000</td></tr>
<tr><td>凸台型</td><td>6/(160~300)×(190/140/210)</td><td>6×80/(160~300)×(140/190)</td><td>6×(20~50)/(150~300)×(300~600)</td></tr>
<tr><td colspan="7">注:经供需双方协商,可根据需方图纸生产其他牌号或规格的异型导电板。</td></tr>
</table>

4.1.2 标记示例

产品标记按产品名称、牌号、状态、规格和标准编号的顺序表示,标记示例如下:

示例1:用T1制造的、供应状态为Y_2、高精级、厚度为12 mm,宽度为260 mm,长度为6 000 mm的一字型槽间导电板,标记为:

一字型槽间导电板 T1 Y_2 高 12×260×6 000 GB/T 26286—2010

示例2:用T1制造的、供应状态为Y_2、高精级、厚度为12 mm,宽度为174 mm,长度为6 000 mm的槽边导电板,标记为:

槽边导电板 T1 Y_2 高 12×174×6 000 GB/T 26286—2010

4.2 化学成分

板材的化学成分应符合GB/T 5231的规定。

4.3 外形尺寸及其允许偏差

4.3.1 导电筋型槽间导电板和槽边导电板

4.3.1.1 板材外形如图3、图4、图5。

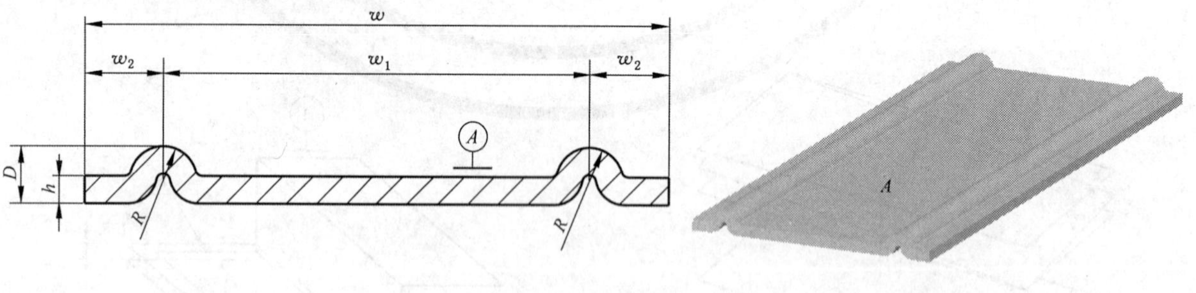

w——板材两侧端面距离;

w_2——导电筋中心线距板材侧端面距离;

h——板材厚度;

w_1——两排导电筋中心距;

R——导电筋外圆弧半径;

D——导电筋高度。

图3 导电筋型一字型槽间导电板

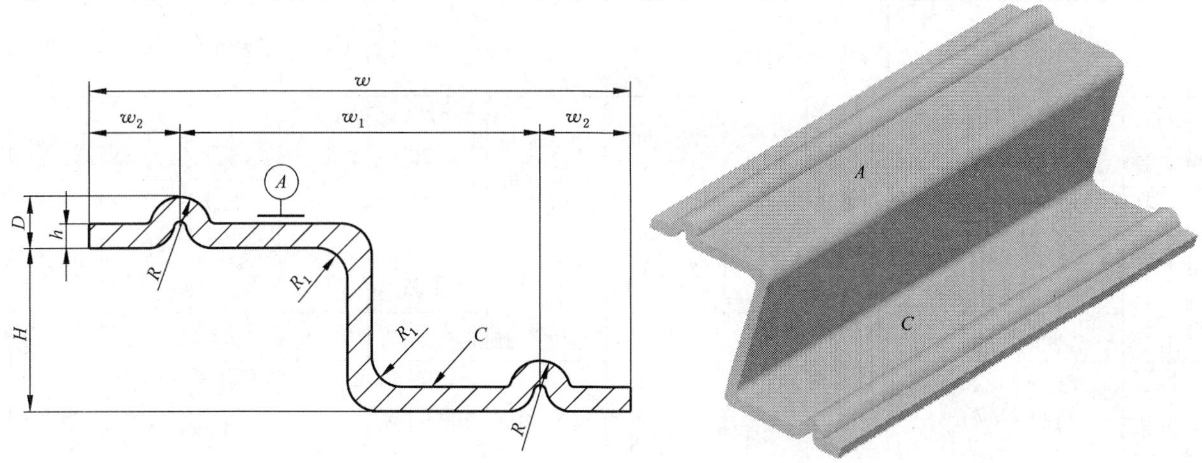

w——板材两侧端面距离；

w_1——两排导电筋中心距；

w_2——导电筋中心线距板材侧端面距离；

R——导电筋外圆弧半径；

R_1——板材折弯内圆半径；

H——两平台台面间距；

h——板材厚度；

D——导电筋高度。

图 4 导电筋型 Z 字型槽间导电板

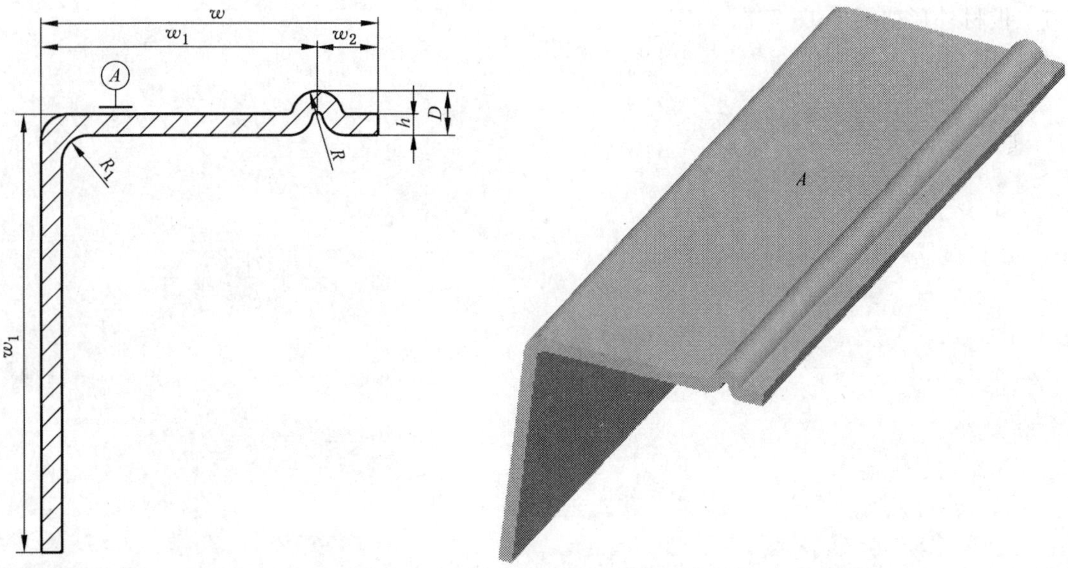

w——板材折弯后平面宽度；

w_1——板材折弯后立面高度；

w_2——导电筋中心线距板材侧端面距离；

R——导电筋外圆弧半径；

R_1——板材折弯内圆半径；

h——板材厚度；

D——导电筋高度。

图 5 导电筋型槽边导电板

4.3.1.2 板材外形尺寸及其允许偏差应符合表2规定。

表2 外形尺寸及其允许偏差

单位为毫米

公称尺寸			h	H	w_2	w	w_1	D	R	R_1	L
槽间导电板	一字型	12/(160～300)×(190/160/120)	12		20～50	160～300	190/160/120	25	15		≤7 000
槽间导电板	一字型	允许偏差	±0.15		±2	±2	±0.5	±0.5	±0.5		+15
槽间导电板	Z字型	12×80/(200～300)×190	12	80	20～50	200～300	190	25	15	15	≤7 000
槽间导电板	Z字型	允许偏差	±0.15	±2	±2	±2	±2	±0.5	±0.5	+5	+15
槽边导电板		12×(20～50)/(150～300)×(200～600)	12		20～50	150～300	200～600	25	15	15	≤7 000
槽边导电板		允许偏差	±0.15		±2	±2	±3	±0.5	±0.5	+5	+15
注：冲压搭接缺陷处的宽度允许偏差不受本表限制，但最大不许超过+5 mm。											

4.3.1.3 板材应为整件，不允许带焊缝。

4.3.1.4 Z型槽间导电板和槽边导电板的折弯角度为90°，允许偏差±1°。

4.3.1.5 板材 A 面、C 面沿纵向侧边弯曲度不大于1.5 mm/m；沿宽度上的侧边弯曲度不大于2 mm；A、C 面的平行度公差不大于3 mm。

4.3.1.6 板材的导电筋加工后最小厚度不小于10 mm。

4.3.2 凸台型槽间导电板和槽边导电板

4.3.2.1 板材外形如图6、图7、图8。

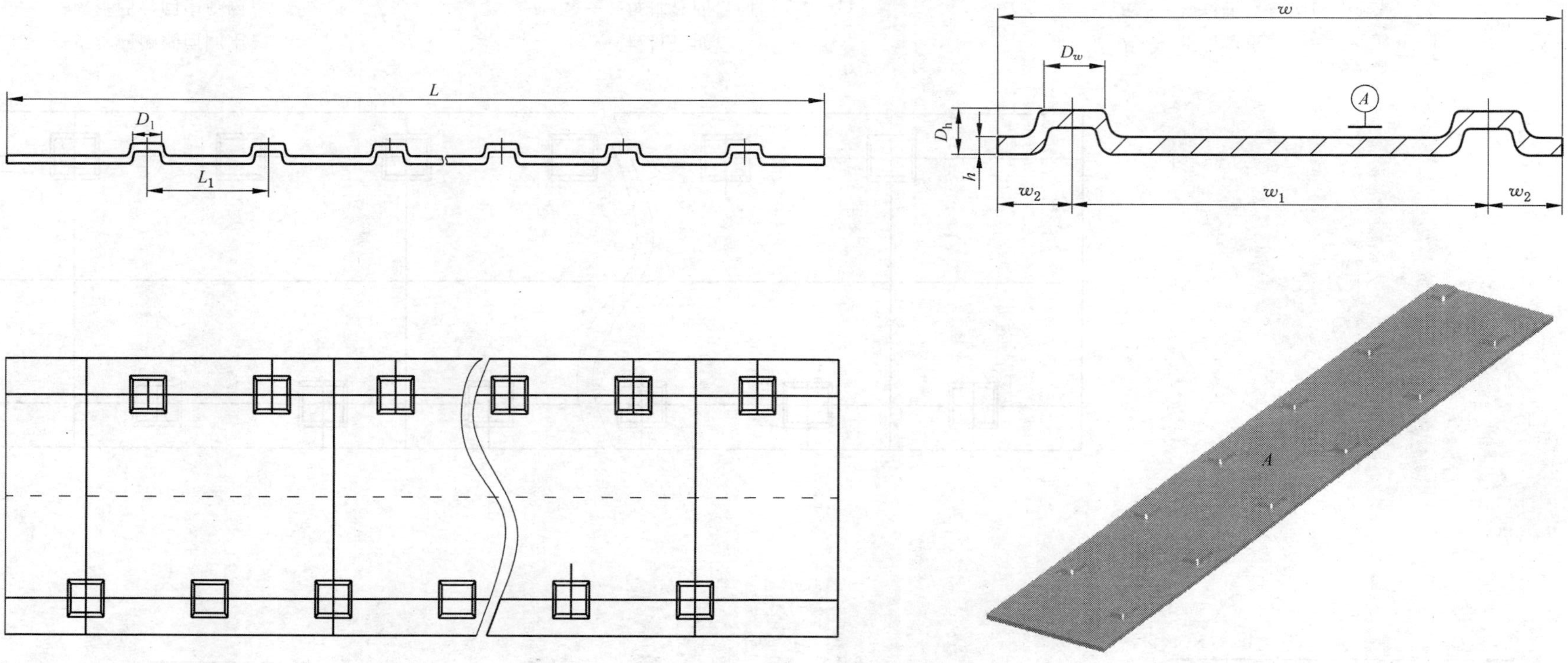

w——板材两侧端面间距；

w_1——两排凸台间中心距离；

w_2——凸台中心线距边部距离；

L——板材长度；

L_1——每排各凸台间中心距离；

h——板材厚度；

D_l、D_w、D_h——凸台台面的长、宽、高尺寸。

图 6 凸台型一字型槽间导电板

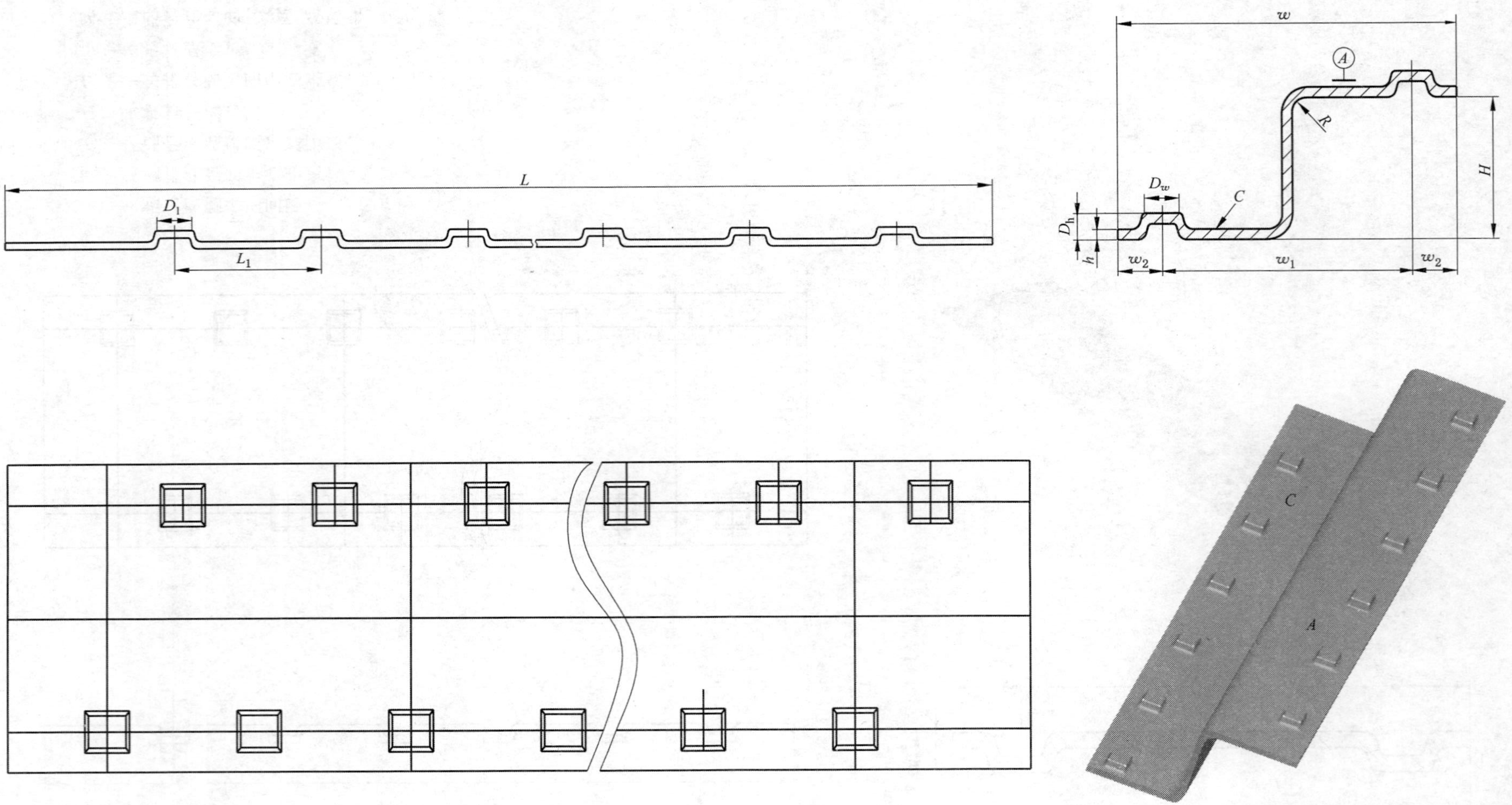

w——板材两侧端面间距；

w_1——两排凸台间中心距；

w_2——凸台中心线距边部距离；

L——板材长度；

L_1——每排各凸台间中心距离；

H——两平台台面间距；

h——板材厚度；

R——板材折弯后内圆半径；

D_l、D_w、D_h——凸台台面的长、宽、高尺寸。

图 7　凸台型 Z 字型槽间导电板

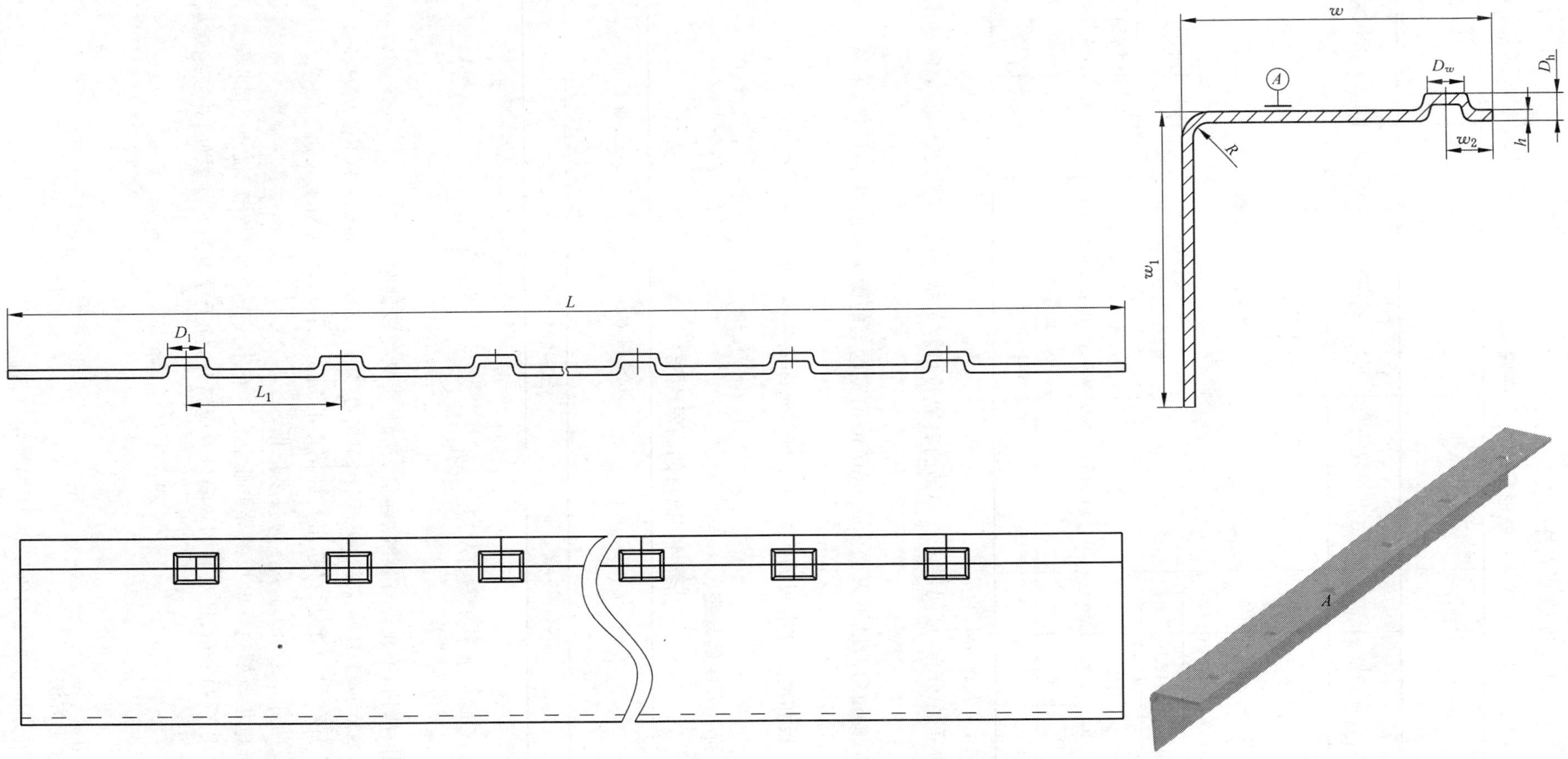

w——板材折弯后平面宽度；

w_1——板材折弯后立面高度；

w_2——凸台中心线距侧边的距离；

L——板材长度；

L_1——每排各凸台间中心距离；

h——板材厚度；

R——折弯角内圆半径；

D_l、D_w、D_h——凸台台面的长、宽、高尺寸。

图 8　凸台型槽边导电板

4.3.2.2 板材的外形尺寸及其允许偏差应符合表3规定。

表3 外形尺寸及允许偏差

单位为毫米

公称尺寸			h	H	w_2	w	w_1	L_1	R	D_l	D_w	D_h	L
槽间导电板	一字型	6/(160～300)×(190/140/210)	6	—	20～50	160～300	190/140/210	130/105	—	32	20	15	≤7 000
		允许偏差	±0.10	—	±2	±2	±0.5	±0.5	—	±1	±1	±0.5	+15
	Z字型	6×80/(160～300)×(140/190)	6	80	20～50	160～300	140/190	130	15	32	20	15	≤7 000
		允许偏差	±0.10	±2	±2	±2	±2	±0.5	+5	±1	±1	±0.5	+15
槽边导电板		6×(20～50)/(150～300)×(300～600)	6	—	20～50	150～300	300～600	130/105	15	32	20	15	≤7 000
		允许偏差	±0.10	—	±2	±2	±3	±0.5	+5	±1	±1	±0.5	+15

4.3.2.3 板材应为整件,不允许带焊缝。

4.3.2.4 凸台沿纵向等间距分布,槽间导电板两排凸台数量可相等或一多一少;凸台侧壁厚度不小于2.5 mm。

4.3.2.5 A、C 面沿纵向侧边弯曲度不大于1.5 mm/m;沿宽度上的侧边弯曲度不大于2 mm。

4.3.2.6 A、C 面的平行度公差不大于3 mm。

4.3.2.7 Z型槽间导电板和槽边导电板的折弯角为90°,允许偏差为±1°。

4.4 力学性能

板材的力学性能应符合表4的规定。

表4 板材的力学性能

牌　号	状　态	抗拉强度 R_m (N/mm²)	断后伸长率 $A_{11.3}$/%
T1、T2	Y_2	225～285	≥10

4.5 电性能

板材的导电率为20 ℃时不小于97% IACS。

4.6 表面质量

4.6.1 板材表面应光滑、清洁,不允许有裂纹、起皮、气泡、夹杂物等缺陷。

注:导电筋或凸台折弯处允许有轻微的、局部的表层裂纹缺陷,其深度不大于1.0 mm,可以不作为报废依据。

4.6.2 板材表面允许有局部的、不使板材超出允许偏差的划伤、凹坑、斑点和压入物等缺陷,轻微的矫直痕、细划纹、氧化色、发暗和水迹、油迹不作为报废依据。

4.6.3 导电筋型槽间导电板及槽边导电板的导电筋上允许有不大于五处"竹节"状冲压搭接缺陷,缺陷深度应小于1 mm,长度小于30 mm,且双筋的缺陷位置应错开,位于导电筋的绝缘处,并被绝缘板完全覆盖。

5 试验方法

5.1 化学成分的仲裁分析方法

板材的化学成分仲裁分析方法按GB/T 5121的规定进行。

5.2 外形尺寸及其允许偏差测量方法

板材的外形尺寸测量方法按 GB/T 26303.3 的规定进行。

5.3 力学性能检验方法

板材的室温拉伸试验按 GB/T 228 的规定执行。试样按 GB/T 228—2002 附录 A 表 A.1 中的 P04 或附录 B 表 B.2 中的 P010 的规定。

5.4 电性能试验方法

板材的导电率试验按 GB/T 351 的规定进行。

5.5 表面质量检查方法

板材的表面质量应用目视或相应精度的工具进行检验。

6 检验规则

6.1 检查和验收

6.1.1 板材应由供方技术监督部门进行检验，保证产品质量符合本标准及合同(或订货单)的规定，并填写质量证明书。

6.1.2 需方对收到的产品按本标准及合同(或订货单)的规定进行检验。检验结果与本标准及合同(或订货单)的规定不符时，应以书面形式向供方提出，由供需双方协商解决。属于表面质量及尺寸偏差的异议，应在收到产品之日起一个月内提出，属于其他性能的异议，应在收到产品之日起三个月内提出。如需仲裁，仲裁取样应由供需双方共同进行。

6.2 组批

板材应成批提交，每批应由同一牌号、状态和规格组成。每批重量应不大于 5 000 kg。

6.3 检验项目

每批产品应进行化学成分、外形尺寸及其允许偏差、电性能、力学性能和表面质量的检验。

6.4 取样

板材取样应符合表 5 的规定。

表 5 产品取样的规定

检验项目	取样规定	要求的章条号	试验方法的章条号
化学成分	供方每炉(需方每批)取一个试样	4.2	5.1
外形尺寸及其允许偏差	逐张	4.3	5.2
表面质量	逐张	4.6	5.5
力学性能	每批任取二根，每根取一个试样，在板材成型后未变形部分纵向取样	4.4	5.3
电性能		4.5	5.4

6.5 检验结果的判定

6.5.1 化学成分不合格时，判该批产品不合格。

6.5.2 板材外形尺寸及其允许偏差、表面质量不合格时，判该张不合格。

6.5.3 当力学性能和电性能试验结果中有试样不合格时，应从该批产品(包括受检不合格那张板材)中另取双倍数量的试样进行重复试验。重复试验结果全部合格，则判整批产品合格。若重复试验结果仍有试样不合格，则判该批产品不合格或逐张检验，合格者交货。

7 标志、包装、运输、贮存和质量证明书

产品的标志、包装、运输、贮存和质量证明书应符合 GB/T 8888 的规定。

8 合同（或订货单）内容

订购本标准所列材料的合同(或订货单)内应包括下列内容：

a) 产品名称；

b) 牌号；

c) 状态；

d) 尺寸规格；

e) 重量或张数；

f) 本标准编号；

g) 其他。

ICS 77.150.10
H 61

中华人民共和国国家标准

GB/T 26287—2010

电热水器用铝合金牺牲阳极

Aluminium alloys sacrificial anode for electrical water heater

2011-01-14 发布 2011-11-01 实施

中华人民共和国国家质量监督检验检疫总局
中国国家标准化管理委员会 发布

前　言

本标准的附录A为资料性附录。

本标准由中国有色金属工业协会提出。

本标准由全国有色金属标准化技术委员会归口。

本标准负责起草单位：维恩克(鹤壁)镁基材料有限公司、北京有色金属研究总院、钢铁研究总院。

本标准参加起草单位：青岛北海防腐技术有限公司。

本标准主要起草人：房中学、沈健、徐河、韩莉、赵彦宾、李书平、戴明安。

电热水器用铝合金牺牲阳极

1 范围

本标准规定了电热水器用铝合金牺牲阳极(以下简称铝阳极)的要求、试验方法、检验规则、标志、包装、运输、贮存及合同内容。

本标准适用于在淡水、城市自来水等介质中工作的储水式电热水器用的挤压、铸造方法生产的铝阳极。热水锅炉及太阳能热水器用的挤压、铸造方法生产的铝阳极也可参照使用。

2 规范性引用文件

下列文件中的条款通过本标准的引用而成为本标准的条款。凡是注日期的引用文件,其随后所有的修改单(不包括勘误的内容)或修订版均不适用于本标准,然而,鼓励根据本标准达成协议的各方研究是否可使用这些文件的最新版本。凡是不注日期的引用文件,其最新版本适用于本标准。

GB/T 4950—2002 锌-铝-镉合金牺牲阳极

GB/T 7999 铝及铝合金光电直读发射光谱分析方法

GB/T 8170 数值修约规则与极限数值的表示和判定

GB 13013 钢筋混凝土用热轧光圆钢筋

GB/T 20975(所有部分) 铝及铝合金化学分析方法

GB/T 24488 镁合金牺牲阳极电化学性能测试方法

3 术语和定义

下列定义适用于本标准。

3.1

实际电容量 practical current capacity

实际测量消耗单位质量的牺牲阳极所产生的电量,单位为 A·h/kg。

3.2

理论电容量 theoretical current capacity

根据法拉弟定律计算消耗单位质量的牺牲阳极所产生的电量,单位为 A·h/kg。

4 要求

4.1 产品分类

4.1.1 牌号、生产方法及规格

铝阳极一般为圆棒状,按照生产方法分为铸造铝阳极和挤压铝阳极,其牌号、生产方法及规格应符合表 1 的规定。需方需要其他牌号和规格的铝阳极时由供需双方协商确定。

表 1 铝阳极的牌号、生产方法及规格

牌号	生产方法及其代号		规格/mm		
	生产方法	代号	铝阳极直径 A	钢芯直径 B	长度 L
8A02、8B02	铸造	C	12～35	ϕ4 或 M4	≤1 000
	挤压	E			

4.1.2 标记示例

铝阳极的标记示例按照铝阳极的生产方法、牌号、直径、标准编号的顺序来表示。

示例：用挤压方法生产的、合金牌号为8A02、直径为22 mm的圆棒状铝阳极标记为：

铝阳极 E-8A02-22 GB/T 26287—2010。

4.2 外形尺寸

铝阳极的外形尺寸见图1。

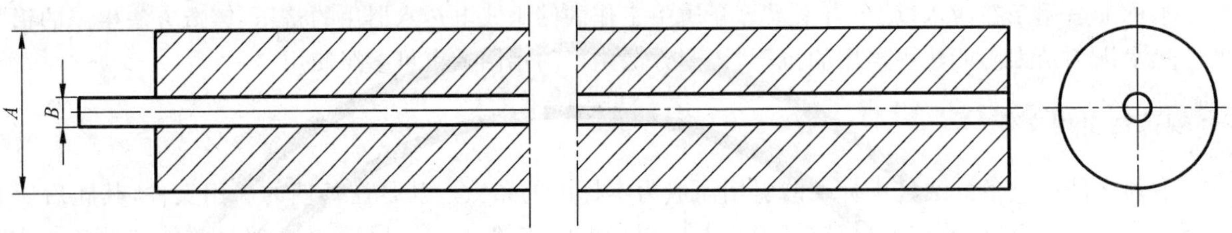

A——铝阳极直径；

B——钢芯直径。

图1 铝阳极外形尺寸示意图

4.3 外形尺寸及偏差

4.3.1 铝阳极的直径偏差应符合表2的规定。如有特殊要求由供需双方协商确定。

表2 铝阳极的直径偏差

单位为毫米

直径(*A*)	12～20	>20～26	>26～35
偏差值	0 −0.08	0 −0.12	0 −0.15

4.3.2 铝阳极的长度偏差应符合表3的规定。如有特殊要求由供需双方协商确定。

表3 铝阳极的长度偏差

单位为毫米

长度(*L*)	≤200	>200～500	>500～1 000
长度偏差值	+2.0 0	+3.0 0	+4.0 0

4.3.3 铝阳极与钢芯的同心度偏差不大于0.5 mm，如有特殊要求由供需双方协商确定。

4.3.4 铝阳极的弯曲度偏差应符合表4的规定。需方有特殊要求时由供需双方协商确定。

表4 铝阳极的弯曲度偏差

单位为毫米

长度(*L*)	≤200	>200～500	>500～1 000
弯曲度偏差值	0.8	1.5	2.5

4.4 化学成分

铝阳极的化学成分应符合表5的规定。分析数值的判定采用修约比较法，数值修约规则及极限数值判定方法按GB/T 8170的规定进行。修约数位与表中所列极限值数位一致。其他元素指在本表头中列出了元素符号，但在本表中未规定极限值含量的元素。如需方对化学成分有特殊要求，由供需双方协商确定。

表 5 铝阳极的化学成分

牌号	化学成分(质量分数)/%											
	Si	Fe	Cu	Mn	Mg	Zn	B	Bi	Ga	Sn	其他		Al
											单个	合计	
8A02	0.15	0.10	0.005	0.005	0.03	0.01	—	0.10~0.50	—	0.10~0.25	0.10	0.20	余量
8B02	0.10	0.10	0.005	0.005	0.03	0.005	0.03~0.10	0.10~0.50	0.01~0.10	0.10~0.25	0.03	0.10	余量

4.5 电化学性能

铝阳极的电化学性能应符合表 6 的规定。其他介质中的电化学性能由供需双方协商确定。不同参比电极之间的电位比较见附录 A。

表 6 铝阳极的电化学性能

开路电位 —V,$Cu/CuSO_4$	闭路电位 —V,$Cu/CuSO_4$	实际电容量/ (A·h/kg)	电流效率/ %
1.10~1.30	1.00~1.20	≥1 192	≥40

4.6 钢芯与接触电阻

4.6.1 铝阳极钢芯的材质应符合 GB 13013 的要求或由供需双方协商确定。

4.6.2 铝阳极基体与钢芯之间不应有松动,其接触电阻应小于 0.001 Ω。

4.7 表面质量

4.7.1 铸造铝阳极的表面不应存在毛刺、裂纹、气孔、夹杂物等影响使用的缺陷。

4.7.2 挤压铝阳极的表面应清洁无油污,不允许有影响用户使用的压伤、碰伤、压坑、气孔、擦伤和划伤等缺陷,缺陷深度不得超过直径的允许负偏差。阳极表面每米长度允许有不超过 3 个直径不大于 1 mm 的夹渣,允许有不超过 2 个直径不大于 2 mm 的气泡。

5 试验方法

5.1 外形尺寸及偏差检查方法

铝阳极的外形尺寸用相应精度的卡尺、米尺进行测量。

5.2 铝阳极同心度检查方法

铝阳极同心度即铝阳极外圆与钢芯的同轴度。从铝阳极棒上任意截取一段长度 3 cm~10 cm 的样品,用车床车平一头,并车削至钢芯露出。分别测量图 2 所示的 ϕD_1(表示露出铁芯后圆柱直径),ϕD_2(表示铁芯直径),ϕD_3(表示阳极直径)。ϕD_1 与 ϕD_2 的差值即铝阳极的同心度。

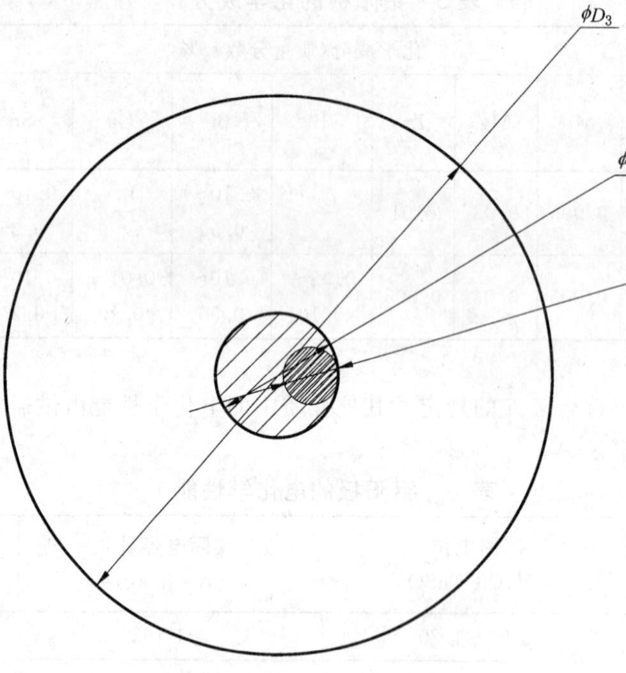

图 2　铝阳极同心度示意图

5.3　铝阳极弯曲度检查方法

铝阳极弯曲度用平台或靠尺、塞尺进行检验，将产品自由放在平台或靠尺上，用塞尺测量的产品与平台之间的间隙值 h(见图 3)即弯曲度。

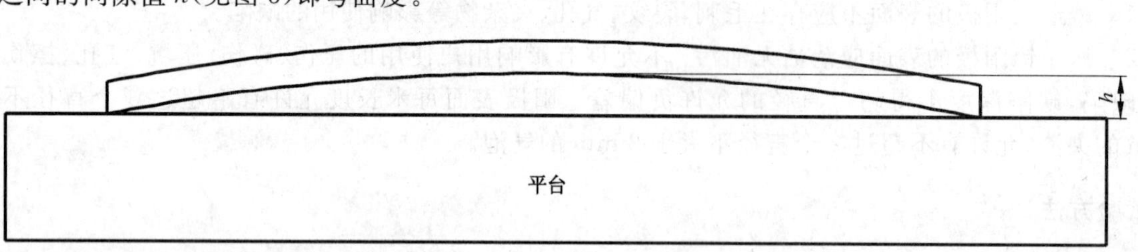

图 3　圆棒状镁阳极弯曲度示意图

5.4　化学成分分析方法

铝阳极化学成分的分析方法按 GB/T 7999 或 GB/T 20975 规定的方法进行。铝阳极化学成分的仲裁分析方法按 GB/T 20975 规定的方法进行。

5.5　电化学性能测试方法

铝阳极电化学性能测试方法除以下三项内容外，其他均按 GB/T 24488 进行。

a)　阳极试样：表面不进行车削加工，保留原有挤压或铸造状态，对于挤压阳极，钢芯部位需要进行涂蜡处理，按铝阳极的直径和需要浸入电解液的面积 41.3 cm^2 计算出阳极长度，按 GB/T 24488 规定的方法进行清洗、烘烤和称重后直接使用。

b)　试验电解液：为 25 ℃标准硬水，配置方法为：将无水氯化钙 0.304 g 和带结晶水的氯化镁 0.139 g 溶于 1 000 mL 的容量瓶，用蒸馏水溶解稀释至刻度。

c)　阳极试样的清洗：用 70％的硝酸(浓硝酸)在室温下清洗 10 min。

5.6　接触电阻测量方法

铝阳极基体与钢芯之间接触电阻的测量方法按 GB/T 4950—2002 附录 B 规定的方法进行。

5.7　表面质量检查方法

铝阳极的表面质量检查以目视检验。

6 检验规则

6.1 检查和验收

6.1.1 产品由供方质量监督检验部门负责质量检验，保证产品符合本标准（或订货合同）的规定，并填写质量证明书。

6.1.2 需方应对收到的产品按本标准的规定进行检验，如检验结果与本标准不符时，应自产品收到之日起2个月内向供方提出，由供需双方协商解决，如需仲裁，在需方由供需双方共同取样。

6.2 组批

产品应成批提交验收，每批应由同炉熔炼的合金组成，批重不限。

6.3 检验项目

每批铝阳极产品出厂前都应进行外形尺寸、同心度、弯曲度、化学成分、电化学性能、表面质量的检查。接触电阻由供方根据生产情况进行定期检测或抽检，但供方应以工艺保证产品可达到本标准的要求，如需方要求按批进行这些性能的出厂检测，应在合同中注明。

6.4 取样

产品取样应符合表7的规定。

表7 取样规定

检验项目	取样规定	要求的章条号	试验方法的章条号
外形尺寸偏差	每批任取5支	4.2 4.3	5.1
同心度	每批任取5支	4.3	5.2
弯曲度	每批任取5支	4.3	5.3
化学成分	生产方可以在熔融状态取样。仲裁取样按以下规定：每批任取1支，在产品的纵向上取样，取样部位应避开钢芯，取样前应清除表面氧化层，取样量不少于100 g	4.4	5.4
电化学性能	每批任取5支	4.5	5.5
接触电阻	每批任取5支	4.6.2	5.6
表面质量	逐支检验	4.7	5.7

6.5 检验结果的判定

6.5.1 外形尺寸不合格时，判该批不合格。

6.5.2 同心度不合格时，判该批不合格。

6.5.3 弯曲度不合格时，判该批不合格。

6.5.4 化学成分不合格时，判该批不合格。

6.5.5 电化学性能和接触电阻不合格时，则在该批产品中，另取双倍数量的试样进行重复试验。重复试验结果全部合格，则判该批产品合格，否则，判该批产品不合格。

6.5.6 表面质量不合格时，判该支不合格。

7 标志、包装、运输、贮存

7.1 标志

在铝阳极上应有如下标志或标签：

a) 供方质量监督部门的检印；

b) 供方名称、商标；

c) 牌号；

d) 生产方法；

e) 规格；

f) 批号。

7.2 包装

产品的包装方法由供需双方协商。

7.3 运输和贮存

产品在运输、贮存过程中，应防止雨淋和受潮腐蚀，不得沾染油污、油漆和接触酸、碱、盐等化工产品。需方收到产品后，应及时保管在清洁、干燥的室内库房。

7.4 质量证明书

每批铝阳极应附有符合本标准要求的质量证明书，注明：

a) 供方名称、地址、电话、传真；

b) 产品名称；

c) 牌号；

d) 规格；

e) 生产方法；

f) 批号；

g) 净重和件数；

h) 各项分析检验结果和技术(质量)监督部门印记；

i) 生产日期；

j) 本标准编号。

8 订货单(或合同)内容

订购本标准所列材料的订货单(或合同)内应包括下列内容：

a) 产品名称；

b) 牌号；

c) 规格；

d) 生产方法；

e) 重量和件数；

f) 本标准编号；

g) 增加本标准以外内容时的协商结果。

附　录　A
（资料性附录）
饱和硫酸铜参比电极、饱和甘汞参比电极、氯化银参比电极之间的电位比较表

饱和硫酸铜参比电极、饱和甘汞参比电极、氯化银参比电极之间的电位比较见表A.1。

表A.1　土壤中或浸水钢铁结构最小阴极保护电位

被保护结构	相对于不同参比电极的电位/V		
	饱和硫酸铜参比电极	饱和甘汞参比电极	氯化银参比电极
钢铁（土壤或淡水）	−0.85	−0.778	−0.75
钢铁（硫酸盐还原菌）	−0.95	−0.878	−0.85

ICS 77.120.99
H 68

GB

中华人民共和国国家标准

GB/T 26288—2010

二氯二氨钯

Dichlorodiammine palladium（Ⅱ）

2011-01-14 发布　　2011-11-01 实施

中华人民共和国国家质量监督检验检疫总局
中国国家标准化管理委员会　发布

前　言

本标准由全国有色金属标准化技术委员会(SAC/TC 243)归口。

本标准由贵研铂业股份有限公司负责起草。

本标准主要起草人:沈善问、邱红莲、潘再富、朱武勋、刘俊、沈亚峰、殷涛、李昆、左川。

二 氯 二 氨 钯

1 范围

本标准规定了二氯二氨钯的要求、试验方法、检验规则和标志、包装、运输、贮存及质量证明书与合同(或订货单)内容。

本标准适用于精细化工、化学化工和电镀行业用的二氯二氨钯。

2 规范性引用文件

下列文件对于本文件的应用是必不可少的。凡是注日期的引用文件,仅注日期的版本适用于本文件。凡是不注日期的引用文件,其最新版本(包括所有的修改单)适用于本文件。

GB/T 15072.4 贵金属合金化学分析方法 钯、银合金中钯量的测定 二甲基乙二醛肟重量法

YS/T 362 纯钯中杂质元素的发射光谱分析

3 要求

3.1 产品分类

产品分为 Cis(顺式)-二氯二氨钯和 Trans(反式)-二氯二氨钯,见图 1。

Cis(顺式)-二氯二氨钯　　　　Trans(反式)-二氯二氨钯

图 1

3.2 化学成分

二氯二氨钯的化学成分应符合表 1 的规定。

表 1 %

钯质量分数,不小于	杂质元素,不大于											
	Ag	Au	Pt	Rh	Ir	Pb	Ni	Cu	Fe	Sn	Cr	总量
49.5	0.001	0.001	0.001	0.001	0.001	0.001	0.001	0.001	0.001	0.001	0.001	0.1

3.3 溶解试验

Cis(顺式)-二氯二氨钯的水溶解试验应合格。

Trans(反式)-二氯二氨钯的稀氨水溶解试验应合格。

3.4 外观

Trans(反式)-二氯二氨钯应为黄色粉末状晶体。

Cis(顺式)-二氯二氨钯应为黄褐色针状柱状晶体。

4 试验方法

4.1 钯质量分数的测定

称取一定量的化合物(精确到 0.000 1 g),加入盐酸(分析纯)、硝酸(分析纯)体积比为 4∶1 的混合酸,加热分解,蒸发至近干,加入盐酸赶硝酸 3 次(每次用 2 mL 盐酸),配成待测液,按 GB/T 15072.4 中规定的方法测定钯的质量分数。

4.2 杂质元素质量分数的测定

称取一定量的化合物放入石英舟中,将石英舟置入石英管内,放入管式电炉中。在氢气氛下,于 280 ℃±5 ℃及 580 ℃±5 ℃温度下各通氢还原灼烧 30 min,冷却,得海绵钯后,按 YS/T 362 的规定测定杂质元素的质量分数。

4.3 溶解试验

4.3.1 Trans(反式)-二氯二氨钯的稀氨水溶解试验

称取 0.50 g(精确到 0.000 1 g)样品,加 10 mL 氨水 25 mL 蒸馏水(25 ℃),应完全溶解。

4.3.2 Cis(顺式)-二氯二氨钯,水溶解试验

称取 0.20 g(精确到 0.000 1 g)样品,加 100 mL 蒸馏水(25 ℃),应完全溶解。

4.4 外观采用目视检查。

5 检验规则

5.1 检查和验收

5.1.1 产品应由供方技术监督部门进行验收,保证产品质量符合本标准(或合同)的规定,并填写质量证明书。

5.1.2 需方应对收到的产品按本标准的规定进行复验。复验结果与本标准(或合同)的规定不符时,应在收到产品之日起 1 个月内向供方提出,由供需双方协商解决。如需仲裁,仲裁取样应由供需双方共同进行。

5.2 组批

产品应成批提交验收,每批应由一次投料生产的产品组成。

5.3 检验项目

每批产品出厂前应进行钯质量分数、杂质元素质量分数、溶解试验、外观的检验。

5.4 取样

5.4.1 产品化学成分、溶解试验的取样:同一批产品混合均匀,从不同部位取产品总量的 1%～5%,但最少不少于 10 g,再用四分法缩分至检验所需数量。

5.4.2 产品外观质量逐瓶进行检验。

5.5 检验结果的判定

产品任一检验项目的检验结果不合格时，则判该批产品不合格。

6 标志、包装、运输、贮存

6.1 标志

在检验合格的产品上应有如下标志：

a) 供方名称；

b) 产品名称；

c) 生产批次；

d) 数量；

e) 生产日期。

6.2 包装、运输、储存

6.2.1 产品装入聚丙烯或聚乙烯塑料瓶中，严密封口。整齐放入本箱或纸箱内，用纸屑、泡沫塑料等软物填料添固，不得有松动现象。

6.2.2 产品可以用铁路、公路、水运等方式运输。

6.2.3 产品应放于干燥处，严防受潮。

6.3 质量证明书

每批产品应附有质量证明书，注明：

a) 供方名称、地址、电话、传真；

b) 产品名称；

c) 批次；

d) 数量；

e) 各项分析检验结果和技术监督部门印记；

f) 本标准编号；

g) 出厂日期。

7 订货单(或合同)内容

本标准所列材料的订货单(或合同)内应包括下列内容：

a) 产品名称；

b) 数量；

c) 本标准编号；

d) 其他。

ICS 77.120.01
H 14

中华人民共和国国家标准

GB/T 26289—2010

高纯硒化学分析方法 硼、铝、铁、锌、砷、银、锡、锑、碲、汞、镁、钛、镍、铜、镓、镉、铟、铅、铋量的测定 电感耦合等离子体质谱法

Methods for chemical analysis of high purity selenium—Determination of boron, aluminum, iron, zinc, arsenic, silver, tin, antimony, tellurium, mercury, magnesium, titanium, nickel, copper, gallium, cadmium, indium, lead and bismuth contents—Inductively coupled plasma mass spectrometry

2011-01-14 发布 2011-11-01 实施

中华人民共和国国家质量监督检验检疫总局
中国国家标准化管理委员会 发布

前言

本标准是按照GB/T 1.1—2009 给出的规则起草的。

本标准由全国有色金属标准化技术委员会(SAC/TC 243)归口。

本标准起草单位:北京有色金属研究总院。

本标准参加起草单位:北京矿冶研究院、峨嵋半导体材料厂。

本标准主要起草人:刘英、高燕、李继东、刘红、冯先进、文英、李华昌、阮桂色。

高纯硒化学分析方法
硼、铝、铁、锌、砷、银、锡、锑、碲、汞、镁、钛、镍、铜、镓、镉、铟、铅、铋量的测定
电感耦合等离子体质谱法

1 范围

本标准规定了高纯硒中硼、铝、铁、锌、砷、银、锡、锑、碲、汞、镁、钛、镍、铜、镓、镉、铟、铅、铋杂质元素的测定方法。

本标准适用于高纯硒中硼、铝、铁、锌、砷、银、锡、锑、碲、汞、镁、钛、镍、铜、镓、镉、铟、铅、铋含量的测定。测定范围见表1。

表 1

元　素	测定范围/%	元　素	测定范围/%
B	0.000 1～0.001 0	Mg	0.000 01～0.000 20
Al	0.000 05～0.001 0	Ti	0.000 01～0.000 20
Fe	0.000 05～0.001 0	Ni	0.000 01～0.000 20
Zn	0.000 05～0.001 0	Cu	0.000 01～0.000 20
As	0.000 05～0.001 0	Ga	0.000 01～0.000 20
Ag	0.000 05～0.001 0	Cd	0.000 01～0.000 20
Sn	0.000 05～0.001 0	In	0.000 01～0.000 20
Sb	0.000 05～0.001 0	Pb	0.000 01～0.000 20
Te	0.000 05～0.001 0	Bi	0.000 01～0.000 20
Hg	0.000 05～0.001 0	—	—

2 方法提要

试料以硝酸溶解，采用电感耦合等离子体质谱法直接测定硼、铝、铁、锌、砷、银、锡、锑、碲和汞含量；以阳离子交换将镁、钛、镍、铜、镓、镉、铟、铅、铋与大量硒基体分离并得到富集，采用电感耦合等离子体质谱法测定镁、钛、镍、铜、镓、镉、铟、铅和铋含量。

3 试剂与材料

除非另有说明，在分析中仅使用确认为优级纯的试剂；所用水为去离子水，电阻率不小于18.2 MΩ·cm。

3.1 盐酸（ρ1.19 g/mL）。

3.2 硝酸（ρ1.42 g/mL）。

3.3 盐酸(1+1)。

3.4 氢氟酸(ρ1.128 g/mL)。

3.5 氨水(ρ0.90 g/mL)。

3.6 硝酸(1+1)。

3.7 硝酸(1+2)。

3.8 硝酸(4+11)。

3.9 硝酸 (1+1 500)。

3.10 银标准贮存溶液:称取1.000 0 g银[$w_{Ag}\geqslant99.99\%$],置于300 mL烧杯中,加20 mL硝酸(3.6),低温加热溶解,加热除去氮的氧化物,取下冷却,移入1 000 mL容量瓶中,加入50 mL硝酸(3.2),用水稀释至刻度,混匀。此溶液1 mL含1 mg银。

3.11 砷标准贮存溶液:称取1.000 0 g砷[$w_{As}\geqslant99.99\%$],置于300 mL烧杯中,加入50 mL硝酸(3.6),低温加热溶解,加热除去氮的氧化物,冷却,移入1 000 mL容量瓶中,加入40 mL硝酸(3.2),用水稀释至刻度,混匀。此溶液1 mL含1 mg砷。

3.12 硼标准贮存溶液:称取5.717 4 g硼酸[$w_{H_3BO_3}\geqslant99.99\%$],置于300 mL烧杯中,加少量水,低温加热溶解,取下冷却,移入1 000 mL容量瓶中,用水稀释至刻度,混匀。此溶液1 mL含1 mg硼。

3.13 汞标准贮存溶液:称取1.000 0 g汞[$w_{Hg}\geqslant99.99\%$],置于盛有30 mL硝酸(3.6)300 mL烧杯中,移至通风橱内慢慢加热溶解,溶解完全后加水稀释,移入1 000 mL容量瓶中,加入50 mL硝酸(3.2),用水稀释至刻度,混匀。此溶液1 mL含1 mg汞。

3.14 铁标准贮存溶液:称取1.000 0 g铁[$w_{Fe}\geqslant99.99\%$],置于300 mL烧杯中,用30 mL硝酸(3.6)溶解完全后,加热除去氮的氧化物,取下冷却,移入1 000 mL容量瓶中,加入50 mL硝酸(3.2),用水稀释至刻度,混匀。此溶液1 mL含1 mg铁。

3.15 碲标准贮存溶液:称取1.000 0 g碲[$w_{Te}\geqslant99.99\%$],置于300 mL烧杯中,加50 mL硝酸(3.6),低温溶解,加热除去氮的氧化物,取下冷却,移入1 000 mL容量瓶中,加入40 mL硝酸(3.2),用水稀释至刻度,混匀。此溶液1 mL含1 mg碲。

3.16 锌标准贮存溶液:称取1.000 0 g锌[$w_{Zn}\geqslant99.99\%$],置于300 mL烧杯中,加入20 mL硝酸(3.6),低温溶解,加热除去氮的氧化物,冷却,移入1 000 mL容量瓶中,加入50 mL硝酸(3.2),用水稀释至刻度,混匀。此溶液1 mL含1 mg锌。

3.17 铜标准贮存溶液:称取1.000 0 g铜[$w_{Cu}\geqslant99.99\%$],置于300 mL烧杯中,加20 mL硝酸(3.6),低温溶解,加热除去氮的氧化物,取下冷却,移入1 000 mL容量瓶中,加入50 mL硝酸(3.2),用水稀释至刻度,混匀。此溶液1 mL含1 mg铜。

3.18 镉标准贮存溶液:称取1.000 0 g镉[$w_{Cd}\geqslant99.99\%$],置于300 mL烧杯中,加20 mL硝酸(3.6),低温溶解,加热除去氮的氧化物,取下冷却,移入1 000 mL容量瓶中,加入50 mL硝酸(3.2),用水稀释至刻度,混匀。此溶液1 mL含1 mg镉。

3.19 镓标准贮存溶液:称取1.000 0 g镓[$w_{Ga}\geqslant99.99\%$],置于300 mL烧杯中,加20 mL硝酸(3.6),低温溶解,加热除去氮的氧化物,取下冷却,移入1 000 mL容量瓶中,加入50 mL硝酸(3.2),用水稀释至刻度,混匀。此溶液1 mL含1 mg镓。

3.20 铟标准贮存溶液:称取1.000 0 g铟[$w_{In}\geqslant99.99\%$],置于300 mL烧杯中,加入20 mL硝酸(3.6),低温溶解,冷却,移入1 000 mL容量瓶中,加入50 mL硝酸(3.2),用水稀释至刻度,混匀,此溶液1 mL含1 mg铟。

3.21 镁标准贮存溶液:称取1.000 0 g镁[$w_{Mg}\geqslant99.99\%$],置于300 mL烧杯中,加入20 mL水,慢慢加入20 mL硝酸(3.6),低温溶解,加热除去氮的氧化物,取下冷却,移入1 000 mL容量瓶中,加入50 mL硝酸(3.2),用水稀释至刻度,混匀。此溶液1 mL含1 mg镁。

3.22 镍标准贮存溶液:称取1.000 0 g镍[$w_{Ni}\geqslant99.99\%$],置于300 mL烧杯中,加40 mL硝酸(3.6),

低温溶解，加热除去氮的氧化物，取下冷却，移入 1 000 mL 容量瓶中，加入 40 mL 硝酸(3.2)，用水稀释至刻度，混匀。此溶液 1 mL 含 1 mg 镍。

3.23 铅标准贮存溶液：称取 1.000 0 g 铅[w_{Pb}≥99.99%]，置于 300 mL 烧杯中，加入 30 mL 硝酸(3.6)，低温溶解，加热除去氮的氧化物，取下冷却，移入 1 000 mL 容量瓶中，加入 50 mL 硝酸(3.2)，用水稀释至刻度，混匀，此溶液 1 mL 含 1 mg 铅。

3.24 铋标准贮存溶液：称取 1.000 0 g 铋[w_{Bi}≥99.99%]，置于 300 mL 烧杯中，加 20 mL 硝酸(3.6)，低温溶解，加热除去氮的氧化物，取下冷却，移入 1 000 mL 容量瓶中，加入 50 mL 硝酸(3.2)，用水稀释至刻度，混匀。此溶液 1 mL 含 1 mg 铋。

3.25 锡标准贮存溶液：称取 1.000 0 g 锡[w_{Sn}≥99.99%]，置于 300 mL 烧杯中，加 50 mL 盐酸(3.1)，加热溶解，移入 1 000 mL 容量瓶中，加入 150 mL 盐酸(3.1)用水稀释至刻度，混匀。此溶液 1 mL 含 1 mg 锡。

3.26 铝标准贮存溶液：称取 1.000 0 g 铝[w_{Al}≥99.99%]，置于 300 mL 烧杯中，加 20 mL 盐酸(3.3)，滴加 1 mL～2 mL 硝酸(3.2)，低温溶解，移入 1 000 mL 容量瓶中，加入 80 mL 盐酸(3.1)用水稀释至刻度，混匀。此溶液 1 mL 含 1 mg 铝。

3.27 钛标准贮存溶液：称取 1.000 0 g 钛[w_{Ti}≥99.99%]，置于 300 mL 聚四氟乙烯烧杯中，加 20 mL 盐酸(3.1)，滴加 1 mL～2 mL 硝酸(3.2)，加 4 mL 氢氟酸(3.3)，低温溶解，移入 1 000 mL 塑料容量瓶中，加入 80 mL 盐酸(3.1)用水稀释至刻度，混匀。此溶液 1 mL 含 1 mg 钛。

3.28 锑标准贮存溶液：称取 1.000 0 g 锑[w_{Sb}≥99.99%]，置于 300 mL 烧杯中，加入盐酸(3.1)和硝酸(3.6)各 20 mL，加热溶解，移入 1 000 mL 容量瓶中，加入 150 mL 盐酸(3.1)用水稀释至刻度，混匀。此溶液 1 mL 含 1 mg 锑。

3.29 标准溶液 A：分别移取标准贮存溶液(3.10～3.24)各 1 mL 至 100 mL 容量瓶，加入 5 mL 硝酸(3.2)，稀释至刻度，混匀，此溶液含银、砷、硼、汞、铁、碲、锌、镁、铋、铜、镉、镓、铟、镍、铅各 10 μg/mL。

3.30 标准溶液 B：分别移取标准贮存溶液(3.25～3.28)各 1 mL 至 100 mL 塑料容量瓶中，加入 5 mL 硝酸(3.2)，稀释至刻度，混匀，溶液含锑、锡、铝、钛各 10 μg/mL。

3.31 标准溶液 C：移取 10 mL 标准溶液 A 至 100 mL 塑料容量瓶，加入 5 mL 硝酸(3.2)，稀释至刻度，混匀，此溶液含银、砷、硼、汞、铁、碲、锌、镁、铋、铜、镉、镓、铟、镍、铅各 1.0 μg/mL。

3.32 标准溶液 D：移取 10 mL 标准溶液 B 至 100 mL 塑料容量瓶，加入 5 mL 硝酸(3.2)，稀释至刻度，混匀，此溶液含锑、锡、铝、钛各 1.0 μg/mL。

3.33 铑内标溶液：称取 0.385 6 g 氯铑酸铵，置于 300 mL 烧杯中，加入 10 mL 盐酸(3.3)，移入 100 mL 容量瓶中，加入 10 mL 盐酸(3.1)用水稀释至刻度，摇匀，此溶液 1 mL 含 1 mg 铑，使用前稀释，每一步的稀释溶液中保持 2% 的硝酸介质，稀释后溶液 1 mL 含 1.0 μg 铑，体积分数为 2% HNO_3 介质。

3.34 强酸性阳离子交换树脂

将 70～200 目筛的交联度为 7% 的 001 型强酸性阳离子交换树脂先用水冲洗至出水清澈无混浊、无杂质，然后用盐酸(3.3)浸泡 2 h，再用大量水淋洗，至出水接近中性，如此重复 3 次，每次酸用量为树脂体积的 2 倍。最后用水洗至中性，待用。

3.35 氩气[w_{Ar}≥99.995%]。

4 仪器

4.1 离子交换柱

管长约 50 mm，管内径 1.5 mm。将洗净后的玻璃纤维塞至管底，以防止树脂流出，管内充满水，将处理好的树脂(3.34)注入管内，装入树脂高度约 25 mm～40 mm(树脂体积约 0.5 mL)，上面再覆盖些玻璃纤维。泵入水，保持树脂湿润。

交换柱再生：以 0.5 mL/min 的流速泵入 15 mL 硝酸(3.7)；最后，用 10 mL 去离子水以 1 mL/min 的流速冲洗柱中树脂，待用。

4.2 电感耦合等离子体质谱仪：质量分辨率优于(0.8±0.1)amu。

5 分析步骤

5.1 试料

5.1.1 硼、铝、铁、锌、砷、银、锡、锑、碲和汞的测定，称取 0.1 g 试样，精确至 0.000 1 g。

5.1.2 镁、钛、镍、铜、镓、镉、铟、铅和铋的测定，称取 1.5 g 试样，精确至 0.000 1 g。

5.2 测定数量

独立地进行两次测定，取其平均值。

5.3 空白试验

随同试料做空白试验。

5.4 分析试液的制备

5.4.1 硼、铝、铁、锌、砷、银、锡、锑、碲和汞的测定

将试料(5.1.1)置于 300 mL 聚四氟乙烯烧杯中，盖上烧杯盖，分次加入总量为 3 mL 的硝酸(3.2)，低温加热至试料溶解完全，取下，冷却后移入 100 mL 塑料容量瓶中，加入内标溶液(3.33)1.0 mL，用去离子水稀释至刻度，摇匀待测。

5.4.2 镁、钛、镍、铜、镓、镉、铟、铅和铋的测定

将试料(5.1.2)置于 300 mL 聚四氟乙烯烧杯中，盖上烧杯盖，分次加入总量为 5 mL 的硝酸(3.2)，低温加热，试料溶解完全后，继续低温加热至烧杯内有少量白色固体析出，加入少量水溶解，取下，冷却后移入 100 mL 塑料容量瓶中，用去离子水稀释(稀释体积大约 50 mL 为宜)，并用氨水(3.4)调节 pH 值至 1.0～3.0，然后以 2 mL·min^{-1} 的速度泵入准备好的离子交换柱中。进样完毕后，用 5 mL 硝酸(3.9)淋洗，再用 5 mL 的硝酸(3.8)以 0.5 mL·min^{-1} 的速度洗脱。收集洗脱液，加入内标溶液(3.33)0.25 mL，定容至 25 mL，摇匀，待测。

5.5 工作曲线的绘制

5.5.1 硼、铝、铁、锌、砷、银、锡、锑、碲和汞工作曲线的绘制

5.5.1.1 分别移取标准溶液 C(3.31)0 mL、0.20 mL、0.50 mL、1.00 mL 于 4 个 100 mL 塑料容量瓶中，加入内标溶液(3.33)1.00 mL，以水稀释至刻度，混匀。此系列标准溶液 1 mL 含硼、铁、锌、砷、银、碲、汞分别为 0 ng、2 ng、5 ng 和 10 ng。

5.5.1.2 分别移取标准溶液 D(3.32)0 mL、0.20 mL、0.50 mL、1.00 mL 于 4 个 100 mL 塑料容量瓶中，加入内标溶液(3.33)1.00 mL，以水稀释至刻度，混匀。此系列标准溶液 1 mL 含铝、锡、锑分别为 0 ng、2 ng、5 ng 和 10 ng。

5.5.2 镁、钛、镍、铜、镓、镉、铟、铅、铋工作曲线的绘制

分别移取标准溶液 C(3.31)、标准溶液 D(3.32)0 mL、1.00 mL、5.00 mL、10.00 mL、15.00 mL 于

5个100 mL塑料容量瓶中,加入内标溶液(3.33)1.00 mL,以水稀释至刻度,混匀。此系列标准溶液1 mL含镁、钛、镍、铜、镓、镉、铟、铅、铋分别为0 ng、10 ng、50 ng、100 ng和150 ng。

5.6 测定

5.6.1 测定同位素

各元素的测定同位素质量数见表2。

表2

元素	同位素质量数	元素	同位素质量数
B	11	Mg	24
Al	27	Ti	47、48
Fe	56	Ni	60
Zn	66	Cu	63
As	75	Ga	69
Ag	107	Cd	111
Sn	118、119	In	115
Sb	121	Pb	208
Te	128	Bi	209
Hg	202	Rh	103

注:Fe和^{118}Sn采用去干扰技术测定。

5.6.2 将空白溶液(5.3)、分析试液(5.4)与标准系列溶液(5.5)同时进行氩等离子体质谱测定。

6 分析结果的计算

按式(1)计算各待测元素的质量分数w_x,数值以%表示:

$$w_x=\frac{(\rho_2-\rho_1)\cdot V\times10^{-9}}{m}\times100 \quad\cdots\cdots(1)$$

式中:

x——被测元素硼、铝、铁、锌、砷、银、锡、锑、碲、汞、镁、钛、镍、铜、镓、镉、铟、铅、铋;

ρ_1——自工作曲线上查得空白试料溶液的各杂质元素的质量浓度,单位为纳克每毫升(ng/mL);

ρ_2——自工作曲线上查得试料中各杂质元素的质量浓度,单位为纳克每毫升(ng/mL);

V——试料溶液的体积,单位为毫升(mL);

m——试料的质量;单位为克(g)。

7 精密度

7.1 重复性

在重复性条件下获得的两个独立测试结果的测定值,在以下给出的范围内,这两个测试结果的绝对值不超过重复性限(r),超过重复性限(r)的情况不超过5%。重复性限(r)按表3数据采用线性内插法求得:

表 3

元 素	质量分数/%	重复性限(r)/%	元素	质量分数/%	重复性限(r)/%
银	0.000 1	0.000 06	镁	0.000 01	0.000 003
	0.000 5	0.000 07		0.000 05	0.000 006
	0.001 0	0.000 13		0.000 10	0.000 015
铝	0.000 1	0.000 05	钛	0.000 01	0.000 005
	0.000 5	0.000 06		0.000 05	0.000 008
	0.001 0	0.000 12		0.000 10	0.000 015
砷	0.000 1	0.000 04	镍	0.000 01	0.000 004
	0.000 5	0.000 06		0.000 05	0.000 006
	0.001 0	0.000 1		0.000 10	0.000 015
硼	0.000 1	0.000 05	铜	0.000 01	0.000 005
	0.000 5	0.000 08		0.000 05	0.000 008
	0.001 0	0.000 17		0.000 10	0.000 015
汞	0.000 1	0.000 04	镓	0.000 01	0.000 003
	0.000 5	0.000 06		0.000 05	0.000 004
	0.001 0	0.000 14		0.000 10	0.000 014
铁	0.000 1	0.000 04	镉	0.000 01	0.000 005
	0.000 5	0.000 06		0.000 05	0.000 008
	0.001 0	0.000 15		0.000 10	0.000 02
锑	0.000 1	0.000 04	铟	0.000 01	0.000 003
	0.000 5	0.000 04		0.000 05	0.000 004
	0.001 0	0.000 11		0.000 10	0.000 013
锡	0.000 1	0.000 05	铅	0.000 01	0.000 003
	0.000 5	0.000 05		0.000 05	0.000 004
	0.001 0	0.000 12		0.000 10	0.000 013
碲	0.000 1	0.000 03	铋	0.000 01	0.000 003
	0.000 5	0.000 06		0.000 05	0.000 004
	0.001 0	0.000 13		0.000 10	0.000 011
锌	0.000 1	0.000 04	—	—	—
	0.000 5	0.000 06		—	—
	0.001 0	0.000 15		—	—

7.2 再现性限

在再现性条件下获得的两次独立测试结果的测定值，在以下给出的平均值范围内，这两个测试结果的绝对差值不超过再现性限(*R*)，超过再现性限(*R*)的情况不超过5%，再现性限(*R*)按表4数据采用线性内插法求得：

表 4

元素	质量分数/%	再现性限(R)/%	元素	质量分数/%	再现性限(R)/%
银	0.000 1	0.000 06	镁	0.000 01	0.000 005
	0.000 5	0.000 1		0.000 05	0.000 01
	0.001 0	0.000 13		0.000 10	0.000 02
铝	0.000 1	0.000 08	钛	0.000 01	0.000 005
	0.000 5	0.000 1		0.000 05	0.000 01
	0.001 0	0.000 2		0.000 10	0.000 015
砷	0.000 1	0.000 06	镍	0.000 01	0.000 01
	0.000 5	0.000 1		0.000 05	0.000 01
	0.001 0	0.000 2		0.000 10	0.000 02
硼	0.000 1	0.000 08	铜	0.000 01	0.000 005
	0.000 5	0.000 1		0.000 05	0.000 01
	0.001 0	0.000 2		0.000 10	0.000 02
汞	0.000 1	0.000 05	镓	0.000 01	0.000 004
	0.000 5	0.000 1		0.000 05	0.000 005
	0.001 0	0.000 15		0.000 10	0.000 015
铁	0.000 1	0.000 08	镉	0.000 01	0.000 005
	0.000 5	0.000 2		0.000 05	0.000 01
	0.001 0	0.000 25		0.000 10	0.000 02
锑	0.000 1	0.000 05	铟	0.000 01	0.000 004
	0.000 5	0.000 1		0.000 05	0.000 005
	0.001 0	0.000 12		0.000 10	0.000 014
锡	0.000 1	0.000 06	铅	0.000 01	0.000 003
	0.000 5	0.000 1		0.000 05	0.000 006
	0.001 0	0.000 15		0.000 10	0.000 013
碲	0.000 1	0.000 05	铋	0.000 01	0.000 004
	0.000 5	0.000 1		0.000 05	0.000 008
	0.001 0	0.000 18		0.000 10	0.000 012
锌	0.000 1	0.000 05	—	—	—
	0.000 5	0.000 1		—	—
	0.001 0	0.000 2		—	—

8 质量保证和控制

应用国家级标准样品或行业级标准样品(当前两者没有时,也可用控制标样替代),每周或每两周校核一次本分析方法标准的有效性,当过程失控时,应找出原因,纠正错误后,重新进行校核。

ICS 77.150.30
H 62

中华人民共和国国家标准

GB/T 26290—2010

红色黄铜无缝管

Seamless red brass pipe

2011-01-14 发布

2011-11-01 实施

中华人民共和国国家质量监督检验检疫总局
中国国家标准化管理委员会 发布

前　言

本标准修改采用美国 ASTM B 43-1998(2004)《标准规格的红色黄铜无缝管》。

本标准与美国 ASTM B 43-1998(2004)标准相比，主要差异如下：

——壁厚允许偏差：本标准壁厚允许偏差分为普通精度和高精度两个精度，其中高精度等同美国 ASTM B 43-1998(2004)中壁厚允许偏差的要求。

——长度偏差：本标准长度允许偏差采用“＋”值，美国 ASTM B 43-1998(2004)中采用“±”值。

本标准附录 A 为资料性附录。

本标准由中国有色金属工业协会提出。

本标准由全国有色金属标准化技术委员会归口。

本标准由浙江海亮股份有限公司负责起草。

本标准由上虞金鹰铜业有限公司、浙江省冶金产品质量检验站有限公司参加起草。

本标准主要起草人：曹建国、赵学龙、魏连运、孙立金、董朝晖、狄大江、黄路稠、梁兴强、孔水龙、黄登科、刘永。

红色黄铜无缝管

1 范围

本标准规定了红色黄铜无缝管的要求、试验方法、检验规则和包装、标志、运输、贮存、质量证明书和合同(或订货单)内容。

本标准适用于管道工程、锅炉连接管道、建筑装饰及其他类似用途的红色黄铜无缝管。

2 规范性引用文件

下列文件中的条款通过本标准的引用而成为本标准的条款。凡是注日期的引用文件，其随后所有的修改单(不包括勘误的内容)或修订版均不适用于本标准，然而，鼓励根据本标准达成协议的各方研究是否可使用这些文件的最新版本。凡是不注日期的引用文件，其最新版本适用于本标准。

GB/T 228.1—2010 金属材料 拉伸试验 第1部分：室温试验方法(ISO 6892-1:2009，MOD)

GB/T 241 金属管 液压试验方法

GB/T 242 金属管 扩口试验方法

GB/T 246 金属管 压扁试验方法

GB/T 2828.1 计数抽样检验程序 第1部分：接收质量限(AQL)检索的逐批检验抽样计划

GB/T 5121(所有部分) 铜及铜合金化学分析方法

GB/T 5231 加工铜及铜合金化学成分和产品形状

GB/T 5248—2008 铜及铜合金无缝管涡流探伤方法

GB/T 8888 重有色金属加工产品的包装、标志、运输和贮存

GB/T 10567.1 铜及铜合金加工材残余应力检验方法 硝酸亚汞试验法

GB/T 10567.2 铜及铜合金加工材残余应力检验方法 氨熏试验法

GB/T 26303.1 铜及铜合金加工材外形尺寸检测方法 第1部分：管材

YS/T 347 铜及铜合金 平均晶粒度测定方法

3 要求

3.1 产品分类

3.1.1 牌号、状态、规格

管材的牌号、状态、规格应符合表1的规定。

表1 管材的牌号、状态、规格

牌号	状态	规格/mm(in)			
		外径	壁厚		长度
			A型(普通强度)	B型(高强度)	
85	软态(M)	10.3(0.405)～324(12.750)	1.57(0.062)～9.52(0.375)	2.54(0.100)～12.7(0.500)	≤7 000(276.432)
	半硬态(Y_2)				
注：经供需双方协商，可提供其他规格的管材。					

3.1.2 标记示例

产品标记按产品名称、牌号、状态、精度等级、规格和标准编号的顺序表示。标记示例如下：

用H85制造的、软状态、普通精度、外径为21.3 mm、壁厚为2.72 mm、定尺长度为3 000 mm的圆管标记为：

管 H85M　ϕ21.3×2.72×3000　GB/T 26290—2010

用H85制造的、半硬状态、高精度、外径为42.2mm、壁厚为4.93 mm的圆管标记为：

管 $H85Y_2$ 高　ϕ42.2×4.93　GB/T 26290—2010

3.2 化学成分

管材的化学成分应符合GB/T 5231标准中相应牌号的规定。

3.3 外形尺寸及其允许偏差

3.3.1 外径和壁厚及其允许偏差

管材外径和壁厚及其允许偏差应符合表2的规定。管材的规格与理论重量对应关系，参见附录A。

表2　外径和壁厚及其允许偏差

单位为毫米(英寸)

公称尺寸 DN	外径		壁厚			壁厚		
	公称外径	平均外径允许偏差	公称壁厚	允许偏差		公称壁厚	允许偏差	
				普通精度	高精度		普通精度	高精度
			A型(普通强度)			B型(高强度)		
1/8	10.3(0.405)	−0.10(0.004)	1.57(0.062)	公称壁厚的±8%	±0.10(0.004)	2.54(0.100)	公称壁厚的±8%	±0.15(0.006)
1/4	13.7(0.540)	−0.10(0.004)	2.08(0.082)		±0.13(0.005)	3.12(0.123)		±0.18(0.007)
3/8	17.1(0.675)	−0.13(0.005)	2.29(0.090)		±0.13(0.005)	3.23(0.127)		±0.18(0.007)
1/2	21.3(0.840)	−0.13(0.005)	2.72(0.107)		±0.15(0.006)	3.78(0.149)		±0.20(0.008)
3/4	26.7(1.050)	−0.15(0.006)	2.90(0.114)		±0.15(0.006)	3.99(0.157)		±0.23(0.009)
1	33.4(1.315)	−0.15(0.006)	3.20(0.126)		±0.18(0.007)	4.62(0.182)		±0.25(0.010)
1¼	42.2(1.660)	−0.15(0.006)	3.71(0.146)		±0.20(0.008)	4.93(0.194)		±0.25(0.010)
1½	48.3(1.900)	−0.15(0.006)	3.81(0.150)		±0.20(0.008)	5.16(0.203)		±0.28(0.011)
2	60.3(2.375)	−0.20(0.008)	3.96(0.156)	公称壁厚的±10%	±0.23(0.009)	5.61(0.221)	公称壁厚的±10%	±0.30(0.012)
2½	73.0(2.875)	−0.20(0.008)	4.75(0.187)		±0.25(0.010)	7.11(0.280)		±0.38(0.015)
3	88.9(3.500)	−0.25(0.010)	5.56(0.219)		±0.30(0.012)	7.72(0.304)		±0.41(0.016)
3½	102(4.000)	−0.25(0.010)	6.35(0.250)		±0.33(0.013)	8.15(0.321)		±0.43(0.017)
4	114(4.500)	−0.30(0.012)	6.35(0.250)		±0.36(0.014)	8.66(0.341)		±0.46(0.018)
5	141(5.562)	−0.36(0.014)	6.35(0.250)		±0.36(0.014)	9.52(0.375)		±0.48(0.019)
6	168(6.625)	−0.41(0.016)	6.35(0.250)		±0.36(0.014)	11.1(0.437)		±0.69(0.027)
8	219(8.625)	−0.51(0.020)	7.92(0.312)		±0.56(0.022)	12.7(0.500)		±0.89(0.035)
10	273(10.750)	−0.56(0.022 0)	9.27(0.365)		±0.76(0.030)	12.7(0.500)		±1.0(0.040)
12	324(12.750)	−0.61(0.024)	9.52(0.375)		±0.76(0.030)	—	—	—

注：管材其他的外径和壁厚要求由供需双方协商确定。

3.3.2 长度及其允许偏差

管材的长度及其允许偏差应符合表3的规定。

表 3 管材长度及其允许偏差

单位为毫米(英寸)

长　度	允许偏差
≤4 000(157.555)	+13(0.512)
>4 000(157.555)~7 000(275.721)	+15(0.591)
注：管材的其他长度要求由供需双方协商确定。	

3.3.3 直度

半硬态管材的直度，每 3 m 不大于 13 mm。软态管材不作规定，如需方要求，可由供需双方协商确定。

3.3.4 切斜度

管材端部应锯切平整。在不使管材长度超出其允许偏差的条件下，管材的切斜度允许偏差应不超出表 4 的规定。

表 4 切斜度

单位为毫米(英寸)

公称外径	切斜度
≤16(5/8)	0.25(0.010)
>16(5/8)	公称外径的 1.6%

3.3.5 圆度

半硬态管材，其圆度应符合表 5 的规定。软态管材不作规定，如需方要求，可由供需双方协商确定。

表 5 半硬态管材圆度

公称壁厚和公称外径之比	圆　度
0.01~0.05	≤公称外径的 6%
>0.05	≤公称外径的 3%

3.4 力学性能

管材的室温纵向力学性能应符合表 6 的规定。

表 6 管材的室温力学性能

状态	抗拉强度 R_m/(N/mm²) 不小于	规定非比例延伸强度 $R_{P0.5}$/(N/mm²) 不小于	伸长率 A_{50mm}/% 不小于
M	276	83	35
Y_2	303	124	—

3.5 工艺性能

当需方要求时，管材应进行的工艺性能检验，检验项目根据需方要求选择。试验后的管材不应有肉眼可见的裂纹和裂口。

3.5.1 扩口试验

直径不大于 100 mm(3.938 in)，壁厚不大于 10 mm(0.394 in)的软态管材，可进行扩口试验，其外径扩口量为 25%，顶芯锥度为 60°。

3.5.2 压扁试验

对于直径大于 100 mm(3.938 in)的软态管材，可用压扁试验代替扩口试验。压扁后的内壁间距等于壁厚。

3.6 无损检验

3.6.1 涡流探伤试验

当需方要求时，管材应进行涡流探伤试验。其人工标准缺陷应符合 GB/T 5248—2008 中的表 3 的规定，超出规格范围的，采用水压试验。

3.6.2 水压试验

当需方要求时，管材应进行水压试验。试验时，每根管材应经受一次持续时间 10 s～15 s 的内部静水压力而不产生渗漏或永久变形现象。静水压应足以使材料能承受 41 N/mm² 的允许应力。静水压可由公式(1)求出。最大允许静水压不超过 6.9 N/mm²。

$$p = 2St/(D - 0.8t) \quad \cdots\cdots(1)$$

式中：

p——静水压力，单位为牛顿每平方毫米(N/mm²)；

t——管材壁厚，单位为毫米(mm)；

D——管材外径，单位为毫米(mm)；

S——材料的允许压力，单位为牛顿每平方毫米(N/mm²)。

3.6.3 气压试验

当需方要求时，管材应进行气压试验，试验后，管材应无气泡出现。

3.7 晶粒度

当需方要求时，软态管材应进行晶粒度检验。管材的平均晶粒度应不超过 0.050 mm。

3.8 残余应力试验

当需方要求时，应进行残余应力检验。试验后管材不应出现肉眼可见的裂纹。

3.9 表面质量

管材表面应清洁、光亮，不应有影响使用的有害缺陷。

4 试验方法

4.1 化学成分的仲裁分析方法

管材的化学成分仲裁分析方法按 GB/T 5121 的规定进行。

4.2 外形尺寸及其允许偏差测量方法

管材的外形尺寸及其允许偏差测量方法应按照 GB/T 26303.1 的规定进行。

4.3 力学性能检验方法

管材的室温拉伸试验方法按 GB/T 228.1 的规定进行。试验用试样应符合 GB/T 228.1—2010 的规定，其形状尺寸和试样号，按下列规定选用：

外径不大于 30 mm 的，从管材上切取全截面管段试样，选取 S7 号试样。

外径大于 30 mm 的，可取纵向弧形试样，选取 S1、S2 号试样。

4.4 工艺性能检验方法

4.4.1 管材的扩口试验按 GB/T 242 的规定进行。

4.4.2 管材的压扁试验按 GB/T 246 的规定进行。

4.5 无损检验方法

4.5.1 管材的涡流探伤检验按 GB/T 5248 的规定进行。

4.5.2 管材的水压试验按 GB/T 241 的规定进行。

4.5.3 管材的气压试验按如下规定进行：

管材试验时，与具有空气压力为 0.4 N/mm² 的气源保持连接，让其压力的空气保持在管内，管材完全浸入水中至少 5 s。检查是否有气泡出现。

4.6 晶粒度检验方法

管材的晶粒度检验按 YS/T 347 的规定进行。

4.7 残余应力检验方法

管材的残余应力试验推荐采用氨熏试验方法。

4.7.1 管材的氨熏试验方法按GB/T 10567.2的规定进行。

4.7.2 管材的硝酸亚汞试验方法按GB/T 10567.1的规定进行。

4.8 表面质量检验方法

管材表面质量用目视进行检验。

5 检验规则

5.1 检查和验收

5.1.1 管材应由供方质量检验部门进行检验，保证产品质量符合本标准及合同(订货单)规定，并填写质量证明书。

5.1.2 需方应对收到的产品按本标准及合同(订货单)的规定进行检验，检验结果与本标准或合同(订货单)的规定不符时，应以书面形式向供方提出，由供需双方协商解决。属于表面质量及尺寸偏差的异议，应在收到产品之日起一个月内提出；属于其他性能的异议，应在收到产品之日起三个月内提出。如需仲裁，应由供需双方共同协商确定。

5.2 组批

管材应成批提交验收，每批应由同一牌号、状态、精度等级和规格组成，每批重量应不大于5 000 kg。

5.3 检验项目

每批管材应进行化学成分、外形尺寸及其允许偏差、力学性能和表面质量的检验。

需方要求时，也应进行工艺性能、无损检验、晶粒度和残余应力的检验。

5.4 取样

管材的取样应符合表7的规定。

表7 取样

检验项目	取样规定	要求的章条号	试验方法的章条号
化学成分	1个试样/熔次(供方)，1个试样/批(需方)	3.2	4.1
外形尺寸及其允许偏差[a]	按照GB/T 2828.1规定的取样方案或供需双方协商	3.3	4.2
力学性能	任取2根/批、1个试样/根	3.4	4.3
工艺性能	任取2根/批、1个试样/根	3.5	4.4
无损检验	逐根	3.6	4.5
晶粒度	任取2根/批、1个试样/根	3.7	4.6
残余应力	任取2根/批，每根取1个长150 mm的试样	3.8	4.7
表面质量[a]	按照GB/T 2828.1规定的取样方案或供需双方协商	3.9	4.8

[a] 选择正常检验一次抽样方案，检测水平Ⅱ，接收质量限AQL=2.5。

5.5 检测结果的判定

5.5.1 化学成分不合格时，判该批管材不合格。

5.5.2 管材的外形尺寸及其允许偏差和表面质量不合格时，按根判不合格。每批中不合格件数超出接收质量限时判整批不合格，或由供方逐根检验，合格者单独编批交货。

5.5.3 当力学性能、工艺性能、晶粒度和残余应力的试验结果中有试样不合格时，应从该批管材(包括原受检不合格的那根管材)中另取双倍数量的试样进行重复试验，重复试验结果全部合格，则判该批管材合格。若重复试验结果仍有试样不合格，则判该批管材不合格，或由供方逐根检验，合格者单独编批交货。

5.5.4 无损检验不合格时，判单根管材不合格。

6 标志、包装、运输、贮存和质量证明书

管材的标志、包装、运输、贮存和质量证明书应符合 GB/T 8888 的规定。

7 合同（或订货单）内容

订购本标准所列材料的合同（或订货单）内应包括下列内容：

a） 产品名称；

b） 牌号；

c） 状态；

d） 规格；

e） 尺寸及允许偏差（有特殊要求时或高精级）；

f） 重量或根数；

g） 工艺性能、无损检验、晶粒度、残余应力（有要求时）；

h） 本标准编号；

i） 其他。

附　录　A
（资料性附录）
管材标准规格及其允许偏差与理论重量对应关系

表 A.1　管材标准规格及其允许偏差与理论重量对比关系

公称尺寸 DN	外径		壁厚			理论重量/(kg/m)(lb/ft)	壁厚			理论重量/(kg/m)(lb/ft)
	公称外径	平均外径允许偏差	公称壁厚	允许偏差			公称壁厚	允许偏差		
				普通精度	高精度			普通精度	高精度	
			A 型(普通强度)				B 型(高强度)			
1/8	10.3(0.405)	−0.10(0.004)	1.57(0.062)	公称壁厚的±8%	0.10(0.004)	0.376(0.253)	2.54(0.100)	公称壁厚的±8%	0.15(0.006)	0.540(0.363)
1/4	13.7(0.540)	−0.10(0.004)	2.08(0.082)		0.13(0.005)	0.665(0.447)	3.12(0.123)		0.18(0.007)	0.909(0.611)
3/8	17.1(0.675)	−0.13(0.005)	2.29(0.090)		0.13(0.005)	0.933(0.627)	3.23(0.127)		0.18(0.007)	1.23(0.829)
1/2	21.3(0.840)	−0.13(0.005)	2.72(0.107)		0.15(0.006)	1.39(0.934)	3.78(0.149)		0.20(0.008)	1.83(1.23)
3/4	26.7(1.050)	−0.15(0.006)	2.90(0.114)		0.15(0.006)	1.89(1.27)	3.99(0.157)		0.23(0.009)	2.48(1.67)
1	33.4(1.315)	−0.15(0.006)	3.20(0.126)		0.18(0.007)	2.65(1.78)	4.62(0.182)		0.25(0.010)	3.66(2.46)
1¼	42.2(1.660)	−0.15(0.006)	3.71(0.146)		0.20(0.008)	3.91(2.63)	4.93(0.194)		0.25(0.010)	5.04(3.39)
1½	48.3(1.900)	−0.15(0.006)	3.81(0.150)		0.20(0.008)	4.66(3.13)	5.16(0.203)		0.28(0.011)	6.10(4.10)
2	60.3(2.375)	−0.20(0.008)	3.96(0.156)	公称壁厚的±10%	0.23(0.009)	6.13(4.12)	5.61(0.221)	公称壁厚的±10%	0.30(0.012)	8.44(5.67)
2½	73.0(2.875)	−0.20(0.008)	4.75(0.187)		0.25(0.010)	8.91(5.99)	7.11(0.280)		0.38(0.015)	12.9(8.66)
3	88.9(3.500)	−0.25(0.010)	5.56(0.219)		0.30(0.012)	12.7(8.56)	7.72(0.304)		0.41(0.016)	17.3(11.6)
3½	102(4.000)	−0.25(0.010)	6.35(0.250)		0.33(0.013)	16.7(11.2)	8.15(0.321)		0.43(0.017)	21.0(14.1)
4	114(4.500)	−0.30(0.012)	6.35(0.250)		0.36(0.014)	18.9(12.7)	8.66(0.341)		0.46(0.018)	25.1(16.9)
5	141(5.562)	−0.36(0.014)	6.35(0.250)		0.36(0.014)	23.5(15.8)	9.52(0.375)		0.48(0.019)	34.5(23.2)
6	168(6.625)	−0.41(0.016)	6.35(0.250)		0.36(0.014)	28.3(19.0)	11.1(0.437)		0.69(0.027)	47.9(32.2)
8	219(8.625)	−0.51(0.020)	7.92(0.312)		0.56(0.022)	46.0(30.9)	12.7(0.500)		0.89(0.035)	72.0(48.4)
10	273(10.750)	−0.56(0.022 0)	9.27(0.365)		0.76(0.030)	67.3(45.2)	12.7(0.500)		1.0(0.040)	90.9(61.1)
12	324(12.750)	−0.61(0.024)	9.52(0.375)		0.76(0.030)	82.3(55.3)	—	—	—	—

注：其他外径和壁厚要求的管材由供需双方协商确定。

ICS 77.150.30
H 62

中华人民共和国国家标准

GB/T 26291—2010

舰船用铜镍合金无缝管

Copper-nickel seamless pipe for ships

2011-01-14 发布　　2011-11-01 实施

中华人民共和国国家质量监督检验检疫总局
中国国家标准化管理委员会
发布

前 言

本标准包括 BFe10-1-1、BFe10-1.6-1 和 BFe30-1-1 三个合金牌号，其中 BFe10-1.6-1 等同采用 G JB 5980—2006《舰船用白铜管材规范》的有关规定进行制定。

管材的外形尺寸及其允许偏差参照采用 DIN 86019—1997《管道用拉制 CuNi10Fe1.6Mn 无缝管标准管与精密管的尺寸》进行制定。

管材的力学性能参照采用 MIL-T-16420 K(SH)—1978《铜镍合金无缝管及焊管》进行制定。

本标准由中国有色金属工业协会提出。

本标准由全国有色金属标准化技术委员会归口。

本标准由高新张铜股份有限公司、浙江海亮股份有限公司负责起草。

本标准由无锡隆达金属材料有限公司、上虞金鹰铜业有限公司参加起草。

本标准主要起草人：魏笔、文继有、曹建国、朱卫光、王耿、赵学龙、翁祥金、孙立金、梁兴强。

舰船用铜镍合金无缝管

1 范围

本标准规定了舰船用铜镍合金无缝管的要求、试验方法、检验规则和标志、包装、运输及贮存、质量证明书和合同(或订货单)内容等。

本标准适用于舰船制造等海洋工程管路系统用铜镍合金无缝管材。

2 规范性引用文件

下列文件中的条款,通过本标准的引用而成为本标准的条款。凡是注日期的引用文件,其随后所有的修改单(不包括勘误的内容)或修订版均不适用于本标准。然而,鼓励根据本标准达成协议的各方研究是否可使用这些文件的最新版本。凡是不注日期的引用文件,其最新版本适用于本标准。

GB/T 228—2010 金属材料 拉伸试验 第1部分:室温试验方法(ISO 6892-1:2009,MOD)

GB/T 241 金属管 液压试验方法

GB/T 242 金属管 扩口试验方法

GB/T 246 金属管 压扁试验方法

GB/T 2828.1 计数抽样检验程序 第1部分:按接受质量限(AQL)检索的逐批检验抽样计划

GB/T 5121(所有部分) 铜及铜合金化学分析方法

GB/T 5231 加工铜及铜合金化学成分和产品形状

GB/T 5248—2008 铜及铜合金无缝管涡流探伤方法

GB/T 8888 重有色金属加工产品的包装、标志、运输和贮存

GB/T 26303.1 铜及铜合金加工材外形尺寸检测方法 第1部分:管材

YS/T 347 铜及铜合金平均晶粒度的测定方法

3 要求

3.1 产品分类

3.1.1 牌号、状态、规格

管材的牌号、状态、规格应符合表1的规定。

表1 管材的牌号、状态和规格

牌号	状态	规格/mm		
		外径	壁厚	长度
BFe10-1-1 BFe10-1.6-1	M Y_2	8~458	0.6~12.0	≤8 000
BFe30-1-1	M			
注:经供需双方协商,可供应其他牌号或规格的管材。				

3.1.2 标记示例

产品标记按产品名称、牌号、状态、规格和标准编号的顺序表示。标记示例如下:

示例1:用BFe10-1.6-1制造的、软态、直径为219 mm、壁厚为3.0 mm、长度为6 000 mm的管材标记为:

管 BFe10-1.6-1M ϕ219×3.0×6 000 GB/T 26291—2010

3.2 化学成分

BFe10-1-1、BFe30-1-1 牌号的化学成分应符合 GB/T 5231 的规定，BFe10-1.6-1 牌号的化学成分应符合表 2 的规定。

表 2 管材的化学成分

牌号	主要成分/%				杂质元素/%，不大于					
	Ni	Fe	Mn	Cu	Pb	S	C	Zn	P	其他杂质总合
BFe10-1.6-1	9.0～11.0	1.5～1.8	0.5～1.0	余量	0.02	0.01	0.05	0.20	0.01	0.10

3.3 外形尺寸及其允许偏差

3.3.1 管材的尺寸系列应符合表 3 的规定。

3.3.2 管材的外径允许偏差应符合表 3 的规定。

3.3.3 管材的壁厚允许偏差应符合 3.3.3.1、3.3.3.2 的规定。

3.3.3.1 当需方要求为平均壁厚时，外径不大于 159 mm 的管材，其任意壁厚允许偏差应为管材名义壁厚的±10%；外径大于 159 mm 的管材，其任意壁厚允许偏差应为管材名义壁厚的±12.5%。

3.3.3.2 当需方要求为最小壁厚时，管材的任意壁厚允许偏差应为管材要求的最小壁厚的＋18%。

表 3 管材的尺寸系列

单位为毫米

外径			壁厚																	
公称尺寸	公称外径	平均外径允许偏差	0.6	0.8	1.0	1.5	2.0	2.5	3.0	3.5	4.0	4.5	5.0	5.5	6.0	6.5	7.0	8.0	10.0	12.0
4	8	+0.045 −0.035	O	O	O	—	O	—	—	—	—	—	—	—	—	—	—	—	—	—
6	10	+0.045 −0.035	O	O	O	—	O	—	—	—	—	—	—	—	—	—	—	—	—	—
8	12	+0.045 −0.035	O	O	O	—	—	O	—	—	—	—	—	—	—	—	—	—	—	—
12	15	+0.045 −0.035	—	—	O	—	—	—	—	—	—	—	—	—	—	—	—	—	—	—
	16	+0.045 −0.035	—	—	O	O	O	O	—	—	—	—	—	—	—	—	—	—	—	—
16	18	+0.045 −0.035	—	—	—	O	—	—	—	—	—	—	—	—	—	—	—	—	—	—
	20	+0.055 −0.025	—	—	O	—	O	—	O	—	—	—	—	—	—	—	—	—	—	—
20	22	+0.055 −0.025	—	—	O	O	—	—	—	—	—	—	—	—	—	—	—	—	—	—
	25	+0.055 −0.025	—	—	—	O	O	—	—	—	O	—	—	—	—	—	—	—	—	—
25	28	+0.055 −0.025	—	—	—	O	—	—	—	—	—	—	—	—	—	—	—	—	—	—
	30	+0.055 −0.025	—	—	—	O	O	O	—	—	O	—	—	—	—	—	—	—	—	—
32	35	+0.07 −0.01	—	—	—	O	—	—	—	—	—	—	—	—	—	—	—	—	—	—
	38	+0.07 −0.01	—	—	—	O	O	O	—	—	—	—	—	—	—	—	—	—	—	—

表 3（续）

单位为毫米

外径			壁厚																	
公称尺寸	公称外径	平均外径允许偏差	0.6	0.8	1.0	1.5	2.0	2.5	3.0	3.5	4.0	4.5	5.0	5.5	6.0	6.5	7.0	8.0	10.0	12.0
40	42	+0.07 −0.01	—	—	—	O	—	—	—	—	—	—	—	—	—	—	—	—	—	—
	44.5	+0.07 −0.01	—	—	—	O	O	O	—	—	—	—	—	—	—	—	—	—	—	—
50	54	+0.1 +0.05	—	—	—	O	—	—	—	—	—	—	—	—	—	—	—	—	—	—
	57	+0.2 +0.12	—	—	—	O	O	O	O	—	—	—	—	—	—	—	—	—	—	—
70	76 (76.1)	+0.2 +0.05	—	—	—	—	O	O	O	O	—	—	—	—	—	—	—	—	—	—
80	89 (88.9)	+0.25 +0.10	—	—	—	—	O	O	O	O	O	—	—	—	—	—	—	—	—	—
100	108	+0.25 0	—	—	—	—	—	O	O	—	O	O	O	—	—	—	—	—	—	—
125	133	+0.5 +0.25	—	—	—	—	—	O	O	O	—	—	O	—	O	—	—	—	—	—
150	159	+0.5 +0.25	—	—	—	—	—	O	O	O	—	—	O	—	—	—	—	O	—	—
175	194 (193.7)	+0.8 +0.55	—	—	—	—	—	O	O	O	O	—	—	—	—	—	—	—	—	—
200	219 (219.1)	+0.8 +0.4	—	—	—	—	—	—	O	O	O	O	—	O	O	—	—	—	O	—
250	267	+1.0 −0.6	—	—	—	—	—	—	O	—	O	O	—	—	—	—	O	—	—	O
300	324 (323.9)	+1.0 −0.6	—	—	—	—	—	—	—	—	O	O	O	O	O	—	O	O	—	—
350	368	+1.0 −1.0	—	—	—	—	—	—	—	—	O	O	O	O	O	O	—	O	—	—
400	419.1	+1.0 −1.5	—	—	—	—	—	—	—	—	O	—	O	—	O	—	O	O	—	—
450	457.2	+1.0 −2.0	—	—	—	—	—	—	—	—	O	O	—	—	O	—	O	—	—	—

注：表中的“O”为本标准推荐的标准尺寸；表中的“—”为本标准不推荐的尺寸。

3.3.4 管材的定尺长度允许偏差应符合表 4 的规定。

表 4 管材的长度允许偏差

单位为毫米

公称外径	长度允许偏差				
	≤1 000	1 000～2 000	2 000～4 000	4 000～6 000	6 000～8 000
8～12	+2 0	+3 0	+4 0	+5 0	+6 0
>12～57	+3 0	+4 0	+5 0	+6 0	+7 0
>57～133	+4 0	+5 0	+6 0	+7 0	+8 0
>133～267	+5 0	+6 0	+7 0	+8 0	+9 0
>267～419	+6 0	+7 0	+8 0	+9 0	+10 0
>419～458	+8 0	+10 0	+12 0	+15 0	+20 0

3.3.5 管材的直度每米应不大于 2 mm。

3.3.6 管材的圆度应不大于公称外径的 2%。

3.3.7 管材端部应锯切平整，切口在不使管材长度超出允许偏差的条件下，管材的切斜度应符合表 5 的规定。

3.3.8 当用户有要求管端为加工焊接坡口时，管材的端口应符合相应的焊接坡口型式及几何尺寸规范要求。

表 5 管材端部的切斜度

单位为毫米

公称外径	切斜度，不大于
8～30	公称外径的 0.50%
>30～108	公称外径的 1.4%
>108	公称外径的 2.0%

3.4 力学性能

管材的室温纵向力学性能应符合表 6 的规定。

表 6 管材的力学性能

牌号	状态	公称外径 mm	抗拉强度 R_m (N/mm^2)	规定非比例延伸强度 $R_{P0.2}$ (N/mm^2)	断后伸长率 A_{50mm} /%
BFe10-1-1 BFe10-1.6-1	M	<115	≥270	≥105	≥35
		≥115	≥270	≥90	≥35
	Y_2	所有尺寸	≥310	≥240	≥15
BFe30-1-1	M	<115	≥345	≥125	≥30
		≥115	≥345	≥110	≥30

3.5 工艺性能

3.5.1 扩口试验

如需方要求时，外径不大于 108 mm 的管材可进行扩口试验。顶心锥度为 45°，扩口率不小于 30%，管材不应出现目视可见的裂纹或破损。

3.5.2 压扁试验

如需方要求时，外径不大于 108 mm 的管材进行压扁试验时，压扁后，软态管材的内壁距离等于 1 倍名义壁厚、半硬态管材的内壁距离等于 3 倍名义壁厚，管材不应出现目视可见的裂纹或破损。

3.5.3 双向弯曲试验

外径大于 108 mm 的管材，需方要求进行扩口试验或压扁试验时，可用双向弯曲试验代替，弯曲后不应出现目视可见裂纹或破损。

3.6 晶粒度

软态管的平均晶粒度为 0.010 mm～0.045 mm。

3.7 非破坏性试验

当需方要求时，每根管材均应进行涡流探伤或水压试验。

3.7.1 涡流探伤

管材进行涡流探伤检验时，其人工标准缺陷（钻孔直径）应符合 GB/T 5248—2008 中表 3 的规定进行。超出标准规格范围的管材，采用水压试验。

3.7.2 水压试验

管材的最大工作压力按式(1)计算。

管材进行水压试验时，其试验压力按式(2)计算。在该压力下，持续 10 s～15 s 后，管材应无渗漏和永久变形，最大试验压力不超过 6.9 N/mm²，如超出由双方协商确定。

$$p=\frac{2S\cdot t}{D-0.8t} \quad \cdots\cdots (1)$$

$$p_t=np \quad \cdots\cdots (2)$$

式(1)、式(2)中：

p——最大工作压力，单位为牛顿每平方毫米(N/mm²)；

p_t——试验压力，单位为牛顿每平方毫米(N/mm²)；

t——管材名义壁厚，单位为毫米(mm)；

D——管材公称外径，单位为毫米(mm)；

n——安全系数(1.50～1.65)；

S——材料允许应力。室温条件下，取表 6 中相应牌号及状态 $R_{P0.2}$ 最小值的 50%。

3.8 表面质量

3.8.1 管材内外表面应光滑、清洁，不应有分层、针孔、裂纹、起皮、气泡、粗拉道、严重的环状痕迹和夹杂等影响使用的缺陷。

3.8.2 管材表面允许有轻微的、局部的、不超出管材外径和壁厚允许偏差的不影响使用的缺陷。

4 试验方法

4.1 化学成分仲裁分析方法

管材的化学成分仲裁分析按 GB/T 5121 的规定进行。

4.2 外形尺寸及其允许偏差测量方法

管材的外形尺寸及其允许偏差测量按 GB/T 26303.1 的规定进行。

4.3 力学性能检验方法

管材的室温力学性能试验方法按 GB/T 228.1—2010 的规定进行。

试验用拉伸试样其形状尺寸和试样号，按下列规定选用：

外径不大于 30 mm 的，从管材上切取全截面管为试样，选取试样号 S8；

外径大于 30 mm 的，可取纵向弧形试样，选取试样号 S4、S5、S6。

4.4 工艺性能检验方法

4.4.1 管材的扩口试验方法按 GB/T 242 的规定进行。

4.4.2 管材的压扁试验方法按 GB/T 246 的规定进行。

4.4.3 管材的双向弯曲试验方法按下面的规定进行：

试样取纵向弧形试样，其宽度 50 mm，长度 300 mm，壁厚为管材原壁厚，取样后压平(半硬态管材试样需压平后退火为软态)，将试样两端 180°折弯，折弯后如图 1 所示。

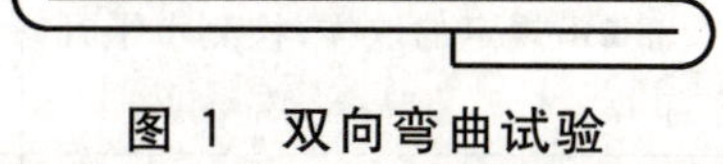

图 1 双向弯曲试验

4.5 晶粒度检测方法

晶粒度的检测方法按 YS/T 347 的规定进行。

4.6 非破坏性试验方法

4.6.1 管材的涡流探伤检验方法按 GB/T 5248 的规定进行。

4.6.2 管材的水压试验方法按 GB/T 241 的规定进行。

4.7 表面质量检测方法

管材的表面质量应目视进行检验。

5 检验规则

5.1 检查和验收

5.1.1 管材应由供方技术监督部门进行检验，保证产品质量符合本标准及合同(或订货单)的规定，并填写质量证明书。

5.1.2 需方对收到的产品应按本标准的规定进行检验，如检验结果与本标准及合同(或订货单)规定不符时，应在收到产品之日起一个月内向供方提出，由供需双方协商解决。

5.2 组批

5.2.1 管材应成批提交验收，每批应由同一牌号、状态、规格的管材组成。对于有特殊要求的，应由同一炉号组批。

5.2.2 每批管材的批量应符合表7的规定。

表7 检验批量

公称外径/mm	最大批次总长度/m
8～12	3 000
＞12～38	1 500
＞38～108	900
＞108～159	750
＞159～194	600
＞194～219	550
＞219～267	450
＞267～324	350
＞324～368	250
＞368	150

5.3 检验项目

5.3.1 每批管材应进行化学成分、外形尺寸及其允许偏差、力学性能、晶粒度和表面质量的检验。

5.3.2 当需方有要求时，管材应进行扩口试验、压扁试验或双向弯曲试验。

5.3.3 当需方有要求时，每根管材应进行水压试验或涡流探伤检验(选择两种试验方法中的一种进行)。

5.4 取样

管材的检验取样应符合表8的规定。

表8 管材的取样

检验项目	取样规定	要求的章条号	试验方法的章条号
化学成分	1个试样/熔次(供方)；1个试样/批(需方)	3.2	4.1
外形尺寸及其允许偏差[a]	按照GB/T 2828.1规定的取样，检测水平Ⅱ或供需双方协商	3.3	4.2
力学性能	任取2根/批、1个试样/根	3.4	4.3
工艺性能	任取2根/批、1个试样/根	3.5	4.4
晶粒度	任取2根/批、1个试样/根	3.6	4.5
非破坏性试验	逐根	3.7	4.6
表面质量[a]	按照GB/T 2828.1规定的取样，检测水平Ⅱ或供需双方协商	3.8	4.7

[a] 接收质量限 AQL=2.5。

5.5 检测结果的判定

5.5.1 化学成分不合格时，判该批管材不合格。

5.5.2 管材的外形尺寸及其允许偏差和表面质量不合格时，按根判不合格。每批中不合格件数超出接收质量限时判整批不合格，或由供方逐根检验，合格者交货。

5.5.3 当力学性能、工艺性能、晶粒度检测结果中有试样不合格时，应从该批管材（包括受检不合格那根管材）中另取双倍数量的试样进行重复试验，重复试验全部合格，则判该整批管材合格。若重复试验结果仍有试样不合格，则判该整批管材不合格，或由供方逐根检验，合格者交货。

5.5.4 涡流探伤、水压试验检验不合格者，判单根管材不合格。

6 标志、包装、运输、贮存和质量证明书

管材的标志、包装、运输、贮存和质量证明书应符合 GB/T 8888 的规定。

7 合同（或订货单）内容

本标准所列管材的合同（或订货单）内应包括下列内容：

a） 产品名称；

b） 牌号；

c） 供货状态；

d） 规格；

e） 数量（重量或根数、米数）；

f） 非破坏性试验（涡流探伤或水压试验）；

g） 工艺性能（扩口试验、压扁试验或双向弯曲试验）；

h） 本标准编号；

i） 其他。

ICS 77.120.99
H 68

中华人民共和国国家标准

GB/T 26292—2010

金锗蒸发料

Gold-germanium evaporation material

2011-01-14 发布 2011-11-01 实施

中华人民共和国国家质量监督检验检疫总局
中国国家标准化管理委员会 发布

前　言

本标准由全国有色金属标准化技术委员会(SAC/TC 243)归口。

本标准由北京有研亿金新材料股份有限公司、北京有色金属研究总院负责起草。

本标准主要起草人:杨永刚、朱晓光、王永辉、雷继峰、熊晓东、江轩、李娜、童坚。

金锗蒸发料

1 范围

本标准规定了金锗蒸发材料的要求、试验方法、检验规则、标志、包装、运输、贮运及质量证明书与订货单(或合同)内容。

本标准适用于各种方法生产的金锗蒸发材料,该产品主要用于分立器件、发光二极管制造等行业。

2 规范性引用文件

下列文件对于本文件的应用是必不可少的。凡是注日期的引用文件,仅注日期的版本适用于本文件。凡是不注日期的引用文件,其最新版本(包括所有的修改单)适用于本文件。

GB/T 2828.1 计数抽样检验程序 第1部分:按接收质量限(AQL)检索的逐批检验抽样计划

GB/T 15077 贵金属及其合金材料几何尺寸测量方法

3 要求

3.1 产品分类

按合金元素组成分成5个牌号:Au88Ge,Au88GeSb、Au86GeNi、Au83GeNi、Au80GeNi。

3.2 化学成分

合金元素化学成分应符合表1的要求。

表1

单位为质量分数/%

产品名称	主成分				杂质元素,不大于			
	Au	Ge	Sb	Ni	Pb	Zn	Cd	总量
Au88Ge	余量	11.5～12.5	—	—	0.05	0.05	0.05	0.15
Au88GeSb	余量	11.5～12.5	0.13～0.17	—	0.05	0.05	0.05	0.15
Au86GeNi	余量	11.3～12.3	—	1.5～2.5	0.05	0.05	0.05	0.15
Au83GeNi	余量	10.9～11.9	—	4.5～5.5	0.05	0.05	0.05	0.15
Au80GeNi	余量	10.5～11.5	—	7.5～8.5	0.05	0.05	0.05	0.15

3.3 规格尺寸

金锗蒸发料的规格尺寸要求见表2所示,供需双方可协商生产其他规格。

表 2

产品名称	形态	规格尺寸/mm					
		厚度	允许偏差	宽度	允许偏差	长度	允许偏差
Au88Ge	条状	1.4	±0.2	8.5	±0.5	—	—
Au88GeSb	条状	1.4	±0.2	5.5	±0.5	—	—
Au86GeNi	片状	1	±0.2	5.0	±0.5	5.0	±0.5
Au83GeNi	片状	1	±0.2	5.0	±0.5	5.0	±0.5
Au80GeNi	片状	1	±0.2	5.0	±0.5	5.0	±0.5

3.4 表面质量

金锗蒸发料表面应光亮平整、洁净;应无指痕、无油污和锈蚀;无夹杂、无油污和无锈蚀;应无颗粒附加物和其他沾污。

3.5 包装质量

真空袋封口要平整无贯通,真空袋体无漏洞,无真空泄漏。

4 试验方法

4.1 产品主元素及杂质元素含量按照附录 A 的规定进行。

4.2 产品几何尺寸的测量按 GB/T 15077 规定进行。

4.3 外观质量用目视检查,如发现异常现象,在 10 倍放大镜下目视检查。

4.4 包装质量采用目测检查。

5 检验规则

5.1 检查和验收

5.1.1 产品应由供方检验部门进行检验,保证产品质量符合本标准(或订货合同)的规定,并填写质量证明书。

5.1.2 需方应对收到的产品按本标准的规定进行检验,如检验结果与本标准(或订货合同)的规定不符时,应在收到产品之日起 1 个月内向供方提出,由供需双方协商解决。如需仲裁,仲裁取样由供需双方共同进行。

5.2 组批

金锗蒸发料应成批提交检验。每批应由同一投料批、同一规格、同一牌号的产品组成。

5.3 检验项目

检验项目、取样位置及数量应符合表 3 的规定。

表 3

检验项目	取样位置	取样数量	要求的章条号	检验的章条号
化学成分	铸锭缩孔下	按铸锭数量的20%进行抽检， 但不少于1个铸锭；每铸锭取1个样	3.2	4.1
几何尺寸	成品随机取样	按GB/T 2828.1标准取S-1，AQL=1.5抽取样品	3.3	4.2
外观质量	成品随机取样	按GB/T 2828.1标准取S-1，AQL=1.5抽取样品	3.4	4.3
包装质量	—	逐件	3.5	4.4

5.4 检验结果判定

5.4.1 化学成分不合格时，判该锭不合格。重新取双倍数量的铸锭取样进行检验，若仍有不合格，则判该批不合格。

5.4.2 几何尺寸不合格时，判该批产品不合格。

5.4.3 外观质量不合格时，判该批产品不合格。

5.4.4 包装质量不合格时，判该件产品不合格。

6 标志、包装、运输、贮存及质量证明书

6.1 标志

在已检验合格的每袋产品上应附标签，注明：

a) 产品名称；

b) 规格；

c) 净重；

d) 毛重；

e) 批号；

f) 生产日期；

g) 供方名称；

h) 生产厂家地址电话。

6.2 包装、运输和贮存

6.2.1 外包装采用纸箱或木箱包装。经供需双方协商还可采用其他方式包装。

6.2.2 产品运输过程中应防止碰伤、擦伤，不得损坏和沾污产品，并保证运输过程中产品及包装完整。

6.2.3 产品应保存于清洁、干燥的环境中。

6.3 质量证明书

每批产品应附有质量证明书，注明：

a) 客户名称；

b) 供方名称；

c) 产品名称；

d) 规格；

e) 数量；

f) 净重；

g) 批号；

h) 检测报告和技术监督部门印记；

i) 生产日期；

j) 执行标准号。

7 订货单(或合同)内容

订购本标准所列产品的订货单(或合同)内应包括下列内容：

a) 产品名称；

b) 规格；

c) 数量；

d) 执行标准号；

e) 其他。

附 录 A
（规范性附录）
金锗合金化学分析方法
电感耦合等离子体发射光谱法测定
锗、锑、镍、铅、锌、镉含量

A.1 范围

本附录方法规定了金锗合金中锗、锑、镍、铅、锌、镉含量的测定方法。

本附录方法适用于金锗合金中锗含量的测定。测定范围：

表 A.1

测定元素	质量分数/%
Ge	10.00～15.00
Sb	0.1～0.3
Ni	1.00～10.00
Pb、Zn、Cd	0.005～0.05

A.2 方法提要

试料以王水(1+1)在微波炉中溶解，稀释至一定体积。使用电感耦合等离子体发射光谱仪，于所优化的分析线波长处测量锗、锑、镍、铅、锌、镉的发射强度，按工作曲线法计算锗、锑、镍、铅、锌、镉的质量浓度，以质量分数表示测定结果。

A.3 试剂

除非另有说明，在分析中仅使用确认为优级纯的试剂和蒸馏水或去离子水或相当纯度的水。

A.3.1 盐酸(ρ 约 1.19 g/mL)，优级纯。

A.3.2 硝酸(ρ 约 1.42 g/mL)，优级纯。

A.3.3 硫酸(ρ1.84 g/mL)，优级纯。

A.3.4 王水：3 单位体积的盐酸(A.3.1)与 1 单位体积的硝酸(A.3.2)混合。

A.3.5 王水(1+1)：1 单位体积王水(A.3.4)与 1 单位体积水混合。

A.3.6 锌、铅、镉标准贮存溶液：分别称取 1.000 0 g 纯锌、纯铅、纯镉(均≥99.99%)于一组 150 mL 烧杯中，分别加入 10 mL 硝酸(1+1)，加热溶解、煮沸除去氮的氧化物，冷却。分别移入一组 1 000 mL 容量瓶中，用水稀释至刻度，混匀。此溶液 1 mL 中含 1 mg 锌、铅、镉。

A.3.7 锑标准贮存溶液：称取 1.000 0 g 纯锑[w(Sb)≥99.95%]，置于 100 mL 烧杯中，加入 20 mL～30 mL 硫酸(1+1)，加热溶解完全后，用硫酸(1+4)稀释，移入 1 000 mL 容量瓶中，用硫酸(1+4)稀释至刻度，摇匀。此溶液 1 mL 含 1.0 mg 锑。

A.3.8 镍标准贮存溶液：称取 1.000 0 g 金属镍[w(Ni)≥99.95%]，置于 400 mL 烧杯中，加入 10 mL 硝酸(1+1)，加热溶解、煮沸除去氮的氧化物，冷却，将溶液移入 1 000 mL 容量瓶中，用水稀释至刻度，混匀。此溶液 1 mL 含 1.0 mg 镍。

A.3.9 锗标准贮存溶液：称取 1.000 0 g 纯锗[w (Ge)≥99.95%]，置于 100 mL 烧杯中，加入 5 mL 过氧化氢，使其溶解，逐滴加入氨水至产生白色沉淀并溶解，以硫酸(1+8)中和至中性，再过量 0.5 mL，移入 1 000 mL 容量瓶中，以水稀释至刻度，摇匀。此溶液 1 mL 含 1.0 mg 锗。

A.3.10 锗标准溶液：准确移取锗标准贮存溶液(A.3.9)10.00 mL 至 100 mL 容量瓶中，补加王水(A.3.5)10 mL，用水稀释至刻度，混匀。此溶液 1 mL 含 100 μg 锗。

A.3.11 混合标准溶液：分别移取 1.00 mL 铅、锌、镉标准贮存溶液，置于 100 mL 容量瓶中，加入王水(A.3.5)10 mL，用水稀释至刻度，混匀。此溶液 1 mL 含 10.0 μg 铅、锌、镉。

A.3.12 锑标准溶液：准确移取锑标准贮存溶液(A.3.7)10.00 mL 至 100 mL 容量瓶中，补加王水(A.3.5)10 mL，用水稀释至刻度，混匀。此溶液 1 mL 含 100 μg 锑。

A.3.13 镍标准溶液：准确移取镍标准贮存溶液(A.3.8)10.00 mL 至 100 mL 容量瓶中，补加王水(A.3.5) 10 mL，用水稀释至刻度，混匀。此溶液 1 mL 含 100 μg 镍。

A.4 仪器

A.4.1 电感耦合等离子体光谱仪

仪器测定条件(参考)：RF 功率 1 000 W～1 150 W；载气压力 1.5×10^5 Pa～2.2×10^5 Pa；冷却气流量 15 L/min；辅助气流量 1.0 L/min；观察高度(感应圈上方)10 mm～15 mm，进液泵速 1.85 mL/min。被测元素波长见表 A.2。

表 A.2

元　素	波长 λ/nm	元　素	波长 λ/nm
Ge	209.426	Cd	226.502
Sb	217.581	Zn	213.856
Pb	220.353	Ni	231.604

A.4.2 微波炉消解条件(型号 MDS-6)

微波消解条件(参考)：压力＞0.2 MPa，加热时间＞10 min，功率＞300 W。

A.5 分析步骤

A.5.1 试料

称取 0.5 g 试样，精确至 0.000 1 g。

A.5.2 测定次数

独立地进行两次测定，取其平均值。

A.5.3 空白试验

随同试料做空白试验。

A.5.4 测定

A.5.4.1 将试料(A.5.1)置于微波炉用消解罐中,加 10 mL 王水(1+1)(A.3.5),用微波炉加热溶解,冷却。将溶液移入 100 mL 容量瓶中,用水稀释至刻度,混匀。此试液用于测定锑、铅、锌、镉。

A.5.4.2 分取 5 mL 试液(A.5.4.1)于 250 mL 容量瓶中,加入 25 mL 王水(1+1)(A.3.5),用水稀释至刻度,混匀。此试液用于测定锗、镍。

A.5.4.3 标准系列溶液的配制:

分别移取 0,5.00 mL,10.00 mL,20.00 mL 锗标准溶液(A.3.7)于一系列 100 mL 容量瓶中,补加 10 mL 王水(1+1)(A.3.5),用水稀释至刻度,混匀。

分别移取 0,5.00 mL,10.00 mL,20.00 mL 锑标准溶液(A.3.12)于一系列 100 mL 容量瓶中,补加 10 mL 王水(1+1)(A.3.5),用水稀释至刻度,混匀。

分别移取 0,1.00 mL,5.00 mL,10.00 mL 镍标准溶液(A.3.13)于一系列 100 mL 容量瓶中,补加 10 mL 王水(1+1)(A.3.5),用水稀释至刻度,混匀。

分别移取 0,2.00 mL,5.00 mL,10.00 mL 混合标准溶液(A.3.11)于一系列 100 mL 容量瓶中,补加 10 mL 王水(1+1)(A.3.5),用水稀释至刻度,混匀。

A.5.4.4 将标准级系列溶液(A.5.4.3)输入等离子体中激发,制作工作曲线。输入空白试液(A.5.3)和试料溶液(A.5.4.1)、(A.5.4.2),测得空白试液中和试料溶液中各被测元素的质量浓度。

A.6 分析结果的计算

A.6.1 按式(A.1)计算被测元素锗、镍质量分数 w_x(%):

$$w_x = \frac{(\rho_x - \rho_0) \cdot V_1 \cdot V_3 \times 10^{-6}}{V_2 \cdot m} \times 100 \qquad \text{(A.1)}$$

式中:

ρ_x ——试液中被测元素的质量浓度,单位为微克/毫升(μg/mL);

ρ_0 ——空白溶液中被测元素的质量浓度,单位为微克/毫升(μg/mL);

V_1——试液总体积,单位为毫升(mL);

m ——试料质量,单位为克(g);

V_2——分取试液体积,单位为毫升(mL);

V_3——分取试液定容后体积,单位为毫升(mL)。

A.6.2 按式(A.2)计算被测元素 Sb、Pb、Cd、Zn 质量分数 w_x(%):

$$w_x = \frac{(\rho_x - \rho_0) \cdot V \times 10^{-6}}{m} \times 100 \qquad \text{(A.2)}$$

式中:

ρ_x ——试液中被测元素的质量浓度,单位为微克/毫升(μg/mL);

ρ_0 ——空白溶液中被测元素的质量浓度,单位为微克/毫升(μg/mL);

V ——试液总体积,单位为毫升(mL);

m ——试料质量,单位为克(g)。

A.7 允许差

实验室之间分析结果的差值应不大于表 A.3 所列允许差。

表 A.3

元　　素	质量分数 w/%	相对允许差 Δ/%
Ge	10.00～15.00	3
Sb	0.10～0.30	10
Ni	1.00～10.00	2
Pb、Zn、Cd	0.005～0.01	20
Pb、Zn、Cd	>0.01～0.05	10

ICS 71.100.10
Q 52

中华人民共和国国家标准

GB/T 26293—2010/ISO 17544:2004

铝电解用炭素材料 冷捣糊和中温糊 未焙烧糊捣实性的测定

Carbonaceous materials used in the production of aluminium—Cold and tepid ramming paste—Determination of rammability of unbaked paste

(ISO 17544:2004,IDT)

2011-01-14 发布　　2011-11-01 实施

中华人民共和国国家质量监督检验检疫总局
中国国家标准化管理委员会　发布

前　言

本标准按照 GB/T 1.1—2009 给出的规则起草。

本标准等同采用 ISO 17544:2004《铝电解用炭素材料　冷捣糊和中温糊　未焙烧糊捣实性的测定》。本标准在等同采用 ISO 17544:2004 时，将其前言删除。

本标准由中国有色金属工业协会提出。

本标准由全国有色金属标准化技术委员会(SAC/TC 243)归口。

本标准负责起草单位：中国铝业股份有限公司郑州研究院、中国有色金属工业标准计量质量研究所。

本标准主要起草人：黄华、郭永恒、李波、韩冬。

铝电解用炭素材料 冷捣糊和中温糊 未焙烧糊捣实性的测定

1 范围

本标准规定了冷捣糊和中温糊捣实性的测定方法。

本标准适用于冷捣糊和中温糊捣实性的测定。通过捣实性的测定,可以获得糊料的最佳捣实密度。

2 规范性引用文件

下列文件对于本文件的应用是必不可少的。凡是注日期的引用文件,仅注日期的版本适用于本文件,凡是不注日期的引用文件,其最新版本(包括所有的修改单)适用于本文件。

ISO 5725.2 测试方法和结果的精确度(准确度和精密度) 第2部分:标准测量方法的测试重复性和再现性的基本方法(Accuracy (trueness and precision) of measurement methods and results—Part 2: Basic method for the determination of repeatability and reproducibility of a standard measurement method)

ISO 14422 铝用炭素材料 冷捣糊 取样方法(Carbonaceous materials used in the production of aluminium—Cold-ramming pastes—Methods of sampling)

3 符号

h——测试样品的测量高度,单位为厘米(cm);

m——放置在圆筒内样品的质量,单位为克(g);

N——捣压次数;

$N2$——$\rho(N)$二次微商的最小值;

r——圆筒内径,单位为厘米(cm);

α——描述捣压曲线坡度的缩放或正常的参数(随着α增大而减小);

γ——分布状态原点变化的位置参量;

ρ_{max}——最大密度值,单位为克每立方厘米(g/cm^3);

ρ_0——初始密度值,反映了糊在其自身重量挤压下的松散度,单位为克每立方厘米(g/cm^3);

$\rho(N)$——N次捣压后的密度,单位为克每立方厘米(g/cm^3);

$\rho(N)'$——$\rho(N)$的一次微商;

$\rho(N)''$——$\rho(N)$的二次微商;

$\rho(N)'''$——$\rho(N)$的三次微商;

$\rho(50)$——50次捣压后的密度,单位为克每立方厘米(g/cm^3);

$\rho(100)$——100次捣压后的密度,单位为克每立方厘米(g/cm^3);

$\Delta\rho$——指前因子,$\Delta\rho=\rho_{max}-\rho_0$,单位为克每立方厘米($g/cm^3$)。

4 方法原理

捣实性是在试验室用锤子将糊进行350次的捣压。捣固模具见图1。糊的密度作为捣压次数的函数。使这些数据符合公式(1)给定的三个参数的累积分布函数：

$$\rho(N)=\rho_{\max}-\Delta\rho\times\exp\left[-\left(\frac{\lg N-\gamma}{\alpha}\right)^{6}\right] \quad\cdots\cdots(1)$$

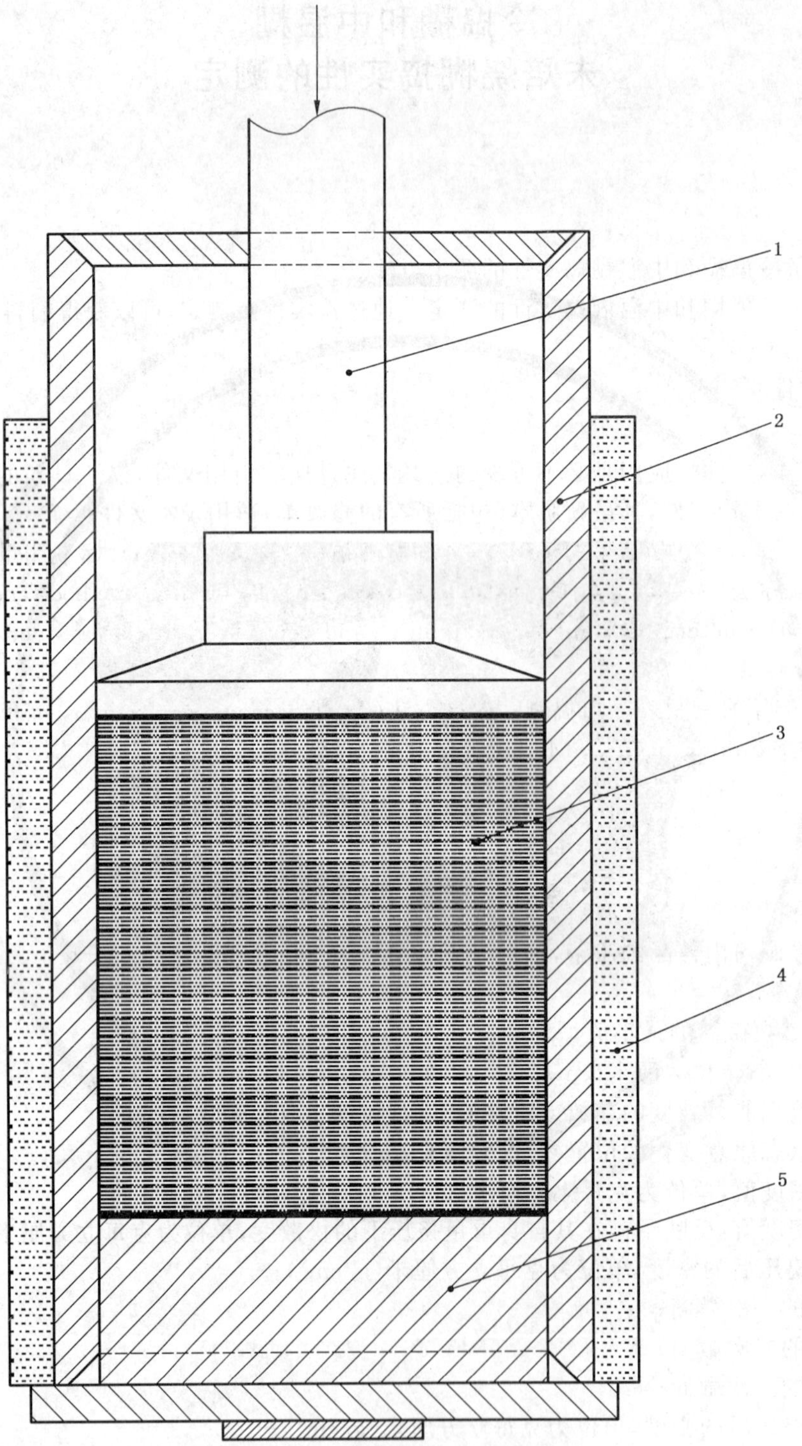

1——捣锤；
2——捣固圆筒；
3——冷捣糊；
4——保温及绝热装置；
5——底板。

图1 阴极糊捣固模具

根据函数的二次微商有一个最小值时对应的捣压次数,可计算捣实性能参数 $N2$。另外按公式(2)测定捣压 50 次和 100 次时的密度比值:

$$\frac{\rho(50)}{\rho(100)} \qquad \cdots\cdots(2)$$

5 仪器

5.1 捣固圆筒:内径 50 mm,钢制。

5.2 底板:钢制,底板应当符合圆筒并作为圆筒底部。

5.3 捣锤:包括一个钢质活塞和能够由顶部落下的重锤,下落的测量精度为 0.1 mm。下落重锤的质量应为 6.35 kg,且下落冲撞的距离恒定在 50 mm±0.1 mm。

5.4 箱子(带盖):容积可以满足一次测试的需要,并且剩下的空间不应大于糊料体积的 50%。

5.5 烘箱:在 5 ℃~100 ℃的范围内的控制精度为±0.5 ℃。

5.6 保温层:作为捣锤圆筒的绝热材料,或温度调节装置。

5.7 天平:精度 0.1 g。

6 取样

按照 ISO 14422 的规定进行取样。

注:经验表明每次测试需试样 150 g~200 g。

7 测定步骤

7.1 确保圆筒、底板和活塞是清洁的。

7.2 称取一定数量的试料(6),精确至 0.1 g。若使用的试料量未知,通过初步测试来确定所需的质量(试料捣实后的高度必须是 50 mm±5 mm)。将称好的试料放入合适的箱子(5.4)内,密封好,将箱子与捣固圆筒(5.1)、底板(5.2)和保温层(5.6)一起在烘箱内(5.5)加热到合适温度,保温 2 h~3 h。

7.3 将试料(7.2)转移至圆筒内,用保温层(5.6)包裹保护圆筒。将捣锤放入圆筒内,放下活塞直至其停止在试料上。以约每秒 1 次的速率来捣压试料共 350 次。当经历 1,2,3,4,5,7,10,15,20,25,30,35,40,50,60,80,100,120,150,180,230,280 和 350 次捣压后,随着活塞头部静止在试料上,从捣压设备上的刻度读出测试样品的高度 h(精确至 0.1 mm)。

7.4 如果捣压后试料的高度不等于 50 mm±5 mm 时,结果作废,应重新取样进行测试。

8 测定结果的计算

8.1 密度计算

按公式(3)计算每次捣压后试料的密度 $\rho(N)$:

$$\rho(N)=\frac{m}{\pi r^2 h} \qquad \cdots\cdots(3)$$

式中:

m ——圆筒内试料的质量,单位为克(g),精确至 0.1 g;

r ——捣锤圆筒内径,单位为厘米(cm),精确至 0.01 cm;

h ——读出的该次捣压后的试料高度,单位为厘米(cm),精确至 0.01 cm。

计算结果精确至 0.001 g/cm³。

绘制 $\rho(N)$对 N 的捣压曲线。

8.2 捣压曲线的解释

捣压曲线是以平缓的渐近线方式接近最大密度值，可说明该糊料是干糊；捣压曲线是以陡峭的渐近线方式接近最大密度值的糊，可说明该糊料是湿糊。

8.3 *N*2 的测定

8.3.1 将数据拟合成韦布尔函数

数据拟合基于以对数横坐标呈出的捣压曲线和统计累积分布函数的相似处。在此选择一个常规的三参数累积韦布尔函数。

按照公式(3)计算的 $\rho(N)$值代入韦布尔函数，按照公式(4)测定参数 ρ_{max}，$\Delta\rho$，α 和 γ：

$$\rho(N)=\rho_{max}-\Delta\rho\times\exp\left[-\left(\frac{\lg N-\gamma}{\alpha}\right)^{6}\right] \quad\cdots\cdots(4)$$

利用现行的计算机程序，通过最小二乘法来进行拟合。通常，需要四个参量的初始值，可以使用表 1 中的初始值。

表 1 公式(4)的初始值

符　号	初 始 值
ρ_{max}	1.500
$\Delta\rho$	0.500
α	3
γ	−2

8.3.2 计算 *N*2

令 $\rho(N)$的三次微商等于零(即 $\rho(N)'''=0$)，可得到密度分布曲线的拐点。二次微商 $\rho(N)''$的最小值作为捣压性的评价标准。

当令三次微商等于零时，按照公式(5)，捣压数(*N*2)给出 $\rho(N)$(关于 $\lg N$)的二次微商的最小值：

$$\rho(N)'''=\frac{12\Delta\rho}{\alpha^{3}}\times e^{-\frac{\lg N-\gamma}{\alpha}}\times\left[18\left(\frac{\lg N-\gamma}{\alpha}\right)^{15}-45\left(\frac{\lg N-\gamma}{\alpha}\right)^{9}+10\left(\frac{\lg N-\gamma}{\alpha}\right)^{3}\right]=0 \quad\cdots(5)$$

由公式(5)得：

$$N2=10^{(1.145\alpha+\gamma)} \quad\cdots\cdots(6)$$

用公式(6)和 8.3.1 中曲线拟合操作得到的参数，计算给出 $\rho(N)$的二次微商最小值(三次微商等于零)，即捣压数 *N*2。将计算得到的 *N*2 值修约精确到整数。

注：典型值为：65＜*N*2＜130，这些数是在一次筑炉时，在与实际工作相比较获得的捣压数，可能的范围取决于相应捣打技术。

8.4 $\rho(50)/\rho(100)$的测定

利用公式(2)中 $\rho(50)$和 $\rho(100)$的值，计算 50 次捣压的密度除以 100 次捣压的密度。

注：典型值为：0.960＜$\rho(50)/\rho(100)$＜0.975，这些数是在一次筑炉时，在与实际工作相比较获得的捣压数，可能的范围取决于相应捣打技术。

9 精密度

9.1 *N*2

重复性限 $r=0.18\times N2-3.71$。

再现性限 $R=0.34\times N2+2.65$。

自由度数即实验室数(5)×样品数(4)是20。

9.2 $\rho(50)/\rho(100)$

重复性限 $r=0.0049$。

再现性限 $R=0.496\times\rho(50)/\rho(100)-0.4731$。

自由度数即实验室数(6)×样品数(4)是24。

10 检测报告

检测报告应包括下面的内容：

a) 本标准编号；

b) 所有辨认测试样品所必需的详细资料；

c) 测试温度；

d) 测试结果；

e) 对捣压次数的密度曲线；

f) 将曲线拟合成韦布尔函数后测定的参数 ρ_{max}，$\Delta\rho$，α 和 γ 的值；

g) 获得的 $N2$ 和 $\rho(50)/\rho(100)$ 值；

h) 测试日期；

i) 测试过程中出现的异常现象；

j) 本标准中未曾提及或可选择的操作。

ICS 71.100.10
Q 52

中华人民共和国国家标准

GB/T 26294—2010/ISO/TS 14423:1999

铝电解用炭素材料 冷捣糊中有效粘合剂含量、骨料含量及骨料粒度分布的测定 喹啉萃取法

Carbonaceous materials used in the production of aluminium—Cold-ramming pastes—Determination of effective binder content and aggregate content by extraction with quinoline, and determination of aggregate size distribution

(ISO/TS 14423:1999,IDT)

2011-01-14 发布　　2011-11-01 实施

中华人民共和国国家质量监督检验检疫总局
中国国家标准化管理委员会　发布

前　言

本标准按照 GB/T 1.1—2009 给出的规则起草。

本标准等同采用 ISO/TS 14423:1999《铝电解用炭素材料　冷捣糊中有效粘合剂和骨料的含量及骨料粒度分布的测定　喹啉萃取法》。本标准等同采用 ISO/TS 14423:1999 时将其目录和前言删除。

本标准由中国有色金属工业协会提出。

本标准由全国有色金属标准化技术委员会(SAC/TC 243)归口。

本标准负责起草单位:中国铝业股份有限公司郑州研究院、中国有色金属工业标准计量质量研究所。

本标准主要起草人:张树朝、褚丙武、黄华、赵广开。

引　言

为了测定冷捣糊的骨料分布，获得没有粘合剂的骨料是十分必要的，最好的方法是用普通的溶剂提取粘合剂。对于煤焦油和沥青，最有效的普通粘合剂是喹啉。大多数的煤焦油不能完全溶解在喹啉中，有一小部分不溶物，这些不溶物主要包含颗粒小于 50 μm 的固体炭颗粒。这些不溶物是冷捣糊骨料的实际组成部分，通过该方法进行测定。有效粘合剂定义为在喹啉中溶解的部分。

在目前的方法中喹啉是最有效的溶剂。它的缺点是价格昂贵和高沸点，由于高沸点，按照烘干的处理过程，从萃取的残渣中完全除去喹啉是非常困难的。然而，当需要最大程度的从骨料中分离粘合剂，喹啉是最好的选择，本标准给出了使用喹啉的方法。

注：在这个技术标准中适用二氯甲烷，仅仅是在干燥前除去残留在过滤器上的喹啉。

铝电解用炭素材料
冷捣糊中有效粘合剂含量、骨料含量
及骨料粒度分布的测定
喹啉萃取法

1 范围

本标准规定了冷捣糊中有效粘合剂含量、骨料含量及骨料粒度分布的测定方法。

本标准适用于以煤焦油或沥青做粘合剂的冷捣糊,不适用于以树脂作粘合剂的冷捣糊。

2 规范性引用文件

下列文件对于本文件的应用是必不可少的。凡是注日期的引用文件,仅注日期的版本适用于本文件,凡是不注日期的引用文件,其最新版本(包括所有的修改单)适用于本文件。

ISO 565 试验筛 金属丝编织网布、孔板和电成型的薄板 孔径的公称尺寸(Test sieves—Metal wire cloth, perforated metal plate and electroformed sheet—Nominal sizes of openings)

ISO 2591.1 筛分试验 第1部分 用于金属丝编织网及金属穿孔板的筛分试验方法(Test sieving—Part 1: Methods using test sieves of woven wire cloth and perforated metal plate)

ISO 14422 铝用炭素材料 冷捣糊 取样方法(Carbonaceous materials used in the production of aluminium—Cold-ramming pastes—Methods of sampling)

3 方法原理

在装有回流管的烧瓶里用喹啉溶解冷捣糊试样中的粘合剂,溶解完全后,将混合物倒在一个细孔径的筛子里,筛上物是骨料的主要组成部分,用喹啉冲洗干净残留的骨料,然后干燥、称重。用滤纸过滤筛下物,骨料里很细的颗粒残留在滤纸上,骨料的含量是筛上物和滤纸上的残留物的总和,喹啉可溶物的含量通过差减法得到。

试验筛上残留物的粒度分布通过试验套筛筛分后确定。

4 定义

有效粘合剂含量 effective binder content

喹啉络合物在总量中所占的比例,用质量分数表示。

5 试剂

警示:参阅试剂供应商关于喹啉、二氯甲烷使用过程中的安全、健康说明。

5.1 喹啉:AR(纯度不小于98%)。

5.2 二氯甲烷:AR(纯度不小于98%)。

6 仪器

一般实验室设备如下:

6.1 蒸馏烧瓶:圆底,容积 2 L,有磨口玻璃接口。

6.2 空气回流管:有效长度 550 mm,有锥形磨口玻璃塞,使它能装在蒸馏烧瓶(6.1)的接口上。

6.3 加热装置:蒸馏烧瓶里的混合物在回流的情况下保持微沸。

6.4 试验套筛:直径 200 mm,符合 ISO 565,不锈钢筛网,筛孔孔径在 53 μm～5 mm,有盖子和接收器。

注:其他筛孔孔径推荐以下尺寸:2 mm、1 mm、500 μm、250 μm 和 75 μm。

6.5 试验筛接收器:直径 200 mm,符合 ISO 565 要求,不锈钢筛网,筛孔孔径为 53 μm。在 110 ℃±5 ℃的电烘箱(6.7)里烘干 1 h,取出,放在干燥器内冷却至室温用。

6.6 托盘:和 0.053 mm 试验筛配套,收集通过筛子的所有液体。

6.7 干燥箱:温度可以保持 110 ℃±5 ℃。

6.8 漏斗:直径为 120 mm。

6.9 玻璃纤维滤片:直径为 120 mm,对直径为 1.2 μm 的颗粒至少保证使质量分数为 98%的颗粒不会漏下。在 110 ℃±5 ℃干燥 1 h,然后放在干燥器里备用。

6.10 振筛机:能够容纳带有盖子和试验筛底盘的试验套筛(6.4),符合 ISO 2591.1。

7 取样

按照 ISO 14422 取得有代表性的实验室样品。

8 试料的制备

从实验室样品(7)中取得试料 100 g±0.05 g。

9 测定步骤

9.1 把试料(8)转移到蒸馏烧瓶(6.1)里,加入 1 L 喹啉(5.1),并把试料和喹啉混匀,把蒸馏烧瓶放在加热装置(6.3)上,装上空气回流管(6.2),加热烧瓶使它里面的混合物呈稳定的沸腾状态,并在回流的情况下保持 1 h。关闭电加热罩,使烧瓶和它里面的混合物冷却至 50 ℃±5 ℃,称量 53 μm 的试验筛(m_1),精确至 0.01 g,然后放在托盘 (6.5)上,小心地把烧瓶里的热混合物尽可能完全地转移到筛上,用 20 mL 的喹啉(50 ℃±5 ℃)清洗烧瓶直到所有可见的固体颗粒被转移到筛子上,用 50 ℃±5 ℃的喹啉冲洗筛子直到洗液没有呈现出溶有粘合剂时,排净筛子里的喹啉,然后把筛子和托盘分开。

9.2 把托盘里的物质全部转移到容器里以便过滤回收其中的固体。

9.3 把试验筛接收器放在托盘上,用 10 份二氯甲烷(5.2)冲洗骨料,每份 100 mL。在用下一份二氯甲烷之前要让上一次排净,用完最后一份,把筛子和它里面的物质放置 1 h,让里面的溶剂充分沥净,弃去冲洗后的溶剂;把试验筛接收器放入烘箱中,在 110 ℃±5 ℃干燥 1 h(不能让残留的二氯甲烷沸腾从而导致固体的损失)。把试验筛接收器从烘箱里取出来并在干燥器内冷却至室温,称筛子和筛上物的总重(m_2),精确至 0.01 g,重复加热、冷却和称重,两次连续称重之差不超过 0.01 g。

9.4 称量干燥过的滤片(m_3),精确至0.01 g,把滤片在漏斗(6.8)里,用少量50 ℃±5 ℃的喹啉浸湿滤片,将残留的液体(9.2)进行过滤。过滤完成之后,用20 mL喹啉(50 ℃±5 ℃)清洗容器并把残留的固体全部转移到滤片上。用20 mL二氯甲烷连续冲洗滤片上的固体,在用下一份二氯甲烷之前要让上一次排净。把滤片取出来,并把粘到漏斗壁上的固体物质全部转移到滤片上,把滤片放入110 ℃±5 ℃干燥1 h。把滤片从烘箱中取出放到干燥器里冷却至室温,称滤纸和残留物的质量(m_4)并精确至0.01 g,重复加热、冷却和称重,两次连续称重之差不超过0.01 g。

9.5 把干燥的骨料从接收器里倒出来,轻拍筛子并用刷子小心地把粘在筛网上面的颗粒刷下来。

9.6 用试验套筛将骨料在振筛机上进行筛分,得到骨料的粒度分布。

10 测定结果的计算

10.1 有效粘合剂含量

按公式(1)计算有效粘合剂含量 w_1,用质量分数表示:

$$w_1 = \frac{m_0 - (m_2 - m_1) - (m_4 - m_3)}{m_0} \times 100 \qquad \cdots\cdots(1)$$

式中:

m_0——试料的质量,单位为克(g);

m_1——试验筛的质量,单位为克(g);

m_2——试验筛和骨料的质量,单位为克(g);

m_3——干燥滤片的质量,单位为克(g);

m_4——干燥滤片和滤纸上残留物的质量,单位为克(g)。

10.2 骨料含量

按公式(2)计算骨料含量 w_2,用质量分数表示:

$$w_2 = \frac{(m_2 - m_1) + (m_4 - m_3)}{m_0} \times 100 \qquad \cdots\cdots(2)$$

10.3 骨料的粒度分布

计算留在每个筛子上的物质质量占9.3和9.4中回收的骨料总的质量分数,结果保留一位小数。把留在每一个筛子上的物质质量分数按照筛子孔径从大到小的顺序制成表格。

11 精密度

由于目前没有实验室之间的数据,因此无法得到精密度数据。

12 检测报告

检测报告应包含下列内容:

a) 样品标识;

b) 本标准编号;

c） 有效粘合剂含量和骨料的含量，结果保留一位小数；

d） 骨料粒度分布的结果；

e） 在测定过程中的任何异常现象；

f） 该技术规范没有涉及的操作或被认为可以选择的操作。

ICS 71.100.10
Q 52

中华人民共和国国家标准

GB/T 26295—2010/ISO 12986.2:2005

铝电解用炭素材料 预焙阳极和阴极炭块 四点法测定抗折强度

Carbonaceous materials used in the production of aluminium—Prebaked anodes and cathode blocks—Determination of flexural strength by the four-point method

(ISO 12986.2:2005,IDT)

2011-01-14 发布　　2011-11-01 实施

中华人民共和国国家质量监督检验检疫总局
中国国家标准化管理委员会　发布

前　言

本标准按照 GB/T 1.1—2009 给出的规则起草。

本标准等同采用 ISO 12986.2:2005《铝电解用炭素材料　预焙阳极和阴极炭块　四点法测定抗折强度》。本标准等同采用 ISO 12986.2:2005 时将其前言、引言和参考文献删除。

本标准由中国有色金属工业协会提出。

本标准由全国有色金属标准化技术委员会(SAC/TC 243)归口。

本标准负责起草单位:中国铝业股份有限公司郑州研究院、中国有色金属工业标准计量质量研究所。

本标准主要起草人:郭永恒、张树朝、李波、李荣柱。

铝电解用炭素材料
预焙阳极和阴极炭块
四点法测定抗折强度

1 范围

本标准规定了预焙阳极和阴极炭块抗折强度的测定方法。

本标准适用于预焙阳极、阴极炭块和固体石墨材料抗折强度的测定。

2 规范性引用文件

下列文件对于本文件的应用是必不可少的。凡是注日期的引用文件，仅注日期的版本适用于本文件，凡是不注日期的引用文件，其最新版本(包括所有的修改单)适用于本文件。

ISO 4288 产品尺寸规范 表面结构的估算规则和程序 剖面法(Geometrical Product Specifications(GPS)—Surface texture: Profile method—Rules and procedures for the assessment of surface texture)

ISO 6906 游标卡尺 精度0.02 mm(Vernier callipers reading to 0.02 mm)

ISO 7500.1 金属材料静态单轴测试设备 第1部分:压力试验机测试系统的校准与确认(Metallic materials—Verification of static uniaxial testing machines—Part 1: Tension/compression testing machines—Verification and calibration of the force-measuring system)

ISO 8007.1 铝用炭素材料 取样方案和从单块上取样 第1部分:阴极炭块(Carbonaceous materials used in the production of aluminium—Sampling plans and sampling from individual units—Part 1:Cathode blocks)

ISO 8007.2 铝用炭素材料 取样方案和从单块上取样 第2部分:预焙阳极(Carbonaceous materials used in the production of aluminium—Sampling plans and sampling from individual units—Part 2:Prebaked blocks)

ISO 8007.3 铝用炭素材料 取样方案和从单块上取样 第3部分:侧部炭块(Carbonaceous materials used in the production of aluminium—Sampling plans and sampling from individual units—Part 3:Sidewall blocks)

3 术语和定义

下列术语和定义适用于本标准。

3.1

抗折强度 flexural strength

按公式(1)计算抗折强度 σ_{bB}:

$$\sigma_{bB}=\frac{M_B}{W} \quad \cdots\cdots(1)$$

式中：

M_B ——弯曲力矩，单位为牛顿·毫米(N·mm)；

W ——阻力矩，单位为立方毫米(mm^3)。

3.2

弯曲力矩 M_B bending moment

弯曲力矩为由测试设备显示的最大负荷(即样品断裂瞬间的最大值)与样品的几何尺寸计算得到。

注：测试设备显示的最大负荷与样品的断裂负荷通常是一致的，如果不一致，则采用测试设备显示的最大负荷。

4 原理

将棒状样品放置在两个承重块上，在它们的中心位置加载荷，直到样品断裂。载荷被均匀的分布在两个点上。抗折强度是根据样品断裂时的载荷，载荷边缘与支撑点间的距离，测试样品的直径计算得到。

5 仪器

5.1 压力试验机：能够满足 ISO 7500.1 的要求。

5.2 测试设备：有两个承重块和两个加载点。

设备必需确保在整个样品上有一对称载荷，它通过一个适当的自我调整体系如悬挂板和静止的支撑块，见图 1。支撑点和加载点的曲率半径为 2 mm～5 mm。支撑点的距离和加载点的距离可以调整以满足不同尺寸的样品的需要。

5.3 游标卡尺：精度达到±0.5%的设备，能够满足 ISO 6906 的要求。

6 试样

6.1 取样和样品的制备

按 ISO 8007.1、ISO 8007.2、ISO 8007.3 的要求进行取样。除非另有协议，测试样品必须烘干，通常取 5 个样品。样品的侧面必须加工以使样品表面的粗糙度小于 15 μm，样品表面的粗糙度的测量依据 ISO 4288 进行。表面明显的孔不考虑。

6.2 尺寸和形状

可以用圆柱型或棱柱型样品，样品截面尺寸应不小于骨料最大直径的 2 倍，但不小于 4 mm，样品的长度至少为直径或宽度的 3.5 倍。

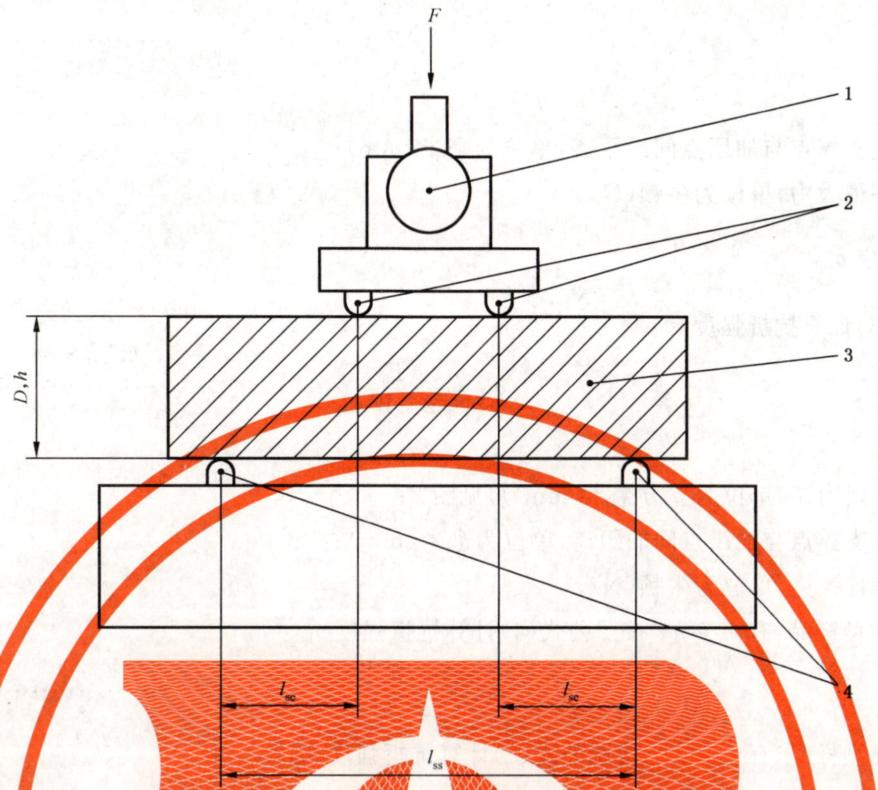

1——悬挂板；
2——加压点；
3——测试样；
4——支撑点；
D——测试圆柱型样品的直径；
F——力(单位:N)；
h——测试棱柱型样品的高度；
l_{se}——支撑点与加压点间的距离；
l_{ss}——支撑点间的距离。

图 1 测试设备装备图

7 测定步骤

7.1 在室温(10 ℃～35 ℃)下进行测量。

7.2 选择压力试验机合适的量程，以达到样品断裂时的压力为满量程的 1/10。样品应放在支撑架的中心，并且纵向的轴应垂直与支撑架的边缘。支撑点的宽度至少为样品直径或宽度的 3 倍。加载点的距离应与样品直径或宽度相同。

7.3 对于棱柱型样品，必须把样品稳定的放置在支撑架上，加载点是可调的，以使加载点的距离等于测试样品的宽度。对于圆柱型样品，推荐支撑架的直径比样品的直径大 2 mm，以防止样品滚动。

7.4 平稳的以 5 mm/min 或大约 0.5(N/mm^2)/s 加载，直至样品断裂，记下断裂时的力。

8 测定结果的计算

8.1 弯曲力矩 M_B

按公式(2)计算弯曲力矩 M_B：

$$M_B = \frac{l_{se}}{2} F_{max} \quad \cdots\cdots(2)$$

式中：

l_{se} ——支撑点与加压点间的距离，单位为毫米(mm)；

F_{max}——最大力，单位为牛顿(N)。

8.2 抗折强度 σ_{bB}

按公式(3)计算抗折强度 σ_{bB}。

$$\sigma_{bB} = \frac{l_{se}}{2} \frac{F_{max}}{W} \quad \cdots\cdots(3)$$

式中：

W ——阻力矩，单位为立方毫米(mm^3)，见图2；

l_{se} ——支撑点与加压点间的距离，单位为毫米(mm)；

F_{max}——最大力，单位为牛顿(N)。

对于圆柱型样品，有 $l_{se}=h$，按照公式(4)计算抗折强度 σ_{bB}：

$$\sigma_{bB} = \frac{3}{2} \frac{F_{max}}{h^2} \quad \cdots\cdots(4)$$

对于棱柱型样品，有 $l_{se}=D$，按照公式(5)计算抗折强度 σ_{bB}：

$$\sigma_{bB} = 16 \frac{F_{max}}{\pi D^2} \quad \cdots\cdots(5)$$

式中：

W ——阻力矩，单位为立方毫米(mm^3)；

h ——矩形样品的高度，单位为毫米(mm)；

b ——矩形样品的宽度，单位为毫米(mm)；

D ——圆柱型样品的外直径，单位为毫米(mm)；

d ——环形样品内部的直径，单位为毫米(mm)。

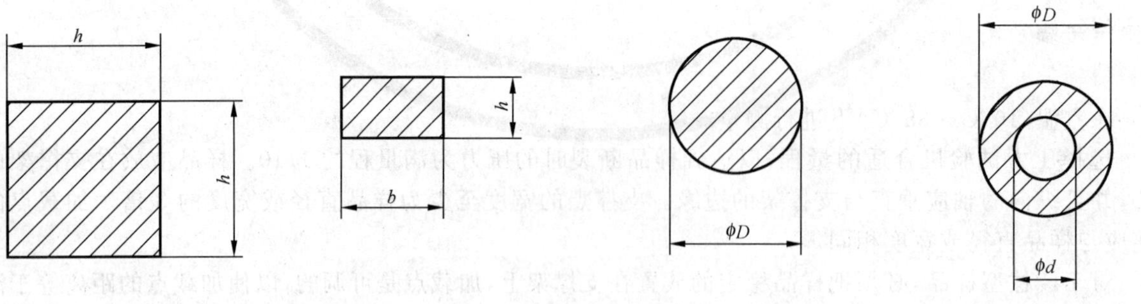

a) 方形 $W=\frac{h^3}{6}$

b) 矩形 $W=\frac{bh^2}{6}$

c) 圆形 $W=\frac{\pi D^3}{32}$

d) 环形 $W=\frac{\pi}{32}\frac{(D^4-d^4)}{D}$

图2 常用几何形状截面阻力矩计算

9 检测报告

检测报告应包括下面的内容：

a) 测试过程中测试样品的类型、位置、方向；

b) 样品的名称；

c) 样品的数量；

d) 样品的尺寸；

e) 支撑点与加压点间的距离 l_{se}与支撑点间的距离 l_{ss}；

f) 抗折强度，精确到 0.1 N/mm^2，包括单值与平均值；

g) 测试的时间。

ICS 77.150.10
H 60

中华人民共和国国家标准

GB/T 26296—2010

铝及铝合金阳极氧化膜和有机聚合物涂层缺陷

Defects for anodic oxide coatings and organic polymer coatings on aluminum and its alloys

2011-01-14 发布　　2011-11-01 实施

中华人民共和国国家质量监督检验检疫总局
中国国家标准化管理委员会　发布

前 言

本标准是依据 GB/T 1.1—2009 规定的起草规则进行编制的。

本标准由中国有色金属工业协会提出。

本标准由全国有色金属标准化技术委员会(SAC/TC 243)归口。

本标准主要起草单位:国家有色金属质检中心、福建省南平铝业有限公司、广东坚美铝型材厂有限公司。

本标准参加起草单位:苏州罗普斯金铝业有限公司、佛山市南海华豪铝型材有限公司、广东凤铝铝业有限公司、广东兴发铝业有限公司、广东豪美铝业有限公司、山东南山铝业股份有限公司、广东佛山新合铝业有限公司。

本标准主要起草人:朱祖芳、冯东升、纪红、戴悦星、何耀祖、蓝安英、陈慧、周春荣、潘维谦、颜廷柱、余泉和。

铝及铝合金阳极氧化膜和有机聚合物涂层缺陷

1 范围

本标准规定了铝及铝合金阳极氧化膜、阳极氧化复合膜和有机聚合物喷涂膜缺陷的定义、特征，分析了其主要产生原因。

本标准适用于铝及铝合金阳极氧化膜、阳极氧化复合膜和有机聚合物喷涂膜缺陷的分析与判定。

2 缺陷定义、特征和主要产生原因

2.1 前处理缺陷

2.1.1

脱脂不良 uneven degreasing

铝材表面由于脱脂不完全而产生的浸蚀不均现象，这种铝材阳极氧化后表面呈现不同光泽，着色后表面色泽不均匀或存在色斑(如图1)。

主要产生原因：

a) 脱脂槽温度过低；

b) 脱脂槽液有效成分不足；

c) 浸泡时间过短。

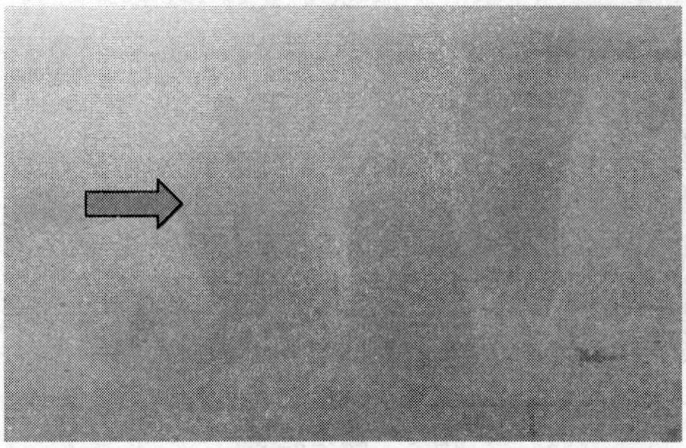

图1 脱脂不良

2.1.2

碱蚀不足 insufficient etching

铝材在碱蚀工序中，因浸蚀不够充分，使得消除表面缺陷的效果未能达到预期目标的现象(如图2)。

主要产生原因：

a) 碱槽温度过低；

b) 碱蚀时间过短；

c) 碱浓度过低；

d） 碱槽中铝离子浓度过高。

图 2 碱蚀不足

2.1.3

碱蚀过度 rough etching

铝材由于过度碱蚀而产生的表面粗糙现象(如图 3)。

主要产生原因：

a） 碱槽温度过高；

b） 碱蚀时间过长；

c） 碱浓度过高；

d） 碱槽中铝离子浓度过低；

e） 碱槽槽液受到污染。

图 3 碱蚀过度

2.1.4

碱烧伤 alkali-burned pattern

因残留在铝材表面的碱蚀液过度反应而导致的铝材表面光泽不均现象。

主要产生原因：

a） 碱蚀液老化；

b） 碱蚀液中的碱浓度过高；

c） 碱蚀液温度过高；

d） 碱蚀完成后转向水洗的间隔时间过长；

e） 环境温度过高。

2.1.5

光亮花样　spangling

铝材表面在碱蚀中产生的光亮、闪烁状梨皮花样(如图4)。

主要产生原因：

a) 碱槽槽液中锌离子浓度过高(一般超过4 mg/L)；

b) 铝合金中锌含量高，而晶粒大小不均、晶粒取向不同引起碱蚀量不同。

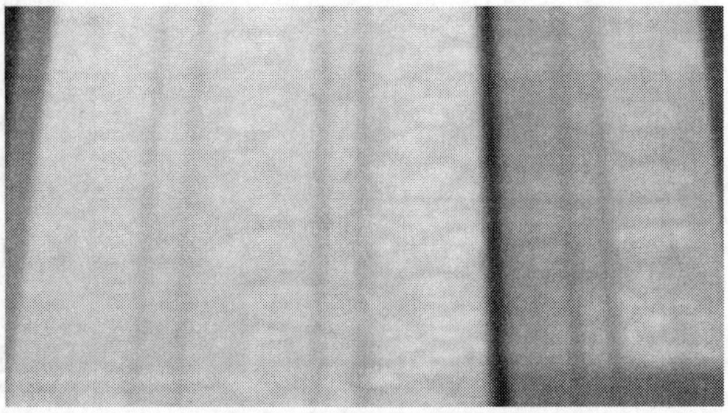

图4　光亮花样

2.1.6

机械抛光表面烧焦(烧焦)　surface burning by mechanical polishing

机械抛光时，铝材与抛光轮摩擦过热产生的表面暗色斑纹。若浸入电解抛光液中，斑纹更显清晰，表现为乳白色雾状。

主要产生原因：

a) 抛(磨)光轮、抛(磨)光料和抛光剂等选择不当；

b) 抛光压力过大；

c) 磨触时间过长。

2.1.7

机械抛光拖尾　trailing by mechanical polishing

机械抛光时，由于异物颗粒切入金属引起流变异常，在铝材表面产生的彗星拖尾状痕迹。

主要产生原因：

a) 抛光轮上粘有异物颗粒；

b) 抛磨压力过大；

c) 抛磨换向时铝材抖动。

2.1.8

化学抛光亮度不足　insufficient brightness by chemical polishing

铝材化学抛光后表面光亮度未达到预期目标的现象。

主要产生原因：

a) 化学抛光槽液组分配比不当；

b) 化学抛光时间不当；

c) 化学抛光温度不当；

d) 搅拌不充分；

e) 化学抛光槽槽液老化；

f) 铝材化学成分不当。

2.1.9

雪花状腐蚀(清洗水腐蚀)　rinse water corrosion

铝材在水洗中产生的雪花状斑点腐蚀,腐蚀点周围部分的表面有时呈闪闪发光的梨皮样(如图5)。

主要产生原因:

a) 铝材中含有的微量锌、镓与清洗水中硫酸根或氯离子反应;

b) 铝材不同的晶界与晶粒取向引起溶解量不同。

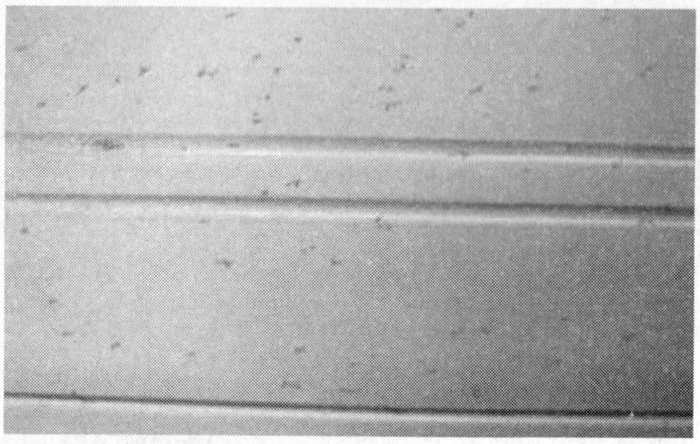

图5　雪花状腐蚀

2.1.10

电偶腐蚀　galvanic corrosion

在电解质溶液(如水洗水)中,因铝材和其他不同电位的金属相互导通,而使得电极电位较负的铝材表面产生的腐蚀现象(点状腐蚀,周围伴有白色的腐蚀产物)。

2.1.11

挂具印　holding device impression

在表面处理时,由于铝材与挂具相接触影响了该部位表面处理而产生的印痕(如图6)。

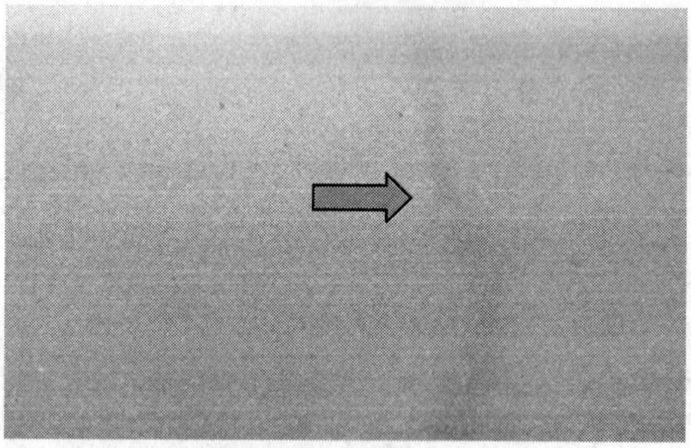

图6　挂具(绑线)印

2.1.12

指印腐蚀　fingerprint-like corrosion

未经表面处理的铝材表面接触人体汗液中的氯化钠、乳酸等物质而发生反应,产生的腐蚀痕迹称指印腐蚀,最常见的是手指纹形状的点腐蚀(如图7)。

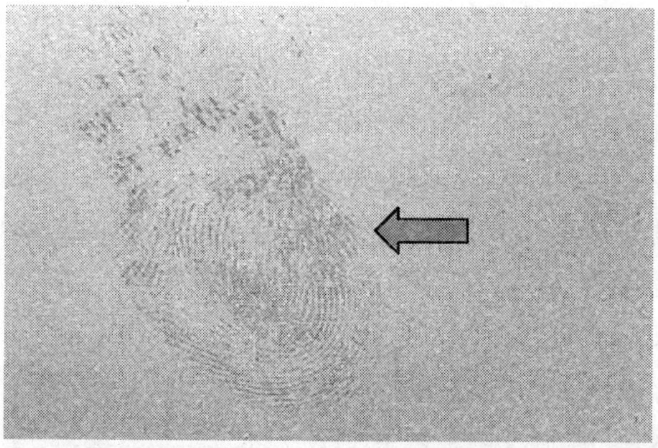

图 7　指印腐蚀

2.2　氧化着色缺陷

2.2.1

氧化泛黄　yellowing (anodic oxide)

由于阳极氧化槽液或铝材中的铁、硅等杂质离子含量过高，或阳极氧化工艺参数不当导致的氧化膜呈现黄色现象。

2.2.2

叠置痕　overlapping

阳极氧化时，由于吊挂间距过小或立吊夹具垂直度不够等原因导致铝材异常过度接近，使氧化膜不能正常生成而产生的痕迹(如图 8)。

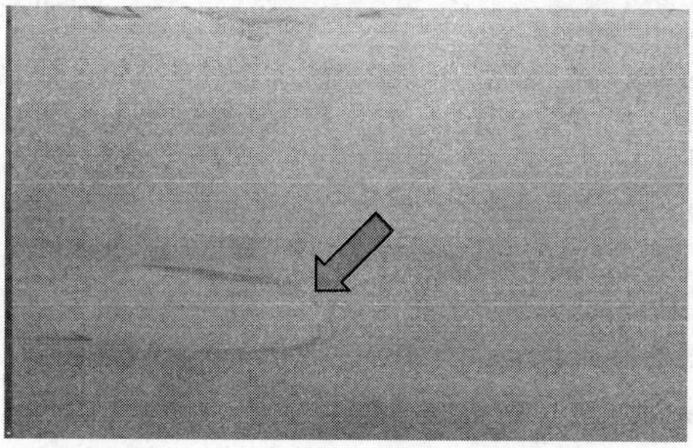

图 8　叠置痕

2.2.3

氧化气泡斑　bubble (anodic oxide)

阳极氧化膜表面残留的气泡痕迹(如图 9)。

主要产生原因：

a)　吊装角度不当；

b)　入槽速度过快；

c)　铝材的形状不利于排出气体。

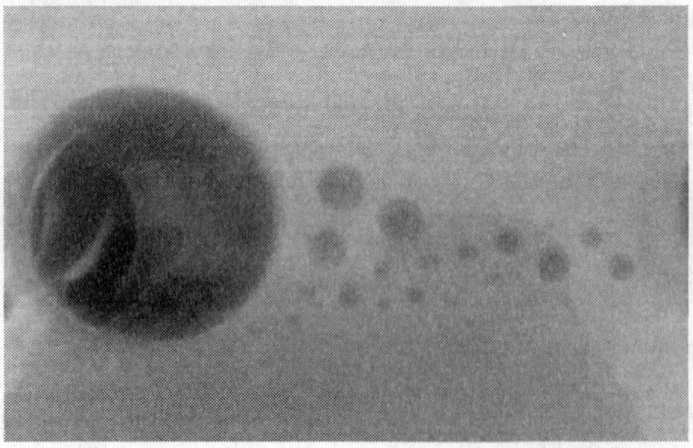

图 9　氧化气泡斑

2.2.4

黑斑　black spot

挤压工序中，铝材与支撑材料接触，局部析出粗大的β′(Mg_2Si)中间相，阳极氧化后导致在表面显现的斑痕。黑斑在挤压方向上大致等距离出现，斑痕部位硬度较低(如图 10)。

图 10　黑斑

2.2.5

电灼伤　electrical burning

铝材在阳极氧化中被电击穿或烧伤，而残留在表面的痕迹(如图 11)。

主要产生原因：

a)　阳极氧化电流密度局部过大；

b)　阳极氧化槽液搅拌不均匀；

c)　铝材与阴极板接触发生短路；

d)　铝材与夹具接触不良；

e)　阳极氧化时电流上升过快。

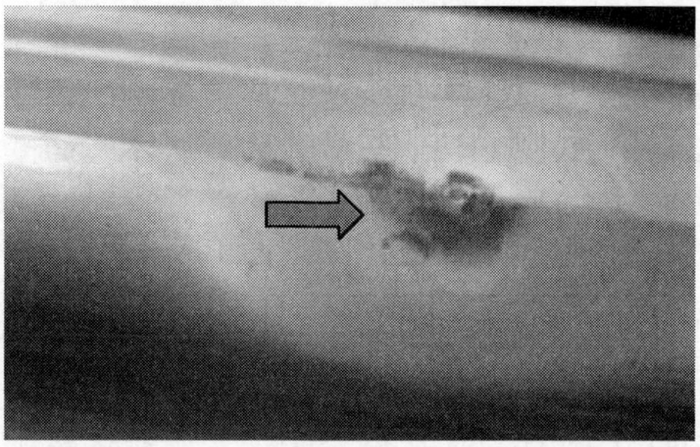

图 11 电灼伤

2.2.6

粉化 powdering

氧化膜表面出现不透明的白色粉末，或擦拭不净的灰白色灰状物的现象。

主要产生原因：

a） 氧化槽液浓度或温度过高；

b） 铝离子浓度过高；

c） 电流密度过大；

d） 氧化时间过长；

e） 氧化后浸渍时间过长；

f） 氧化槽液搅拌不充分；

g） 局部挂料过密。

2.2.7

氧化膜乳白 milk-white (anodic oxide coating)

氧化膜失去透明性而变为乳白色的现象。

主要产生原因：

a） 高温下电解处理；

b） 铝材中合金成分不当。

2.2.8

氧化膜烧伤 burning of anodic oxide coating

氧化膜出现的烧灼痕迹，烧灼部位氧化膜厚度增加、泛白，或成为粉状，烧灼部位周边的氧化膜变薄（如图 12）。

主要产生原因：

a） 导电不良；

b） 搅拌能力不足或搅拌不均；

c） 铝离子浓度过高；

d） 氧化槽液温度过高。

图 12 氧化膜烧伤

2.2.9

黑点 black point

因硫酸阳极氧化槽液中的氯离子浓度过高(一般大于 150×10^{-6} g/L),而在铝材表面产生的黑色星状腐蚀坑。腐蚀坑的位置没有氧化膜(如图 13)。

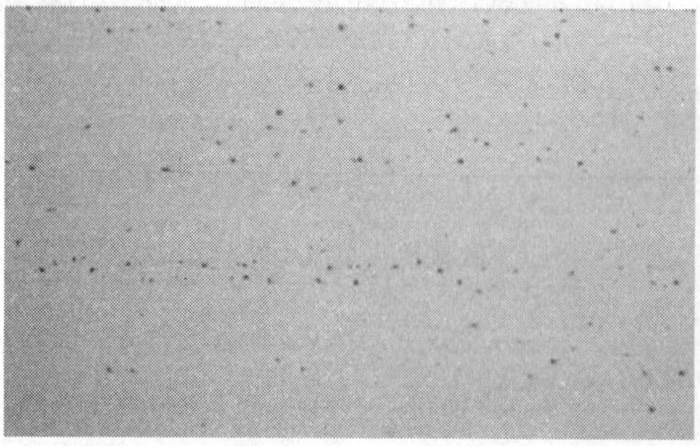

图 13 黑点

2.2.10

封孔灰 sealing smut

封孔后铝材表面附着的可擦去的白灰。

主要产生原因:

a) 热封孔水中钙离子或镁离子过高;

b) 冷封孔中有浑浊物吸附到铝材表面,在后续水洗工序中未清洗掉;

c) 冷封孔中,由于封孔槽液浓度过高(如氟离子过高)或槽温过高、封孔时间太长等导致过封孔。

2.2.11

彩虹 iridescence

阳极氧化膜出现彩虹色的现象。

主要产生原因:

a) 热封孔中,由于二氧化硅和磷酸盐存在导致封孔不良;

b) 冷封孔中,由于封孔槽液浓度过高或槽温过高、封孔时间过长等导致过封孔;

c) 阳极氧化电解不良。

2.2.12

碱流痕 alkali slobbery stain

碱性溶液附着在待氧化、着色的铝材上所产生的流痕状色斑(如图 14)。

主要产生原因：

a） 附着在夹具或料架上的碱液在其后的水洗工序中没有彻底清洗掉而流至铝材表面；

b） 铝材表面存在未清洗掉的碱液。

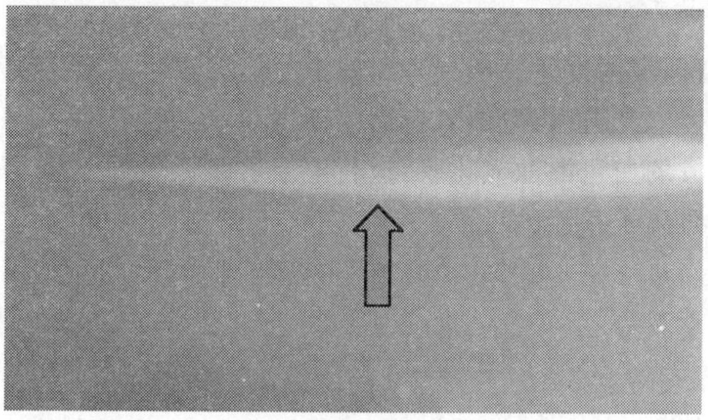

图 14 碱流痕

2.2.13

酸流痕 acid slobbery stain

酸溶液附着在待电解着色的铝材上所产生的流痕状色斑(如图 15)。

主要产生原因：

a） 附着在夹具或料架上的酸溶液在其后的水洗工序中没有彻底清洗掉而流至铝材表面；

b） 铝材表面存在未清洗掉的酸液。

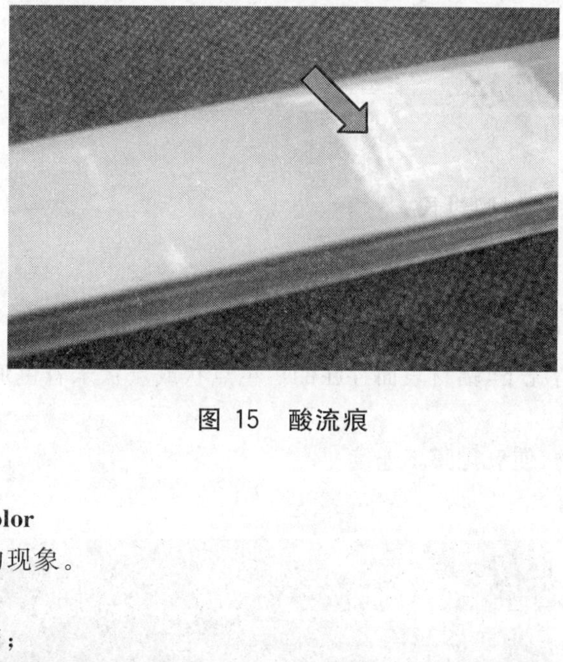

图 15 酸流痕

2.2.14

着色不均 irregular color

着色氧化膜颜色不均的现象。

主要产生原因：

a） 电解着色工艺不当；

b） 电解着色预浸时间过短；

c） 阳极氧化后水洗不充分或电解着色后水洗时间过长；

d） 用异常的水质进行水洗；

e） 着色槽液搅拌不均匀；

f） 夹具接触点紧固不牢；

g） 吊挂间距过小；

h） 竖吊夹具的垂直度不够；

i） 氧化膜厚度不均。

2.2.15

色泽灰暗　dull color

着色氧化膜表面发暗的现象。

主要产生原因：

a) 碱蚀温度过高、碱蚀液浓度过高或处理时间过长；

b) 氧化膜烧伤后失去光泽，进行电解着色后表面发暗，无透明感；

c) 电流密度低时生成的白色混浊氧化膜，进行电解着色后表面发暗，无透明感；

d) 着色液中混入杂质离子；

e) 电解着色工艺不当；

f) 铝材化学成分不当。

2.2.16

彗星状斑点　comet spot

在阳极氧化膜不连续部位产生的未着色的彗星状流迹花样，多集中在铝材的边棱部位。

主要产生原因：

a) 在含有破裂阳极氧化膜的铝材上进行电解着色时产生气体，阻碍着色；

b) 合金中夹杂金属间化合物或其他异物，使氧化膜不连续。

2.2.17

剥落　spalling

氧化膜发生点状(多发生于电解着色处理中)或片状脱落的现象。

主要产生原因：

a) 氧化膜过厚；

b) 氧化槽液的温度过高；

c) 氧化电流密度过大；

d) 氧化时间过长；

e) 着色电压过高或着色时间过长；

f) 着色液受污染。

2.2.18

氧化白点　white spot (anodic oxide)

未发生氧化膜剥落的情况下，铝材表面存在的白色点状或点状未着色痕迹(如图 16)。

主要产生原因：

a) 合金中存在夹杂物，使氧化膜不连续；

b) 氧化膜上附有碱雾。

图 16　氧化白点

2.3 阳极氧化复合膜(漆膜)缺陷

2.3.1

漆膜气泡斑 bubble (film)

漆膜表面残留的气泡痕迹(如图 17)。

主要产生原因:

a) 铝材浸入电泳槽中时,卷入漆液表面的气泡或空气;

b) 漆液中含有微小气泡;

c) 铝材表面产生气泡过多而漆液流动性差无法带出;

d) 铝材入槽过程中倾斜角度不够。

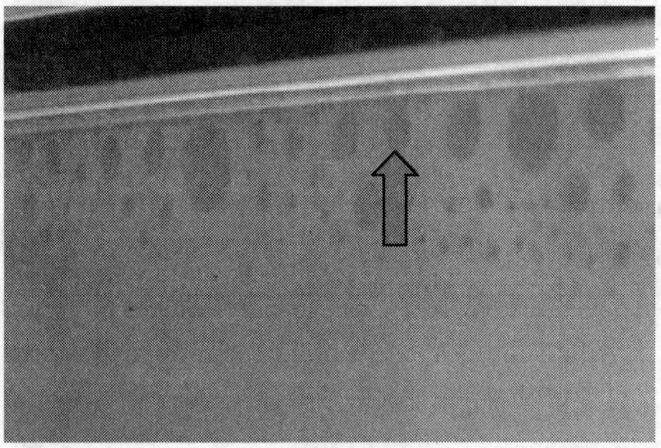

图 17 漆膜气泡斑

2.3.2

气体积存 gas accumulation

由于通电条件及槽液组成异常,电泳时电流部分集中或流过异常电流,导致电泳涂漆时产生的气体残留在漆膜内,而形成的漆膜表观偏厚、凹凸不平现象。

2.3.3

复合膜泛黄 yellowing (combined anodic oxide film)

漆膜或氧化膜呈现黄色的现象。

主要产生原因:

a) 阳极氧化后在水洗槽中浸泡时间过长;

b) 漆膜过厚;

c) 固化温度过高或固化时间过长;

d) 热水洗时间过短,热水槽温度过低。

2.3.4

火山口 crater-like pit

漆膜表面出现的类似于火山口的小坑(如图 18)。

主要产生原因:

a) 固化时炉温升温过快;

b) 电泳槽液中混入油脂等有机异物并附着在漆膜表面;

c) 电泳槽液的 pH 值过低,以及溶剂过剩等情况下,对异物的抵抗力降低。

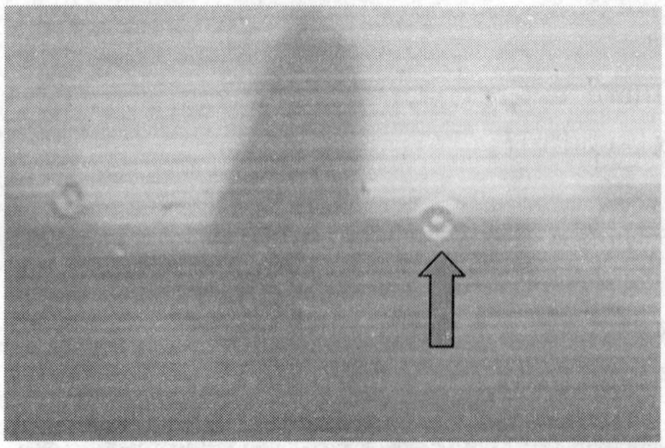

图 18 火山口

2.3.5

凝胶粘附 adhesion of gel paint

由于电泳槽或电泳后序的水洗槽中混入酸或碱，造成涂料树脂部分凝聚而粘附在漆膜表面的现象。粘附的凝胶物固化后往往起泡破裂呈蜂窝状，有时颜色呈黄色(如图 19)。

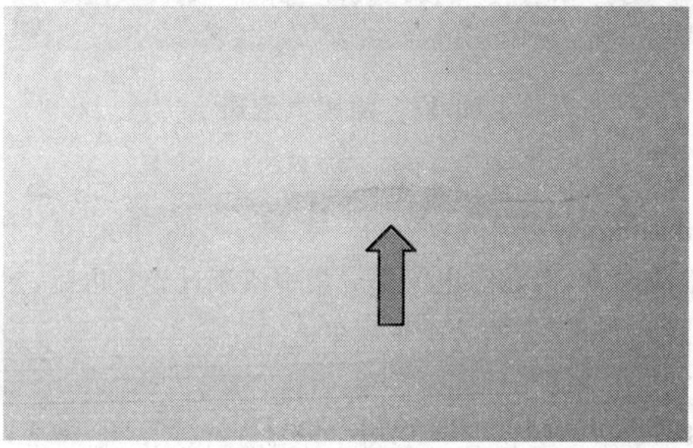

图 19 凝胶粘附

2.3.6

麻点 dust stain

尘埃等异物附着在漆膜表面或漆膜下而形成的细小颗粒状异物(如图 20)。

主要产生原因：

a) 电泳涂漆工序前的水洗槽不干净或电导率过高；

b) 电泳槽液中存在较粗大的机械杂质；

c) 车间空气中含有尘埃等漂浮物飘落到放在沥干区的铝材上；

d) 固化炉内存在灰尘等杂质。

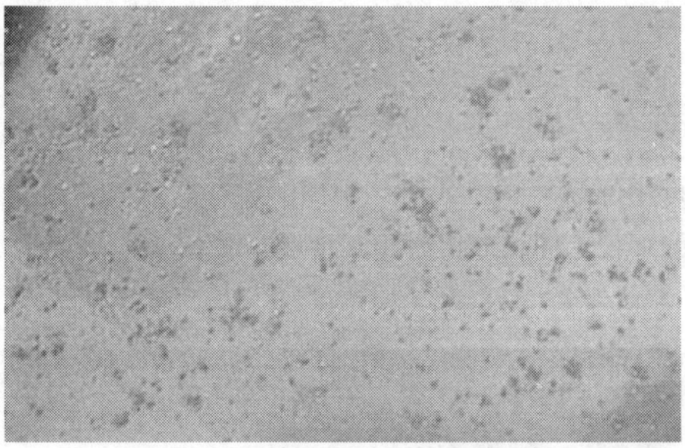

图 20　麻点

2.3.7

漆膜酸流痕　acid slobbery stain (film)

因夹具未清洗干净等原因，致使残留酸流到刚电泳涂漆后的铝材表面，造成绑料间隙等处产生的凝胶物流痕花纹，通常呈淡黄色(如图 21)。

图 21　漆膜酸流痕

2.3.8

水斑　water spot

固化前或固化中，由于漆膜表面(尤其是处于水平部位或倾斜部位的漆膜表面)附着水滴而产生的斑点状或水滴状花纹。

主要产生原因：

a)　半干燥的漆膜表面上附着水滴，导致固化时光泽发生变化；

b)　漆膜表面上附着的水滴中存在杂质，使光泽或颜色发生变化。

2.3.9

条纹　stripe

在立吊系统，铝材电泳后的提升中，由于涂料干燥不均匀而在漆膜表面(尤其在平面大的部位或漆膜薄的部位)产生的条状花纹。

2.3.10

接触痕　contact dent

在电泳涂漆过程中，由于铝材相互接触而产生的印迹。通常电泳时铝材接触会导致接触部位无漆膜或漆膜变薄；固化时铝材接触会导致铝材粘着，在两支铝材相接触的边缘产生蜂窝状的外观(如

图 22)。

主要产生原因：

a) 小断面铝材挂点过少；

b) 铝材吊挂间距过小；

c) 立吊的夹具垂直度不够；

d) 固化炉内风压太强而使未固化的铝材相互接触。

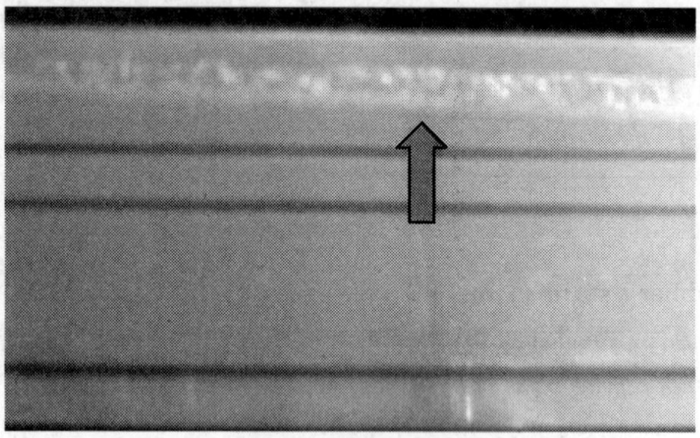

图 22 接触痕

2.3.11

漆膜光泽异常 abnormal gloss (film)

漆膜表面光泽度与期望值有差异的现象。

主要产生原因：

a) 固化前的漆膜干燥不均匀(多发生于干燥的冬季)；

b) 涂料中的硫酸根离子积聚；

c) 电泳漆膜在涂料中或水洗水中长时间放置,发生再溶解；

d) 水洗水循环不均；

e) 漆膜厚度过低；

f) 电泳后水洗不良；

g) 电泳槽或水洗槽的 pH 值过高；

h) 电泳槽内涂料被污染；

i) 固化工艺不良。

2.3.12

漆流痕 paint slobbery stain

漆膜表面凸起的漆斑或朝下的漆流痕迹。通常有手感。

主要产生原因：

a) 电泳出槽后停留时间过长；

b) 涂料的浓度不当；

c) 电泳后水洗不良；

d) 水洗槽固体份过高。

2.3.13

漆膜乳白 milk-white (painting)

漆膜表面发白、无透明感、混浊的现象。

主要产生原因：

a) 水洗不充分，阳极氧化膜微孔中残留硫酸根；

b) 电泳槽液被硫酸根离子污染。

2.3.14

氧化膜破裂　cracking of anodic oxide coating

电泳漆膜下的氧化膜出现裂纹（表观为无规则的白色条纹）的现象。

主要产生原因：

a) 阳极氧化膜过厚；

b) 热纯水洗槽温度过高或水洗时间过长；

c) 固化温度过高。

2.3.15

漆膜针孔　pinhole (film)

漆膜表面无规则排列的、细小孔状凹陷或穿孔。沿倾斜于表面的方向观察时，漆膜针孔更显清晰。

主要产生原因：

a) 铝材进入电泳槽时，漆液表面的气泡或空气卷入；

b) 循环系统有空气卷入；

c) 阴极屏蔽不良或消泡袋破损，在漆液中存在细微的气泡；

d) 电泳电压过高、电解反应剧烈而产生气泡；

e) 混入电泳漆中的杂质粘附在漆膜上；

f) 电泳槽液温度过高；

g) 电泳槽液的 pH 值过低及溶剂过剩使漆膜极化能力变低，导致抵抗杂质的能力变弱。

2.3.16

雾斑　mist spot

酸雾或碱雾附着在固化前的漆膜表面而产生的非光亮斑块，雾斑易显现在铝材的大平面和水平挂置的平面上，沿倾斜于表面的方向观察时，雾斑更显清晰。

主要产生原因：

a) 酸雾、碱雾或有机溶剂气雾飞入电泳涂装工序的气氛中，附着在固化前的漆膜表面；

b) 电泳槽液的胺价、酸价偏离控制范围；

c) 电泳后序的水洗槽液 pH 值过低。

2.3.17

漆膜桔皮　orange peel (film)

漆膜表面的桔皮状斑纹。通常出现在整个漆膜表面，但漆膜厚度不均时，厚膜部分更明显（如图 23）。

主要产生原因：

a) 助溶剂含量过低；

b) 补给原漆时没充分乳化；

c) 电泳电压过高；

d) 漆膜过厚；

e) 电泳槽液 pH 值过低；

f) 电泳槽液中杂质离子含量过高。

图 23　漆膜桔皮

2.3.18

水平表面粗糙　roughing at horizontal surface

水平挂置的铝材电泳漆膜表面粗糙、无光泽，而垂直挂置的表面平整、光泽正常的现象。

主要产生原因：

a）电泳槽液固体份过低，有细小的凝聚物或不溶颗粒；

b）电泳槽液溶剂含量过低；

c）电泳槽液导电率过高，杂质离子含量过高；

d）电泳槽液 pH 值过低，溶解性差。

2.3.19

局部无漆膜　local film-free

铝材电泳涂漆后的表面局部没有漆膜的现象。

主要产生原因：

a）电泳电压过低、电泳时间过短；

b）固体份含量过低；

c）断电后铝材在电泳槽内放置时间过长或水洗时间过长；

d）pH 值过高，漆膜再溶解；

e）铝材上夹位置过高或电泳槽液液面过低；

f）杂质离子过多；

g）前处理不净；

h）水洗槽中溶剂含量过高。

2.3.20

漆膜龟裂(爆膜)　crazing (film)

电泳漆膜开裂的现象(如图 24)。

主要产生原因：

a）热水洗水质变差；

b）氧化膜破裂；

c）漆膜异常高硬度。

图 24 漆膜龟裂

2.4 喷涂缺陷

2.4.1

涂层缩孔 shrinkage cavity (coating)

涂覆和干燥过程中产生在涂层表面的小孔或凹陷(如图 25)。

主要产生原因：

a) 涂料受污染；

b) 出粉不均匀；

c) 压缩空气中含有油或水；

d) 稀释剂不合适或受污染；

e) 涂层过厚,造成静电排斥；

f) 喷枪距铝材过近产生静电击穿；

g) 粉末涂料含水量过大,受潮结块；

h) 铝材表面有油脂、水分或腐蚀凹坑；

i) 铝材表面有明显不平整的孔洞；

j) 涂装环境高温高湿。

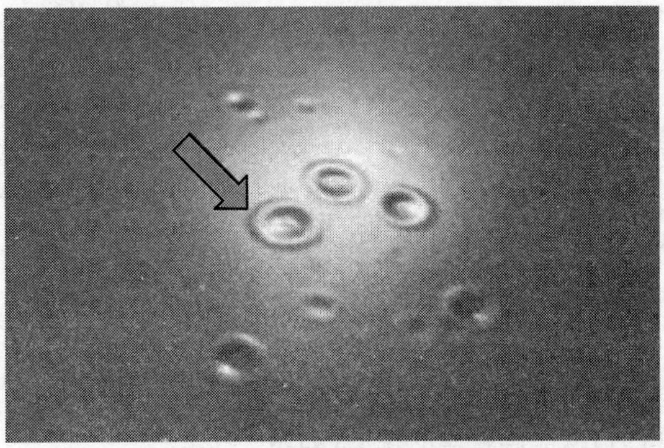

图 25 涂层缩孔

2.4.2

涂层桔皮 orange peel (coating)

粉末涂层表面的桔皮状斑纹。通常出现在整个涂层表面,但涂层厚度不均时,涂层厚的部位更明显

（如图 26）。

主要产生原因：

a） 涂料配方不合理；

b） 粉末颗粒大小分布不均匀；

c） 涂层过厚或不均匀；

d） 固化预热升温过慢；

e） 稀释剂挥发过快；

f） 涂料温度过高；

g） 涂料雾化不好；

h） 铝材接近喷枪时温度过高；

i） 液相涂料黏度过高。

图 26 涂层桔皮

2.4.3

流挂 sagging

涂层表面出现的涂料流过痕迹。

主要产生原因：

a） 涂料熔融黏度过低；

b） 涂层过厚；

c） 预热升温过快、固化温度过高；

d） 固化前涂层不均匀；

e） 液相涂料稀释过度；

f） 溶剂挥发过慢；

g） 液相涂料中固体料的分散不足。

2.4.4

肥边 thick edges

在涂覆和固化期间出现的边缘涂膜较厚的现象（如图 27）。

主要产生原因：

a） 喷涂电压过高；

b） 涂料中填料较少；

c） 溶剂挥发过慢；

d） 液相涂料稀释过多。

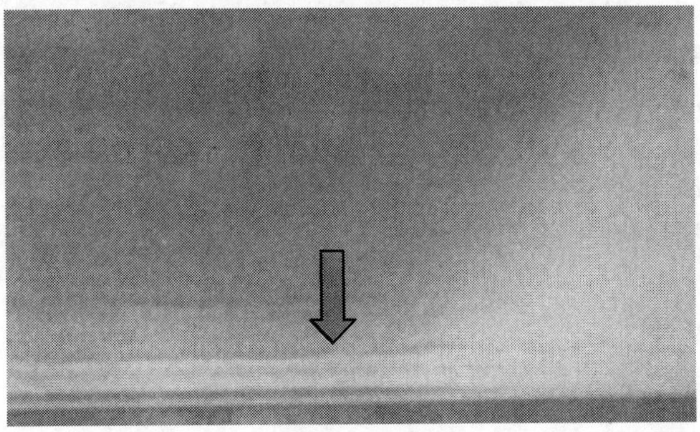

图 27 肥边

2.4.5

涂层气泡斑 bubble (coating)

涂层干燥后表面残留的气泡痕迹(如图 28)。

主要产生原因：

a) 粉末中含有挥发性物质和水；

b) 铝材表面有水分；

c) 压缩空气中含有油或水；

d) 流平时间不足；

e) 涂层固化升温过快；

f) 搅拌时将空气搅入涂料。

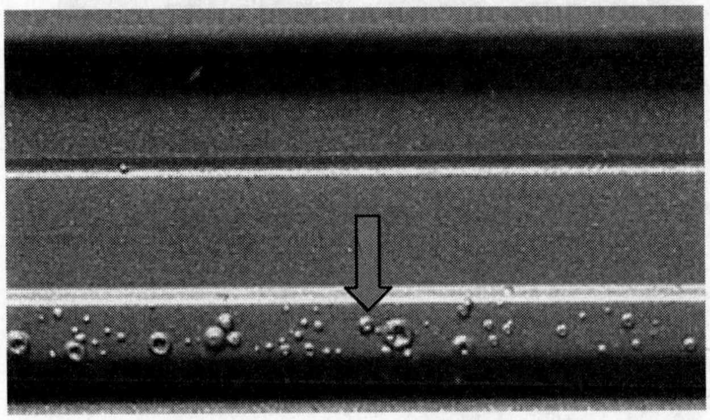

图 28 涂层气泡斑

2.4.6

杂点(颗粒) impure particle

涂层表面混入的有手感或可见的杂质点。

主要产生原因：

a) 涂层太薄；

b) 铝材前处理不良；

c) 铝材返工后清洗不净；

d) 喷涂和固化环境不洁净；

e) 粉末含杂质或混入不溶物。

2.4.7

涂层泛黄　yellowing (coating)

固化后的涂层(尤其是白色涂层)颜色变黄的现象。

主要产生原因：

a)　固化温度过高或时间过长；

b)　喷粉与固化工序间的时间间隔过长。

2.4.8

露底　starvation coating

涂料未覆盖或未完全覆盖底材的现象(如图 29)。

主要产生原因：

a)　喷枪移动速度过快；

b)　悬链速度过快；

c)　喷枪口积粉过多或堵塞；

d)　铝材中的凹槽等隐蔽位难以喷涂；

e)　粉末涂料介电性差。

图 29　露底

2.4.9

色差　color difference

涂层与标准色板间的颜色差异或涂层颜色与规定颜色的差异。

主要产生原因：

a)　喷涂前及喷涂时搅拌不均；

b)　涂层厚度过低、过高或不均匀；

c)　涂料本身颜色配制错误或涂料受污染；

d)　铝材不同面采用了不同的喷枪进行喷涂；

e)　喷枪与铝材的距离发生变化；

f)　固化工艺参数不当；

g)　喷涂工艺参数不当。

2.4.10

白化　blushing

涂层表面浑浊、发白的现象。

主要产生原因：

a)　涂层固化不良；

b)　涂装环境温度过高；

c） 涂膜沾水；

d） 涂料受污染。

2.4.11

浮色　floating color

因涂层表面颜料分离浮起造成的涂层色调不均或起花斑现象。

主要产生原因：

a） 涂层过厚；

b） 溶剂残存在涂料里；

c） 喷涂工艺参数不当。

2.4.12

杂色　mix-color

涂层表面存在的非本涂层预定颜色的小点。

主要产生原因：

a） 换色时，喷涂设备清洗不彻底，混入了其他颜色的涂料；

b） 涂料中混有其他颜色的涂料；

c） 粉房空气中含有其他颜色的涂料。

2.4.13

铬化印　chromate stain

待喷涂的铝材表面粘有铬化剂，经喷涂处理后渗透到涂层表面的痕迹。

主要产生原因：

a） 预处理水洗不干净，在基材表面留有铬化剂；

b） 待喷涂的基材被铬化剂污染。

2.4.14

金属漆发花　metal paint flooding

金属漆在喷涂时发生因金属粉分布或排列不均而导致的颜色不均匀现象。

主要产生原因：

a） 涂料搅拌不均；

b） 涂料雾化不好；

c） 稀释剂不合适；

d） 喷枪与铝材距离过近；

e） 喷枪行程和移动速度不合理；

f） 涂料受污染。

2.4.15

涂层光泽异常　abnormal gloss (coating)

涂层光泽与期望值有差异的现象。

主要产生原因：

a） 涂层固化过程逸出气泡形成大量针孔；

b） 涂料的挥发成分过高或压缩空气湿度过大；

c） 固化工艺参数不当；

d） 涂层厚度异常；

e） 涂料搅拌不均；

f） 涂料受污染。

2.4.16

涂层龟裂　crazing (coating)

涂层表面出现的类似干涸河床状的细纹线或裂纹(如图 30)。

主要产生原因：

a) 稀释剂挥发速度过快；

b) 湿膜厚度异常；

c) 铝材接近喷枪时温度过高；

d) 涂层过厚；

e) 固化炉升温过慢；

f) 涂层固化温度不均。

图 30　涂层龟裂

2.4.17

流痕　slobbery stain

铝材表面出现的液体涂料流过痕迹。

主要产生原因：

a) 涂料稀释过度；

b) 涂膜厚度不均；

c) 升温过快,固化温度过高；

d) 溶剂挥发过慢。

2.4.18

表面粗糙　rough surface

涂层表面凹凸不平的现象。

主要产生原因：

a) 液相喷涂稀释剂挥发过快；

b) 液相喷涂喷枪雾化气压过大；

c) 液体涂料黏度过高；

d) 粉末涂料中填料过多。

2.4.19

积粉　powder accumulation

粉末涂层表面存在的粉末堆积现象(如图 31)。

主要产生原因：

a) 喷枪出粉不均；

b） 粉末在喷涂中未能完全雾化；

c） 粉末受潮结块。

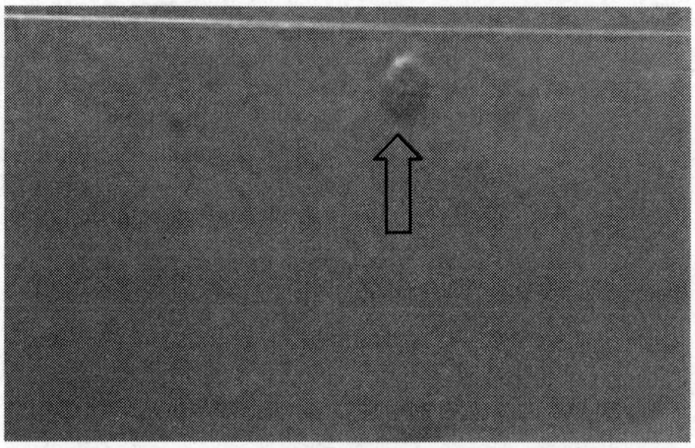

图 31 积粉

附录A
（资料性附录）
汉语拼音索引